从无源到有源

——电能质量谐波与无功控制

蒋正荣　陈建业　编著

机 械 工 业 出 版 社

电能质量控制中，无功补偿和谐波抑制是其重要的组成部分。本书共 6 章，分别对电能质量的定义及标准、无功补偿与谐波治理的原理及设计方法、无源装置与有源装置的原理与结构，以及电力电子在电能质量中的应用特点做了详细描述，分析了几种重要的无功补偿与谐波抑制装置的静态和动态性能，特别对典型复杂的电力负载如电弧炉的电能质量控制进行了详细分析。

本书适用于从事电能质量控制研究，电力系统规划、设计，电气设备的原理分析和应用的工程技术人员，以及高年级本科生和研究生参考。

图书在版编目（CIP）数据

从无源到有源：电能质量谐波与无功控制 / 蒋正荣，陈建业编著. —北京：机械工业出版社，2014.12

ISBN 978-7-111-48590-2

Ⅰ. ①从… Ⅱ. ①蒋… ②陈… Ⅲ. ①电能—质量控制—谐波 ②电能—质量控制—无功补偿 Ⅳ. ①TM60

中国版本图书馆 CIP 数据核字（2014）第 267244 号

机械工业出版社（北京市百万庄大街 22 号 邮政编码 100037）

策划编辑：付承桂 责任编辑：付承桂 张沪光

责任校对：张玉琴 责任印制：李 洋

中国农业出版社印刷厂印刷

2015 年 1 月第 1 版第 1 次印刷

169 mm × 239 mm · 17 印张 · 354 千字

0001—3000 册

标准书号：ISBN 978-7-111-48590-2

定价：49. 80 元

凡购本书，如有缺页、倒页、脱页，由本社发行部调换

电话服务

服务咨询热线：（010）88361066

读者购书热线：（010）68326294

（010）88379203

网络服务

机工官网：www.cmpbook.com

机工官博：weibo.com/cmp1952

教育服务网：www.cmpedu.com

金书网：www.golden-book.com

前　言

电能质量问题从认知到重视并采取相应的技术措施以应对有一个发展过程。过去由于电压等级较低，电能质量问题主要表现为可靠性问题以及低频传导形式的干扰，如谐波、闪变和不平衡等稳态现象，并没有受到特别的关注。而随着现代电力系统因容量和电压等级的大幅度提高，电力电子技术开始大规模应用，使得电压暂升、波形畸变以及功率因数下降等电能质量问题日益突出，带来的影响和损失也不容忽视，其轻则造成电能损耗的增加和产品质量的下降，重则造成工业企业的生产中断甚至停顿，如美加大停电，造成了重大的经济损失和深远的社会影响。因此，如何在控制合理成本的条件下，通过深入研究、制定标准、采取措施，把电能质量控制在允许的范围之内，以保证供用电双方的利益，促进电力工业的健康发展，就成为了当前亟待解决的课题。

近 20 年来，国内外对于电能质量问题的研究，包括各种常规的基于电力电子技术的控制方式的理论和应用，均已得到日益广泛的重视和长足的发展；但作为一种新技术，它的基本原理和适用范围还不为广大读者所熟知。在今天，各种电能质量控制的文章和书籍浩如烟海、呈现爆炸式涌现的大背景下，读者要精准获取所需资料，往往会有大海捞针之感，信息的甄别与整理需要花费大量的时间和精力。本书力图根据作者多年来在电能质量方面的研究，以及从事谐波抑制与无功功率补偿方面的现场经验和成果，对电能质量问题摘其精要，阐述其标准、定义，对谐波和无功控制所涉及的策略和技术装置，从无源到有源，条分缕析，庶易晓畅，以省读者心力。

本书主要面向从事电能质量控制以及谐波与无功控制研究方向的专业技术人员和管理人员，以及工科院校相关专业的高年级本科生和研究生，并假定读者对于电力电子技术的基本理论已有所了解；这样书中避免了花大量篇幅于深入复杂的理论推导，而是从相关概念入手，结合实例对电能质量及其谐波和无功问题进行原理讲解和控制结构的介绍。

参与本书整理与校对工作的还有佟子昂、孟少伟、尤然、刘鹤松、赵彤以及李晓丹等同志，在此一并表示感谢！

由于作者水平有限，加之材料尚不够成熟，书中难免出现缺点和错误，欢迎读者批评指正。

编著者

2014 年 6 月

目　录

第1章　电能质量定义和标准

引言

电能作为现代文明的支柱，是现代社会中最为广泛使用的能源，其应用程度成为一个国家发展水平的主要标志之一。而随着数字化时代的到来，在用电方面也随之产生了以下两个方面的问题。

一方面，用电负荷日趋复杂化和多样化，使得用户越来越多地使用更快、更高效的生产设备，比如工业系统中各种调速设备正取代传统的电动机直接驱动方式成为传动系统的主流，而这些基于电力电子的电能变换设备早已替代白炽灯、电动机、加热器等成为主要的用电负荷，相应地，其所带来的各种暂态电磁干扰问题成为用户关注的焦点。

另一方面，计算机、微处理器控制的精密电子和电气设备被大量使用，这些设备对电力系统中暂态问题（如电压的暂升、暂降和瞬间停电）的敏感程度和对供电可靠性的依赖程度也变得越来越高。比如大型的集成芯片生产厂中，几个工频周波的供电中断，就会造成大量在制芯片被毁，因此由于电能质量问题所带来的成本也变得越来越高。

随着电能作为一种商品进入市场，其质量问题也就成为作为供应商的电力公司和作为顾客的电力用户双方共同关注的问题。

1.1 电能质量定义和内容

由于供用电双方的角度不同，术语“电能质量”对双方也就有不同的含义。一般而言，电能质量表现为电压、电流或频率的偏差。广义上说，电能质量问题实际上就是服务质量问题，它通常包括供电可靠性、供电质量和提供与前两项相应的信息三项内容。

而在目前对广大电力用户而言，所接受的狭义的定义则如下：

1）电力系统可以通过提供电能维持负荷正常运行，而不对负荷造成干扰或损坏的能力；该能力主要以接入点电压的质量作为标志；

2）负荷可以在不对电力系统造成扰动或降低电力系统效率条件下运行的能力，该能力主要（但不唯一）以电流波形的质量进行衡量。

这里需要指出的是，由于所谓电压质量通常是在电气上位于所考察的供电点上游的所有电源的综合作用的结果，而电流质量则是电气上位于供电点下游的所有负荷的综合作用的结果，所以增加了问题的复杂性。实际上，这两个问题是紧密相关的，是一个问题的两个方面，它们通过系统和负荷阻抗相互联系，很难将两者截然划分。实践中，由于电力系统中电流的畸变均是非线性负荷作用的结果，所以可以将二者统一归结为电压质量问题，因此本书中所谓的电能质量问题即是电压质量问题。

还应当指出的是，目前并没有一个统一的电能质量定义。国际电工委员会（IEC）标准对电能质量的定义：电能质量指的是保证在正常工作条件下向用户所提供的电能的连续性和电压的合格性（包括对称、频率、幅值和波形）等一系列参数。美国电气与电子工程师协会（IEEE）关于电能质量的定义，则是指对于敏感设备的供电和接地是否满足设备运行的需要。欧洲标准中 EN50160 则强调供电电压的特性。

电能质量包括电压质量和电流质量，进一步分类，电压质量包括电压偏差、电压频率偏差、电压不平衡、瞬变现象、波动与闪变、暂降（暂升）与间断、电压谐波、电压陷波、欠电压和过电压等。电流质量包括电流谐波、间谐波、次谐波、相位超前与滞后、噪声等。

谐波问题是电能质量问题的又一个重要领域，从电力系统中提取非正弦电流的非线性负荷通常被分为“确定性谐波产生负荷”和“非确定性负荷”两类。所谓“确定性”（Identified）指的是电力公司通常对用户安装在配电系统的大功率非线性负荷需要逐一加以确认，大功率的整流器、周波变流器和电弧炉等产生大量谐波电流的非线性负荷属于典型的确定性负荷。此时电力公司就可以确定大功率非线性负荷用户的供电点，以及各个用户所产生的谐波电流数量。

单个小功率的电子设备，如电视机、计算机之类的前端变流器作为电网和设备之间的接口所产生的谐波电流对于电力系统而言，是完全可以忽略的。但由于此类装置的数量巨大，以及应用的同时性强，所以已经取代工业设备成为配电系统中谐波的主要来源。而此类设备通常就可以认为是非确定性谐波产生负荷。虽然2000年版的IEC 61000-3-2中特别将此类负荷列为D类，并作出了较为严格的规定，但目前在国内还没有得到足够的重视。

谐波放大问题是另一个与谐波相关的问题。日本的测试结果表明，市中心区6.6kV配电系统的电压在夜间轻负荷条件下的5次谐波含量高达7%。而这在很大程度上是由于线路阻抗和功率因数校正电容（包括无源滤波器）之间的串并联谐振造成的。这说明对于谐波治理问题，除了需要对谐波电流进行补偿之外，还需要考虑对谐波在配电系统中的传播进行阻尼。

此外，无功问题是影响电能质量的另一个重要内容，其与电压闪变、频率偏移、三相不平衡等稳态电能质量问题密切相关，同样会对用户设备的正常运行造成巨大的负面影响。本书将着重关注电能质量中的谐波与无功问题。

1.2 电能质量标准

实际上，国际电工技术委员会（IEC）于1977年成立了TC77专委会，专门对连接到电网的各种半导体设备引起的电能质量问题进行研究和制定标准，并自1990年开始制定一套完整的电能质量基础标准——IEC 61000。我国近年来也相继针对电压、电流、频率和电能质量共发布了10项标准，这些标准直接涉及电能的生产、输送、使用和设备实际制造行业的生产、管理和电能质量。如GB 12326－2000《电能质量　电压波动与闪变》中，就规定了电压波动与闪变的限值计算、测试、评估方法。实际上，电能质量问题可行的解决方法就是在电力设备的干扰发射和抗扰度限值之间进行协调。现有的标准和导则主要是对干扰源的水平进行控制，制定这些标准的主要目的是保证电网安全经济运行，保护电气环境，保障电力用户正常使用电能。这些标准的制定应当符合两个要求，即终端用户的设备可以正常运行，同时对于电力系统而言又具有现实的可行性。比如以谐波标准为例，它就将限制谐波的责任在供用电双方之间进行了划分。终端用户需要对限制注入系统的谐波电流承担责任，而电力公司则主要负责限制供电线路上电压的畸变。

具体而言，首先工业界需要建立一个统一且完整的电能质量测量标准，这样不同时间和地点测量的数据才具有可比性，并且为争议的解决提供基础。比如IEC 61000-4-11就是对“电压暂降、短时中断和电压变化抗扰度试验”的推荐技术。这些标准为电力公司提供了一个可以接受的电能质量水平的下限。

面向设备制造商的电能质量标准是另一个需要进行大量研究的问题；让制造商了解既有系统的电能质量水平并相应地设计设备，比要求制造商提高电能质量水平要经济得多。比如美国半导体制造商和电力公司合作研究后制定了一个SEMI（Semiconductor Equipment and Material International, Inc）性能曲线，要求处理设备可以承受最大电压跌落为 50%，而持续时间不超过 200ms 的电压跌落，从而形成了半导体工业自己的电能质量标准。这种方式对其他同样在谋求提高生产率和与供电系统的兼容性的工业而言也是重要的。此类标准的大规模应用将最终弱化电能质量问题，进而可以在包括利益相关三方协调的基础上，从系统的规模上来分析和研究不同措施对提高电能质量的经济性，进而提出一个社会总体成本最低的解决方案。当然除了依靠制造商本身的主动性外，各级标准化组织也需要对设备对于电压暂降和短时中断的抗扰度提出相应的要求。

制定标准的目的，就是对电力系统中影响电能质量的各种因素予以明确的定义、分类并规定（或推荐）限值，以在社会整体成本最小的条件下，把电能质量控制在允许的范围之内，从而最大程度的保证供用电双方的技术经济利益和电力工业的健康发展。

1.3 电力电子技术对电能质量的影响

如前所述，电力电子装置是造成电能质量问题的主要原因，但由于其具有响应速度快、控制灵活的特点，当被应用于补偿时，相同的装置只需对控制算法进行少许修改后，就可以对终端用户整体电能质量的改善起到同等重要的作用。它可以通过有效地对系统参数进行迅速调节，来提高供电系统的可靠性和供电质量，满足终端用户设备的需要，典型的应用包括有源谐波滤波器、并联静止补偿器、动态电压恢复器和不间断电源。这种应用于配电系统、面向改善用户负荷运行条件的电力电子技术就被称为用户电力（Custom Power，CP）技术，也称定制电子技术。

通过将电能质量控制器嵌入配电系统，用户电力技术为电力公司和终端用户所面临的各种电能质量问题提供了一个综合的解决方法。通过上述技术的应用，从负荷侧看，可以有效地减少供电系统停电和电压波动对负荷的影响，提高设备运行的可靠性和用户资产的利用率。该技术的成功应用可以为企业用户和城乡居民带来巨大的经济和社会效益。从电网侧看，它又可以抑制用户非线性设备对供电系统和邻近用户产生的影响，从而提高对敏感用户供电的质量和附加值。

为了适应电力系统高端用户和普通用户之间对电能质量的不同要求，近年来建立“用户电力园区（Custom Power Park）”也称为“优质电能园区（Premium Power Park，PPP）”或所谓高可靠性、柔性智能供电系统（Flexible，Reliable，Intelligent，Electric Energy Delivery Systems，FRIEEDS）的概念得到越来越广泛的关注。根据优质优价的原则，电力公司通过采用各种电能质量控制技术来保证园区的供电质量，而园区内的用户则根据自己的需要（见表 1-1），通过缴纳额外的使用费来获得相应的高质量电能供应，从而可以保证其敏感设备能够免受各种电能质量问题的影响。图 1-1 给出了位于美国俄亥俄州特拉华工业园区的世界第一个优质电能园区（PPP）简化接线图[1]。

表 1-1 电能质量与用户要求

电能质量分类	A 级质量	B 级质量	C 级质量	标准质量
供电质量的特征	无瞬间停电，对电压波形进行补偿	瞬时停电时间在 15ms 以下	停电时间在 1min 之内	现状
主要对象	计算机、半导体制造设备、通信设备和医疗	个人计算机、半导体制造设备和传动设备、高压放电灯	重要照明设备换气扇、泵、工业传动系统	其他设备
暂降	补偿	补偿	不补偿	不补偿
停电	补偿	补偿	限制停电时间在 1min 以内	不补偿
备用电源工作时间	可以保证设备安全停机	200ms 以上（暂降剩余电压 80%）	停电时间 1min 以内	不补偿
其他	可以利用直流电源供电	可以利用直流电源供电	—	—

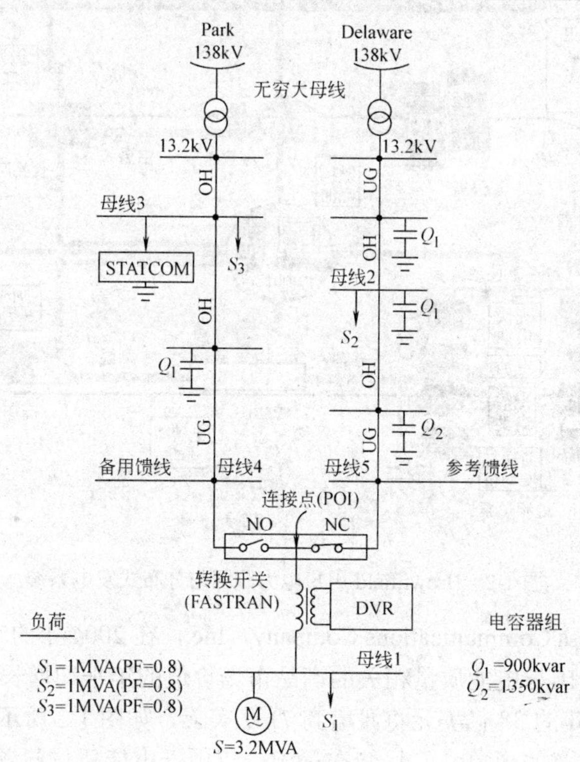

图 1-1 俄亥俄州 Delaware（特拉华）优质电能园区接线图

OH：架空线路（Over Head） UG：地下电缆（Under Ground）

而随着能源紧缺和环境污染问题的日益突出，各国政府对供电问题的关注逐渐由单纯的经济问题转换到发展政策的层面上，对各种可再生能源的应用采取了政策上鼓励、经济上补偿的方针，以此为契机，分布式发电（Distributed Generation，DG）系统的研究和应用也得到了迅速的发展。分布式电源由于邻近电力用户，所以当电网发生扰动时，分布式电源在相关控制策略下可以在尽可能短的时间内投入使用，从而可以有效地提高电能质量，尽可能减少故障，对电能质量的改善具有潜在的优势。但是分布式发电的引入也会给系统的控制和保护带来许多不确定性：分布式发电单元输出的急速变化可能带来的电压闪变；变流器的应用所引入的大量谐波，又会对电能质量带来负面影响。分布式发电系统的广泛应用将显著地改变配电系统的性质，并带来一系列潜在的（包括正面和负面）电能质量问题。相应地采用用户电力技术来解决上述新问题也成为电能质量问题研究的一个重要领域。图 1-2 所示为位于美国芝加哥采用分布式发电系统的电力园区示意图。园区中，对各种新型发电设备和可再生能源的应用和相互联系均进行了研究，目前还正在研究进一步增加示范工程。

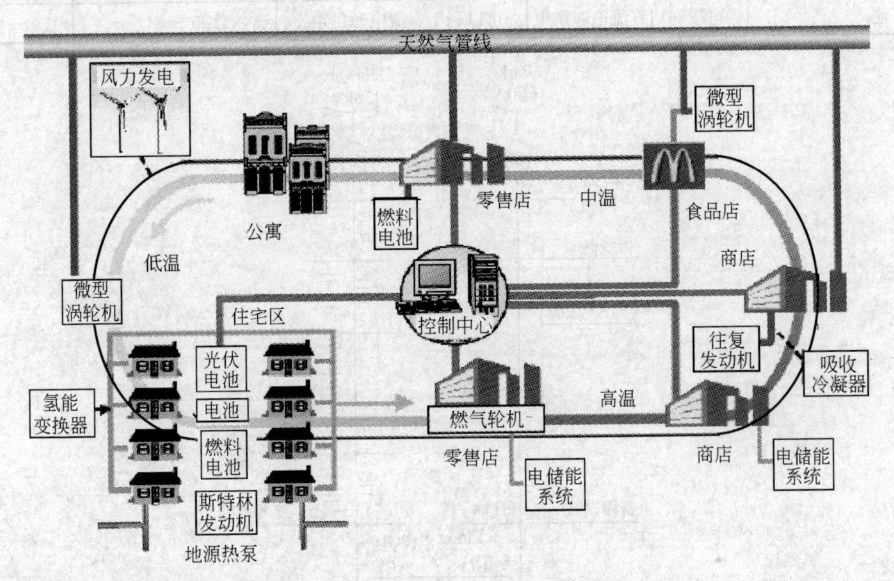

图 1-2 Brownfield 用户电力园区与分布式发电系统

美国 Business Communications Company，Inc.，在 2004 年的一个报告[2]中曾经乐观地估计，美国与电能质量相关的产品市场价值的年平均增长率大体为 11%，2006 年从 2000 年的 38 亿美元将激增到 71 亿美元，如图 1-3 所示。

一个值得注意的现象是，尽管在美国一年由于电能质量问题带来的损失高达 800 亿美元，说明电能质量控制器的确存在市场，同时也不断有实用的产品问世，但实际中电力用户对于所谓电能质量问题往往并不关心，或者直到出现问题时才关心。在我国，这个问题更为突出。问题在于：

首先，用户对于电能质量问题及其造成的影响并不了解，比如电压波动可能引起的造纸企业纸张的厚度不均匀等问题并不为广大用户所知，也没有受到他们足够的关心；

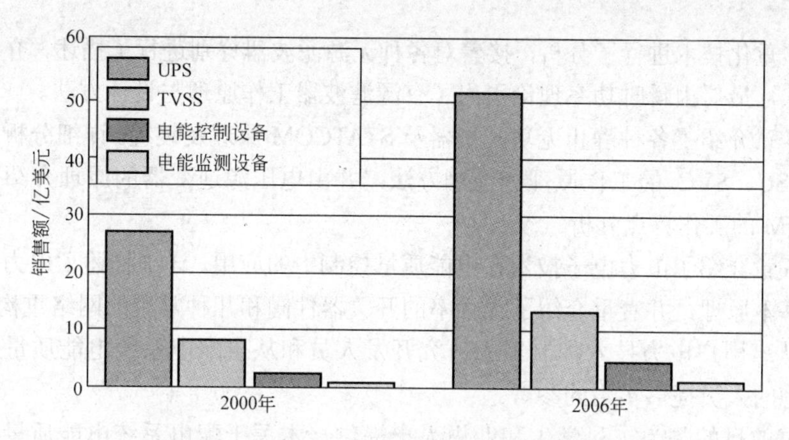

图 1-3　美国市场电能质量相关设备的销售额

其次，对于应用工程师和企业决策人而言，目前各种工业企业电能质量问题解决方案过于深奥，缺乏必要的了解；

再加上企业领导人更为关心的是上述解决方案对于提高企业生产力的作用，以及回收时间，一般希望投资回收在 1～2 年之间，所以成本也是一个重要因素。

因此，有必要从用户最为关心的节能降耗问题，以及提高设备生产率和利用率等方面着手，比如无功功率补偿对电弧炉等运行的影响，来引导和开发用户电力技术的市场。

1.4　本书的组织

本书主要包括两方面的内容：一个是电能质量问题的基本定义、现象和理论；另一个是改善电能质量所应用的技术，包括谐波抑制和无功功率补偿技术，以及其他的用户电力技术，特别是基于电力电子技术的解决方法。

电能质量问题根据定义包括两个方面的内容：一个是供电的连续性，也即可靠性；另一方面是电压质量。

因此，第 2 章专门对由于电力系统扰动造成的配电系统可靠性问题，包括其原因、危害、相关标准以及对策进行了详细的讨论。

对于电压质量问题，以及配电系统的中相关的术语、标准以及常规的对策，在第 3 章中进行了较为深入地分析。特别是，对其中影响配电系统用户最大的稳态电能质量问题（如谐波和闪变），以及暂态电能质量问题，如电压暂降和瞬间停电的机理、分析和计算方法，以及传统补偿措施进行了详细的分析和讨论。这两章的主要目的是帮助读者识别配电系统中潜在的问题，对电力公司和用户设备及其设计人员造成的电能质量问题加以区分，并且对如何满足敏感设备的电压质量要求提出相应的建议。

第 4 章介绍的是影响电能质量的谐波问题及其控制方法，对改善谐波源的PWM

技术和多重化技术进行了分析，接着对各种无源滤波器分别进行了描述，介绍了其设计方法，最后由瞬时功率理论引出了有源滤波器工作原理与设计方法。

第 5 章介绍了各种静止无功补偿器及 STATCOM 原理及装置。详细分析了各种 TCR、TSC、SVC 的工作原理和控制方法，并由电压源逆变器的原理介绍引出了 STATCOM 的工作特点分析。

第 6 章介绍了电力电子技术在电能质量控制中的应用。详细描述了电力电子变流器的基本原理，并着重介绍了大功率的开关器件阀和几种常用的网络重构设备，旨在为从事用户电力技术控制器的研究开发人员和从事配电系统电能质量规划和工程实施的人员提供实用的参考。

本书的目的是为工科学生和业内人士提供一本关于配电系统电能质量控制问题的简明而有效的参考。作者力图用尽可能充分的信息来覆盖电能质量控制领域中的常用知识，所以书中的内容既包括了传统的解决方法，又介绍了最新的控制进展，并且基于作者多年来从事电能质量控制领域的研究和开发工作的经验，书中对于实际的应用给予了特别的关注。

由于电能质量问题涉及供用电双方和设备制造商，因此，本书的内容除了尽可能在配电工程师和电力设备用户之间达到平衡外，还希望能帮助电气和电子设备以及计算机等的设计人员了解其设备的使用环境和用户所面临的困难，进而为相关三方发现其共同点，一起合作解决电能质量问题提供帮助。

总之，本书是作者对迅速发展的电能质量领域基本理论和实用技术的一个较为详细的说明，目的是帮助读者理清电能质量的相关内容和标准，并将电能质量控制的有关知识更好地应用于实际的生产和科研之中。

参考文献

[1] Domijan A, Montenegro A, Keri AJF.Simulation Study of the World's First Distributed Premium Power Quality Park [J]. IEEE Transactions on Power Delivery, 2005, 20(2): 1483-1492.

[2] Dedad J. Four key Steps in Applying Power Conditioning Equipment [J], Electrical Construction and Maintenance, 2004, 103 (3): 18-22.

[3] Ghosh A, Ledwich G. Power Quality Enhancement Using Custom Power Device [M]. London: Kluwer Academic Publishers, 2003.

[4] Dugan R C, McGranaghan M F, et al. Electrical Power Systems Quality [M]. New York: McGraw-Hill Companies, Inc., 2002.

[5] 工場・ビル構内電源品質確保調査委員會. 工場・ビルのにける電源品質確保現狀對策 [J]. 電氣學會技術報告第 581 号, 1996.

[6] 電力品質調整用パワエレクトニクス應用機器適用技術調查專門委員會. 電力品質調整用パワエレクトニクスの適用技術動向 [J]. 電氣學會技術報告 978 号, 2004.

[7] ARRILLAGA J, BOLLEN M, WATSON NR. Power Quality Following Deregulation [J], proceedings of the IEEE, 2000, 88 (2): 246-261.
[8] Kazibwe W E., Sendaula M H. Electric Power Quality Control Techniques [M]. New York: Van Nostrand Reinhold, 1993.
[9] 肖湘宁，等. 电能质量分析与控制[M]. 北京：中国电力出版社，2004.
[10] 程浩忠，艾芊，等. 电能质量[M]. 北京：清华大学出版社，2006.

第2章　电能质量中的可靠性问题

引言

所谓电能质量问题，涉及的就是电力系统中存在的各种各样的电磁现象。它通常被用来描述电力系统在特定场所、特定时间下的电压和电流的特性。

本章的目的是通过对电能质量问题的内容、意义、术语和标准的说明，为从事该领域研究和设计的技术人员提供一个实用的参考，从而对该领域国内外研究的现状与发展有进一步的了解。本章根据我国近年来颁布的一系列电能质量标准，和 IEC 及 IEEE 相关的标准[1]对电能质量现象的内容、意义和术语进行必要的技术说明，并通过讨论一些常见的能引发电能质量问题的原因，以加深读者对电能质量问题的理解。

2.1　电能质量现象分类

传统上，用户对电力系统的基本要求主要是能够高可靠性地提供电能，这意味着供电的连续性是电能质量中最重要的因素；但随着对电能质量敏感的电子设备的应用日益广泛，用户希望电力公司所提供的电能除了具有高可靠性之外，同时也是清洁的。因此电力系统中任何导致用户设备失败或误操作的电压、电流或频率偏移问题均可以归结为电能质量问题。

这里将电能质量定义如下：

电能质量指的是供电系统向用户提供的是一个频率和幅值恒定的完美正弦电压。也就是说，电能质量指的是保证在正常工作条件下向用户所提供的电能的连续性和电压的合格性（包括对称、频率、幅值和波形）的一系列参数。供电质量可由两个指标来衡量，即供电可靠性和电压质量。

根据上述定义，电能质量问题可以包括两个方面：

供电的连续性，即供电的有效性和可靠性，这里电力系统的可靠性是指在电气设备安装规程规定的频率和电压偏移范围内，保证用户电力供应的性能。由于供电中断将给生产、生活等造成很大影响，甚至造成人身伤亡、重大的政治影响和经济损失，所以为保证电力系统的正常运行，必须保证供电的可靠性。而由于停电相当于向用户提供的电压幅值为零，而可靠性主要指的是用户停电（不连续供电），所以从广义上讲，可靠性可以看做是电能质量问题的一个子集。目前的趋势实际上是将可靠性作为电能质量的一个组成部分来加以讨论。

有效性，指的是电压源不中断的时间的百分比，所以有效性又可看做是可靠性的一个子集。

供电的电压质量。由于电力系统可以看做是电压源，所以供电质量问题归根结底是电压质量问题。良好的电压质量是确保电气设备工作性能的正常发挥，并关系到电力系统能否正常运行的主要指标。电压质量是包括频率偏移、电压暂降（Sag，瞬时跌落）和暂升（Swell）、瞬变（Transient）、电压波动（Fluctuation、包括过电压和欠电压）、闪变（Flicker）、三相电压不平衡（Unbalance）、谐波失真（Harmonic Distortion）、换向缺口（Notch）等。

2.2　配电系统可靠性

2.2.1　配电系统可靠性原理

在近年出版的《中国电力系统百科全书：电力系统卷》[2]中，将可靠性描述如下：

电力系统按可接受的质量标准和所需数量不间断地向电力用户供应电力和电能量能力的度量。电力系统可靠性包括充裕度和安全性两个方面。

充裕度（Adequacy）是指电力系统维持连续供给用户总的电力需求和总的电能量的能力，同时考虑到系统元件的计划停运及合理的期望非计划停运。充裕度又称静态可靠性，也就是在静态条件下电力系统满足用户电力和电能量的能力。

安全性（Security）是指电力系统承受突然发生的扰动，例如突然短路或未预料到的失去系统元件的能力。安全性也称动态可靠性，即在动态条件下电力系统经受住突然扰动并不间断地向用户提供电力和电能量的能力。

如图 2-1 所示，配电系统（Distribution System）处于电力系统末端，包括从供电点到用户之间的配电变电所、高低压配电线路及接户线在内的整个配电系统及设备。由于其直接与用户设施相连，是向用户分配和供应电能的重要环节，一旦配电系统或设备发生故障或进行检修、试验，往往就造成系统对用户供电的中断，直到配电系统及其设备的故障被排除或修复，恢复到正常的状态，才能继续对用户供电，所以整个电力系统对用户的供电能力和质量最终都必须通过配电系统来体现。配电系统的可靠性指标实际上是整个电力系统由于结构及运行特性的集中反映。而实践证明，在电力用户面临的可靠性问题中，配电系统故障引起的占到 90%以上，比如以住宅小区为例，美国每年平均 90min 的停电时间中，大约 70～80min 是由于配电系统的故障所引起的，因此提高用户系统的可靠性的关键在于提高配电系统的可靠性[3]。

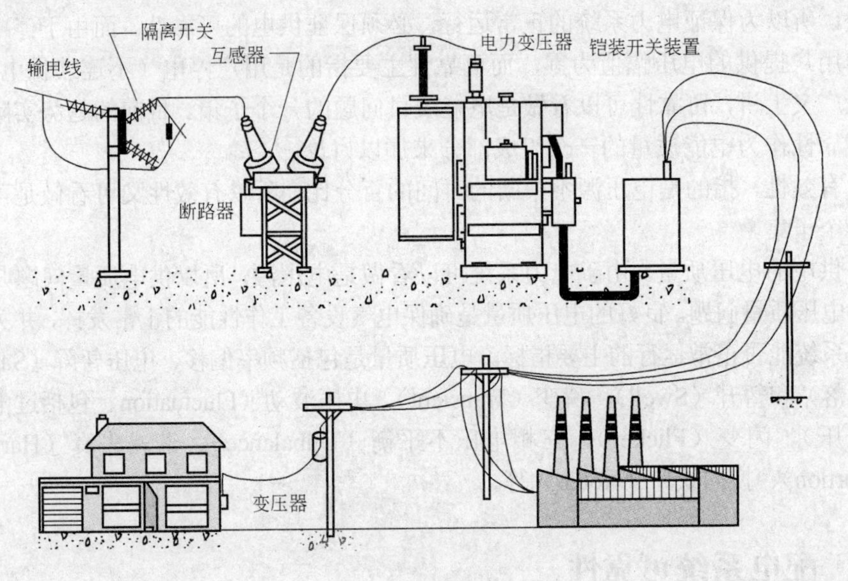

图 2-1　配电系统示意图

通常所谓电力系统供电可靠性，往往就只以用户最关心而又最敏感的停电程度来加以评价。从上述的观点出发，所谓供电可靠性就是电力系统设备发生故障时，衡量能使由该故障设备供电的用户供电障碍尽量减少，使电力系统本身保持稳定运行（包括运行人员的运行操作）的能力的程度。而配电系统可靠性，就是指量度从供电点到用户，包括变电所、高低压线路及入户线在内的整个配电系统及设备在某一定期间内，能够保持对用户连续充足供电的能力的程度[4]。

构成配电系统的各种设备，如变压器、架空线、电缆、断路器、避雷器、绝缘子和套管等均可能发生故障。设备早期的故障可能是由于制造的质量问题、运输或安装时造成的损坏等。而即便是状态良好的设备也可能由于过电压、过电流、动物的危害、恶劣的气候和许多其他原因造成损坏。有时设备可能由于老化、热疲劳、化学污染和机械磨损等引起突然的损坏。比如变压器对配电系统可靠性的影响主要体现在两个方面：损坏和过载，变压器损坏的直接后果是可能导致数以千计的用户面临灾难性的停电，而严重的过载同样可能导致变压器的损坏。因此在设计和使用时必须对变压器的额定参数和热老化有充分的了解。而由于各种设备又均是由大量的元器件所组成的。设备本身和组成设备的各种元件的失效率与时间的关系如图 2-2 中实线所示，符合所谓“浴盆曲线”（Bath-tub Curves），即失效率随时间变化曲线，可分为三个阶段：

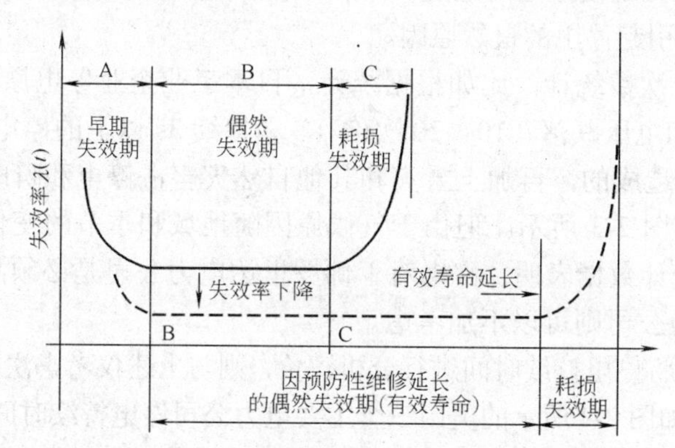

图 2-2　采用预防性维护前后的失效率曲线

注：实线为设备的固有失效率曲线；虚线为采用预防性维护后的失效率曲线。

（1）早期失效期　此期间失效率曲线为递减型。产品投入使用的早期，失效率较高而下降很快。这主要是由于设计、制造质量和运输、安装等人为因素所造成的失效。当这些所谓先天不良因素造成的失效发生后，运转也逐渐正常，则失效率就趋于稳定，并逐渐变平。使用中应该尽量设法避免。

（2）偶然失效期　失效率曲线为恒定型，即近似为常数。这一阶段的特点是失效率较低，且较稳定，往往可近似看作常数，失效率属于恒定型；产品可靠性指标所描述的也就是这个时期，这一时期是产品的良好使用阶段。人们总是希望延长这一时期，即希望在容许的费用内延长使用寿命。此时产品的失效是由多种而又不太严重的偶然因素引起的，如过载、误操作、意外的天灾以及一些偶然因素所造成的。由于失效原因多属偶然，故称为偶然失效期，该阶段为产品有效工作的时期，也称为有效寿命。

（3）耗损失效期　此期间失效率是递增型的，随时间延长上升较快，这是因为设备上的某些元件已经老化，因而失效率上升。针对耗损失效的原因，应该注意检查、监控。当其中硬件的失效率已达到不能允许时，就应进行更换或维修，这样可延长设备的使用寿命，推迟耗损失效期的到来。

2.2.2　配电系统停电的原因

恶劣的天气，比如暴风（Wind Storms）、雷雨（Lightning Storms）、冰暴（Ice Storms）等，往往是许多电力公司中用户停电的主要原因。在正常气候条件下，设备故障通常是独立事件，一个设备的损坏与其他设备全不相关；很少出现多个设备同时损坏的情况。但在恶劣的气候条件下，就可能造成多个设备同时损坏，并进而导致故障恢复的时间加长。此外，近年来所谓“热浪”，即炎热的夏季由于空调负荷的大量同时应用引发的过载，是欧美、日本等发达国家和中国面临的一个日益严重的问题，上述问题可能使系统的传输能力达到或接近电压稳定的极限，从而有引起潜在的大规模停电的危险。又如，地震、动物危害、火灾，以及树木引起的短路等，均是引起停电的自然原因。

如果以停电次数统计，比如根据统计，日本工业企业停电原因[包括 0.01～3s 的瞬时停电和电压跌落（10～20 次/年），和持续 3s 以上的停电（1 次/年）]中69%是由于雷击造成的，再加上雪灾和其他自然灾害占停电和瞬时电压跌落事件的 3/4 以上，如图 2-3 所示。但由于气候原因随地域和季节的变化而有很大的差异，比如美国统计数据表明，雷电对于佛罗里达电力公司是必须加以考虑的，而对西海岸的电力公司则可以不加考虑。

另外，如果将停电持续时间进行分析评价，则与上述仅考虑次数的结果可能会有很大差别。比如图 2-4 所示的美国三个主要电力公司停电持续时间的统计数据（不包括暴风）表明，设备质量是他们的用户停电的主要原因，而其中电力公司 3 由于位于低雷雨区并且主要为城市供电，所以交通事故对可靠性的影响较大，而雷电的影响则较小。

除了上述自然原因引起的停电之外，人为因素也是许多用户停电的直接原因。比如，电力公司操作人员的误操作所造成的断路器的误动、交通意外（如汽车撞倒电线杆、故意破坏等）均是引起人为造成停电的原因。而作业停电，即所谓预防性维护是在事前计划，并使用户得到通知而后实施的停电，同样是停电的原因。这是因为为了某些设备维护需要断开电源，在维护或线路转换时，所有下游的用户均会面临一定时间的供电中断。

现在，随着对配电系统可靠性的研究不断深入，配电系统结构及其运行管理技术得到不断的改善，系统本身存在的很多问题越来越多地可以在不影响用户停电的情况下进行处理。

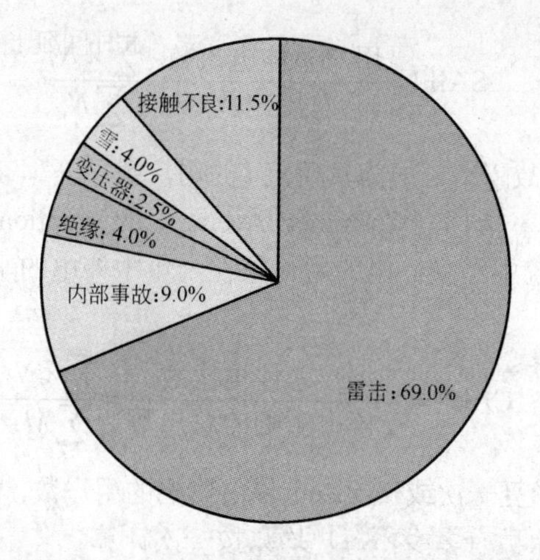

图 2-3　日本企业停电和瞬时电压跌落原因[5]

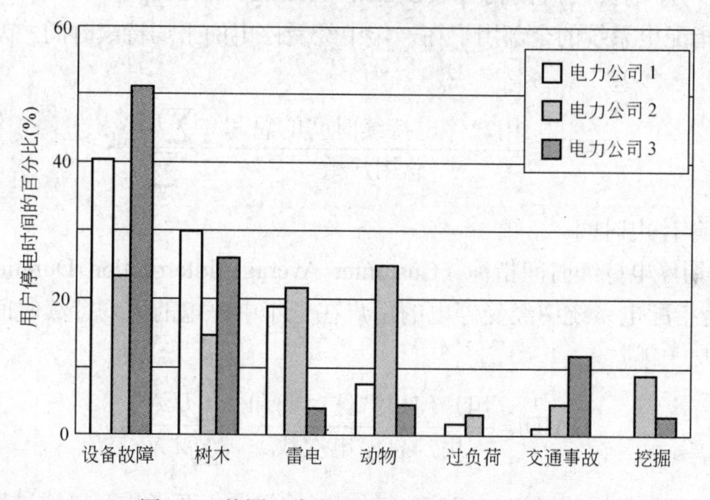

图 2-4　美国 3 家公司用户停电的主要原因

2.3　配电系统可靠性指标

配电可靠性指标是根据对配电系统负荷、设备或用户的可靠性数据的统计结果，对配电系统可靠性进行定量评估的尺度。最广泛应用的可靠性指标通常是在对整个系统中所有用户均采用相同的权，然后进行平均的结果，这意味着在进行可靠性评估时，小的居民用户和大的工业企业用户应当是同等重要的。其中比较典型的与用户有关，而又为我国电力系统广泛认可的可靠性指标如下[4,6,7]：

系统平均停电频率指标（System Average Interruption Frequency Index，SAIFI），是指配电系统中全部用户在一年中停电的平均次数，单位为次/（用户・年）：

$$\text{SAIFI}=\frac{\text{用户总停电次数}}{\text{总用户数}}=\frac{\sum \lambda_i N_i}{\sum N_i} \tag{2-1}$$

式中，λ_i为负荷点i的故障率；N_i为负荷点i的用户数。

用户平均停电频率指标（Customer Average Interruption Frequency Index，CAIFI），是指配电系统中经受停电的用户数在一年中停电的平均次数，单位为次/（停电用户·年）：

$$\text{CAIFI}=\frac{\text{用户总停电次数}}{\text{受停电影响的总户数}}=\frac{\sum \lambda_i N_i}{\sum M_i} \tag{2-2}$$

式中，M_i为负荷点i经受一次或一次以上停电影响的用户数，也就是说，受影响的用户不论一年停电的次数有多少，每户均只按一次计算。

系统平均停电持续时间指标（System Average Interruption Duration Index，SAIDI），是指配电系统的全部用户在一年中经受停电的平均持续时间，单位为h（或min）/（用户·年）：

$$\text{SAIDI}=\frac{\text{用户停电持续时间的总和}}{\text{总用户数}}=\frac{\sum U_i N_i}{\sum N_i} \tag{2-3}$$

式中，U_i为年停电时间。

用户平均停电持续时间指标（Customer Average Interruption Duration Index，CAIDI），是指配电系统中经受停电的用户在一年中停电的平均持续时间，单位为h/（停电用户·年）

$$\text{CAIDI}=\frac{\text{用户停电持续时间和}}{\text{用户总停电次数}}=\frac{\sum U_i N_i}{\sum \lambda_i N_i} \tag{2-4}$$

对于CAIDI指标的讨论与CAIFI有相同的问题，两者均可以通过增加经受一次停电的用户数来使指标得到改善。

平均供电可用率指标（Average Service Availability Index，ASAI），是指配电系统在一年中用户连续供电总小时数与用户要求供电总小时数之比，它用概率表示。式（2-5）中，8760为一年中用户要求连续供电的小时数。因此ASAI为0.998，表示一年中连续供电时间为8742.48h。

$$\text{ASAI}=\frac{\text{用户供电总小时数}}{\text{用户要求供电总小时数}}=\frac{\sum 8760N_i-\sum N_i U_i}{\sum 8760N_i} \tag{2-5}$$

平均供电不可用率指标（Average Service Unavailability Index，ASUI），是指配电系统在一年中用户停电总小时数与用户要求供电总小时数（8760）之比，同样用概率表示。例如，ASUI为0.001，表示一年中用户停电总小时数为8.76h。

$$
\begin{aligned}
\text{ASUI} &= 1-\text{平均供电可用率指标} \\
&= \frac{\text{用户不能总供电小时数}}{\text{用户要求供电总小时数}} \\
&= \frac{\sum U_i N_i}{\sum N_i \times 8760}
\end{aligned} \tag{2-6}
$$

系统停电所带来的经济损失可能是巨大的。一次停电可能给单个制造商就带来 1 万～1 百万美元的损失。对于银行、数据中心、客户服务中心，单次停电的损失与之相近，或更高。问题是这些企业中大量应用的电能质量敏感设备，如计算机、数字处理设备，对于除了电力公司可靠性统计数据中停电之外的其他电能质量问题同样非常敏感。持续时间在 100ms 之内的瞬间停电或电压跌落对于此类企业的影响和持续数分钟的停电相似。所以停电时间小于数分钟的瞬间停电，近年来同样被看做是可靠性问题。

近年来，在电能质量的问题的研究和一系列相应标准，如 IEEE 1159 中，通常将单相或多相剩余电压＜0.1pu，即称电压完全损失，也即看做是停电，并且进一步根据停电时间的不同将停电分为三类[1]，即

瞬间停电（momentary interruption）——持续时间小于 3s 的电压完全损失；

暂时停电（temporary interruption）——持续时间在 3s～1min 之间电压完全损失；

持续停电（sustained interruption）——持续时间超过 1min（我国电力系统考虑到重合闸的动作时间，定为 3min）的电压完全损失。

随着电能质量敏感设备的大量应用，此类设备对短时间扰动包括停电和电压跌落的响应，使得需要引入与瞬间停电有关的指标。两个此类指标已被新版的 IEEE 可靠性指标引入[6]，其中一个基于瞬时停电的频率，也即断路器动作的次数；另一个则描述瞬时故障的次数，而不管断路器在一次故障中动作几次。

平均瞬间停电频率指标（次/年）：

$$
\text{MAIFI} = \frac{\text{用户瞬间停电总次数}}{\text{用户总数}} \tag{2-7}
$$

对于电力公司而言，上述指标可以很容易地由断路器和重合闸的次数计算。另一个用户更容易接受的指标，停电故障指在 5min 内断路器或重合闸动作不论多少次均算一次。

平均瞬间停电故障频率指标（次/年）：

$$
\text{MAIFI}_\text{E} = \frac{\text{用户瞬间故障总次数}}{\text{用户总数}} \tag{2-8}
$$

参考文献[6]给出的图 2-5 所示的一个算例加以说明。假定某电力公司为 2000 个用户提供电能，由于系统故障，其中 750 个用户经历了瞬时停电，250 个用户经历了持续停电，而 1000 个用户没有受到影响。由于瞬时故障时重合闸动作，相当

于动作两次。

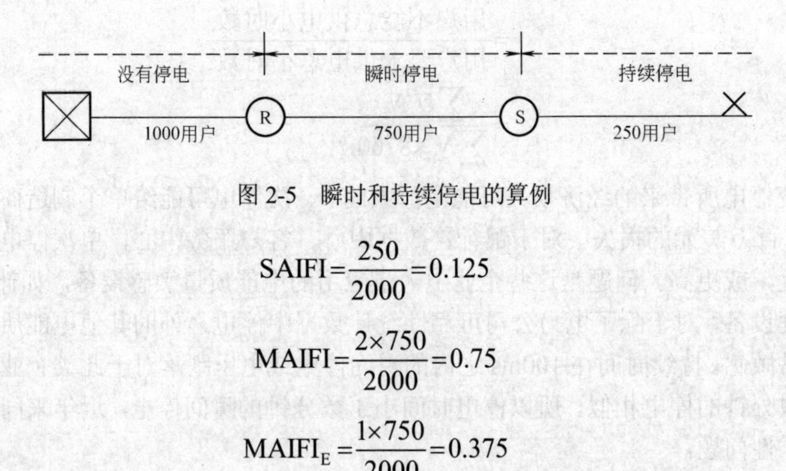

图 2-5　瞬时和持续停电的算例

$$\mathrm{SAIFI}=\frac{250}{2000}=0.125$$

$$\mathrm{MAIFI}=\frac{2\times 750}{2000}=0.75$$

$$\mathrm{MAIFI_E}=\frac{1\times 750}{2000}=0.375$$

2.4　提高可靠性的措施

作为停电对策，通常分为如下几类：

1．设备的预防维护

预防维护指的是当设备未出故障或未损坏前进行的维护，其中最常见的就是定期维护，以使设备总是保持在良好的工作状态。也即根据确定的最佳检查时间，对设备部件进行检查、保养、维修和更换，从而延长设备的工作寿命，并降低使用费用，使使用费用最少。但实际上，在影响配电系统可靠性的诸多因素中，定期维护一直没有得到应有的重视，往往由于资金投入的不足，使得系统和元件缺乏及时和高质量的定期维护，从而导致设备误动或损坏，影响到可靠性设计目标的实现。

电气设备性能的劣化是正常的物理现象，如果没有适当的维护，老化就会不断发展，最终引起设备的误动或电气故障。通常电气设备的寿命为 15～30 年之间，接近生命末期时设备的故障率将会急剧上升。通常设备使用 15 年之后故障就不断出现，老化成为主要的原因。比如日本电气学会在 20 世纪 90 年代中经过 5 年调查得到的结果是，油浸式变压器的年平均故障率大体为 0.1%～0.2%；但工作 10 年后故障率将急剧上升，20 年后将达到 1%以上。而对于断路器的调查也给出相似的结果，实际上断路器一半左右的故障均可以通过定期的检测发现，并及时进行设备维护，从而可以避免停电等灾害的发生。而美国的研究也表明，四分之一的停电故障可以通过维护来防止，而通过诊断还可进一步减少故障率。

参考文献[3]给出了美国电力设备可靠性的统计数据，见表 2-1。

表 2-1　工业电力设备的可靠性[3]

设备	故障率 λ/年			平均修复时间（MTTR）/h		
	低	典型	高	低	典型	高
油浸式变压器	0.0053	0.0060	0.0073	39	300	1000
塑壳式断路器	0.0030	0.0052	0.0176	1.0	5.8	10.6
抽出式断路器	0.0023	0.0030	0.0036	1.0	7.6	232
隔离开关	0.0020	0.0061	0.0100	1.0	2.8	10.6
配电设备母线	0.0008①	0.0030①	0.0192①	17	28	550
电缆（直埋）	0.0034②	0.0050②	0.0062②	15	35	97
电缆头	0.0003	0.0010	0.0042	1.0	2.8	10.6

① 母线故障率为每英尺线路；

② 电缆故障率指每 1000ft（304.8m）线路。

MMTR 值的巨大差异实际上取决于备件的状态，如果企业具有适当的备件，则短时间就可以修复，反之如果备件需要订货或需要按计划进行检修，则维护时间就可能需要数周。比如抽出式断路器维护时间的高限 232h 与低限 1h 之比高达 200 多倍。所以适当的备件同样是提高可靠性的一个重要条件。

此外，环境中水、灰尘、过高或过低的温度、高湿度、振动、元件质量和许多其他因素均会影响到设备的正常运行。通过定期维护[也称预防性维护（Preventive Maintenance）]发现和解决上述问题，可以有效地减少严重的电气故障的发生。

另外，美国统计数据还表明，不充分的维护引起的故障大约占全部故障的 16.4%[8]，其中维护后 1 年内发生故障占 7.4%，1～2 年之间占 11.2%，而 2 年以上为 36.7%。因此定期并且充分有效的维护是可靠性的保证。这意味着除了维护时作为替换用的设备必须具有良好的质量外，还必须安装正确。实际上，由于每次维修后的试运行阶段，元件的故障率可能会由于维修过程出现错误而暂时急剧上升到一个很高的水平，此后如果维护正常迅速下降到比维修前低的水平，其后又逐渐上升直到下次维修；但由于实践中不可能实现理想的维修，所以每次维护后的故障率均比上次维修后的故障率有所增加，因此其故障率特性呈现如图 2-6 所示锯齿状浴盆曲线。

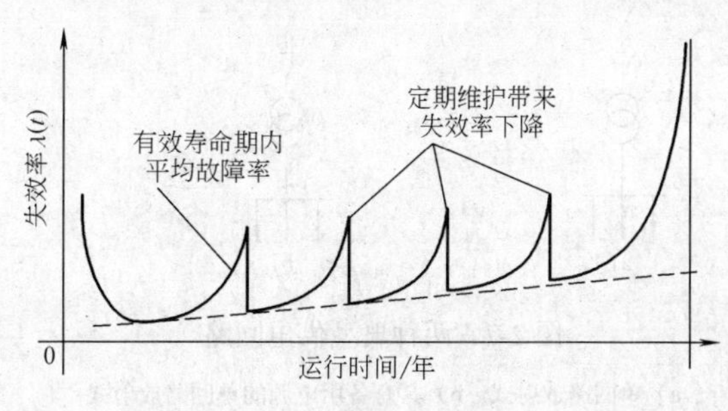

图 2-6　锯齿状浴盆曲线

尽管定期维护除了按计划停电将影响到供电的有效性外，还会涉及一定的费用，比如人工费用和备件费用，但由于通过发现和更换老化的设备和元件使系统保持良好的工作状态，从而减少偶然故障的概率，（见图 2-2 和图 2-6）延长了系统的有效寿命，也即总体上提高了系统的可靠性。

2．采用智能化的状态监测控制系统

将技术性能良好的开关与电子技术相结合构成的配电自动化装置，如自动重合器、分段器和自动配电开关与具有自诊断和检测控制功能的监测系统相结合，就可以根据仪表测量的结果，直接地、直观地对检测数据进行分析，从而发现元件、设备和系统的异常状况，并进行相应的操作。上述集保护、监控、自诊断、记忆和执行等功能为一体的配电自动化装置能自动排除瞬时故障，隔离永久性故障区段，使非故障线段很快恢复正常供电。同时，还可与计算机网络相结合，对负荷实现远方监测，并实时调整和变更电网运行方式和转移负荷，使配电自动化向更高层次发展，从而可以将城市配电网年平均每户停电时间控制在数十分钟内，进而大幅度降低维护的成本，提高可靠性。

3．采用高可靠性的结构

改进系统结构是提高可靠性的一个重要措施。比如配电系统常采用的典型结构包括单回路放射式、有备用电源的单回路放射式、环网供电结构和双电源供电结构等，其复杂性、可靠性和投资则是依次递增。

单回路放射式配电网络线路（见图 2-7a）敷设简单、操作维护方便、继电保护简单、各支线间无联络，因此某一支线发生故障不影响其他支线用户。但变电所引出线较多、可靠性较差，并且停电恢复时间等于供电线路的维护时间，一般用于二、三级负荷供电。

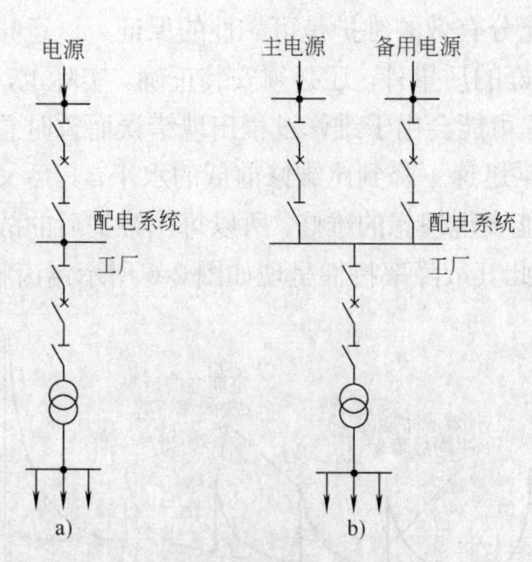

图 2-7　两种典型供电回路

a）单回路放射式　b）具有备用电源的单回路放射式

具有备用电源的单回路放射式配电网络（见图 2-7b），当主电源故障停电时，可将设备切换到备用电源，从而缩短了设备停电时间。显然，这种接线设备投资大、操作维护都较复杂，但可靠性高，停电时间仅为线路切换时间，适用于一、二级负荷的供电。

在参考文献[9]中，以 13.8kV 系统向 480V 低压系统为例，讨论了上述两个回路的可靠性参数。假定简单的单回路放射式线路每两年进行一次维护，此时考虑到包括电源在内的所有设备的可靠性参数，480V 侧的每年的故障次数为 1.9896 次，每年的强迫停运时间为 4.3033h。假定采用图 2-7b 所示的回路，并且在主电源故障时手动切换到备用电源的时间为 9min，此时故障次数不变仍为每年 1.9896 次，只是强迫停运时间减少到 2.1291h，即减少了 50%。如果我们能大幅度减小电源转换时间，根据 IEEE 研究[9, 10]，10s 以下的停电通常不会导致工厂中断生产，所以如果快速自动转换装置可以将线路从主电源切换到备用电源的时间减小到 5s 以下，则对于工业企业而言，可以看作没有停电发生。此时该接线唯一的停电事故出现在两个电源同时出现故障时，而该故障率为每年 0.312 次，平均停电时间 0.52h。据此得到该方案将使故障率减少到每年 0.3456 次，即减少到原来的 1/6，而强迫停运时间也进一步减少到 1.8835h。

上述可靠性的提高的代价是线路变得复杂，而这意味着投资的增加。参考文献[9]对上述线路进行了简单的分析，指出简单放射式接线所需的初始投资为采用自动投切装置的双电源供电方式的 42%左右。所以如何根据负荷的重要性选择适当的接线方式是可靠性设计中的一个重要问题。

4．采用备用电源

根据对于可靠性的要求，电力设备可以大略分为以下四类，即需要采用不间断电源（UPS）的数据采集设备、要求电源中断时间不超过数秒的保护设备、能够耐受不超过数分钟停电的关键设备和可以经受电力系统停电的非重要设备。为了在配电系统停电时仍能向电力设备提供电能，以满足可靠性的要求，如下一些设备是经常采用的：

（1）自备发电机　通常为数千瓦到数兆瓦的柴油、汽油或天然气发电机。如果该设备处于热备用状态，可以在数秒投入运行。此类设备由于容量较大，可以在供电系统长时间停电的条件下维持企业的供电，近年来，我国南方一些省份的中小企业在夏季限电的条件下就是利用自备发电机维持企业运转。

（2）机械或固态转换开关　比如采用双电源供电，在主电源故障时，将系统切换到备用电源，从而使设备能继续正常运行，其停电时间就是开关转换时间，故可以大大地提高可靠性。

（3）飞轮储能装置　系统正常时，通过电动机驱动飞轮旋转，将电能转换为机械能存储在飞轮中；停电时，则通过飞轮驱动发电机将机械能转换为电能回馈系统。一个典型的飞轮储能系统可以经受住数秒的停电，起到缓冲的作用。图 2-8 中给出一个由日本富士电气公司实现的20kW系统停电后的UPS和飞轮储能单元的综合备用系统，由于飞轮储能单元替代了铅酸电池消除了污染源。

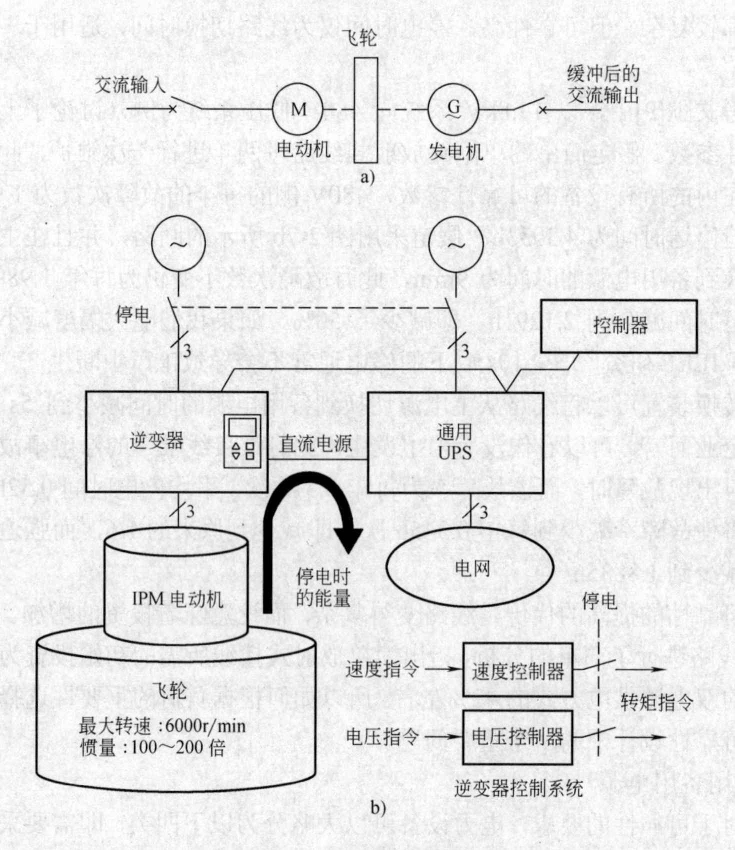

图2-8 飞轮储能系统

a）简化示意图[9] b）飞轮储能系统的备用电源系统框图[11]

（4）静止或旋转的UPS（不间断电源） 根据电池中所存储的能量的大小，它通常可以使系统经受数秒以内的停电，在系统恢复供电过程中起到缓冲的作用。这些设备平时均处于冗余的热备用状态，从而在设备维修或故障时，确保其有效地投入。其中常规的方法由于已为电力技术人员所熟知，并在大量的文献中进行了讨论，本书不拟赘述。而基于电力电子技术，即所谓用户（定制）电力系统（DFACTS）的技术将在第6章中加以详细地讨论。

参考文献

[1] IEEE 1159-1995, IEEE Recommended Practice for Monitoring Electric Power Quality [S] // IEEE Standards Coordinating Committee 22 on Power Quality. 1995.

[2] 中国电力百科全书：电力系统卷[M]. 北京：中国电力出版社，2000.

[3] Brown R E. Electric Power Distribution Reliability, Marcel Deeker, Inc, New York, USA, 2002.

[4] 郭永基. 电力系统可靠性分析[M]. 北京：清华大学出版社，2003.

[5] 工場電氣設備停電實態調查専門委員會. 工場電氣設備停電の實態調查と對策技術動向[J]. 日本電氣學會技術報告 999 號，2005.

[6] 陈文高. 配电系统可靠性实用基础[M]. 北京：中国电力出版社，1998.

[7] IEEE 1366-2003, IEEE Trial-Use Guide for Electric Power Distribution Reliability Indices [S].

[8] Chowdhury A A, Mielnik T C, Lawton L E, et al. System Reliability Worth Assessment at a Midwest Utility-Survey Results for Industrial, Commercial and Institutional Customers [C] //8th International Conference on Prohabilisnc Methods Applied to Power Systems. 2004：756-762.

[9] IEEE 493-1997 IEEE Recommended Practice for the Design of Reliable Industrial and Commercial Power Systems [S].

[10] IEEE Committee Report: Reliability of industrial plants.[J] .IEEE Transactions on Industry Applications 1974, 10(2)：213–252, (4)：456–476, 10(5)：681.

[11] Ichinaka Y, Yamada T, Miyashita T. Control Technology of FRNICS5000 VG7S Vector-Control Inverter [J]. Fuji Electric Review, 49(4)：104-109.

[12] IEEE 1366-2001 IEEE Guide for Electric Power Distribution Reliability Indices [S].

[13] 小林广武.新しい配電ネツトワーク技術の開發動向と課題 [J]. 日本電氣學會杂誌, 2004, 124 (3)：517-520.

第3章 电能质量中的电压问题

引言

国际电工委员会为了描述电能质量，在IEEE 1159标准中包含了一些专门的术语。比如针对短时间电压暂降，国际电工委员会IEC利用术语"电压突降（dip）"定义为"供电系统某特定点的电压突然降低到某个给定的阈值以下，在短时间后又恢复的现象"，而在电能质量领域IEEE所用的术语"电压暂降（sag）"则定义为"持续时间在半个周期到1min之间，工频电压或电流的有效值下降到0.1～0.9标幺值的现象"。

3.1 电压质量

IEEE 1159 对电能质量的分类见表 3-1。

表 3-1　IEEE 1159—1995 对电能质量的分类

类　　型		典型频谱分量	典型持续时间	典型电压幅值	典 型 起 因
1. 瞬变					
1.1 脉冲瞬变	1.1.1 纳秒级	上升沿 5ns	＜50ns		雷电，变压器励磁，电容器投切
	1.1.2 微秒级	上升沿 1μs	50ns～1ms		
	1.1.3 毫秒级	上升沿 0.1ms	＞1ms		
1.2 振荡瞬变	1.2.1 低频	<5Hz	0.3～50ms	0～4pu	线路，负荷，电容器投切
	1.2.2 中频	5～500kHz	20μs	0～8pu	
	1.2.3 高频	0.5～5MHz	5μs	0～4pu	
2. 短时电压变动	2.1 电压中断	瞬时	半个周期～3s	＜0.1pu	瞬时故障
		暂时	3s～1min	＜0.1pu	
	2.2 电压暂降	即时	0.5～30 个周期	0.1～0.9pu	变压器铁磁谐振，单相线路接地故障
		瞬时	30 个周期～3s	0.1～0.9pu	
		暂时	3s～1min	0.1～0.9pu	
	2.3 电压暂升	即时	0.5～30 个周期	1.1～1.8pu	变压器铁磁谐振，单相线路接地故障
		瞬时	30 个周期～3s	1.1～1.4pu	
		暂时	3s～1min	1.1～1.2pu	
3. 长时电压变动	3.1 持续中断		＞1min	0.0pu	故障
	3.2 欠电压		＞1min	0.8～0.9pu	负荷投入或电容切除
	3.3 过电压		＞1min	1.1～1.2pu	负荷切除或电容投入
4. 电压不平衡			稳态	0.5%～2%	单相负荷
5. 波形失真	5.1 直流偏移		稳态	0～0.1%	地磁扰动，半波整流
	5.2 谐波	0～100 次	稳态	0～20%	变频调速及非线性负荷
	5.3 间谐波	0～6kHz	稳态	0～2%	
	5.4 缺口		稳态		电力电子变流器换相
	5.5 噪声	宽带	稳态	0～1%	
6. 电压变动		<25Hz	间歇的	0.1%～7%	
7. 频率偏移			<10s		

从表 3-1 中可以看出，交流电力系统的电能质量，包括频率和电压两项基本的质量指标，图 3-1 所示为表 3-1 的一个形象说明。这两项电气参数相互间存在着紧

密的依存和制约关系。正常运行工况下，电力系统应在标称频率和标称电压下运行，因为系统中直接相连的所有电气设备，在设计时都是首先根据标称频率和电压来进行的，当这些电气设备在额定电压和额定频率下运行时，将具有最好的技术性能和经济指标。为此，各国根据本国国情制定出标准的额定电压和额定频率。

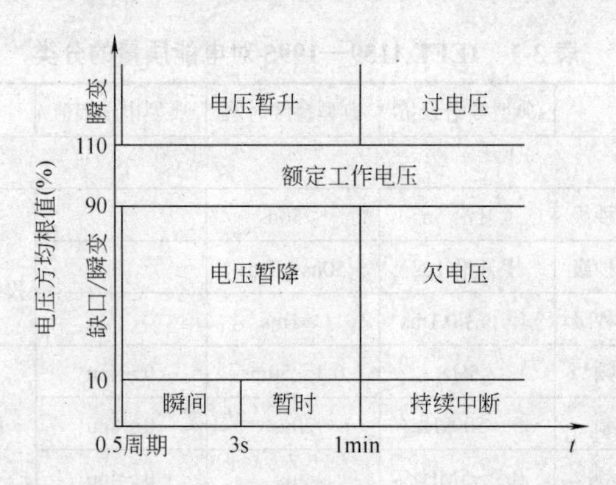

图 3-1　电能质量问题分类和持续时间的关系

实际上，电能质量这个概念从技术上说比较含混。功率作为能量传输的速率，与电压和电流的乘积成正比，而其中供电系统所能控制的仅是电压，而对于一个特定负荷，特别是非线性负荷，所吸收的电流则无法加以控制，所以以任何方式定义电能的质量均是困难的。当然，在电力系统中电流和电压之间存在紧密的关系，因此电能也和供电电压存在紧密的关系。本章为了避免电能质量这个术语可能引起的混乱，均采用电压质量和电流质量的概念[1]。

各种电压质量问题的波形如图 3-2 所示，用电负荷干扰的来源如图 3-3 所示。

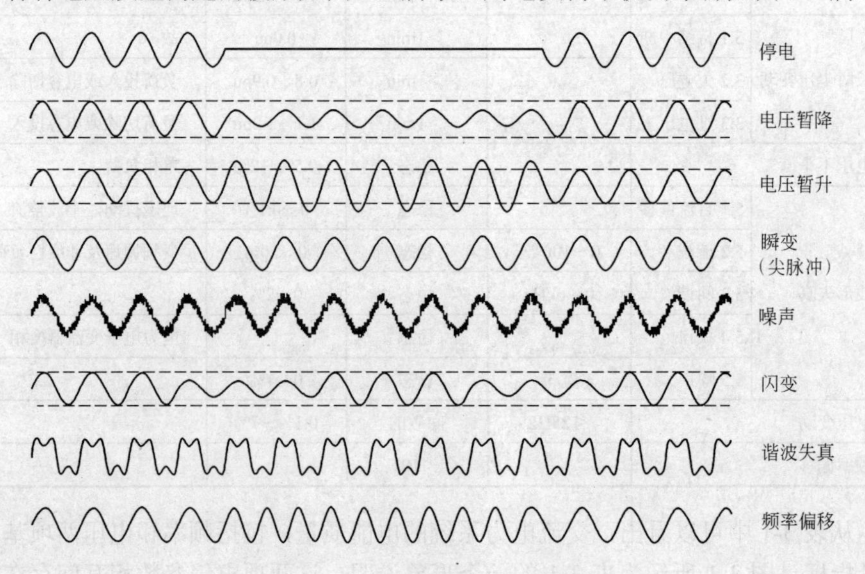

图 3-2　各种电压质量问题的波形

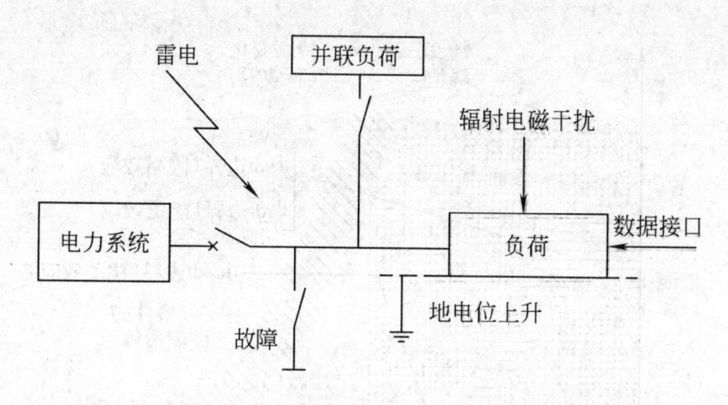

图 3-3　用电负荷干扰的来源（包括内部和外部）

3.2　电压瞬变

根据 IEEE 519 的定义，下面对各类电压质量加以简要的说明。

瞬变也称暂态现象，通常用来描述一种本质上不希望的，且持续时间很短暂的事件。在电路理论中，通常被用来描述当电路从一个稳定状态转变到另一个稳定状态时所出现的短暂的物理现象，此时系统变量中随时间延续衰减到零的那部分分量通常称为暂态分量，也称瞬态分量，而与其对应的变动过程称为过渡过程。比如 RL 和 RC 电路的阶跃响应，和在 RLC 电路中发生的衰减振荡就是典型的瞬变过程。对于电力工程师而言，瞬变这个词通常直接与电路的过渡过程相连。而电力系统中常用的"浪涌（Surge）"则更是一个与瞬变紧密相关的词，它通常用来描述由于雷电或开关动作所引起的暂态过程，当两个相邻的不同系统，如电力系统和通信系统，其中一个发生浪涌时，由于两者之间的相互作用，也会在另一个系统中引起浪涌现象。作为电压质量问题的一个重要组成部分，浪涌的特性是负荷和系统结构的函数，同时也受到季节和地点的影响，比如雷击现象就是一个明显的实例。图 3-4 给出了美国标准 C62.41[2]在时域范围内对浪涌影响进行的描述，图中，浪涌和短时过电压（TOV）被分为两个重点研究的区域，前者定义为持续时间不超过额定电源频率半个周波的波形变动，而不超过数秒的电压升高（Swell）被看做是短时过电压的子集。

IEC 将浪涌定义为"沿线路或电路传输的瞬变电压波形，其特征为该电压具有一个迅速上升的前沿和一个下降较慢的尾部过程"[3]。"浪涌"的主要特性包括幅值、持续时间、上升时间、振荡的频率、极性、能量传输能力（可存储于浪涌吸收设备的能量）、幅度频谱、发生时刻与基频信号之间的相位和发生的频率等。而持续时间是否小于半个周期是区别浪涌和其他扰动，如电压暂降、突升等的主要特征（但在文献[1]中则定义：浪涌为持续时间为半个周波到数秒的基频瞬间过电压，所以应当特别注意不同应用范围中名词的含义）。为了便于分析，IEEE 在标准 C61.41[4]中将频率为 100kHz 的衰减振荡波形——"振铃波形"作为低压系统试验波形（见图 3-5）。

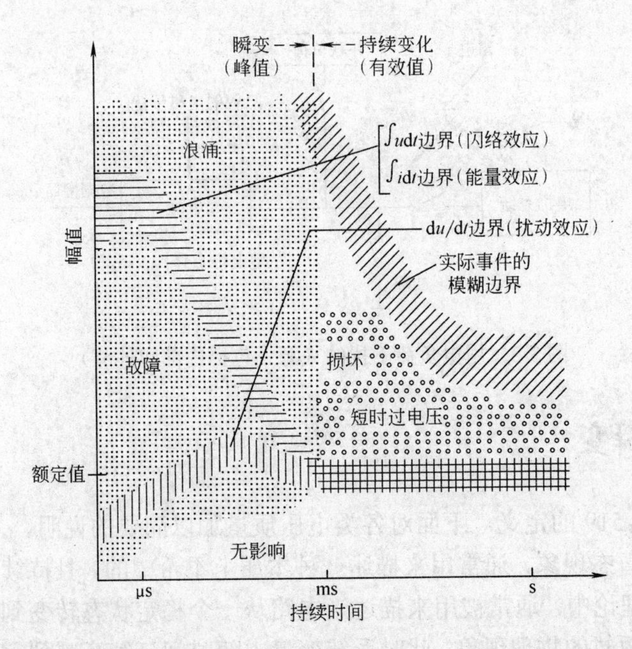

图 3-4　故障电压、持续时间、变化率和对设备的影响之间的简化关系

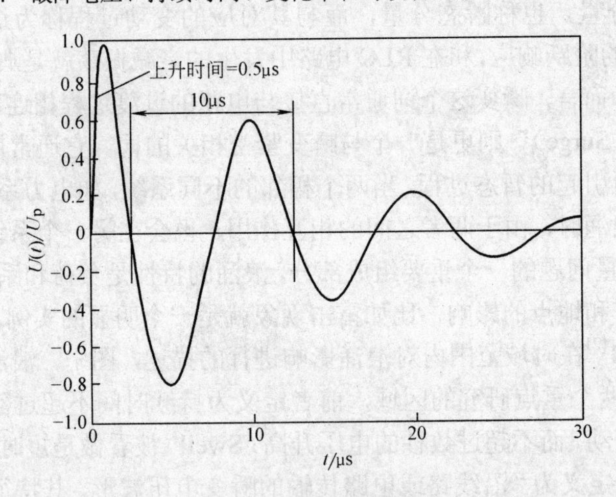

图 3-5　100kHz 振铃波形

包括振铃波形和后述典型测试波形在内的频谱特性如图 3-6 所示，可以看到电力系统瞬变给出的频谱分量达到接近 10MHz（持续时间达 200μs），而在 1MHz 附近仍可能具有相当大的幅值（持续 2ms）。对于电网的终端用户而言，通常测试波形的幅值达到 6kV 和 5kA。因此，进行测试时，采样频率必须大于上述频率的两倍。

尽管“浪涌”一词在电气工程中被广泛应用，但由于其意义比较含混，并且往往用户和电力公司对浪涌的意义有不同的理解，前者认为浪涌是指持续时间在半个周期到数秒的基频暂态过电压，而后者将浪涌定义为电路中产生的持续时间小于半个周波的过电压瞬态波形，如图 3-7 所示。所以，IEEE 在电压质量相关的规范中一般避免使用浪涌一词，而以“瞬变”来代替。而在电压质量标准中，又进一步将瞬变分成两类，即脉冲瞬变和振荡瞬变，用来区分电流或电压瞬变的波形。

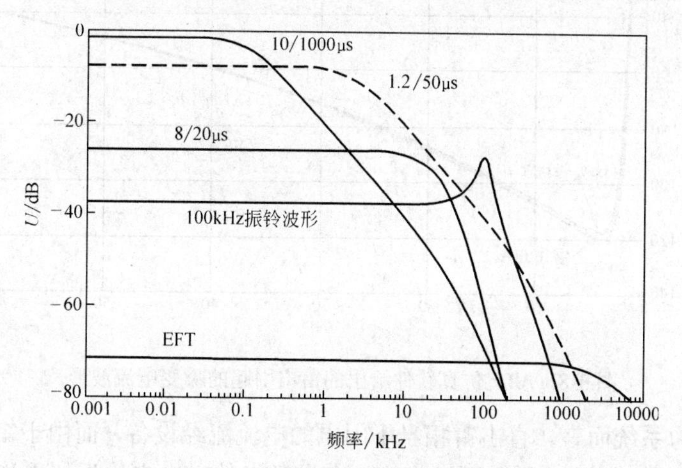

图 3-6　典型瞬变测试波形的频谱

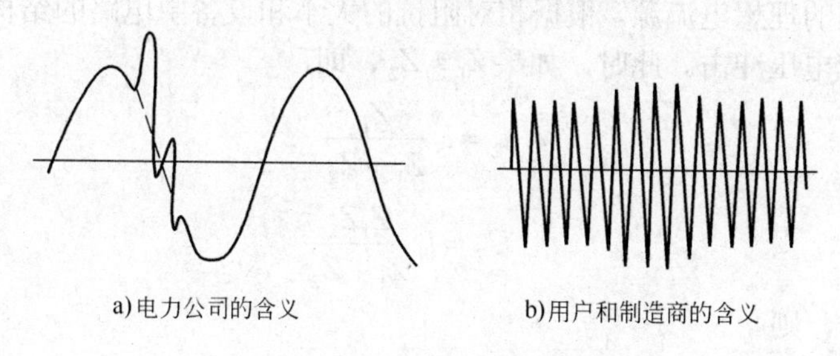

图 3-7　浪涌的不同定义

3.2.1　脉冲瞬变

脉冲瞬变用来描述一种在电压、电流或者两者都处在稳态条件下突然发生的非电源频率的改变，该变动通常是单极性的（即是正极性或者负极性）。

脉冲瞬变，即浪涌，通常是用它们的上升和衰减时间来表征的，也可用它们的频谱分量来进行描述。脉冲瞬变最通常的起因是雷电。雷电是一种无法避免的自然现象，它可以直接与输电线或建筑物之间产生闪电，或通过耦合的方式影响架空线或埋地电缆，造成过电压和浪涌电流。图 3-8 所示为 ATP 仿真软件中一个仿真实例，用来研究距 400kV 变电所（TR400）900m 处的铁塔，经受一个峰值为 120kA、波前时间为 4μs，幅值衰减到一半的时间为 40μs 的雷击信号时的雷击点 A、接入点 B 和距离雷击点 0.3km 处 C 的电流波形[5]。

可以看到，由于脉冲瞬变涉及高频分量，尽管它可能会沿电力线传输一定的距离，但在电路元件和线路电阻的作用下被很快地阻尼，所以通常不会被传导到远离脉冲源进入电力系统的地方，从而导致输电系统不同的部分呈现出非常不同的特

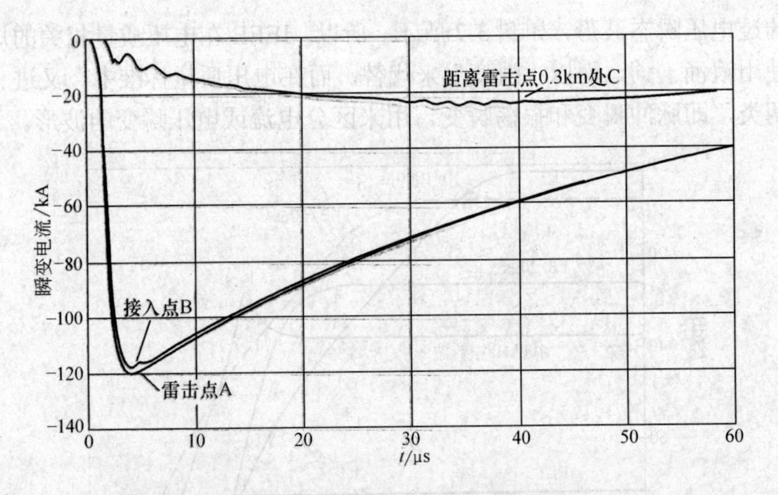

图 3-8　ATP 仿真软件给出的雷击引起的瞬变电流波形

性。对于电力系统而言，直击雷相当于闪电的电流流经设备，而由于雷电通道的等效阻抗很高（数千欧），所以可以将施加在设备上的雷电电流近似看作是一个不受系统结构影响的理想电流源。根据相对阻抗的大小和设备中电路的结构，直接耦合会引起电流或电压冲击。此时，如果 $Z_1 \approx Z_2$，即

$$i_2 = i_S \frac{Z_1}{Z_1 + Z_2}$$
$$U_2 = i_S \frac{Z_1 Z_2}{Z_1 + Z_2} \tag{3-1}$$

如果 $Z_1 \ll Z_2$，则

$$U_2 = i_S Z_1$$

此外，流经连接导体的雷电电流还会在相邻电路中产生感应电压，该电压可以描述为

$$U_i = M\mathrm{d}i_S / \mathrm{d}t \tag{3-2}$$

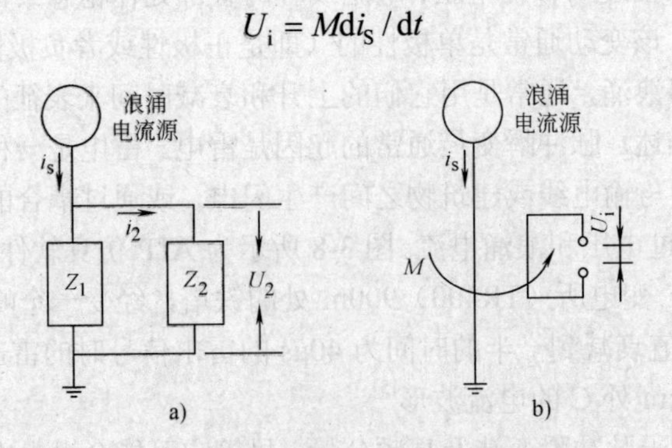

图 3-9　雷电浪涌的直接和间接耦合

a）直接耦合　b）间接（感性）耦合

对于近处雷击，其带来的威胁与直接雷击相似，但此时只有部分雷电电流流经设备，同时感应耦合也因雷电通道和受影响的电路之间的距离较大而减小。IEEE对于400m处120V供电线路的监测数据指出，其中最大的浪涌电压可高达5600V。

远处雷击的影响仅限于感应电压（见图3-9b），并且由于距离很远，所以其产生的感应电压也比前两者小得多。

图3-10则为IEEE给出的一个典型的由雷击引起的脉冲瞬变电流波形[6]。

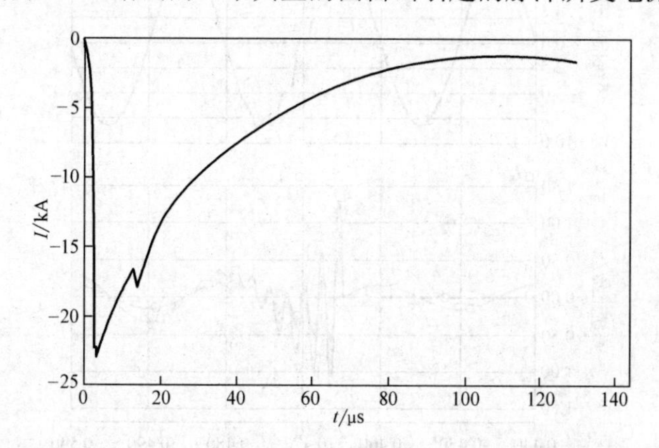

图3-10 实际电力系统中雷击引起的脉冲瞬变电流波形

脉冲瞬变的另一个起因是开关动作。这包括两类：一类是电力系统运行中有目的地利用开关动作对负荷进行投切，比如用户的家用电器中电冰箱、空调机频繁、随机性地起停，办公机器和照明器具的开关以及电容器组、电抗器组和变压器的投切等，均是开关操作的常见实例；另一类是电力系统故障以及故障清除后的系统恢复所涉及的开关过程。

但在开关投切感性负荷，如电机和变压器时，由于在感性负荷中储存有大量能量，故断路器断开时可能出现的电弧重燃会导致负荷两端产生远高于上述数值，比如大于4倍系统电压幅值的振荡过电压。而电容器组投入时同样会引起很高的暂态过电压，如图3-11所示为EMTDC/PSCAD软件仿真得到的短路容量为200MVA的10kV母线上两组背靠背2Mvar的电容器组，一组为固定电容，一组合闸时系统相电压 U_a 和相电流 I_s 及合闸接入的电容器组电流 I_1 的波形。相应的相电流 I_s 的频谱如图3-12所示。

除了正常操作外，电力系统的故障，比如绝缘老化引起的闪络，通过熔断器和快速断路器的动作将故障切除时，以及故障切除后利用自动重合闸使系统恢复正常运行时的过渡过程，也是产生脉冲瞬变的重要原因之一。试验表明，用隔离开关切合空载母线时，开关触头间将产生电弧重燃，在回路中形成一系列高频振荡。分闸操作时，振荡幅值随着重燃次数的增加而增大；合闸操作时则相反，振幅会随着电弧重燃次数的增加而降低。实际上，由于现在实际应用的断路器的断口之间有灭弧介质（加油、压缩空气、SF_6气体等），而且动触头的运动进度比隔离开关快，所以操作时电弧重燃的概率很小，所产生的干扰较之隔离开关操作时低得多。当断口间有抑制操作过电压的并联电阻时，对二次回路的干扰就更小。

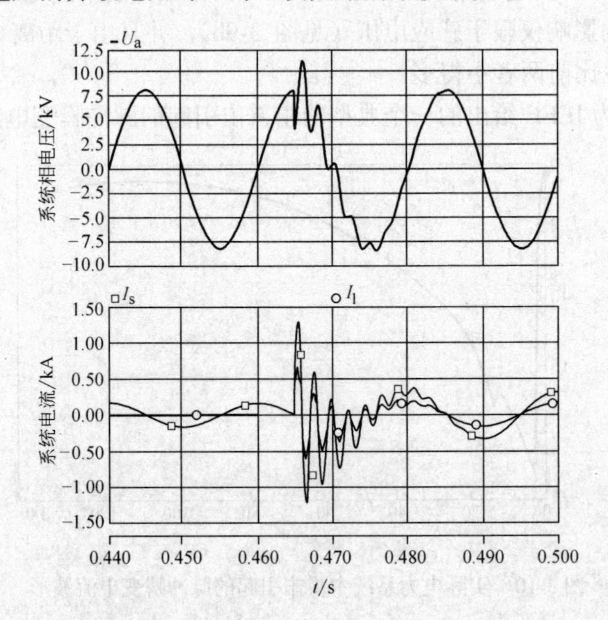

图 3-11　背靠背电容投入的仿真波形（EMTDC/PSCAD）

□曲线—相电流 I_s　○曲线—合闸接入的电容器组电流 I_1 波形

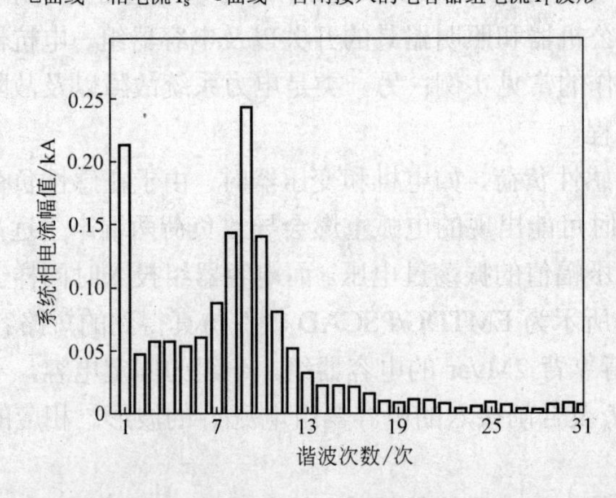

图 3-12　背靠背电容器组合闸产生的低频振荡频谱

瞬变电压的变化率是标志电路对扰动敏感性的又一个重要的参数。美国的统计数据表明，即便在峰值仅为 500V 的条件下，上述变化率也可能达到 100V/ns 的数值。图 3-13 给出了瞬变电压变化率与瞬变电压之间的关系。

应当注意的是，脉冲瞬变可以诱发电力系统自然频率的谐振，并导致振荡瞬变现象的发生。

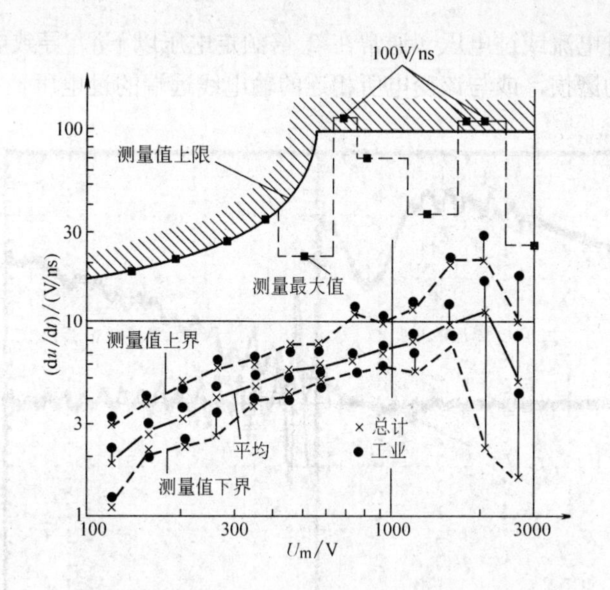

图 3-13　瞬变电压的变化率与瞬变电压的关系

3.2.2　振荡瞬变

电力系统中包括一系列感性和容性元件，如变压器、输电线以及电机的电感，输电线路和负荷的电容，它们构成一系列谐振回路，在开关操作或发生故障时，有的谐振回路就可能和外加电源构成串联谐振。

这里，通常用振荡瞬变描述稳态电压、电流或两者所发生的非电源频率的、双向的突变。振荡瞬变包括电压或电流瞬时值的极性突变。其特征主要由频谱分量（主导频率）、持续时间和幅值来描述。开关过程中，振荡的幅值叠加在稳态电压上，从而引起很大的系统过电压；有时更可能引起谐振，导致更大的过电压。而瞬变振荡的频率是由系统特性确定，由于系统的谐振回路的参数和机理存在很大的不同，振荡瞬变的频率分布在数百赫兹到1MHz之间一个很宽的频率范围中，为便于讨论，IEEE 根据振荡频率将其加以区分。

如果振荡瞬变的基频大于 500kHz，并且持续时间在微秒级（或者基频的几个周期），该振荡瞬变被称作高频振荡瞬变。此类瞬变大多数是由于某些类型的开关动作引起的。

基频分量在 5～500kHz 之间，并且持续时间在数十微秒数量级（即基频的数个周期）的瞬变，被定义作中频振荡瞬变。比如，作为浪涌标准波形的所谓振铃波，即是中频振荡瞬变的一个典型。图 3-14 中开关器件关断过程中所产生的开关器件中的电流和开关器件两端电压振铃的现象，即是电力电子装置中常见的一个实例。又在所谓背靠背式电容器组的结构中，即在其他已经接入系统的电容器组的附近，利用开关投切的方式将一组新的电容器接入，此时通常会产生高频（数十千赫兹以下）的振荡，该振荡通常可能在一两个周期内即被衰减。此类振荡可能会引起局部变电所设备的过电流或过电压（通常在 2 倍额定电压以下），导致电容器的损坏以及断路器触头的磨损，或与该变电所相连的输电线远端的过电压。

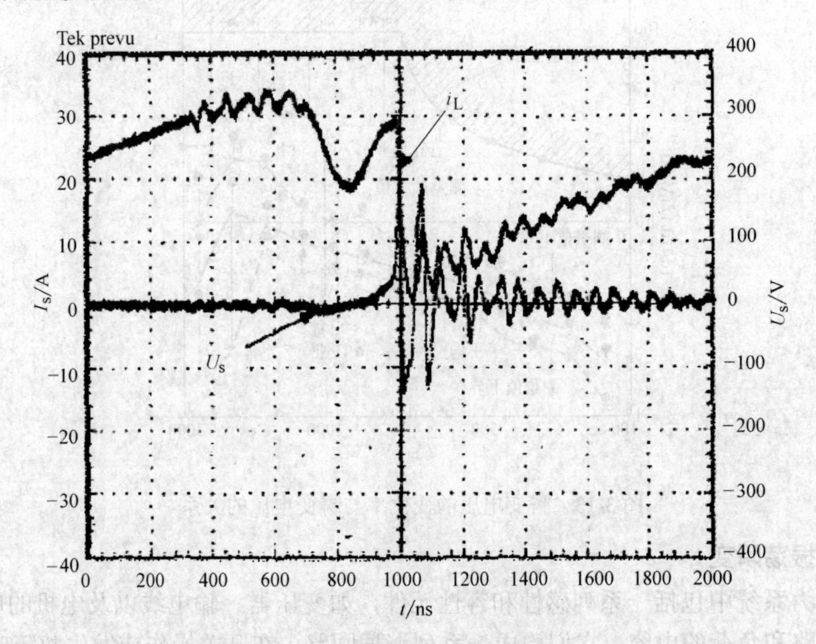

图 3-14　开关器件关断过程引起的振荡瞬变

一个基本频率分量小于 5kHz、持续时间在 0.3～50ms 之间的瞬变被称作是低频振荡瞬变。这种分类现象经常发生在中压输电和配电系统中，并且经常是由于各种不同的事件所引起。其中最常见的是电力系统工程师们非常熟悉的电容器组的合闸接入系统。此时考虑到线路阻抗可以看做是一个如图 3-15 所示的典型的交流 RLC 电路，由于电容器两端电压不能突变，充电过程导致接入点电压突然暂降，其后产生暂态振荡电压，如图 3-16 所示，该电压叠加在电网基频电压之上，形成振荡瞬变过渡过程，该振荡的频率，即线路的自然谐振频率，取决于线路电抗和电容器组的容量。

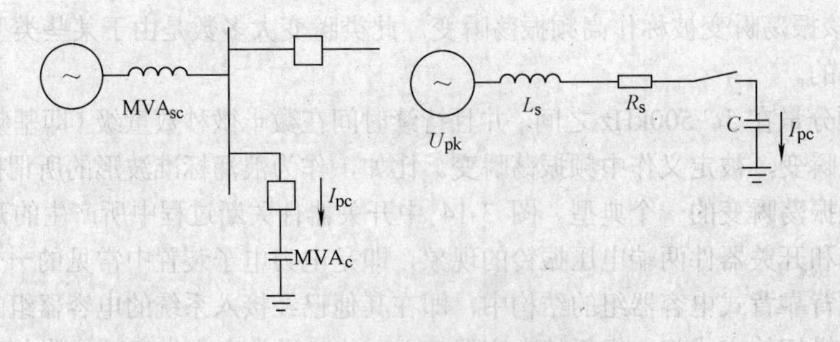

图 3-15　电容器组投入的等效电路

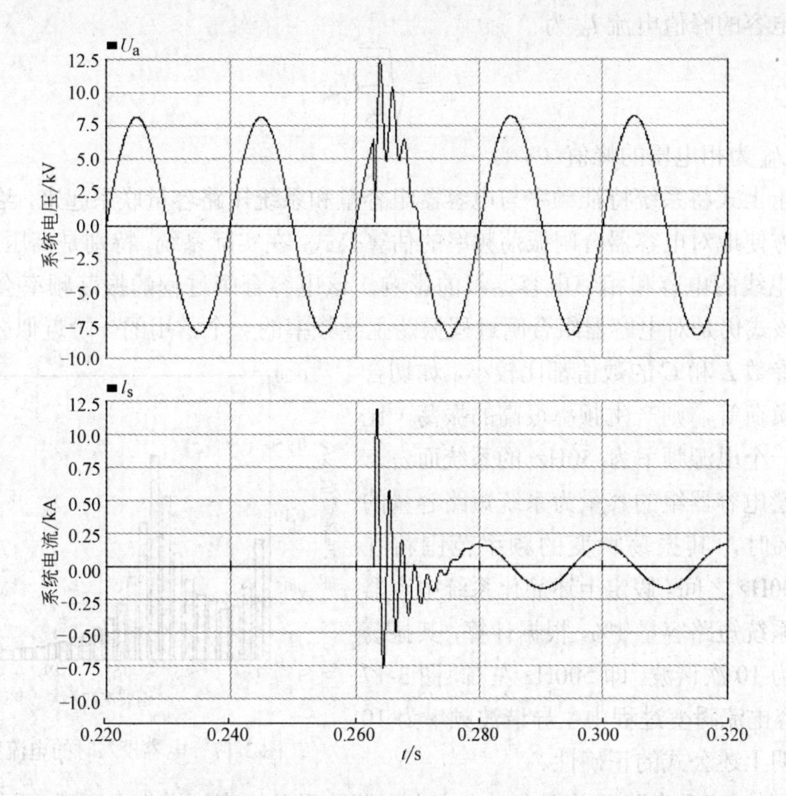

图 3-16　电容器组投入时的电压与电流波形（EMTDC 仿真结果）

根据电路原理，注意到

$$\sqrt{\frac{X_c}{X_s}}=\sqrt{\frac{\frac{1}{\omega_s C}}{\omega_s L_s}}=\frac{1}{2\pi f_s\sqrt{L_s C}} \tag{3-3}$$

故电路的特征频率可以近似描述为

$$\begin{aligned}f_r&=\frac{1}{2\pi}\sqrt{\frac{1}{L_s C}-(\frac{R}{2L_s})^2}\approx\frac{1}{2\pi\sqrt{L_s C}}\\&\approx f_s\sqrt{\frac{X_c}{X_s}}\approx f_s\sqrt{\frac{\text{MVA}_{sc}}{\text{MVA}_c}}\end{aligned} \tag{3-4}$$

式中，MVA_{sc} 为系统短路容量（MVA）；MVA_c 为电容器组的额定容量（MVA）；f_r 为谐振频率，即线路的特征频率；f_s 为电源频率，我国为 50Hz。

如定义 $\Delta U=\text{MVA}_c/\text{MVA}_{sc}$，则上式可以简写为

$$f_r=f_s\sqrt{\frac{1}{\Delta U}} \tag{3-5}$$

而流经电容的峰值电流 I_{pc} 为

$$I_{pc}=\sqrt{\frac{C}{L_s}}U_{pk} \tag{3-6}$$

式中，U_{pk} 为相电压的峰值（V）。

由于上式将系统特征频率与电容器组容量和系统短路容量联系起来，给出了一个十分方便地对电容器合闸振荡频率的估算公式。在实际系统，特别是高压系统中，由于输电线的电容和相邻电容器组的影响，该电容合闸过程的振荡频率会有所变动，但该式仍是对电容器组合闸过程振荡主导频率的一个常用的一阶近似公式。如果回路参数 L 和 C 的数值都比较小，如切合小电容负荷等，则产生频率很高的振荡。比如对于一个电源频率为 50Hz 的系统而言，如果补偿电容器组的容量为系统短路容量的 1%～5%时，其振荡瞬变的频率范围将在 224～500Hz 之间。假定上述简化系统电容器容量为系统短路容量 1%，根据计算，其振荡频率应为 10 次谐波，即 500Hz 左右，图 3-17 中，电容电流瞬变过程中主导谐波频率为 10 次，说明上述公式的正确性。

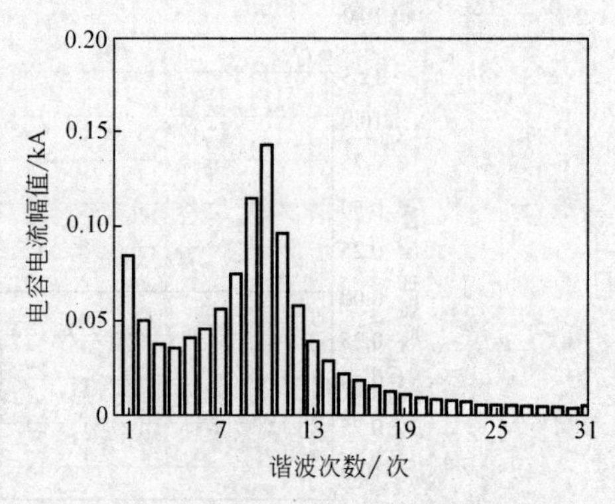

图 3-17　电容投入时的电流频谱

典型的 RLC 电路开关闭合时电容中电流波形及幅度频谱如上所示。图 3-18 是由 H.Rauwoth 提供的某医院电容投入时的暂态过程的系统电压的实测波形，其中，电源频率为 60Hz，振荡频率为 1.5kHz 左右，可以据此利用式（3-5）对系统参数进行估计。

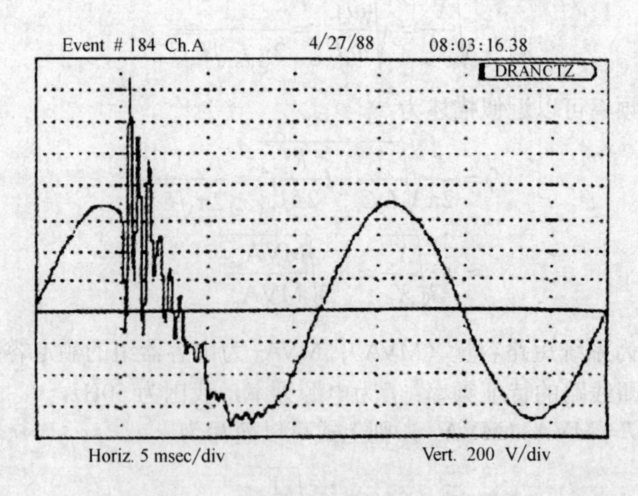

图 3-18　某医院电容投入时电压波形

值得注意的是，如果上述电容器组位于变压器高压侧时，则高压侧的低频暂态过程往往会通过降压变压器、容性和感性耦合等方式影响到低压侧用户负荷的电压质量。特别需要注意的是当变压器低压侧接有功率因数校正电容时，该电容可能会与变压器绕组一起引起串联谐振，从而造成电压放大作用，形成二次侧过电压。特别是，当被投入的电容器组的容量远大于低压侧用户电容的容量，串联谐振频率接近系统特征频率，以及阻尼较小时，会在低压侧造成严重的 2～4 倍额定电压的过电压。这种过电压可能会导致低压浪涌保护设备（SPD）以及电力电子装置的损坏。

基本频率小于 300Hz 的振荡瞬变也会出现在配电系统中。它们通常与铁磁谐振有关。电力系统中发生铁磁谐振的机会是比较多的，并且常常是某些严重事故的直接原因。带铁心电感元件，如变压器、电磁式 PT、消弧线路等，其电感随着铁心的饱和程度而改变，这种含有非线性电感元件的电路，在满足一定条件时就会引起铁磁振荡。它有两个特点在设计和运行时很难避免。

首先铁磁谐振的条件是 $\omega_0 = 1/\sqrt{LC} < \omega$，远大于线性谐振的条件：$\omega_0 = \omega$，因此产生的概率相对较大。此外，在铁磁谐振电路中，谐振出现在铁心饱和进入非线性区间时，因为该谐振可以出现在不同工作点，谐振频率难以确定。通常铁磁谐振是由于铁心电抗、开关动作等引起的瞬间闭环而产生的。如果系统缺乏阻尼，该谐振就会变得严重。饱和电抗器引起的非暂态谐振中等效电路的某些节点是浮动的。

铁心材料的非线性使得其电感具有不止一个稳定状态，故可以在不同的外界激励下，与线路电容生成不同的谐振频率，出现过电压和过电流。铁心材料的非线性是产生铁磁谐振的根本原因，但其饱和特性本身限制了过电压的幅值（见图 3-19），而有功负荷及回路损耗也使过电压受到阻尼和限制。一个典型的铁磁谐振现象出现在三相不接地系统中采用接地的电压互感器的场合。

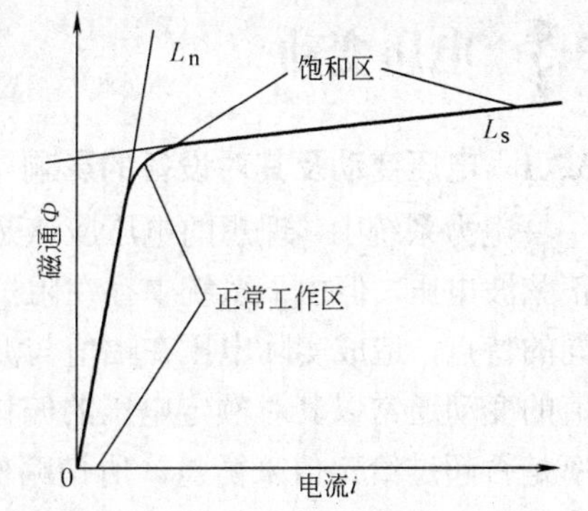

图 3-19　铁心电抗器（变压器）磁化曲线

为了分析潜在的铁磁谐振，可以利用计算机进行仿真。如 Pspice、ATP，涉及根据磁参数建立的不同 PT 模型。最坏条件分析可以用来进行铁磁谐振产生的电容的范围。图 3-20b 给出了产生铁磁谐振时的电流和电压波形。仿真可以给出不同类型的 PT 最大阻尼电阻和电容的范围。计算机仿真和试验结果表明，往往阻尼铁磁谐振的阻尼电阻值很小，系统不对称时，该电阻将从 PT 中提取太多的电流。

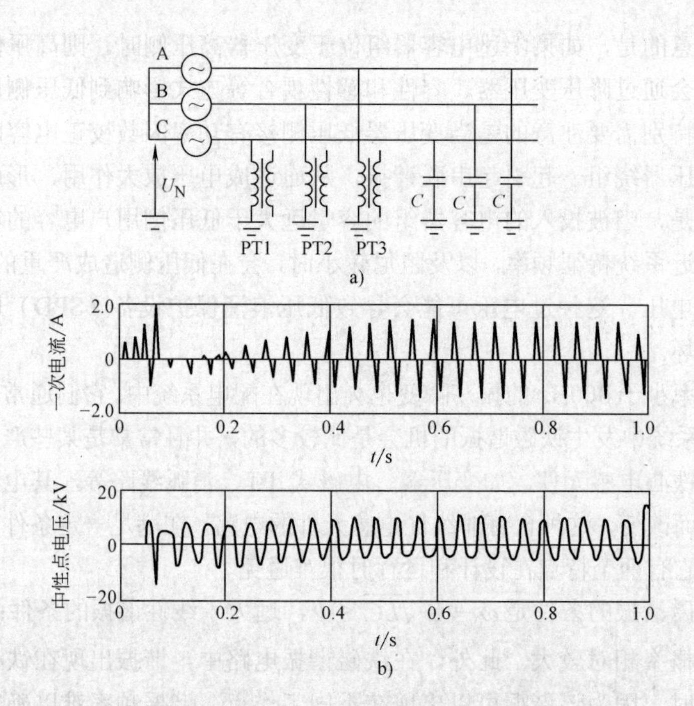

图 3-20　电压互感器的接线和产生铁磁谐振时的低频振荡瞬变电流、电压波形

a）互感器接线　b）产生铁磁谐振时的电流和电压波形

3.3　电压变动

3.3.1　电压变动及其对设备的影响

电力系统中，理想的电压应该是其幅值和方均根值，始终为额定值的三相对称正弦波电压，但由于系统中存在阻抗及用电负荷的变动、用电负荷不同的性质和不同的特点，造成实际电压在幅值与波形上与理想电压之间出现偏差。其中，电压幅值的变动通常以其对额定电压的偏移量是否超过给定值来衡量。波形质量则以畸变率是否超过给定值来衡量。所谓畸变率（或正弦波形畸变率），是指各次谐波有效值二次方和的方根值与基波有效值的百分比。也就是说，如表 3-1 所示的电压质量主要包括两个方面内容，即电压幅值（或有效值）和电压波形，而以电压的偏移、变动和波形的质量来评估的。本节主要讨论电压幅值的变动，而有关波形失真的内容将放在下一节进行讨论。

保证用户端的电压接近额定电压，是电力系统运行调整的基本任务之一，因为所有的用电设备都是按运行在额定电压时效率为最高设计的，偏离额定电压必然导致效率下降、技术指标和经济指标的降低以及寿命的减少。电压幅值的变动是由于流经电网的负荷的无功和有功电流的变化引起的，该电流会在电网阻抗上形成相应的压降。电力系统中复杂的结构和大量的用电负荷，导致系统内各节点电压不同，此外各节点负荷处于不断地变动之中，也会引起节点电压变动。

IEC 标准[7,8]中关于电压变动的定义是根据电压有效值给出的，这里电压有效值（即方均根值）电压的时间函数$U(t)$定义为：过零点之间或电源电压的每个相继半周期取方均根值得到的时间函数。据此，电压变动特性$\Delta U(t)$被进一步定义为：两个相邻的、持续时间 1s 以上的稳态的、以电源电压过零点之间半周期电压方均根值之间的差值的时间函数。这里，稳态指的是在测量准确度范围内可以看做是常量。

两个至少被一个电压变动特性隔开的邻近稳态电压之间的差值称为稳态电压变动，以ΔU_c表示。而电压变动特性中最大和最小方均根值之间的差值ΔU_{max}称为最大电压变动特性，如图 3-21 所示。

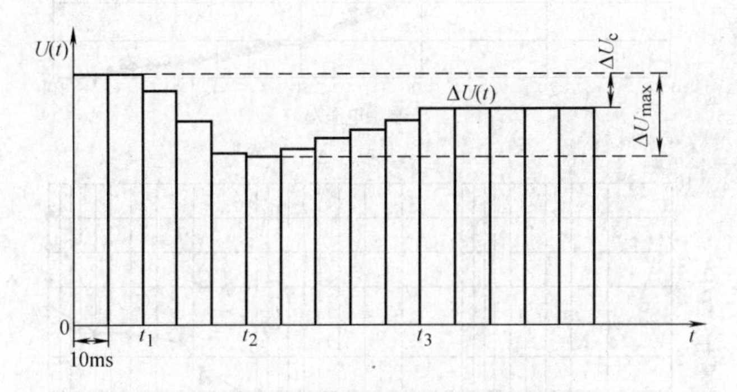

图 3-21 方均根电压直方图[7,8]

上述定义表示的是相电压之间的绝对关系，而在应用中，往往更关注的是相对关系，如上述电压与标称电压U_n之间的比率。这包括相对电压变动特性$d(t)$、最大相对电压变动d_{max}、相对稳态电压变动d_c，如图 3-22 所示。

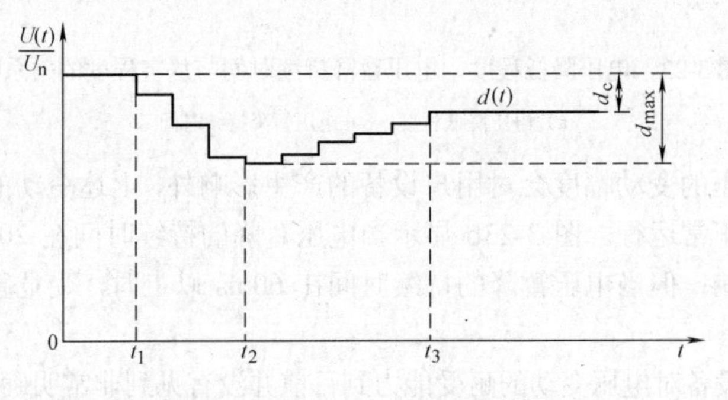

图 3-22 相对电压变动特性[7,8]

电压变动对用户设备的影响可以从两个方面，即分别以电压变动的程度和电压变动持续的时间来加以说明。日本电气学会[9]为此对日本 5 处的半导体工厂进行实际测量，并将测量结果与电压变动之间的关系进行了分析。测量结果如图 3-23 所示。

图 3-23a 给出电压降低的程度与企业受影响的程度之间的关系。电压暂降在40%以内，即剩余电压在 60%以上时，所影响的企业在 20%以下，超出该范围则企业受损害的程度就急剧增加。

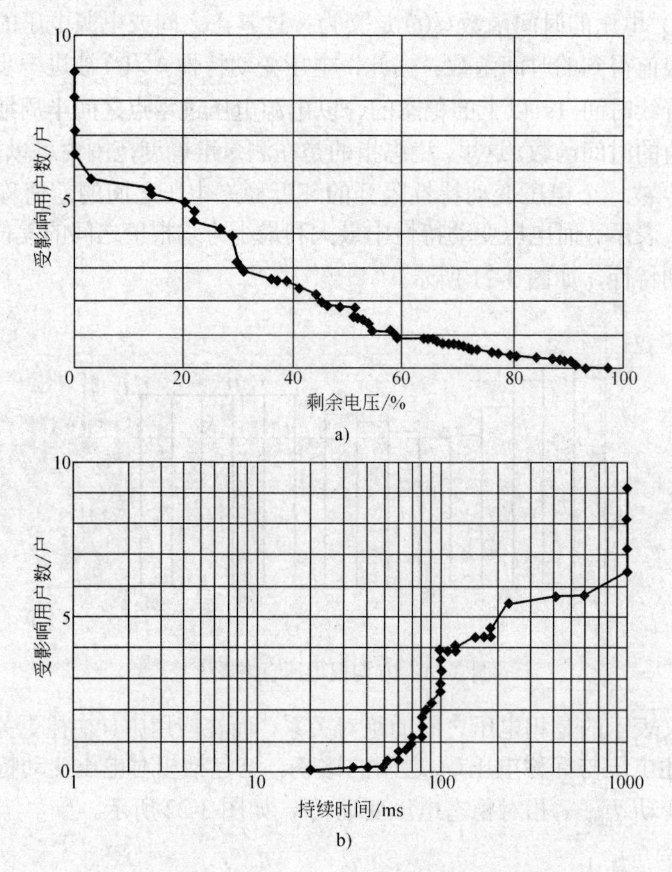

图 3-23 电压降低程度、电压暂降持续时间与危害程度的关系[9]

a）电压降低程度 b）电压暂降持续时间

但除了电压的变动幅度会对用户设备的产生影响外，上述变动的持续时间同样影响到设备的正常运行。图 3-23b 显示当电压暂降的持续时间在 20ms 以下时对企业几乎没有影响；但当电压暂降的持续时间在 60ms 以上时，受危害的用户数量就会急剧增加。

各种用电设备对电压变动的耐受能力到目前并没有见到非常明确的说明。图 3-24 给出了一个日本电气协同研究报告所引用的各种不同设备对电压变动的耐量。在图中可以看到，小容量的电磁开关和电动机调速系统（采用逆变器）如电压暂降时间超过 10～20ms 就可能发生误动或停机。其他包括计算机在内的电子设备对于 50ms 以内、剩余电压在 50%以上的电压暂降则可以耐受。

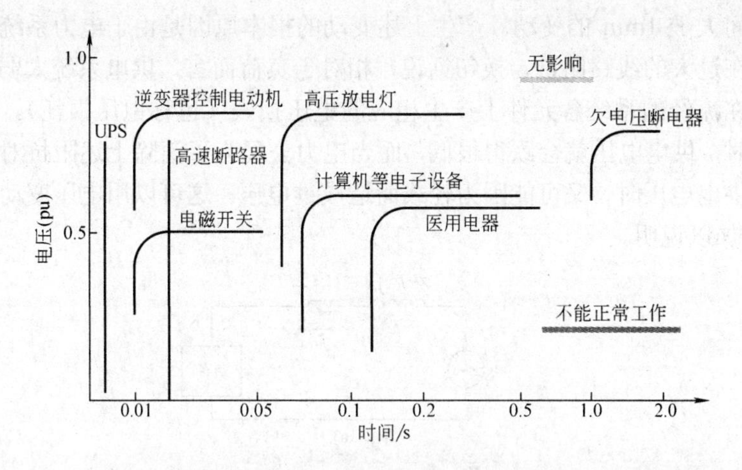

图3-24　设备对电压暂降和持续时间的耐受程度

与之对应，IEC和IEEE及信息技术工业委员会（ITIC）等对计算机和其他电子设备对电压暂降的耐受程度制定了相应的标准。图3-25给出了不同的标准对于电子设备在1s内电压暂降的耐受程度要求。比如在IEEE std.1100-1999中，要求设备可以在20ms以内电压完全丧失（中断）的条件下，仍能正常工作。由于实际中最常发生的电压暂降的持续时间在100ms左右，因此所设计的设备能够耐受此类的短时间电压变动是值得注意的研究课题。

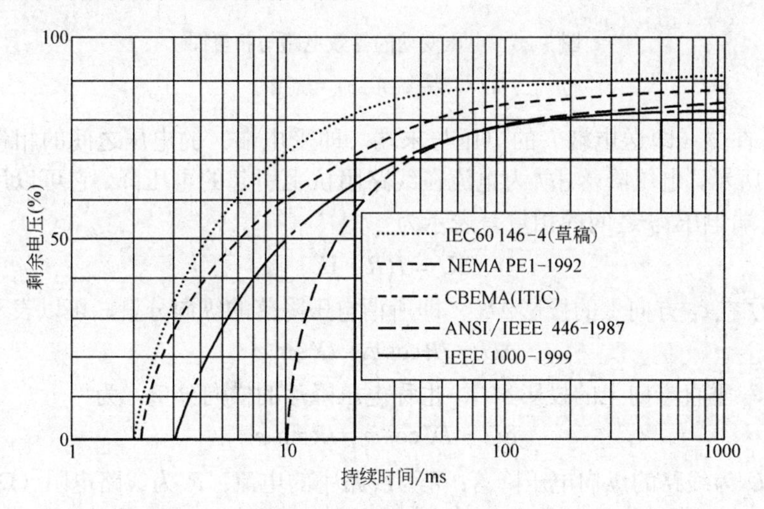

图3-25　不同标准对电子设备电压暂降耐受能力的要求

据此，对电压变动的分类既可以按变动的幅度，也可以按其持续的时间来进行讨论。这里根据国标将其按短时间电压变动和长时间电压变动进行分类讨论。

3.3.2　长时间电压变动

长时间电压变动，主要指当电力系统频率不变的条件下，电压方均根值所发生的持续时间大于 1min 的变动。产生上述变动的根本原因是由于电力系统和用电负荷之间存在过大的线路阻抗，换句话说，相对于负荷而言，供电系统太弱，使得负荷电流会在流经的系统各元件上产生相应的电压损失（也称电压损耗）。这样，当负荷较重时，供电电压就会跌得很低，而当电力公司为了消除上述阻抗对电压的影响而提高供电电压时，又可能因为轻载而造成过电压。这可以用电压变动的等效电路图 3-26 加以说明。

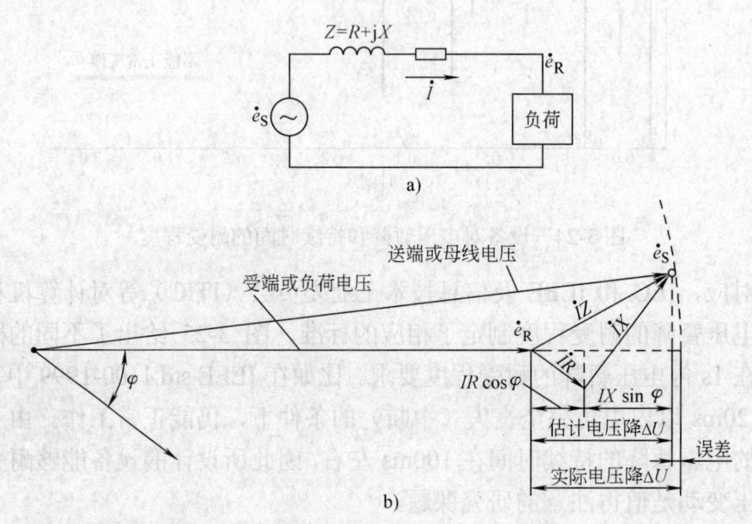

图 3-26　电压变动的等效电路与相量图

a）等效电路图　b）相量图

线路首端（即送电端）的电压与末端（即受电端）的电压之间的相量关系如图 3-26b 所示，电压降落 $\mathrm{d}\dot{U}$ 为电流在线路阻抗上引起的电压降，它可以用送端电压 $\dot{e}_S$ 和受端电压 $\dot{e}_R$ 之间的相量差表示为

$$\mathrm{d}\dot{U}=\dot{I}(R+\mathrm{j}X) \tag{3-7}$$

其中，$\mathrm{d}\dot{U}$ 在 $\dot{e}_R$ 方向上的投影 ΔU，即所谓电压降落的纵向分量，可以表示为

$$\Delta U=IR\cos\varphi+IX\sin\varphi \tag{3-8}$$

而 $\mathrm{d}\dot{U}$ 在 $\dot{e}_R$ 垂直方向上的投影 δU，也称电压降落的横向分量，为

$$\delta U=IX\cos\varphi-IR\sin\varphi \tag{3-9}$$

式中，ΔU 为线路的纵向电压降落；I 为线路中的电流；R 为线路电阻（Ω）；X 为线路电抗（Ω）；φ 为负荷端电压和负荷电流之间的夹角；$\cos\varphi$ 为负荷功率因数，以十进制表示；$\sin\varphi$ 为负荷的无功功率因数，以十进制表示。

考虑到横向电压降落时，电压降落的精确表达式为[12]

$$\Delta U=e_S+IR\cos\varphi+IX\sin\varphi-\sqrt{e_S^2-(IX\cos\varphi-IR\sin\varphi)^2} \tag{3-10}$$

由于通常送端电压 $\dot{e}_S$ 和受端电压 $\dot{e}_R$ 之间的相角差较小，故可以忽略电压降落的横向分量对电压损耗的影响，而仅用电压降落的纵向分量ΔU来表示电压损耗。上述电压损耗ΔU表示一条导线上的电压降落，通常称为相电压降。线电压降可以很容易地由相电压降乘以系数$\sqrt{3}$得到。线电流 I 通常表示线路的负荷电流传输能力。$IR\cos\varphi$是电压降的电阻性分量，而$IX\sin\varphi$则表示电压降的电抗性分量。

国标 GB 12325—1990《电能质量　供电电压允许偏差》[10]中定义：在不包括瞬态的正常运行条件下，供电电压与额定电压之间的差值称为电压偏差，通常用其对额定电压的百分数来表示：

$$\text{电压偏差（\%）}=\frac{\text{实测电压}-\text{额定电压}}{\text{额定电压}}\times 100\% \tag{3-11}$$

为了保证负荷的正常运行，上述电压偏移必须限制在允许的范围内（见表 3-2）。比如，我国国标[10]就规定 10kV 及以下系统在产权分界处的允许电压偏差为额定值的±7%。

表 3-2　国家标准规定的供电电压偏差

线路额定电压	电压允许偏差
35kV 及以上	正负偏差的绝对值之和≤10%
10kV 及以下	±7%
单相 220V	−10%～+7%

应当注意的是，作为一个局部的量，电力系统中各点的电压是不同的，故存在一个考核点的问题，国标明确规定供电电压为供电部门和用户产权分界处的电压或由供电协议规定的电能计量点的电压。这个电压可能与用户设备处的电压有所不同。

长时间电压变动的起因通常不是由于系统故障，而是由于系统中负荷的变动或开关动作引起。它主要包括过电压和欠电压两种形式，并且用电压的方均根值随时间的变动来加以描述。

过电压定义为在系统频率保持不变时，交流电压的方均根值的上升超过额定电压 10%，并且持续时间超过 1min。它的起因可以是由负荷的变动（比如一个大负荷的切除）或者系统的调相设备（比如电容器组）的投入和单相对地短路故障引起的。弱系统或系统电压调节或电压控制装置工作不当也是导致过电压的原因。类似的原因如变压器分接头设置不当等也会导致系统过电压。

欠电压则是由与产生过电压的事件相反的事件所产生的，用来描述在系统频率保持不变时，交流电压的方均根值的降落超过额定电压 10%，并且持续时间超过 1min。电容器组的切除、大负荷的投入，如大电动机的起动过程，都可能导致系统欠电压。实践中，当电动机的容量超过供电变压器标称容量的 30%时，必须对其起动造成的电压暂降进行分析，如图 3-27 所示。此类负荷变动所引起的电压变动过程一直持续到系统的电压调节设备将系统电压带回到容许的范围内。

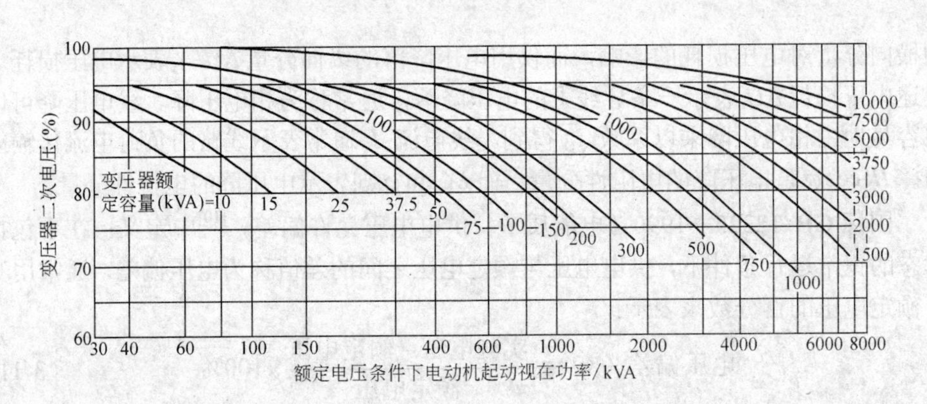

图 3-27 电动机起动功率与变压器二次电压之间的关系

系统发生短路故障时，短路电流流经相应的馈线所造成的电压降落是导致负荷较长时间的欠电压（或电压降落）的又一个主要原因。上述电压降落对三相系统的每一相的影响是不同的，即便是三相对称故障也是如此。利用三相电压中最低的相电压幅值，来对敏感设备对电压暂降的敏感性进行分析是一种常用的方法。

故障类型与用户电压降落之间的关系见表 3-3。一次侧故障所带来的二次侧最低线电压和相电压分别为标称电压的 33%和 58%。

表 3-3 用户电压降落与故障类型之间的关系

故障类型	故障相数		
	单相	两相	三相
有相移			三相短路是平衡状态，故现象与下栏相同。
无相移			

配电系统用户除了受到输电系统故障和配电系统故障的双重影响外，还必须考虑到由于同一变电所保护设备（如自动重合闸）切除平行线路故障所带来的瞬间中断，这些中断往往也足以导致敏感设备的停机。对此利用图 3-28 的例子加以说明，图中馈线 1 发生对地短路故障，馈线 2 是与其平行的一条馈线。图中 a、b 分别表示瞬间故障和永久性故障对用户电压的影响。

t_0 时刻馈线 1 发生故障，馈线 1 和 2 的电压均发生电压跌落。经过一段时间自动重合闸在 t_1 时刻检测到故障并动作，切除发生故障的馈线 1。t_2 时刻如果是瞬间故障，如图 3-28a 所示，由于故障清除，系统恢复正常。$t_1 \sim t_2$ 区间，馈线 1 由于被切除中断供电，而馈线 2 电压恢复正常。而如果是永久性故障，则经过几次重合闸仍不能清除故障，则馈线 1 中断，而馈线 2 电压恢复正常。所以，同是接地故障但对不同的母线会产生不同的影响。而电压跌落的幅值则是故障点位置的函数。

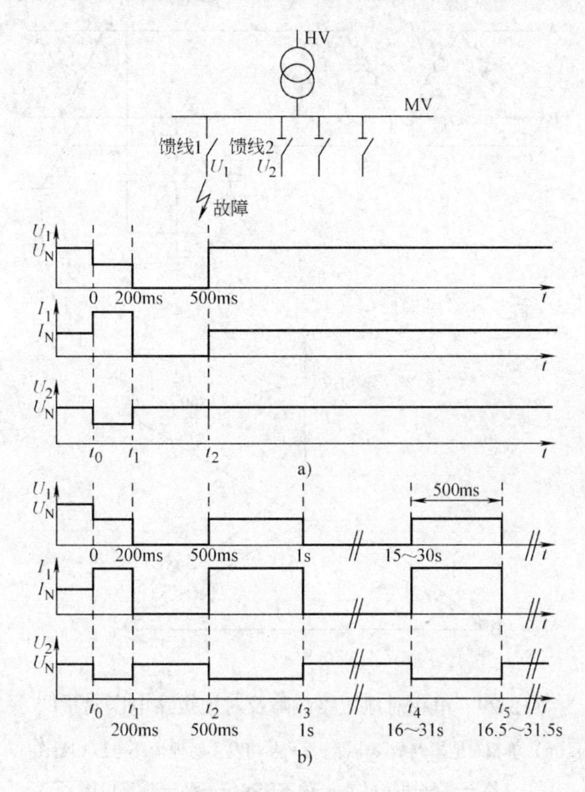

图 3-28　中压线路故障引起的电压降落和中断

a）瞬时故障对用户电压的影响　b）永久性故障对用户电压的影响

注：U_N 为标称电压。

这一点可以利用图 3-29 的单相对地短路故障导致相电压变化的例子加以说明。相量图表明，没有发生故障的相的基频相电压上升，其上升的数值是系统接地方式和系统阻抗的函数。比如，对于三相四线中性点多点接地系统，随接地故障发生的地点不同，相电压的升高可能达 20%，如图中 U_B 和 U_C 所示。而对于三相不接地系统，过电压可能高达系统标称相电压的 1.82 倍。

概括起来，电压偏差对主要用电设备的影响如下：

（1）对照明设备的影响　电压偏差对白炽灯的影响最为显著，如图 3-30 所示的白炽灯的电源电压降低 5%时，其发光效率约降低 18%；电源电压降低 10%时，则发光效率降低约 35%。发光效率的降低导致灯光明显变暗，照度降低，严重影响人的视力健康，降低工作效率，还可能增加事故发生率。当其端电压较其额定电压升高 10%时，发光效率将提高 1/3 左右，但其使用寿命将大大缩短，只有正常寿命的 1/3。电压偏差虽然对荧光灯等气体放电灯的影响不像对白炽灯那么明显，例如采用电抗镇流器的荧光灯的照度与外加电压成正比，但端电压偏低时，灯管不易起燃。如果多次反复起燃，同样会影响到灯管的寿命。

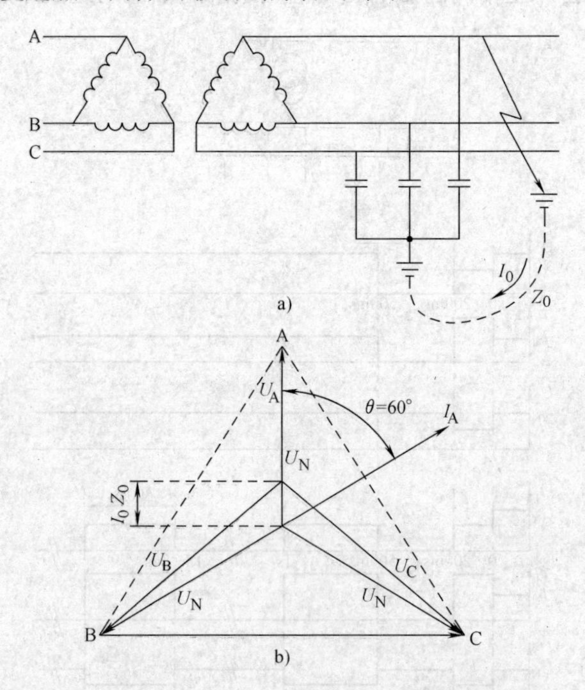

图 3-29　单相对地短路故障及对地短路电压向量图

a）单相对地短路故障电路　b）A 相发生对地短路电压相量图

Z_0 —零序阻抗，I_0 —为零序电流，U_N—标称电压

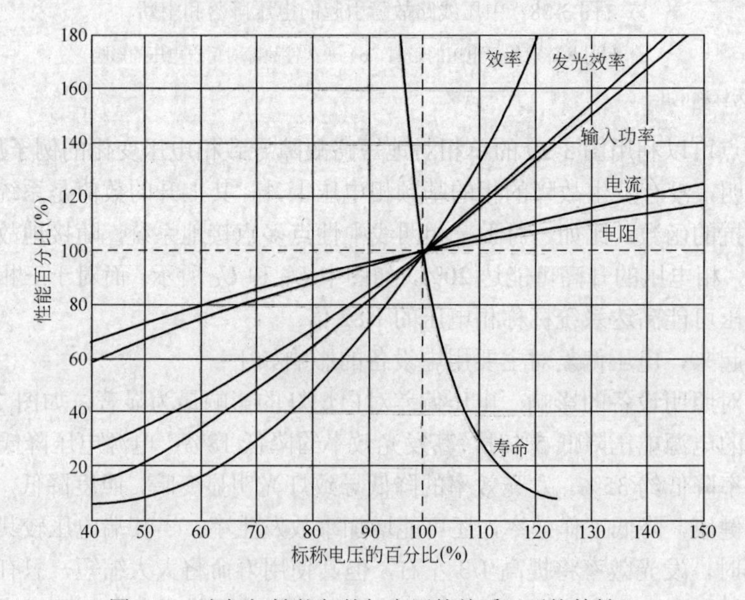

图 3-30　白炽灯性能与外加电压的关系（平均特性）

（2）对异步电动机的影响　在发达工业国家中，用于将电能转换为机械能的电动机所消耗的电能占总发电量的50%以上[11]，而在此类系统所用的电动机中，异步电动机又占了绝大多数，因此表3-4所示的电网电压的偏差对异步电动机运行的影响是一个不得不考虑的问题。由于异步电动机最大转矩与其外施电压的二次方成正比，因此当电动机的端电压比其额定电压低10%时，其实际转矩将只有额定转矩的81%。而如电压进一步降低到额定电压的80%时，此时转矩更跌到额定值的64%，此时由于主磁通近似降为额定磁通的 80%，对于恒转矩负荷，电动机电流将增大$k_i = 1/0.8 = 1.25$倍，温升也相应提高20%以上，从而明显地缩短电动机的使用寿命，甚至烧坏。如图3-31所示的转矩-转差率特性曲线可以看到，由于转矩减小，转差率增大，转速下降，不仅会造成起动困难，降低生产效率，减少产量，而且还会影响产品质量，比如对于造纸行业和轧钢厂，电动机转速的下降会引起纸张和钢板厚度的不均匀。当其端电压偏高时，负荷电流和温升一般也要增加，绝缘也要受损，对电动机同样带来不利的影响。

表3-4　端电压变动对异步电机性能的影响[12]

特　性	正 比 于	电压变动	
		0.9pu	1.1pu
起动和最大转矩	电压的二次方	−19	+21
转差率的百分比	电压倒数的二次方	+23	−19
满负荷转速	同步速－转差	−0.2～−1.0	+0.2～1.0
起动电流	电压	−10	+10
满负荷电流	取决于设计	+5～+10	−5～−10
空载电流	取决于设计	−10～−30	+10～+30
温升	取决于设计	+10～+15	−10～−15
满负荷效率	取决于设计	−1～−3	+1～+3
满负荷功率因数	取决于设计	+3～+7	−2～−7
磁噪声	取决于设计	略有减少	略有增加

（3）对同步电动机的影响　当同步电动机的端电压偏高或偏低时，转矩也要按电压二次方成正比变动。因此同步电动机端电压的偏差，除了不会影响其转速外，对转矩、电流和温升等的影响与异步电动机时相同的。

（4）对配电线路的影响　网络中电功率和电能损失增加。当配电系统输送功率不变时，由于电压降低，则电流增大，由于线路的有功损耗与电流的二次方成正比，使得电网的有功损耗和无功损耗相应增大。

（5）对电气设备的影响　电压降低会导致电气设备容量不能充分利用。当电压降低到额定值的80%时，线路和变压器能够输送的容量就只有其额定容量的64%。移相电容器的无功出力也降低为额定容量的64%。但电压升高同样会给电力系统带来一系列危害，比如对带铁心的电气设备（如变压器、电抗器等），因电压升高而使铁心出现磁饱和，其无功消耗和功率损耗将增大甚至引起铁磁谐振。

（6）对半导体器件和计算机等电子设备的影响　它们对长时间电压的变动的敏感性比早期的电子管要小得多，但对于瞬间（数毫秒）的中断和电压变动非常敏感。瞬间过电压，如浪涌、欠电压均可能导致元器件特性改变，造成计算机和数字控制装置的误动。持续时间到1s的短时间故障一般不会引起电子设备故障，但可能引起逻辑电路、寄存器严重错误，影响到整台设备正常运行，甚至损坏设备。

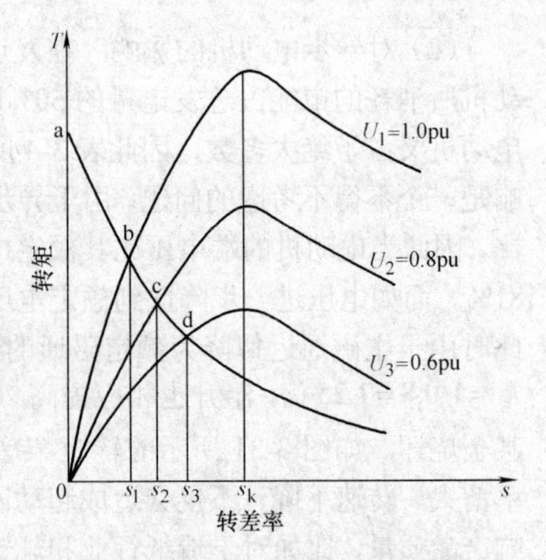

图 3-31　异步电动机端电压与转矩–转差率特性曲线的关系

表 3-5 给出在正确选择避雷器和浪涌保护设备的条件下，IEEE 242-2001 和美国标准给出的电力系统主要负荷与电压偏差之间的关系[13]。

表 3-5　主要负荷和控制设备电压允许偏差

设　备		电　压	电压失真、谐波含量	说　明
功率因数校正电容		+10%～−110%	—	
通信设备		±5%	变量	
计算机、数据处理设备		±10%，持续一个周期	5%	
照明设备	荧光灯	−10%（荧光灯）	—	启动不可靠，寿命缩短
		−25%	—	灯会熄灭
	白炽灯	+18%	—	正常寿命的 10%
	高压汞灯	−50%，持续 2 个周期	—	灯会熄灭
标准异步电动机		±10%	变量	电压和频率偏差绝对值的和小于 10%
阻性负荷－电阻炉		变量		
变压器		+5%，额定负荷时 Pf≤0.8 +10%，空载		额定频率时的电压偏差
逆变器		+5%，满负荷 +10%，空载 −10%，瞬变	2%	门极触发电路和变压器确定容许限，如果电压暂升 5%，变压器负荷应相应减少 5%。
变流器	固态二极管	±10%	敏感	NEMA MG1 电压偏差+5%～−10%
	相控晶闸管	±5%，满负荷 +10%，空载 −10%，瞬变	2%	门极触发电路和变压器确定容许限，如果电压暂升 5%，变压器负荷应相应减少 5%。

为了应对长时间的电压变动，常规的解决方法包括：

1. 减小配电变压器和线路的电抗

如前指出，供电系统中电压损耗和系统中各元件（包括变压器）和线路的阻抗成正比。选择漏抗小的变压器和截面积大的导线以减少线路阻抗，以及用电缆代替架空线是减少负荷变动引起的电压偏差的重要手段。

2．采用有载或无载调压变压器

我国工厂供电系统所用的 6～10kV 的电力变压器多采用无载调压型，其高压侧绕组设有+5%、0%和−5%三个电压分接头，如图 3-32 所示。通过分接头的调整，即可调节变压器绕组的匝数，从而改变变压器的电压比，调节低压侧的电压。分接开关就是调节分接头的转换开关。这种分接开关没有切断电弧的能力，需变压器电压中断后方可调节，称为无载调压变压器，它通过调节可动轴的位置就可调节绕组的匝数，从而改变输出电压的大小。还有一种可以带负荷调节的分接开关，为防止切换绕组匝数时产生电弧，通常采用双电阻式或组合式的结构。在调压过程中，虽然切换开关不断地换接，但其动触头始终同主静触头或过渡静触头之一接通。由于过渡电阻器装在与主电路并联的过渡电路上，可以防止相邻分接头之间的绕组短路。限制过渡电路中的循环电流，从而抑制切换开关触头的电弧烧蚀程度。由于可以不停电调压，这种变压器也称为有载调压变压器。此类调压器有许多种，如接触式、移圈式、感应式及电子式等。图 3-33 所示为一种自动有载调压系统的原理图。电压互感器 PT 得到的变压器低压侧电压与自动电压调节继电器的控制系统中的给定电压信号相比较，来控制继电器对分接头进行转换，以达到使低压侧电压维持在标称电压附近的预定范围中的目的。

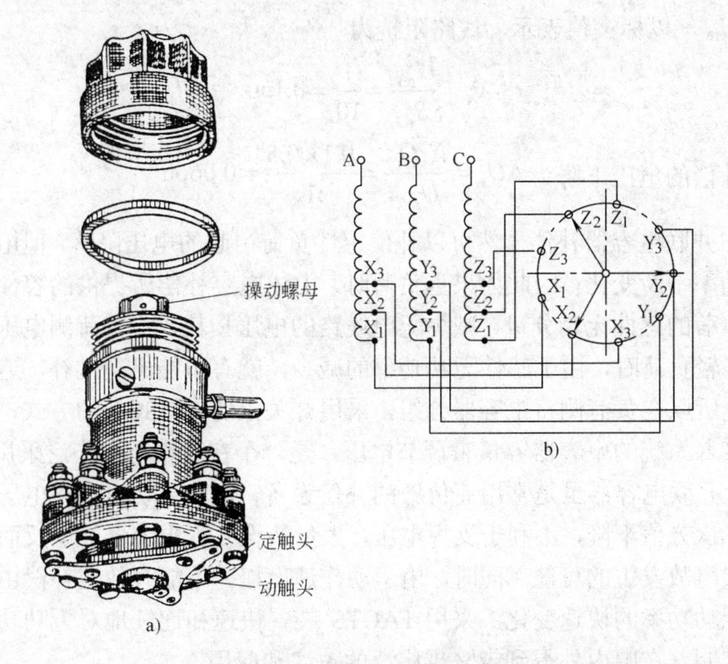

图 3-32　10kV 级三相中性点无载调压分接开关

a）结构　b）原理图

3．利用并联电容器对无功功率进行补偿

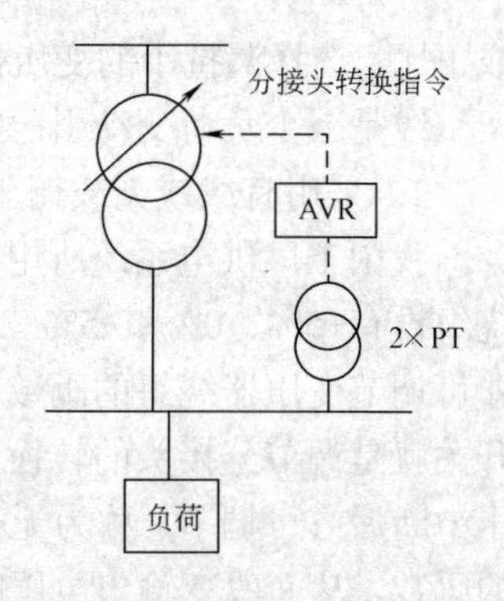

图 3-33 有载分接头转换开关的自动控制原理图

利用并联和串联电容对受电端电压进行调节是一个得到广泛应用的实践。其中串联电容由于可以降低线路电抗，减少线路压降，从而可以提高受电端电压，非常适于变动负荷的补偿。但由于基本没有改变输电线路上的无功输送容量，所以降低网损的效果比并联电容补偿要小。同时又因为容易引发铁磁谐振等异常现象，所以在调压范围中应用较少。

企业中绝大多数的用电设备是感性负荷，不仅消耗有功功率，还要从电源取用无功功率，包括负荷的无功功率和线路、变压器的无功损耗，这导致用户的功率因数均为滞后并且较低，一般在 0.8 以下。实际上，电力系统需要的无功功率比有功功率大，若综合有功发电最大负荷为 100%、则无功总需要 120%～140%。无功功率流经配电线路在电源和设备间往返交换，不仅占用了配电网的容量，并且造成线路电压损失增大，导致用户电压降低。因此，采用并联电容补偿可以通过在负荷侧安装并联电容器来提供容性无功，以减少需通过配电网提供的感性无功功率，从而达到降低网损，调整电压的目的。比如，一台容量为 60Mvar 的并联电容器组并接在短路容量为 1000MVA 的系统母线上，容量基准值取为 100MVA，电压基准值取 U_{ref}，以标幺值表示，线路阻抗为

$$X_{\mathrm{s}}=\frac{U_{\mathrm{ref}}^{2}}{S_{\mathrm{sc}}}=\frac{1}{10}=0.1\mathrm{pu}$$

可以补偿的电压下降为 $\Delta U_{1}=\dfrac{X_{\mathrm{s}}Q_{C}}{U_{\mathrm{ref}}}=\dfrac{0.1\times 0.5}{1}=0.06\mathrm{pu}$

固定的并联电容器补偿虽然可以补偿感性负荷引起的电压降落，但由于配电负荷的无功功率不断变化，因此如果重负荷时，上述电容补偿所提供的容性无功功率可以抵消负荷的感性无功分量，减少配电线路的电压损耗，将负荷侧电压维持在允许范围内；轻负荷时，由于感性无功功率的减少，就有可能出现过补，造成负荷端电压升高。所以在负荷侧将电容器分组，采用开关投切（MSC）的方式，根据负荷大小改变接入系统的电容器容量来调节电压，是一个在我国得到广泛采用的实践。

但是，并联电容器虽是常用而价廉的补偿设备，但其无功出力在电压下降时将按电压的二次方值下降，不利于支撑电压，大量装设并联电容器补偿反而有增加电网电压崩溃事故发生的可能。同时，由于动作速度慢，不能有效地补偿由于冲击负荷引起的无功功率的快速变化。采用 FACTS 装置快速和连续地对无功功率进行适当的调节控制，在国内外得到越来越广泛的关注和应用。

参考文献[14]指出，对于实际线路故障时所存在的一些模糊认识，比如一些教科书列举的例子中，假定发生短路故障时系统电压并不降到零，但实际系统故障时

的测量结果往往为零。另外，线路自动重合闸从检测到故障到动作的时间非常短，认为配电线路中自动重合闸动作的时间比输电线路要慢的观点实际上也是错误的。

有关并联电容进行无功功率补偿的更详细的讨论将在第 5 章展开。

3.3.3　短时间电压变动

3.3.3.1　电压暂降（Sag）

持续时间在 0.5 个周期～1min 之间，工频电压或电流的方均根值降落到标幺值的 0.1～0.9pu 之间的现象称为电压暂降。根据 IEC 定义，电压暂降通常用一对数据加以描述，即剩余电压（或暂降深度）与持续时间。这里，剩余电压指的是电压暂降发生期间任一相所测量得到的最低的方均根电压值，而深度则指的是标称电压和剩余电压之间的差，通常用标称电压的百分比来描述。电压暂降与停电有很大的不同，停电指的是设备与电源，主要指与电网完全断开。暂降则指的是在负荷仍然与电源相连的条件下电压突然跌落。与电压暂降相关的一个常用词就是电压幅值的变化，即所谓电压变化（Voltage Change），根据 IEC 定义，该变化通常是由接入电网的大负荷从供电网提取的有功和无功电流的变化在供电网阻抗上引起的电压降变化而引起的。此类负荷的接入和切除，或者其阻抗发生的变化均会导致负荷电流 I 出现较大的动态变化 ΔI，并导致厂内接入点（IPC）或公共接入点（PCC）的电压发生较大的电压变化 ΔU_c，如图 3-34 所示。

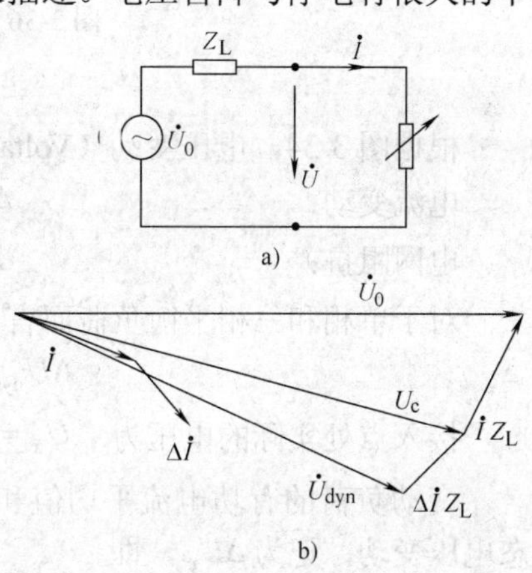

图 3-34　负荷变化引起的电网电压变化

a）等效电路　b）相量图

电压暂降也能是由于大负荷的投入，如大容量电动机的起动和焊机的工作而引起。比如一个感应电动机在它起动时会引起 6～10 倍的满负荷电流。这个感性电流流经系统和变压器阻抗将引起电压的暂时暂降，如图 3-35 所示。

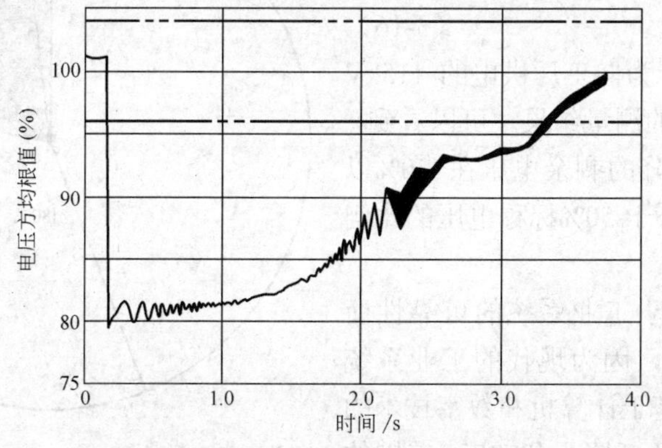

图 3-35　电动机起动引起的相电压暂降

图 3-36 以电动机起动为例给出了接入点稳态和动态电压变化的曲线。

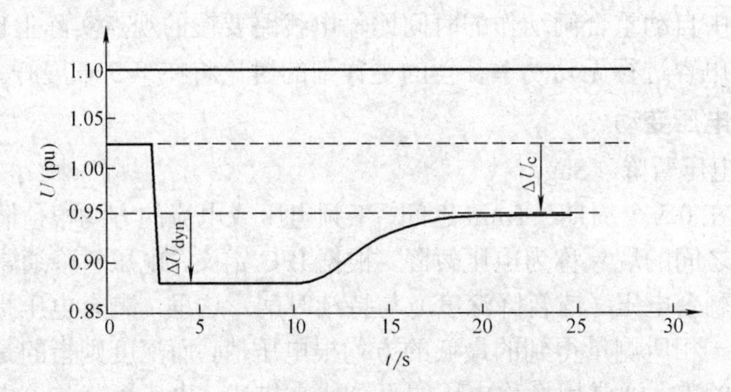

图 3-36　稳态和动态电压变动

ΔU_c—稳态电压变动　ΔU_{dyn}—动态电压变动

根据图 3-34，电压变动（Voltage Change）可以计算如下：

电流变动：
$$\Delta I = \Delta I_p - j\Delta I_q \tag{3-12}$$

电网阻抗：
$$Z_L = R_L + jX_L \tag{3-13}$$

对于单相和三相平衡负荷而言，动态电压降为

$$\Delta U_{dyn} \approx \Delta I_p R_L + \Delta I_q X_L \tag{3-14}$$

接入点处实际的电压为　$U_a = U_0 - \Delta U_c \pm \Delta U_{dyn}$

变动负荷的有功电流平均值和无功电流平均值的代数和所产生的压降称作稳态电压变动，记为 ΔU_c，即

$$\Delta U_c = \sum_i [I_q X_L]_i + \sum_i [I_p R_L]_i \tag{3-15}$$

而动态电压变动 ΔU_{dyn} 则对应于最大的动态变化，表示为

$$\Delta U_{dyn} = MAX_i\left(\left|\Delta I_p R_L + \Delta I_q X_L\right|_i\right) \tag{3-16}$$

图 3-37 所示为向工厂供电的 115kV 母线的电压暂降的测量结果。可以看到，绝大多数电压暂降的剩余电压在 70%以上，而剩余电压小于 50%标称电压的比例为 0[15]。

电压暂降对于工业系统的可靠性而言是至关重要的，因为现代的工业系统中，大量应用的基于计算机和数字技术的电压敏感设备对于暂降十分敏感。美国的

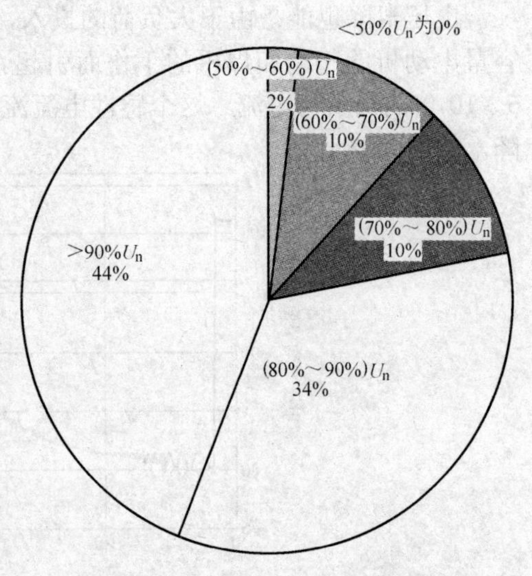

图 3-37　工业企业电压暂降的分布

统计表明，电压跌落到标称值的 85%～90%，持续时间为 16ms（60Hz 电源的一个周波）就可能引起敏感设备和工业过程的中断，即对于此类设备而言，电压中断和电压暂降两者的影响实际上是相似的。

3.3.3.2　电压暂升

电压暂升被定义为一个持续时间为 0.5 个周期～1min 的工频电压或者电流方均根值超过标准允许范围的升高。电压暂升的幅值通常也用剩余电压来描述，典型的幅值在 1.1～1.8pu 之间。

电压暂升经常是与系统故障条件联系在一起，但是它比电压暂降出现的要少。系统单相对地短路故障可以在非故障相产生一个暂时性的电压暂升。在故障持续时间内的电压暂升的幅度是故障点、系统阻抗和负荷连接方式的函数。对三相不接地系统而言，非故障相的相电压在单相对地短路故障条件下可能达到 1.73pu。而大负荷的切除或者大电容器组的投入也会引起电压暂升。图 3-38a 描述了由于单相短路故障引起的非故障相电压方均根值的变化，而图 3-38b 给出了单相接地故障引起的持续时间约为 4 个周期的 20%的电压暂升曲线的细部图。

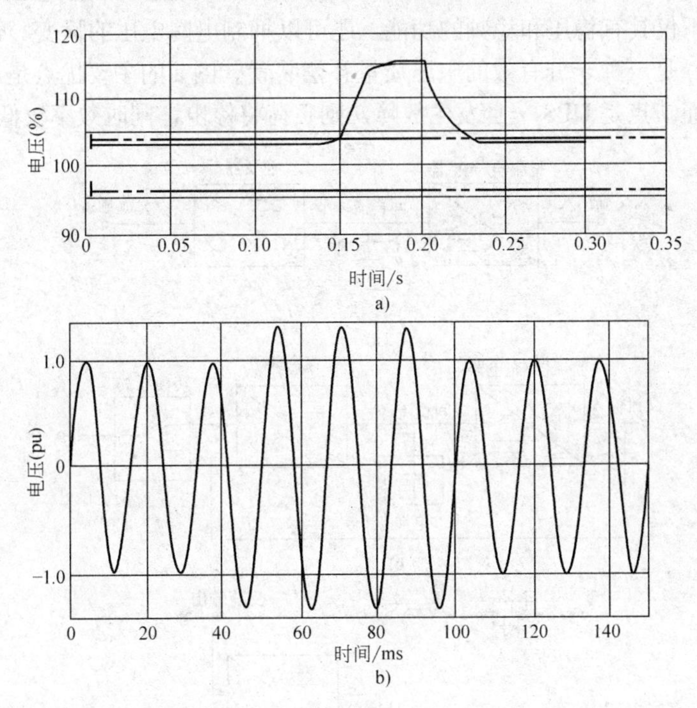

图 3-38　单相对地短路故障引起的瞬时电压暂升

a）电压方均根值变化的百分数　b）电压暂升波形

电压暂升的影响同样可以用它们的方均根值（rms）和持续时间来描述。

过去常用的一个词组瞬时过电压（Momentary Overvoltage）可以看做是“电压

暂升”的同义词。

3.3.3.3 短时间电压变化的对策

为了减少瞬时电压变化对设备的影响，在供电侧，首先需要对于在引起电压暂降故障中占很大比例的雷击现象采取对策。其次可以采取下述 UPS 等传统的电压调节设备来抑制电压变化。

1．不间断电源（UPS）

由于UPS可以在供电中断时向负荷提供电能支撑，以及将负荷与供电系统隔离，所以可以为负荷提供稳定的电能供应和将电网电压扰动和偏差的影响降到最低。

一个典型的静止性在线式 UPS 如图 3-39a 所示，它由整流器/充电器、逆变器和电池构成。其中，电池作为紧急电源可以在供电电压低于一定值时向负荷提供电能。该 UPS 在电网电压正常供电时通过整流器对电池充电，同时将滤波器后的清洁电能提供给负荷，而在市电中断或出现扰动时，以蓄电池为电源继续向负荷提供不间断的高质量的电能。电池的容量决定了电网供电中断时负荷的持续工作时间，一般蓄电池可以独立供电的时间为 10～30min。这种在线式 UPS 将电网与负荷完全隔离，所以不仅具有稳压和稳频的功能，还可以抑制电网电压的瞬变、暂升、暂降和波形失真，是一种十分有效的电压质量补偿装置。图 a 的主要优点是结构简单、价格便宜，而缺点是 UPS 一旦发生故障，则负荷将停电，同时效率较低。

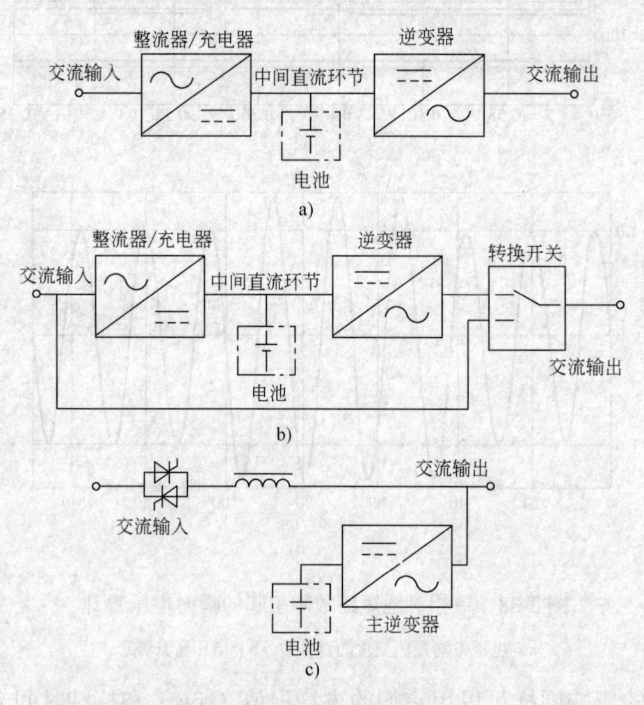

图 3-39 UPS 的结构型式

a）在线式双变换 UPS 电源 b）备用式双变换 UPS 电源 c）单变换式 UPS 电源

图 3-39b 所示为后备式结构，在电网电压正常或 UPS 发生故障时，输出电压就是输入电网的电压，而 UPS 主要任务是为电池充电，处于备用状态。当电网电压异常时，转换开关将 UPS 投入运行，此时逆变器将电池的电能转换为交流供给负荷。这种结构由于 UPS 处于备用状态时，电网电压通过转换开关直接供给负荷，所以不能控制供电的电能质量。对于敏感负荷和供电电压质量较差的地方，如果接入 UPS 的目的是提高电能质量，则上述 UPS 处于备用状态的形式实际上是不应采用的。此外，如大多数电力电子装置一样，通常静止式 UPS 过负荷能力较小，比如 1h 电流过负荷能力 125%，而能耐受 150%过电流的时间仅为 10s，所以容量的选择首先考虑的是其承受的浪涌电流。出于经济性的考虑，实践中往往并不要求其承受短路电流或浪涌电流的冲击，而常常可以采用静态开关，当负荷电流过大时，将负荷转换为由市电电源供电，来限制 UPS 本身所承受的浪涌电流。由于采用在线式结构，整流器、逆变器均为连续工作，器件长期处于负荷状态，需采用冗余设计以提高可靠性。此外，由于采用整流和逆变两级变换功率损耗大、效率低（大体在 86%～90%）。

为了进一步提高 UPS 对电能质量控制的要求，如果单台 UPS 不能满足需要时可以采用冗余的结构，即将两台同规格的单机 UPS 接成热备用或并联连接的形式[16]。随着电力电子技术的发展和电能质量要求的提高，提高 UPS 输入侧的功率因数和输出功率水平成为制造商和用户关注的焦点。目前，双变换 UPS 的前端变流器由传统的晶闸管相控整流改为采用高频 SPWM 调制，降低了装置对供电系统的影响。

在选择 UPS 时，首先需要考虑的是负荷的类型和特性，通常可以将此类负荷分为三类，即不能耐受持续电压中断的、不能耐受超过一定范围的频率或电压变动的和不能耐受超过一定范围的谐波失真的。实际中，可以根据负荷的特性选择性价比最优的方案；比如第一类负荷采用后备式结构，就可以达到满意的效果。其次需要考虑的是 UPS 通过电池维持的时间。其他考虑的因素包括负荷的电压质量，由于 UPS 输出阻抗远高于电网的阻抗，所以负荷引起的谐波失真可能降低供电的电能质量；而 UPS 中逆变器采用的调制方法和结构会导致输出电压波形存在一定的失真。

2．铁磁谐振调压器（Ferroresonant Voltage Regulator）

铁磁谐振调压器是一种由非线性电抗与电容耦合而成、谐振于相对稳定的频率的装置，用于在输入电压大幅度变化条件下维持输出电压基本稳定。它包括串联铁磁谐振调压器、串并联铁磁谐振调压器（电气连接）、铁磁谐振变压器调压器（磁耦合）和可控铁磁谐振调压器四类[17]。

基本的串联和串并联谐振调压器如图 3-40 所示，图 a 由一个非线性电抗器 L_1 和一个电容 C 组成串联谐振回路，图 b 则由一个线性电抗器 L_2 与一个由非线性电抗器 L_1 和电容 C 构成的并联谐振回路串联而成。

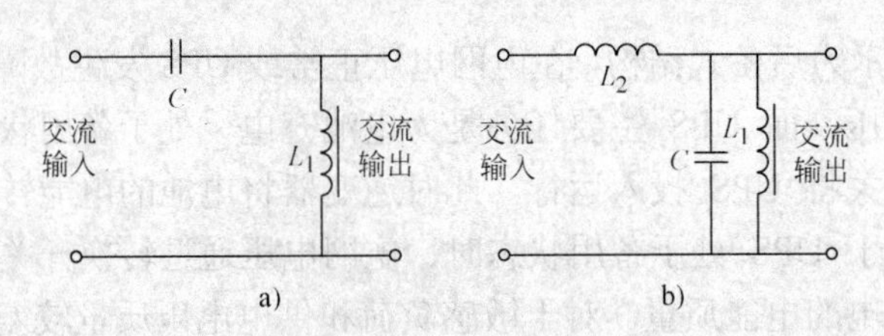

图 3-40　铁磁谐振调压器

a）串联式　b）串并联式

作为其变形，铁磁谐振变压器－恒压变压器（Constant Voltage Transformer, CVT）由一个工作于饱和区的 1:1 铁心变压器和一个由变压器电抗和电容构成的谐振回路组成。因此输入电压在 20%～40%范围内变化，对输出电压不会产生明显的影响。但也由于工作在饱和区，所以所能控制的负荷的功率较小，并且变压器的容量应当远大于负荷的容量。该装置可以有效地衰减浪涌和噪声，所以被广泛用于解决用户侧的许多电压暂降问题，特别是应用于小功率负荷的电压暂降抑制。但对于具有大的浪涌电流的设备而言，则可能产生谐振问题，导致性能下降。图 3-41 所示的装置通过引入一个中和绕组可以有效地滤除奇次谐波，从而减少输出电压的谐波含量[14]。

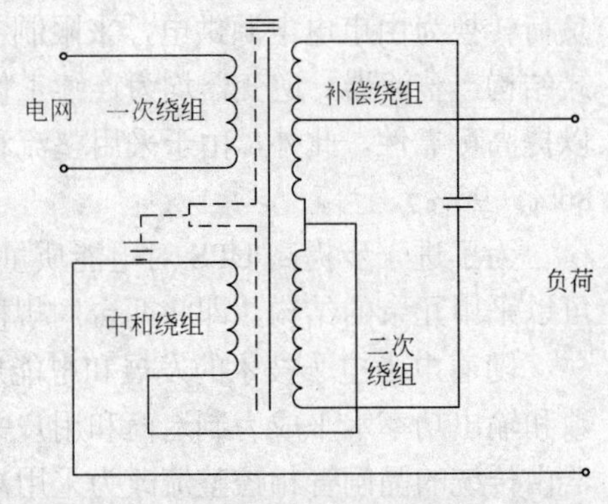

图 3-41　CVT 的典型电路

如定义负荷容量与变压器容量之比为负荷率，则该类设备的最大负荷率为 90%，图 3-42 给出了其典型的负荷率和电压暂降的补偿能力的关系，可以看到，当负荷率为 25%时，可以补偿的电压暂降达 30%；随着 CVT 负荷率的上升，其对电压暂降的补偿能力下降。而当变压器过负荷（如负荷率 150%）时，变压器输出电压会发生崩溃。实践证明，该类设备可以有效地提高负荷对电压暂降的耐受能力，所以得到了广泛的应用。

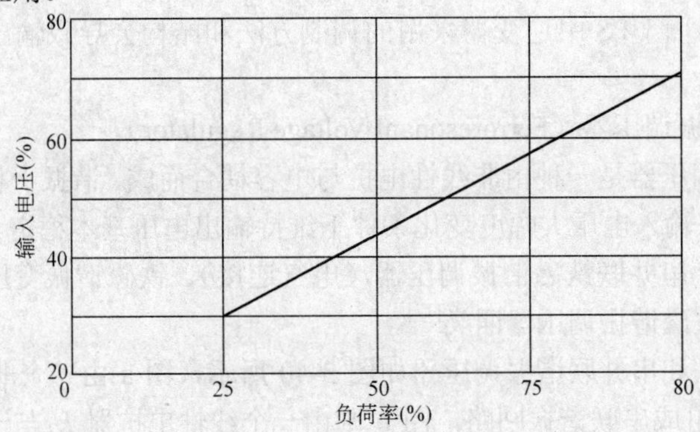

图 3-42　CVT 负荷率与可以补偿的输入电压之间的关系

所谓磁合成器（Magnetic Synthesizers）是一种与 CVT 工作原理相似的设备，它包括 6 个处于饱和状态的脉冲变压器，相应的非线性电抗和电容构成并联谐振回路，通过将饱和变压器生成的脉冲电压组成阶梯波作为输出波形。该电路工作于基频谐振，从而对谐波和噪声产生抑制作用；当输入电压在标称电压的±50%的范围中变化时，可以将输出电压的变化限制在 10%以内。如果采用三相对称结构时，可以进一步提高三相电压暂降的支持能力和对三相负荷的调节性能。特别是其固有的限流能力可以将额定电压时的电流限制在额定值的 150%～200%以内。但由于此类装置在负荷突变时可能会引起输出电压幅度和频率的瞬变，所以最好不用于负荷会发生阶跃变化的场合。

可以通过在电抗或变压器中引入开关器件对其进行控制，图 3-43 所示为一个所谓磁耦合谐振调压器（MCTR）的主电路，它由一次、二次谐波和谐振四个绕组和线性与 MCTR 两个磁分路组成。MCTR 磁分路的主要功能是增加二次绕组的漏抗，从而消除奇次谐波和减少输出电压的失真，同时抑制负荷产生的浪涌电流。而线性磁分路用来提高装置的过负荷能力。电路中可以通过开关器件控制直流偏置电压，进而控制铁心的饱和程度，就可以达到控制输出电压的目的。

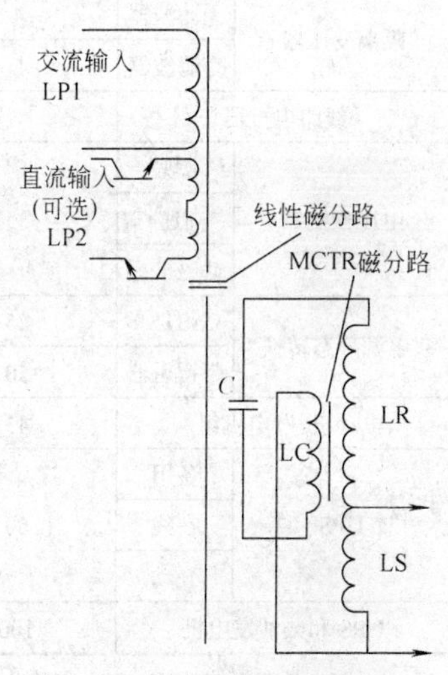

图 3-43　MCTR 原理图

磁性调节器是一种低价静止补偿器，由于此类设备没有移动和有源部件，所以可靠性非常高，正常运行情况下，几乎不需任何维护，这是其一个明显的优点。此外，其谐振回路中存储的能量使其可以在故障点距离输入侧较远的情况下耐受半周期以上的停电。但由于采用磁性元件，故较之常规的线性变压器，其体积和重量均较大，而效率较低，并且还会产生较大的音频噪声。

上述电压侧短时间电压变化的对策主要是尽力提高供电的可靠性。负荷侧的对策则大体分为下述三类：

1）如果发生短时电压变化时，负荷仍然可以在不损害其原来功能的情况下继续运行。典型的事例是采用开关电源的设备，如笔记本电脑等双电源供电的数字设备，可以自动由交流供电切换到电池供电状态而继续工作。

2）电压发生短时变化时，负荷自动安全停机，而在电源恢复后，手动或自动启动。比如家用电器中电饭锅、洗衣机等，如果失控会对人体造成伤害的设备，通常均装有掉电保护，需手工复位才能运行。而风扇、水泵等电动机传动设备，往往采用电压恢复后自动恢复运行的控制方式。

3）除了上述硬件防护手段外，利用软件可以将电压变化发生的时刻，以及对用户的影响进行评估，并对可能造成损害的设备发出警告或停机。比如医疗设备中图形记录仪，可能因电压的跌落而发生误动，以致造成误诊断。

表 3-6 给出了各种电压调节设备的性能和以 UPS+柴油发电机的价格作为基准的价格比较。

表 3-6 电压调节设备的性能比较

类型		相对价格（%）	浪涌保护	电压暂变	持续		谐波失真	噪音	断电耐受能力
					欠电压	停电			
浪涌抑制器		<1	X						无
滤波器		<1					SP	X	无
隔离变压器	无滤波器	4						C	无
	有滤波器	5					SP	X	无
线路电抗器		<1					X		无
电压控制器	常规①	35	A	A，P	X		A		1/4 周期
	高速①		A	X	X		A	A	1/4 周期
	铁磁谐振		X	X	X		A	X	1 周期
双电源静态转换②	SSTS	25	A	X		X			持续
	带调压器	50	X	X	X	X	A	A	持续
电动机-发电机组③		45	X	X	X	P	X	A	0.3s
UPS	备用	60	A	X	A	X	A	A	15min
	在线		X	X	X	X	X	X	15min
	互动		A	X	X	X	A	A	15min
UPS 和柴油发电机		100	X	X	X	X	A	X	持续

注：X—具有保护功能；SP—具有专门的补偿滤波器；C—共模噪声；A—具有调节设备或功能；P—仅具有短时间调节功能。

① 常规电压控制器表示阶跃响应速度为 10～12 个周期的调压器，如自耦变压器；而高速电压控制器指利用功率半导体器件如晶闸管等实现有载调压的设备，其响应速度可达 1 个电源周期。对此类设备将在后续章节中加以介绍。

② 静态转换则指利用晶闸管实现的双电源静态转换系统，同样将在后续章节中加以说明。

③ 电动机-发电机组主要用于采用 400Hz 电源供电的大型计算中心，以维持供电电压稳定。

3.3.4 电压闪变

1．闪变的基本概念

根据 IEC 和 GB 12326—2000 的两个定义中均指出闪变是人眼对照明器具的照度波动，即灯光闪烁的生理感觉。IEEE 1100−1999 的定义“持续时间足以在视觉上观察到电光源强度变化的输入电压幅值或频率的变化”。从而将视感的照度变化与输入电压的变化联系起来，国标中也在这方面特别加以说明，“本标准适用于交流 50Hz 电力系统正常运行条件下，由波动负荷引起的公共连接点电压的快速变动及由此可能引起人对灯闪明显感觉的场合”。

图 3-44 为电压波动测试电路，端电压变化可以表示为任何两个相邻的基频相

电压方均根值$U(t_1)$和$U(t_2)$的差：

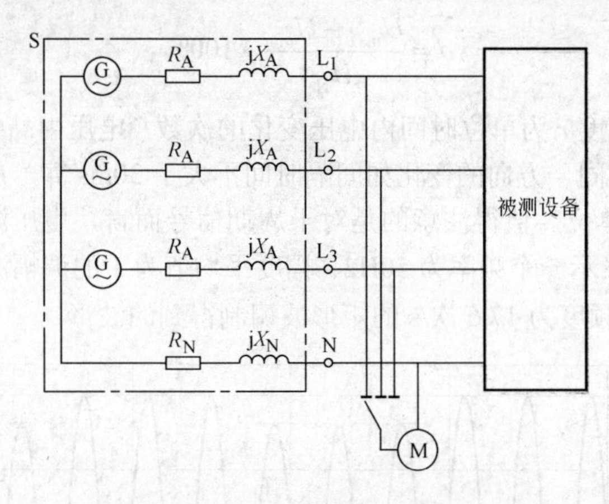

图 3-44　三相四线电源供电的测试电路

$$\Delta U = U(t_1) - U(t_2) \tag{3-17}$$

被测设备的复基频输入电流变化可以记为

$$\Delta I = \Delta I_p - j\Delta I_q = I(t_1) - I(t_2) \tag{3-18}$$

式中，ΔI_p和ΔI_q分别为基频电流变化的有功和无功分量；I_q为正表示电流滞后电压（感性），而为负表示电流超前电压（容性）。

电压波动ΔU则是由于上述电流在复参考阻抗Z_{ref}上产生的电压降的变化形成的，并可以用表示为

$$\Delta U = \left|\Delta I_p R + \Delta I_q X\right| \tag{3-19}$$

其中，复基频电流的虚部也可表示为

$$\Delta U_1 = \frac{\Delta I_1 Z_{ref}}{U_N} \times 100\% \tag{3-20}$$

而相对电压波动定义为

$$\delta = \frac{\Delta U}{U_N} \tag{3-21}$$

式中，U_N为电网标称电压。

在进行上述计算时，应当注意上述公式是以基频电流定义的，除了特殊说明外，以下对于电压短时变化的讨论均是基于基频信号进行的。但在输入电流的谐波失真小于 10%时，可以在上述公式中利用总电流的方均根值代替其基频电流的方均根值进行计算。

我国国标定义的电压波动指生产（或运行）过程中，从电网取用快速波动功率的波动负荷所引起连续的电压方均根值一系列的变动或连续的改变。波动过程中相邻电压方均根值的最大值U_{max}与最小值U_{min}之差称之为电压波动，常用两者之差对

U_N的百分数来表示，即

$$d=\frac{U_{\max}-U_{\min}}{U_N}\times 100\% \tag{3-22}$$

电压波动的频度 r 为单位时间内电压变化的次数（电压由高到低或由低到高各算一次变化），这里同一方向的变化如间隔时间不大于 30ms 算一次变化。而以 min^{-1} 或 s^{-1} 作为频度的单位。值得注意的是对于周期信号而言，电压波动的频度为频率的两倍。图 3-45 表示一个频率为 50Hz、幅度平均值为 1 的调幅波 $U(t)$，受到一个频率为 8.8Hz，即频度为 17.6 次/s 的矩形波调制得到的波形。

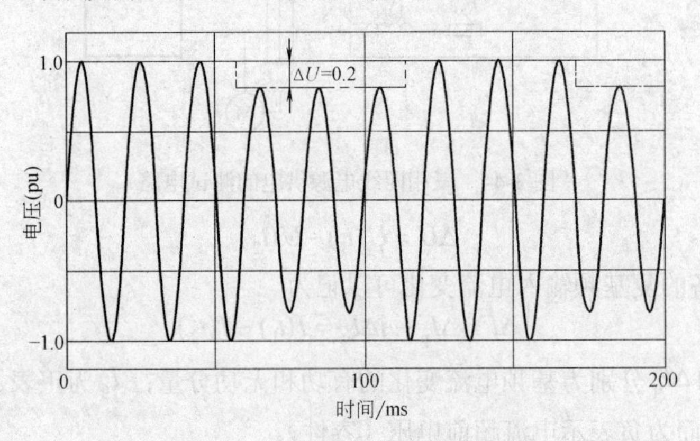

图 3-45 矩形电压波动，$\Delta U/U=20\%$

2．电弧炉中的闪变

由于交流电弧炉是所有波动性负荷中引起电压波动与闪变最为严重的一种负荷，所以这里主要以交流电弧炉为对象来说明闪变。图 3-46 为利用 IEC 推荐的闪变仪对电弧炉 P_{st} 的测试结果。电弧炉的容量从功率 2～3MVA 的几吨的小型电弧炉，到 400t 的功率 100MVA 以上的高功率电弧炉。电弧炉一般不直接接到变

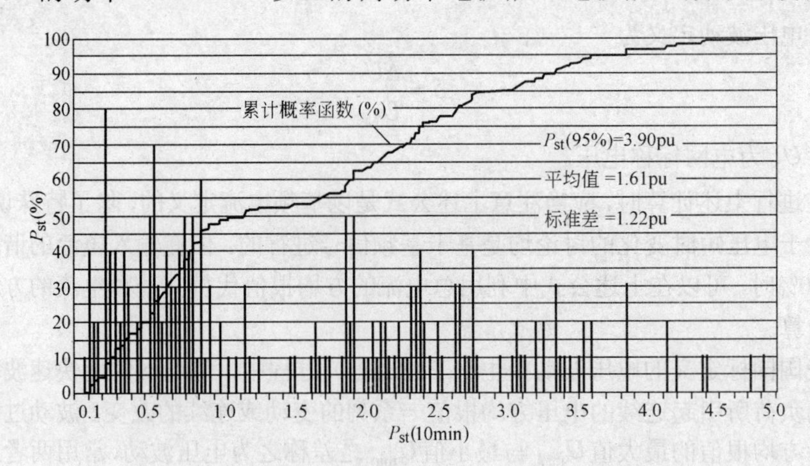

图 3-46 为利用 IEC 推荐的闪变仪对电弧炉 P_{st} 的测试结果

电站，而是通过一个电炉变压器连接到变电站出线端。电炉变压器二次电压一般为几百伏，并且能够调压。电弧炉的主电路主要由配电变压器、高压断路器、电炉变压器、电抗器、短网和电极组成。此外，电弧炉还有电极升降自动调节系统和即时监测系统。电弧炉一般与其他负荷并联在配电变压器的二次侧，这些负荷通常是与冶金相关的加工设备，这些设备也会对电网造成很大的冲击。为便于利用系统参数对交流电弧炉的特性作粗略估算，图 3-47 为供电单线图和电路参数。

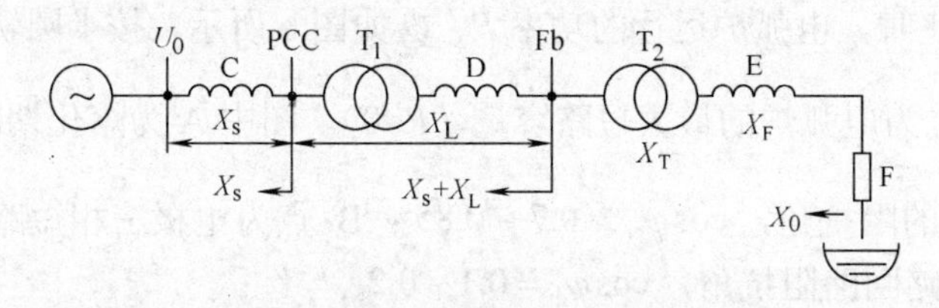

图 3-47 典型的电弧炉供电系统简图

U_0—无限大电源母线电压 PCC—公共连接点（或称公共供电点） Fb—电弧炉变压器一次侧母线

T_1—钢厂主变压器 C—钢厂进线 D—电弧炉变压器进线 T_2—电弧炉变压器 F—电弧炉

E—短网，电弧炉变压器二次侧至电弧炉电极的引线

作为电弧炉的典型工作曲线，图 3-48 显示电弧炉具有滞后的功率因数，以及不稳定的无功电流波动在交流系统阻抗上引起压降，导致电弧炉端电压不规则的变化。上述变化导致闪变的发生和谐波电流的产生。

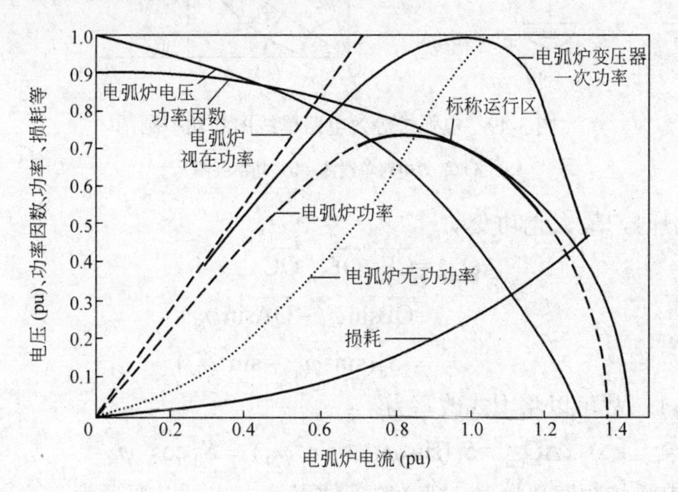

图 3-48 电弧炉典型工作曲线

电弧炉至无穷大母线的总电抗为

$$X_0 = X_S + X_L + X_T + X_F \tag{3-23}$$

式中，X_S 为 PCC 点至无限大电源侧的电抗；X_L 为 PCC 点至电弧炉变压器母线之间的电抗；X_T 为电弧炉变压器的电抗（包括串联电抗器电抗）；X_F 为短网电抗。另外，

式中和图中的电抗，均为以供电母线额定电压 U_N 和供电系统基准短路容量 S_B 为基值的百分比（%）或标幺值（pu）。

为便于分析电弧炉的功率变化趋势，将图 3-47 简化为图 3-49 所示的电弧炉等效电路的单线图。

图中 U_0 为供电电压；X_0 为电弧炉供电回路的总阻抗（包括供电系统、电路变压器和短网阻抗）；R 为回路的总电阻，以可变的电弧电阻 R_A 为主；P+jQ 为电路复功率。当 R 变化时，电弧炉运行的功率 P、Q 如图 b 所示，按半圆轨迹移动，其直径 $\overline{OD}=S_d=\dfrac{U_0^2}{X_0}$ 为电弧炉的最大短路容量（R=0）。图中 A 为熔化期的额定运行点，φ_N 为额定运行的阻抗角，$\cos\varphi_N=0.7\sim0.85$；B 点为电极三相短路运行点，此时 R_A=0，φ_d 为短路回路阻抗角，$\cos\varphi_d=0.1\sim0.2$。

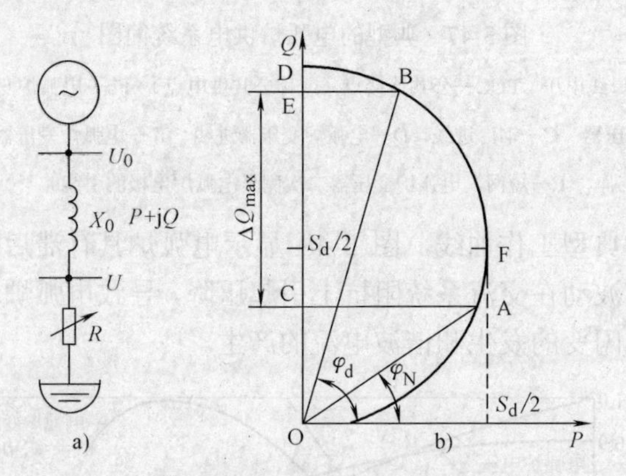

图 3-49　电弧炉等效电路单线图和功率圆图

a）等效电路单线图　b）功率圆图

预测计算时，最大无功变动量：

$$
\begin{aligned}
\Delta Q_{max} &=\overline{CE}=\overline{OE}-\overline{OC} \\
&=\overline{OB}\sin\varphi_d-\overline{OA}\sin\varphi_N \\
&=S_d(\sin^2\varphi_d-\sin^2\varphi_N)
\end{aligned}
\tag{3-24}
$$

由于 $\sin\varphi_d\approx1$，故可以将上式改写为

$$
\Delta Q_{max}=S_d(\sin^2\varphi_d-\sin^2\varphi_N)=S_d\cos^2\varphi_N \tag{3-25}
$$

在已知电弧炉短路压降 d_{max}(%) 的条件下，上式可以变形为

$$
d_{max}=X_S\frac{\Delta Q_{max}}{S_B}=\frac{\Delta Q_{max}}{S_{sc}} \tag{3-26}
$$

式中，X_S 为公共接入点（PCC）至无穷大电源侧电抗；S_B 为基准容量；S_{sc} 为供电系统 PCC 的短路容量。

实际上，电弧炉在熔化期电极和炉料（或熔化后钢水）之间，存在开路（R=

∞，对应于 O 点）和短路（$R≈0$，对应于 D 点）两种极端状态，当相继出现这两种状态时，也可以得到一个更为保守且简单的针对无功功率波动的估计：

$$\Delta Q_{\max} \approx S_{\mathrm{d}} \tag{3-27}$$

电弧炉短路容量 S_{d} 在难以得到资料的条件下，可以用电弧炉变压器容量的两倍作为保守估计，代入式（3-26）可以直接得到关于电压波动的估计值。

但需要指出，上述公式均是根据与闪变间接相关的量，即电压波动得出的，实际中还应对上述计算结果利用闪变限值加以校核，在系统中有多台冲击负荷时，更是如此。实际上，交流电弧炉引起的电压闪变大小主要和电压变动值 d（或 $d_{\max}$）有关，但也和冶炼的工艺、炉料的状况有关，可以粗略地用下式预测：

$$P_{\mathrm{st}} = (0.48 \sim 0.85)d_{\max} \approx 0.5d_{\max} \tag{3-28}$$

$$P_{\mathrm{lt}} = (0.35 \sim 0.5)d_{\max} \approx 0.36d_{\max} \tag{3-29}$$

下面给出一个 ABB 推荐的电弧炉负荷与闪变指标之间关系的经验公式[18]：

$$P_{\mathrm{st99\%}} = K_{\mathrm{st}} \frac{S_{\mathrm{SCEAF}}}{S_{\mathrm{SCN}}} \tag{3-30}$$

式中，$P_{\mathrm{st99\%}}$为公共连接点 P_{st} 的 99%概率大值；K_{st} 为电弧炉的闪变影响特性系数，其取值范围为 48～85，交流电弧炉一般为 50～75 之间，50 通常对应海绵铁、热金属和废钢的混合物；75 则对应采用 100%废钢并且冷启动的最严重工况；而大容量（60t 以上）的电弧炉 K_{st} 值较小。电弧炉的短路容量 S_{SCEAF} 包括从电弧炉到 PCC 点的全部阻抗，通常是电弧炉变压器容量的 $\sqrt{2}$～2 倍。而 S_{SCN} 是接入点的故障水平。

实践中往往存在多个闪变源同时工作的情况，国际电热协会（UIE）推荐的多个闪变源的闪变严重程度公式为

$$P_{\mathrm{st}} = \left[\sum_{i=1}^{n} (P_{\mathrm{st}i})^m\right]^{\frac{1}{m}} \tag{3-31}$$

式中，i 为闪变源的序号；m 为累计因子，用来评估多台电弧炉同时工作的影响。该因子的取值在 1～4 之间。m=4 用于电弧炉不会发生同时熔化的特殊场合。而电弧炉熔化时刻重叠的可能性很大的场合，背景闪变可能由于多个闪变源造成，因此在一天中不断变化，为了扣除其影响应取 m=1，作为保守的估计，通常取 m=2。

3．电压闪变对策

闪变的主要原因是负荷变化所引起的电源电压波动。因此抑制电压闪变的方法和本章节前面讨论的电压变动抑制方法从本质上是相同的。传统上最常用的方法包括改进操作工艺，比如电弧炉改为利用三相整流的交流电弧炉，可以有效地减少闪变和不对称的影响；提高供电系统能力，比如将冲击性负荷接到较高电压等级的供电网络，由于系统短路容量的增大，导致相对电压波动减小，也即闪变的影响减小，但所需投资较大。

注意到电压的波动与 X_{s} 直接相关，所以串联补偿，如图 3-50a 所示，可以通过

减少线路阻抗来降低电源阻抗，也可以对冲击性负荷采用独立的变压器或绕组进行隔离，如图 3-50b，从而达到抑制电压波动的目的。

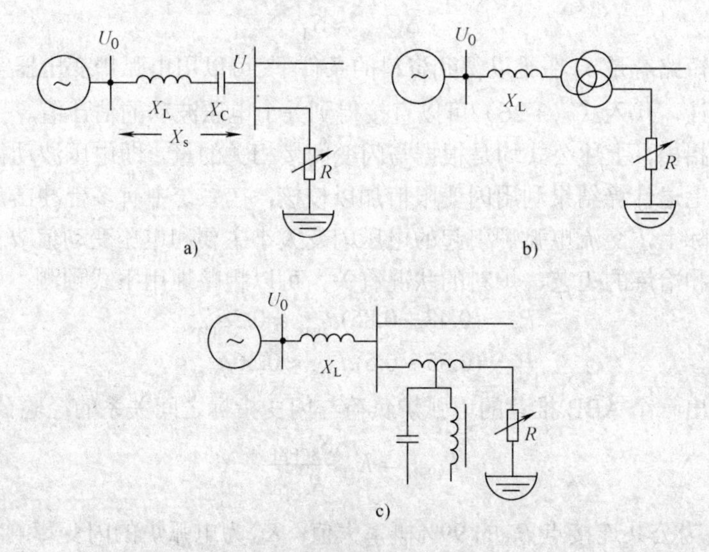

图 3-50　常规的闪变抑制措施

a）串联补偿　b）用变压器隔离　c）饱和电抗器与电容关联功率

图 3-50c 所示为利用饱和电抗器与电容并联，利用饱和电抗器所吸收的感性无功随电压变化而变化的特性达到无功补偿的目的。

近年来，随着电力电子技术的发展，采用各种 DFACTS 装置来高速和高精度地提供有功和无功补偿，以抑制闪变成为发展趋势，此类装置将在随后的章节中加以介绍。

3.4　电压波形失真

3.4.1　三相电压不平衡

3.4.1.1　不平衡的定义

IEC 定义电压不平衡为多相系统中基频线电压的方均根值，或两个顺序线电压之间的相角不相等，并且将三相电压不对称（或者不平衡）定义为负序或零序分量与正序分量之比，通常用百分比来表示。实际电力系统中，负序或零序电压的产生通常是由于不平衡负荷接入系统，并且从电力系统中抽取的三相电流具有不同的幅值或相位差而引起的。理论上，正常运行的三相电动机、发电机和变流器不会引起不平衡。但可能由于设计的原因造成一些小的、可以忽略的不平衡。馈线阻抗的差异同样也会造成一定的不平衡。造成三相不平衡的一个重要原因是系统中大量存在的单相负荷，如家用电器、计算机、照明设备、加热器、电气化铁路、焊机等。在实践中，这些设备应当尽可能均匀地接入三相系统，以减少不平衡。但特殊的三相设备（如交流电弧炉），由于三相电极的独立性，实际中运行中相当于三个单相负荷，从而同样会造成严重的三相不平衡。除了负荷不平衡的原因外，三相不对称故障同样会引起电压的不平衡。

图 3-51 给出某靠近电气化铁路的工厂三相电压呈现的明显不平衡，图 3-52 给出某一住宅馈线上测量得到的由于中线故障引起的持续电压不平衡的例子。

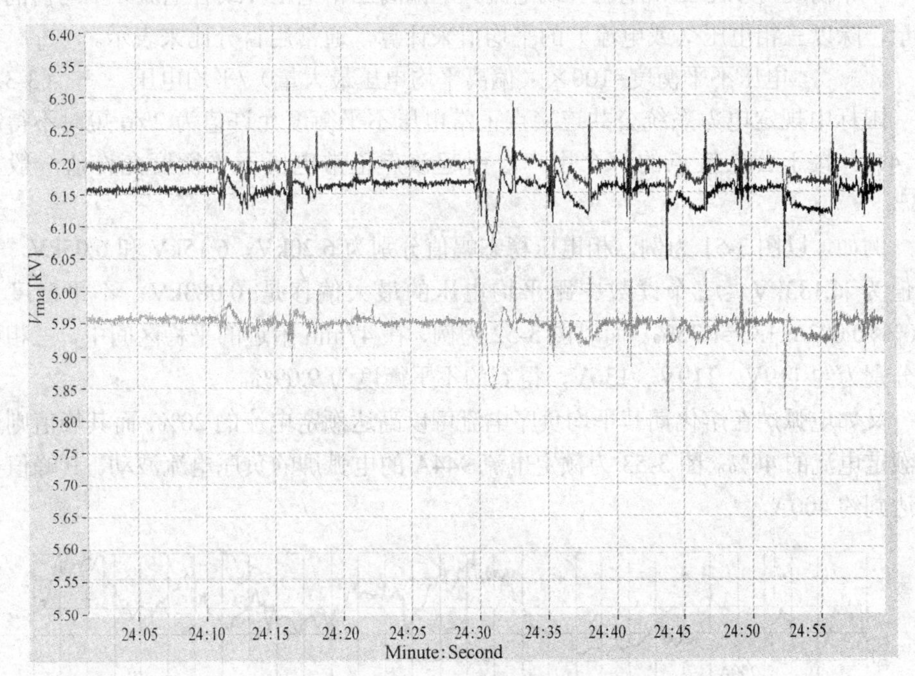

图 3-51　某工厂由于电气化铁路引起的三相电压不平衡

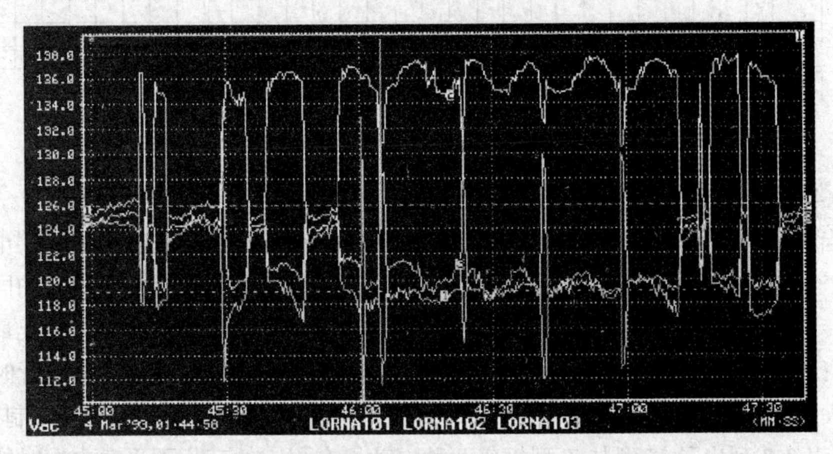

图 3-52　住宅小区三相电压不平衡

根据电工理论，多相系统可以分为对称的和不对称的两大类。所谓对称的 M 相系统是指各相电量（电动势、电压或电流）的幅值大小相等，而且彼此之间的相移均等于（$2\pi/M$）。电力系统分析中，所谓的多相系统实际上指的都是三相系统。应当注意的是，实践中所谓三相平衡设备通常并不是指三相电流平衡，而往往指的是三相额定电流模块的差别小于 20%的设备。

不平衡度可以用三相电压（或电流）中偏离三相电压（或者电流）平均值的最大量，除以三相电压（或电流）的平均值来计算，通常用百分比来表示。

$$\text{电压不平衡度}=100\times(\text{偏离平均电压最大量})/\text{平均电压} \tag{3-32}$$

国标中规定电力系统公共连接点正常电压不平衡度允许值为 2%，短时不得超过 4%。接于公共接点的每个用户，引起该点正常电压不平衡度允许值一般为 1.3%。

例如，以图 3-51 为例，相电压稳态幅值分别为 6.20kV、6.15kV 和 6.05kV，平均值为 6.133kV。三个读数中距平均电压的最大偏移是 0.083kV。不平衡度为 100%×0.083/6.133=1.35%。而以图 3-52 为例，在 47min 附近的平稳区间中，三相电压分别为约 119V、119V、136V，得到的不平衡度为 9.09%。

又如电弧炉在熔化期其平均负序电流可以高达额定电流的 20%，而其峰值则达到额定电流的 40%。图 3-53 为额定电流 944A 的电弧炉的负序电流波动。其峰值大体达到约 400A。

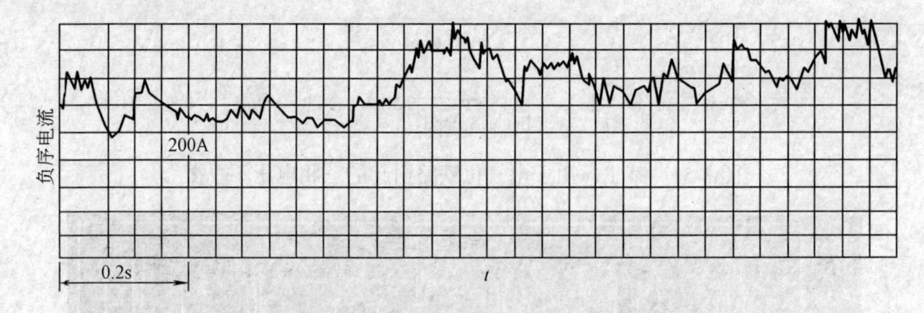

图 3-53 电弧炉 22kV 馈线的负序电流

3.4.1.2 电压不平衡的影响

当不平衡电压加于三相电动机时，相电压的不平衡使得电动机中的负序电流增加，产生与电动机旋转方向相反的旋转磁场和反向转矩，从而降低了效率的同时增加了转子内的热损失和振动噪声，当一相开路，转子处于单相运行时，情况最为严重。资料指出，电压不平衡度为 2.8%时，异步电动机的温度达到正常运行时允许的最大值。为了保证电动机的寿命，日本电气学会提出应将电压不平衡度限制在 1%以下。表 3-7 列出了 U 型与 T 型机座两种电动机在规定的三相不平衡电压时的温升增高表。

表 3-7　相电压不平衡对异步电动机温升的影响

电机类型	不平衡度（%）	热量增加（%）	绝缘等级	温升/K
U 型机座	0	0	A	50
	2	8	A	65
	3.5	25	A	75
T 型机座	0	0	B	80
	2	8	B	86.4
	3.5	25	B	100

所有的电动机对相电压不平衡均是敏感的，而对密封的空压机电动机的影响要比对标准的空气冷却电动机的影响更大。由表 3-7 可以看出，当相电压不平衡超过 2%时，若电动机接近满负荷运行，就很可能产生过热。

某些电子设备如计算机，在相电压不平衡大于 2%或 2.5%时，也可能受到影响。通常，不应将单相负荷接在有对相电压不平衡敏感的设备的三相供电回路中。这种设备应分开供电。

大多数电力公司采用三相四线制Y联结、中性点接地的配电系统，以便单相变压器能够连接于相线与中性线之间，向居民住宅及街灯等单相负荷供电。单相负荷的变化引起三相线路中电流各不相同，因而产生的电压降也不相同，并使得相电压不平衡。一般最大不平衡的相电压出现在一次配电系统的末端，实际不平衡程度则取决于如何将单相负荷平均分配在系统各相之间。对于此类单相供电方式而言，完全平衡是根本做不到的，因为负荷是在不断变化，所以相电压的不平衡度也在不断变化。电力公司的任务就是适当地在分支线路和馈电线两方面平衡三相中的单相负荷，使负荷的不平衡及相应的相电压的不平衡保持在适当的范围内。

3.4.1.3　不平衡分析与计算

1．对称分量法

从电工原理知道，任何不对称的三相相量均可用对称分量法分解为三组对称的正序、负序和零序分量。正序、负序、零序分量的概念及计算方法是在 1918 年，由 C.L.Fortescue 在美国电气工程师学会的一次会议上提出的，该方法已广泛用于分析电力系统的不对称运行及故障分析。对称分量法的基本概念是，电力系统在理想条件下工作时，A、B 、C 三相电压均为 50Hz 的正弦电压且有效值相等，B 相电压相位落后 A 相 120° （2π/3），C 相落后 B 相 120°，即

$$\dot{U}_{B1} = e^{-j2\pi/3}\dot{U}_{A1} = e^{j2\pi/3}\dot{U}_{C1} \tag{3-33}$$

满足上述条件的三相电压为正序电压。同理，如果三相负荷相同，则此时三相电流也满足上述关系，即三相电流为 50Hz 的正弦电流且有效值相等，B 相电流相位落后 A 相 120° （2π/3），C 相落后 B 相 120°。如果令 $\alpha = e^{j2\pi/3} = -1/2 + j\sqrt{3}/2$，则可以定义基频正序算子

$$e_1=(1,\alpha,\alpha^2) \tag{3-34}$$

可将上述理想三相电压表示成三维相量的形式$(\dot{U}_A,\dot{U}_B,\dot{U}_C)$，则上面的三相正序电压可以表示成

$$(\dot{U}_{A1},\dot{U}_{B1},\dot{U}_{C1})=\dot{U}_{A1}e_1 \tag{3-35}$$

当电力系统出现故障或负荷不平衡情况，虽然三相电压或电流仍然是 50Hz 的正弦波，但有效值和相位将不再满足上述关系，为了便于分析，人为定义了电力系统中的负序量和零序量。即如果三相电量的相量$\dot{F}_A$、$\dot{F}_B$、$\dot{F}_C$满足 A、B、C 三相有效值相等，且 B 相领先 A 相 120°，C 相领先 B 相 120°，则称为其为三相负序相量；如果三相电量的相量$\dot{F}_A$、$\dot{F}_B$、$\dot{F}_C$满足：A、B、C 三相的有效值与相位均相等，则称其为三相零序相量。可以仿式（3-34）分别定义为

基频负序算子：

$$e_2=(1,\alpha^2,\alpha) \tag{3-36}$$

基频零序算子：

$$e_0=(1,1,1) \tag{3-37}$$

很明显，e_1、e_2、e_0是三维空间线性独立的相量，因此可以构成三维相量空间的基。对于三维相量空间中的任意相量，可以用它线性表出，见图 3-54，定义$\dot{F}_1$为正序分量，$\dot{F}_2$负序分量，$\dot{F}_0$零序分量：

$$\begin{aligned}
\dot{F}_1&=\frac{1}{3}(\dot{F}_A,\dot{F}_B,\dot{F}_C)e_1=\frac{1}{3}(\dot{F}_A+\alpha\dot{F}_B+\alpha^2\dot{F}_C)\\
\dot{F}_2&=\frac{1}{3}(\dot{F}_A,\dot{F}_B,\dot{F}_C)e_2=\frac{1}{3}(\dot{F}_A+\alpha^2\dot{F}_B+\alpha\dot{F}_C)\\
\dot{F}_0&=\frac{1}{3}(\dot{F}_A,\dot{F}_B,\dot{F}_C)e_0=\frac{1}{3}(\dot{F}_A+\dot{F}_B+\dot{F}_C)
\end{aligned} \tag{3-38}$$

很明显，如果已知系统三相电压相量，采用公式（3-38）可以计算出正序电压相量、负序电压相量和零序电压相量分量

$$\begin{bmatrix}\dot{U}_1\\ \dot{U}_2\\ \dot{U}_0\end{bmatrix}=\frac{1}{3}\cdot\begin{bmatrix}1&\alpha&\alpha^2\\ 1&\alpha^2&\alpha\\ 1&1&1\end{bmatrix}\begin{bmatrix}\dot{U}_A\\ \dot{U}_B\\ \dot{U}_C\end{bmatrix} \tag{3-39}$$

式（3-39）表明，由三个不对称相量可以分解为唯一的三组对称相量，其中负序电压为

$$\dot{U}_2=\frac{\dot{U}_A+\alpha^2\dot{U}_B+\alpha\dot{U}_C}{3} \tag{3-40}$$

据此可以定义电压不平衡度为负序电压的方均根值与正序电压方均根值之比，即

$$\varepsilon_U=\frac{\dot{U}_2}{\dot{U}_1}\times100\%=\frac{\dot{U}_A+\alpha^2\dot{U}_B+\alpha\dot{U}_C}{\dot{U}_A+\alpha\dot{U}_B+\alpha^2\dot{U}_C}\times100\% \tag{3-41}$$

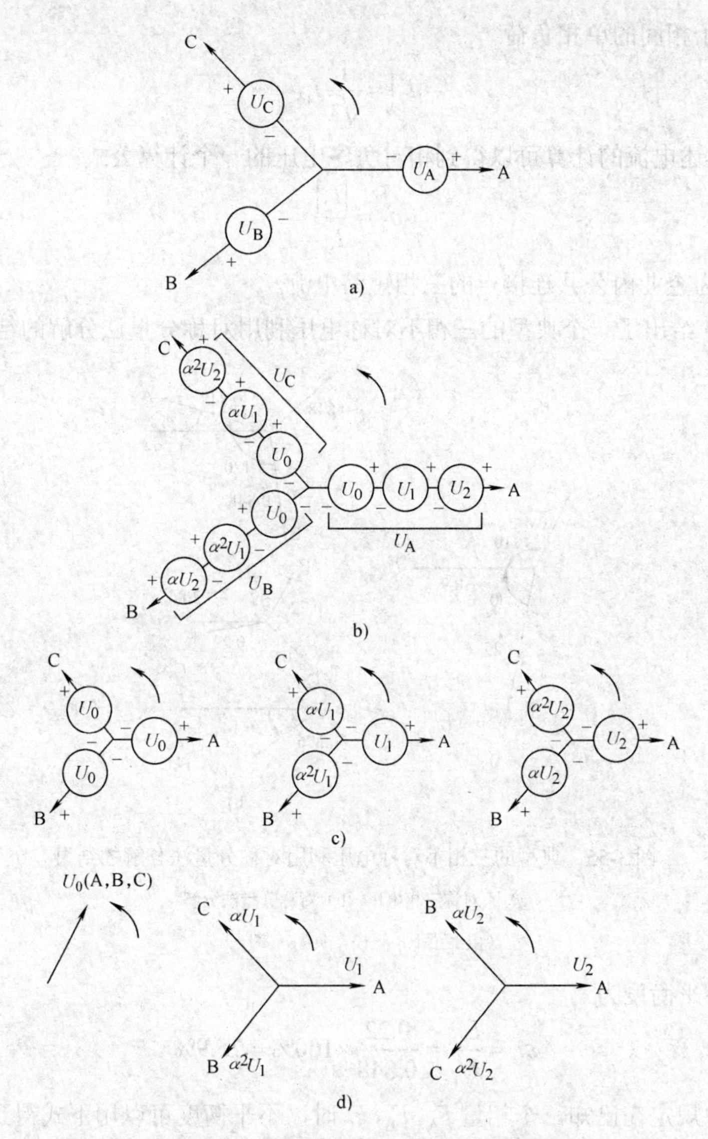

图 3-54　三相不对称电压的分解过程

同样，电流的不平衡度定义为负序电流的方均根值与正序电流方均根值之比。在各相电流的幅值和相位均已知的条件下，IEC 建议可以用下式去计算负序电流：

1）三相负荷星形联结

$$I_2=\frac{1}{3}\left[|I_A|\angle\varphi_A+|I_B|\angle(\varphi_B-2\pi/3)+|I_C|\angle(\varphi_C+2\pi/3)\right] \tag{3-42}$$

2）三相负荷三角形联结

$$I_2=\frac{1}{3}\left[|I_A|\angle(\varphi_A+\pi/6)+|I_B|\angle(\varphi_B-\pi/2)+|I_C|\angle(\varphi_C+5\pi/6)\right] \tag{3-43}$$

3）接于相间的单相负荷

$$|I_2| = \frac{1}{\sqrt{3}} I_{1\phi} \tag{3-44}$$

利用上述电流的计算可以得到相对负序电压的一个计算公式：

$$\delta_2 = \frac{|I_2|}{I_{sc}} \tag{3-45}$$

式中，I_{sc} 为企业内公共连接点的三相短路电流。

图 3-55 给出了一个典型的三相不对称电压利用对称分量法分解的结果。

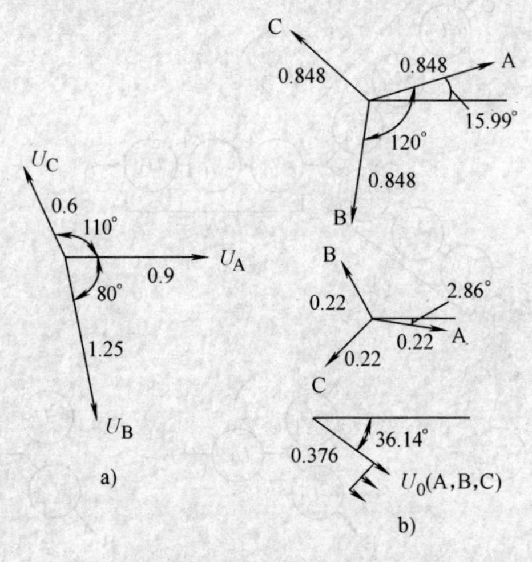

图 3-55 典型的三相不对称电压利用对称分量法分解的结果

a）不对称三相电压 b）对称分量法分解

（由上至下：正序，负序，零序）

例中不平衡度为

$$\varepsilon_U = \frac{U_2}{U_1} = \frac{0.22}{0.848} \times 100\% = 25.9\%$$

国标中规定在已知三个相量 $\dot{F}_A$、$\dot{F}_B$、$\dot{F}_C$ 时，不平衡度可以用下式得到

$$\varepsilon = \sqrt{\frac{1-\sqrt{3-6L}}{1+\sqrt{3-6L}}} \times 100\% \tag{3-46}$$

式中，L 为参变量，$L = \dfrac{F_A^4 + F_B^4 + F_C^4}{(F_A^2 + F_B^2 + F_C^2)^2}$。

式（3-46）可以改写为

$$\varepsilon = \sqrt{\frac{D-1}{D+1}} \times 100\% \tag{3-47}$$

式中，D 为参变量

$$D = \frac{F_A^2 + F_B^2 + F_C^2}{4\sqrt{3S(S - F_A)(S - F_B)(S - F_C)}}$$

$$S = \frac{F_A + F_B + F_C}{2}$$

国标中还另外给出了不平衡度的两个近似计算公式：

如公共连接点的正序阻抗与负序阻抗相等，则

$$\varepsilon_U = \frac{\sqrt{3}I_2 U_L}{10S_K} \times 100\% \tag{3-48}$$

式中，I_2 为电流的负序分量（A）；S_K 为公共连接点的三相短路容量（MVA）；U_L 为线电压（kV）。

相间单相负荷引起的电压不平衡度为

$$\varepsilon_U = \frac{S_L}{S_K} \times 100\% \tag{3-49}$$

式中，S_L 为单相负荷的容量。

电气化铁路是一种典型的单相负荷（见图 3-56），以 SS8 电力机车为例，其牵引功率为 4.8MW，假定功率因数为 0.8；则视在功率为 6MVA。假定将变电所看作一个独立用户，按国标独立负荷 1.3%的负序允许值的要求，则可以接入短路容量为 460MVA 的系统之中。但注意到由于通常一个变电所可能向多台，比如 5 台电力机车供电，此时就可能要求系统短路容量达到 2300MVA，否则就可能超出国标要求。

但是应当指出，由于上述讨论是基于稳态相量的，其计算基于工频周期，因此并不适用于动态变化的系统。

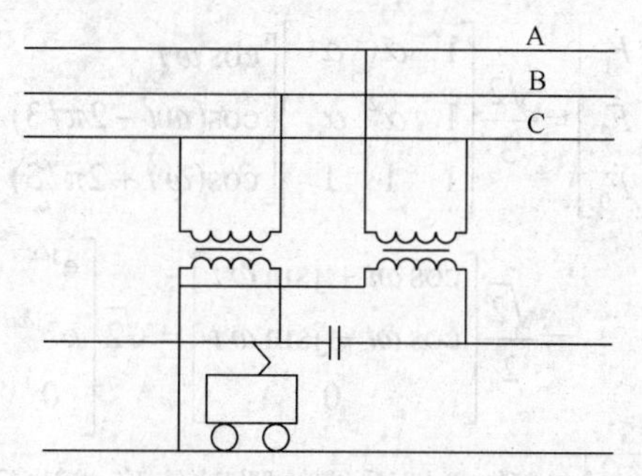

图 3-56　采用单相变压器的电气化铁路接线图

2．瞬时值分析

随着计算机技术和 FACTS 技术的发展，快速控制成为现代电力系统控制的一个基本要求。各种基于瞬时值，如瞬时无功等，而不是方均根值的控制方法得到越来越广泛的重视和应用，因此上述基于稳态的对称分量法的适用性就成为问题。图 3-57 所示的系统短路时三相电流的瞬时值的剧烈变化就提出了上述算法难以解决的问题。

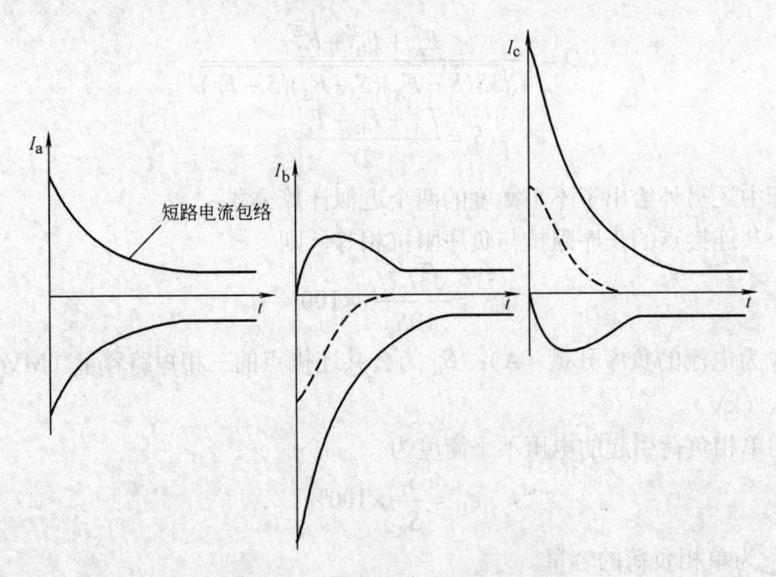

图 3-57 单相短路时三相电流包络

为了便于说明，将上述稳态算子 $\alpha = e^{-j2\pi/3}$ 直接用于一个三相对称系统的瞬时计算，此时三个相量利用瞬时值分别表示为

$$\begin{cases} \dot{F}_A = \sqrt{2}\cos\omega t \\ \dot{F}_B = \sqrt{2}\cos(\omega t - 2\pi/3) \\ \dot{F}_C = \sqrt{2}\cos(\omega t + 2\pi/3) \end{cases} \tag{3-50}$$

利用上述稳态变换算子可以得到

$$\begin{aligned} \begin{bmatrix} \dot{F}_1 \\ \dot{F}_2 \\ \dot{F}_0 \end{bmatrix} &= \frac{\sqrt{2}}{3}\begin{bmatrix} 1 & \alpha & \alpha^2 \\ 1 & \alpha^2 & \alpha \\ 1 & 1 & 1 \end{bmatrix}\begin{bmatrix} \cos\omega t \\ \cos(\omega t - 2\pi/3) \\ \cos(\omega t + 2\pi/3) \end{bmatrix} \\ &= \frac{\sqrt{2}}{2}\begin{bmatrix} \cos\omega t + j\sin\omega t \\ \cos\omega t - j\sin\omega t \\ 0 \end{bmatrix} = \sqrt{2}\begin{bmatrix} e^{j\omega t} \\ e^{-j\omega t} \\ 0 \end{bmatrix} \end{aligned} \tag{3-51}$$

即当利用稳态算子对一个对称三相系统的瞬时值形式进行描述时，将出现一组互为共轭复数的正序和负序分量，也可以将式（3-51）表示为两个旋转方向相反的矢量图。这显然与传统对称分量法的结论不一致，故不能简单地加以直接应用。

实际上，为了快速计算系统基波电压的正序分量、负序分量和零序分量，可以利用瞬时功率理论中计算电流基波正序分量同样的方法。具体步骤如下：

1）定义基波瞬时正序分量为

$$\begin{cases} f_{\mathrm{a}} = \sqrt{2}\sin\omega t \\ f_{\mathrm{b}} = \sqrt{2}\sin(\omega t - 2\pi/3) \\ f_{\mathrm{c}} = \sqrt{2}\sin(\omega t + 2\pi/3) \end{cases} \tag{3-52}$$

经αβ变换后，得到瞬时αβ分量：

$$\begin{cases} f_{\alpha} = \sqrt{2}\sin\omega t \\ f_{\beta} = \sqrt{2}\cos\omega t \end{cases} \tag{3-53}$$

2）定义αβ0 变换矩阵为

$$\boldsymbol{C} = \frac{2}{3}\begin{bmatrix} 1 & -1/2 & -1/2 \\ 0 & \sqrt{3}/2 & -\sqrt{3}/2 \\ 1/2 & 1/2 & 1/2 \end{bmatrix} \tag{3-54}$$

不难看出矩阵 $\boldsymbol{C}$ 为可逆矩阵，其逆矩阵为

$$\boldsymbol{C}^{-1} = \begin{bmatrix} 1 & 0 & 1 \\ -1/2 & \sqrt{3}/2 & 1 \\ -1/2 & -\sqrt{3}/2 & 1 \end{bmatrix} \tag{3-55}$$

对三相电压进行αβ0 变换，即

$$\begin{bmatrix} u_{\alpha} \\ u_{\beta} \\ u_{0} \end{bmatrix} = \frac{2}{3}\begin{bmatrix} 1 & -1/2 & -1/2 \\ 0 & \sqrt{3}/2 & -\sqrt{3}/2 \\ 1/2 & 1/2 & 1/2 \end{bmatrix}\begin{bmatrix} u_{\mathrm{a}} \\ u_{\mathrm{b}} \\ u_{\mathrm{c}} \end{bmatrix} \tag{3-56}$$

定义三相电压中的零序分量为

$$u_{\mathrm{a0}} = u_{\mathrm{b0}} = u_{\mathrm{c0}} = u_{0} = \frac{1}{3}(u_{\mathrm{a}} + u_{\mathrm{b}} + u_{\mathrm{c}}) \tag{3-57}$$

因此，零序电压分量（包括基波和谐波）可瞬时计算得出，称为瞬时零序电压分量。将瞬时零序电压分量分解为基波分量和其他的分量，则得到三相电压的基波零序分量。

如果三相电压中只存在基波分量，对其进行αβ0变换，得到

$$\begin{cases} u_{\alpha} = \dfrac{2}{3}\left(u_{\mathrm{a}} - \dfrac{1}{2}u_{\mathrm{b}} - \dfrac{1}{2}u_{\mathrm{c}}\right) \\ u_{\beta} = \dfrac{\sqrt{3}}{3}(u_{\mathrm{b}} - u_{\mathrm{c}}) \end{cases} \tag{3-58}$$

令

$$u = u_{\alpha} + \mathrm{j}u_{\beta} \tag{3-59}$$

为αβ平面的矢量。根据分析不难看出，如果三相电压为正序基波电压，则 $\boldsymbol{u} = u_{\alpha} + \mathrm{j}u_{\beta}$ 为αβ平面上逆时针以角速度ω旋转的矢量，记为 $\boldsymbol{u}_{+}$，在αβ平面上画出

原点为圆心、半径为$\sqrt{2}U_{N+}$的圆（U_{N+}为基波正序电压的有效值）。同理，如果三相电压为负序基波电压，则$\boldsymbol{u}=u_{\alpha}+\mathrm{j}u_{\beta}$为αβ平面上顺时针以角速度ω旋转的矢量，记为$\boldsymbol{u}_{-}$，在αβ平面上画出原点为圆心、半径为$\sqrt{2}U_{N-}$的圆（$U_{N-}$为基波负序电压的有效值）。如果三相电压中既有正序分量又有负序分量，则$\boldsymbol{u}=u_{\alpha}+\mathrm{j}u_{\beta}$在αβ平面上画出椭圆轨迹，为角速度ω逆时针旋转的矢量与角速度ω顺时针旋转的矢量所合成的矢量。如图3-58所示，在t和$t+\Delta t$时刻，矢量分别为$\boldsymbol{u}(t)$、$\boldsymbol{u}(t+\Delta t)$，它们都可以分解为逆时针方向旋转的正序矢量和顺时针方向旋转的负序矢量之和，即

$$\begin{cases}\boldsymbol{u}(t)=\boldsymbol{u}_{+}(t)+\boldsymbol{u}_{-}(t)\\ \boldsymbol{u}(t+\Delta t)=\boldsymbol{u}_{+}(t+\Delta t)+\boldsymbol{u}_{-}(t+\Delta t)\end{cases} \tag{3-60}$$

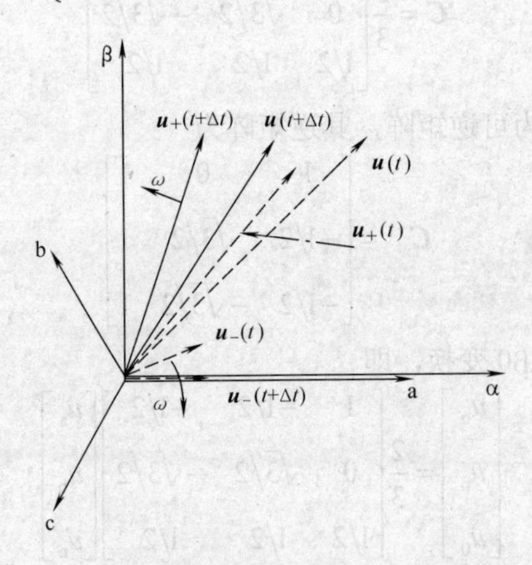

图3-58 三相电压αβ平面上的矢量图

不失一般性，令t时刻正序、负序矢量分别为

$$\begin{cases}\boldsymbol{u}_{+}(t)=U_{+}\mathrm{e}^{\mathrm{j}\varphi_{+}}\\ \boldsymbol{u}_{-}(t)=U_{-}\mathrm{e}^{\mathrm{j}\varphi_{-}}\end{cases} \tag{3-61}$$

则有

$$\boldsymbol{u}(t)=\boldsymbol{u}_{+}(t)+\boldsymbol{u}_{-}(t)=U_{+}\mathrm{e}^{\mathrm{j}\varphi_{+}}+U_{-}\mathrm{e}^{\mathrm{j}\varphi_{-}} \tag{3-62}$$

在$t+\Delta t$时刻，正序矢量大小不变（或变化为Δt的高阶无穷小量）向逆时针方向旋转$+\omega\Delta t$角度，而负序矢量大小不变（或变化为Δt的高阶无穷小量）向顺时针方向旋转$-\omega\Delta t$角度，即

$$\begin{cases}\boldsymbol{u}_{+}(t+\Delta t)=U_{+}\mathrm{e}^{\mathrm{j}(\varphi_{+}+\omega\Delta t)}\\ \boldsymbol{u}_{-}(t+\Delta t)=U_{-}\mathrm{e}^{\mathrm{j}(\varphi_{-}+\omega\Delta t)}\end{cases} \tag{3-63}$$

令Δt趋于无穷小，得到

$$\begin{cases} \boldsymbol{u}_{+}(t)=\lim\limits_{\Delta t\to 0}\dfrac{-\mathrm{e}^{-\mathrm{j}\omega\Delta t}\boldsymbol{u}(t)+\boldsymbol{u}(t+\Delta t)}{2\mathrm{j}\sin\omega\Delta t}=\dfrac{1}{2}\boldsymbol{u}(t)+\dfrac{1}{2\mathrm{j}\omega}\dfrac{\mathrm{d}\boldsymbol{u}(t)}{\mathrm{d}t} \\ \boldsymbol{u}_{-}(t)=\lim\limits_{\Delta t\to 0}\dfrac{\mathrm{e}^{\mathrm{j}\omega\Delta t}\boldsymbol{u}(t)-\boldsymbol{u}(t+\Delta t)}{2\mathrm{j}\sin\omega\Delta t}=\dfrac{1}{2}\boldsymbol{u}(t)-\dfrac{1}{2\mathrm{j}\omega}\dfrac{\mathrm{d}\boldsymbol{u}(t)}{\mathrm{d}t} \end{cases} \tag{3-64}$$

由于 $\boldsymbol{u}(t)=u_{\alpha}(t)+\mathrm{j}u_{\beta}(t)$，因此得到：

$$\begin{cases} \boldsymbol{u}_{+}(t)=[\dfrac{1}{2}\boldsymbol{u}_{\alpha}(t)+\dfrac{1}{2\omega}\dfrac{\mathrm{d}\boldsymbol{u}_{\beta}(t)}{\mathrm{d}t}]+\mathrm{j}[\dfrac{1}{2}\boldsymbol{u}_{\beta}(t)-\dfrac{1}{2\omega}\dfrac{\mathrm{d}\boldsymbol{u}_{\alpha}(t)}{\mathrm{d}t}]=u_{\alpha+}(t)+\mathrm{j}u_{\beta+}(t) \\ \boldsymbol{u}_{-}(t)=[\dfrac{1}{2}\boldsymbol{u}_{\alpha}(t)-\dfrac{1}{2\omega}\dfrac{\mathrm{d}\boldsymbol{u}_{\beta}(t)}{\mathrm{d}t}]+\mathrm{j}[\dfrac{1}{2}\boldsymbol{u}_{\beta}(t)+\dfrac{1}{2\omega}\dfrac{\mathrm{d}\boldsymbol{u}_{\alpha}(t)}{\mathrm{d}t}]=u_{\alpha-}(t)+\mathrm{j}u_{\beta-}(t) \end{cases} \tag{3-65}$$

最后可以得到

$$\begin{aligned} u_{\mathrm{a}1}(t)&=\frac{1}{3}[u_{\mathrm{A}}(t)-\frac{1}{2}u_{\mathrm{B}}(t)-\frac{1}{2}u_{\mathrm{C}}(t)]+\frac{\sqrt{3}}{6\omega}\frac{\mathrm{d}[u_{\mathrm{B}}(t)-u_{\mathrm{C}}(t)]}{\mathrm{d}t} \\ u_{\mathrm{a}2}(t)&=\frac{1}{3}[u_{\mathrm{A}}(t)-\frac{1}{2}u_{\mathrm{B}}(t)-\frac{1}{2}u_{\mathrm{C}}(t)]-\frac{\sqrt{3}}{6\omega}\frac{\mathrm{d}[u_{\mathrm{B}}(t)-u_{\mathrm{C}}(t)]}{\mathrm{d}t} \end{aligned} \tag{3-66}$$

求出 A 相的基波正序分量、基波负序分量后，B、C 相的可类似求出。因此，上述基波正序、负序、零序可以定义为三相系统基波电压的瞬时基波正序分量、负序分量和零序分量。当三相电压为基波分量时，也可以通过简单的方法从稳态算子直接求出三相基波瞬时正序、负序和零序分量，具体方法如下：

将相量换成瞬时量，而将虚数 j 换成 $\dfrac{1}{\omega}\dfrac{\mathrm{d}}{\mathrm{d}t}$，其中 ω 为基频频率，即

$$\begin{aligned} \dot{F}&\leftrightarrow f(t) \\ \mathrm{j}&\leftrightarrow \frac{1}{\omega}\frac{\mathrm{d}}{\mathrm{d}t} \end{aligned} \tag{3-67}$$

此时，稳态对称分量算子 α、α^2 改写为

$$\begin{aligned} \alpha'&=-\frac{1}{2}+\frac{\sqrt{3}}{2\omega}\frac{\mathrm{d}}{\mathrm{d}t} \\ \alpha^{2'}&=-\frac{1}{2}-\frac{\sqrt{3}}{2\omega}\frac{\mathrm{d}}{\mathrm{d}t} \end{aligned} \tag{3-68}$$

代入式（3-66）得到 A 相电压的负序相量为

$$\begin{aligned} u_{\mathrm{a}2}(t)&=\frac{1}{3}[u_{\mathrm{A}}(t)+(-\frac{1}{2}-\frac{\sqrt{3}}{2\omega}\frac{\mathrm{d}}{\mathrm{d}t})u_{\mathrm{B}}(t)+(-\frac{1}{2}+\frac{\sqrt{3}}{2\omega}\frac{\mathrm{d}}{\mathrm{d}t})u_{\mathrm{C}}(t)] \\ &=\frac{1}{3}[u_{\mathrm{A}}(t)-\frac{1}{2}u_{\mathrm{B}}(t)-\frac{1}{2}u_{\mathrm{C}}(t)]-\frac{\sqrt{3}}{6}\frac{1}{\omega}\frac{\mathrm{d}[u_{\mathrm{B}}(t)-u_{\mathrm{C}}(t)]}{\mathrm{d}t} \end{aligned} \tag{3-69}$$

与式（3-66）相同，可以用于瞬时不对称补偿的计算之中。

3.4.1.4　不平衡补偿

供电侧的补偿措施包括可以利用对馈线换相连接的方式，使各相的阻抗相等。

常规的用户侧的不平衡补偿措施包括抑制负序电流的发生量和向系统注入负序电流两种，见表 3-8 和 3-9 所示。

表 3-8 用户侧电压不平衡的抑制措施

	对策	工作原理	适用范围
抑制负序电流的发生量	平均布置单相负荷	将单相负荷在三相电路中平均布置	建筑物和工厂内部
	采用 Scott 变压器	将单相负荷均匀布置在二次侧的两相之中	交流电气化铁路
抑制流入系统的负序电流	平衡电路（Steinmetz 法）	对应三相电路中的单相负荷适当地布置 L、C，达到三相平衡和功率因数为 1 的目的	交流电气化铁路与交流电弧炉

表 3-9 是对单相负荷电气化铁路不同变压器接法的 100kVA 试验设备的参数。

表 3-9 单相负荷连接方法

连接方式		逆 V 形接线	Scott 连接	其他接法
负荷数量		1	2	2
电路图		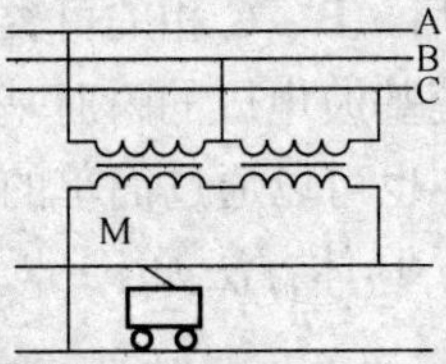	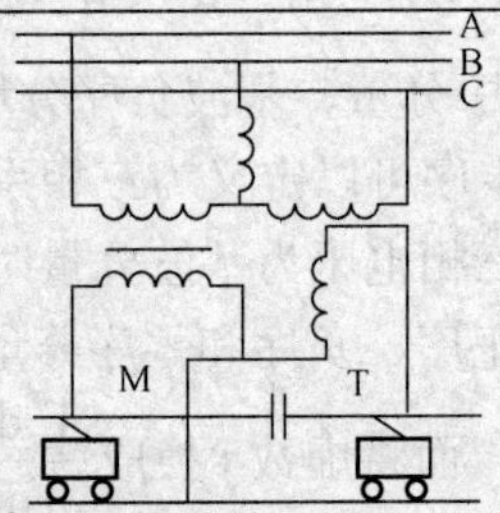	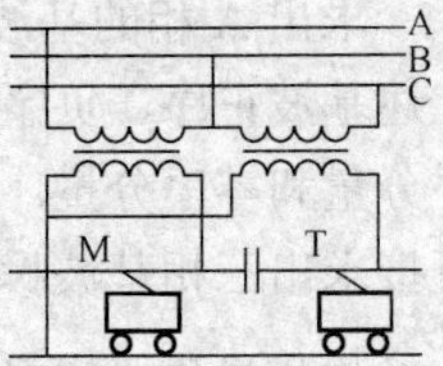
负荷容量/kVA		100	100（50×2）	100（50×2）
负荷效率（%）		100	100	100
二次侧	线电压/V	100	100	100
	电流/A	1000	500	500
一次侧	线电压/V	3300	3300	3300
	I_A/A	35	17.5	15.2
	I_B/A	17.5	17.5	26.2
	I_C/A	17.5	17.5	15.2
变压器	容量/kVA	115（58×2）	108（M58，T50）	100（50×2）
	二次电压/V	58	100	100
	一次电压/V	3300	M-3300，T-2860	3300

斯坦梅茨（Steinmetz）平衡方法是目前公认的对于稳态不平衡负荷进行补偿的有效措施。平衡系统总功率是恒定的且与时间无关，而不平衡系统的总功率却是脉动的。因此将不平衡三相系统变成平衡的三相系统时，在变换设备中应该设有能够

暂时储积电磁能量的电感线圈和电容器。最简单的例子是如图 3-59a 所示的单相电阻负荷 G_{ab} 构成的三相不平衡系统。图 3-59b 是在其他两相分别适配电抗为 $-jG_{ab}/\sqrt{3}$ 的电感和电抗为 $jG_{ab}/\sqrt{3}$ 的电容，构成平衡的三相系统。

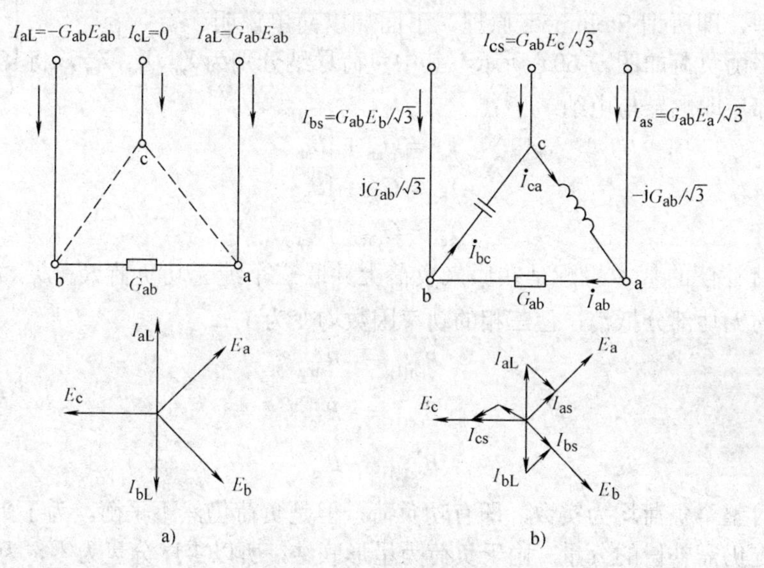

图 3-59　三相平衡化电路

a）单相电阻负荷　b）平衡化三相系统

该平衡的三相系统的原理图如图 3-60 所示。图中，电容电流 $\dot{I}_{bc}$ 超前电压 $\dot{E}_{bc}$ 90°，电感电流 $\dot{I}_{ca}$ 滞后电压 $\dot{E}_{ca}$ 90°。电感和电容电流的方均根值相等，恰能构成电感和电容谐振的条件。电阻电流 $\dot{I}_{ab}$ 与电压 $\dot{E}_{ab}$ 同相，电阻电流的方均根值

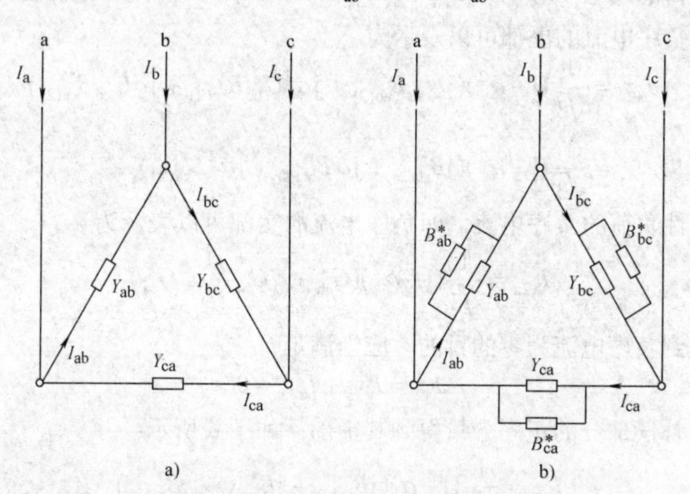

图 3-60　三角形联结不平衡负荷的平衡

a）三角形联结的不平衡负荷　b）补偿后的三相负荷

是电感和电容电流方均根值的$\sqrt{3}$倍。由相量图可以得到此三相电流$\dot{I}_{as}$、$\dot{I}_{bs}$、$\dot{I}_{cs}$的方均根值相等，其相位差为120°。原来的单相电路经由上述平衡化电路，变换成了平衡的三相系统。从上述简单电路的平衡化方法可以推导出一般稳态系统的平衡化原理，即所谓Steinmetz原理，下面加以简单说明。

不平衡负荷如图3-60a所示，其中负荷导纳分别为Y_{ab}、Y_{bc}、Y_{ca}，将其分解为实部与虚部，即电导与电纳

$$\begin{aligned} Y_{ab} &= G_{ab} + jB_{ab} \\ Y_{bc} &= G_{bc} + jB_{bc} \\ Y_{ca} &= G_{ca} + jB_{ca} \end{aligned} \tag{3-70}$$

负荷补偿的基本思想是在原来负荷上并联三个纯无功负荷B_{ab}^*、B_{bc}^*、B_{ca}^*，首先将负荷的无功部分抵消，使三相的功率因数均变为1。

$$\begin{aligned} B_{ab(1)}^* &= -B_{ab} \\ B_{bc(1)}^* &= -B_{bc} \\ B_{ca(1)}^* &= -B_{ca} \end{aligned} \tag{3-71}$$

此时整个负荷均为实数，即有功负荷，但是负荷仍然不平衡。为了平衡负荷，需要确定仍需补偿的分量。由于负荷为星形联结，所以零序分量为零，为了达到平衡，唯一所需的就是迫使负序分量为零。假定系统电压为对称的，即仅含正序分量，并且线电压的方均根值为1.0pu，电流的正序、负序和零序分量I_{a1}, I_{a2}, I_{a0}，可以利用式（3-72）得到。其中负序线电流为

$$I_{a2} = \frac{1}{\sqrt{3}}(1-\alpha^2)(I_{ab} + \alpha^2 I_{bc} + \alpha I_{ca}) \tag{3-72}$$

假定负荷的线电压分别为$U_{ab}=1$、$U_{bc}=\alpha^2$、$U_{ca}=\alpha$，流经无功负荷的电流的负序分量，即负序电流的虚部可以表示为

$$\begin{aligned} I_{a2r} &= \frac{1}{\sqrt{3}}(1-\alpha^2)(jU_{ab}B_{ab(2)}^* + j\alpha^2 U_{bc}B_{bc(2)}^* + j\alpha U_{ca}B_{ca(2)}^*) \\ &= \frac{1}{\sqrt{3}}(1-\alpha^2)(jB_{ab(2)}^* + j\alpha B_{bc(2)}^* + j\alpha^2 B_{ca(2)}^*) \end{aligned} \tag{3-73}$$

而流经纯阻性负荷的负序电流，即负序电流的实部可以表示为

$$I_{a2a} = \frac{1}{\sqrt{3}}(1-\alpha^2)(G_{ab} + \alpha G_{bc} + \alpha^2 G_{ca}) \tag{3-74}$$

为了达到负序电流为零的目的，应当满足

$$I_{a2} = I_{a2r} + I_{a2a} = 0 \tag{3-75}$$

由平衡补偿部分的正序分量得到其虚部，如下式所示：

$$I_{a1r}^* = \frac{1}{\sqrt{3}}(1-\alpha)(jB_{ab(2)}^* + jB_{bc(2)}^* + jB_{ca(2)}^*) \tag{3-76}$$

而由于补偿后功率因数为1，即I_{a1r}^*应为零，即

$$(\mathrm{j}B^*_{ab(2)} + \mathrm{j}B^*_{bc(2)} + \mathrm{j}B^*_{ca(2)}) = 0 \tag{3-77}$$

由式（3-73）、式（3-74）和式（3-77）可得到

$$\begin{bmatrix} B^*_{ab} \\ B^*_{bc} \\ B^*_{ca} \end{bmatrix} = -\begin{bmatrix} B_{ab} \\ B_{bc} \\ B_{ca} \end{bmatrix} + \frac{1}{\sqrt{3}}\begin{bmatrix} 0 & -1 & 1 \\ 1 & 0 & -1 \\ -1 & 1 & 0 \end{bmatrix}\begin{bmatrix} G_{ab} \\ G_{bc} \\ G_{ca} \end{bmatrix} \tag{3-78}$$

上述方法将一个理想补偿网络与负荷相关联，就可以把任何一个不平衡的三相负荷变换成一个平衡的三相有功负荷，并且在变换同时还没有改变电源和负荷间的有功功率交换。式（3-78）同样可以利用负荷的有功和无功功率来表示，得到

$$\begin{bmatrix} Q^*_{ab} \\ Q^*_{bc} \\ Q^*_{ca} \end{bmatrix} = -\begin{bmatrix} Q_{ab} \\ Q_{bc} \\ Q_{ca} \end{bmatrix} + \frac{1}{\sqrt{3}}\begin{bmatrix} 0 & -1 & 1 \\ 1 & 0 & -1 \\ -1 & 1 & 0 \end{bmatrix}\begin{bmatrix} P_{ab} \\ P_{bc} \\ P_{ca} \end{bmatrix} \tag{3-79}$$

比如，一个星形联结负荷的三相电纳以标幺值表示分别为

$$Y_{ab} = 0.1333 - \mathrm{j}0.0667$$
$$Y_{bc} = 0.2667 - \mathrm{j}0.1333$$
$$Y_{ca} = 0.1282 - \mathrm{j}0.0256$$

利用式（3-78）得到

$$B^*_{ab} = -0.0133$$
$$B^*_{bc} = 0.1363$$
$$B^*_{ca} = 0.1025$$

假定负荷的线电压分别为$U_{ab}=1$、$U_{bc}=\alpha^2$、$U_{ca}=\alpha$，得到线电流分别为

$$I_a = 0.305\angle{-30^\circ}\ I_b = 0.305\angle{-150^\circ}\ I_c = 0.305\angle{90^\circ}$$

显然，尽管负荷中电流不同，但三个线电流是平衡的，也就是说从系统侧看，三相负荷是平衡的，相当于是三个阻值的标幺值为$R_L = 1/(\sqrt{3}\times 0.305) = 1.8929$的星形联结的电阻负荷。一个值得注意的结果是$\sqrt{3}\times 0.305 = 1/R_L = G_{ab} + G_{bc} + G_{ca}$，即补偿后每相的电导等于原电路三相电导之和。

上述讨论说明，可以利用 Steinmetz 方法将已知的不对称负荷通过在相间接入适当的无功负荷的方法来实现平衡。

Ghosh 和 Ledwich 在文献[19]中提出一种利用使负序分量最小化的方法来直接控制母线电压。这种方法基于对无功分量的反馈控制而不是前述的阻抗测量，从而可将输电系统和其他不平衡电源的影响均考虑在内。

假定补偿器的电压与正序分量之间的夹角为θ，则线电流为

$$\begin{bmatrix} I_a \\ I_b \\ I_c \end{bmatrix} = \mathrm{j}\angle(\theta + 30^\circ)\begin{bmatrix} 1 & 0 & -\alpha \\ -1 & \alpha^2 & 0 \\ 0 & -\alpha^2 & \alpha \end{bmatrix}\begin{bmatrix} B_{ab}|U_{ab}| \\ B_{bc}|U_{bc}| \\ B_{ca}|U_{ca}| \end{bmatrix} \tag{3-80}$$

假定控制目标为使电流的无功分量正比于电压幅值与平衡电压的偏差，则

$$B_{ab}\left|U_{ab}\right| = k\left|\Delta U_{ab}\right| \tag{3-81}$$

无功电流在线路电抗 jX 上引起的相电压变化为

$$\begin{bmatrix}\Delta U_a^r\\ \Delta U_b^r\\ \Delta U_c^r\end{bmatrix} = j^2 kX\underline{/(\theta+30^\circ)}\begin{bmatrix}1 & 0 & -\alpha\\ -1 & \alpha^2 & 0\\ 0 & -\alpha^2 & \alpha\end{bmatrix}\begin{bmatrix}\left|\Delta U_{ab}\right|\\ \left|\Delta U_{bc}\right|\\ \left|\Delta U_{ca}\right|\end{bmatrix} \tag{3-82}$$

由此得到线电压的变化为

$$\begin{bmatrix}\Delta U_{ab}^r\\ \Delta U_{bc}^r\\ \Delta U_{ca}^r\end{bmatrix} = j^2 kX\underline{/(\theta+30^\circ)}\begin{bmatrix}1 & -1 & 0\\ 0 & 1 & -1\\ -1 & 0 & 1\end{bmatrix}\begin{bmatrix}1 & 0 & -\alpha\\ -1 & \alpha^2 & 0\\ 0 & -\alpha^2 & \alpha\end{bmatrix}\begin{bmatrix}\left|\Delta U_{ab}\right|\\ \left|\Delta U_{bc}\right|\\ \left|\Delta U_{ca}\right|\end{bmatrix} \tag{3-83}$$

对于电压发生小扰动的场合，电压幅值的变化可以看作与相电压同相，可以近似得到

$$\begin{bmatrix}\left|\Delta U_{ab}^r\right|\\ \left|\Delta U_{bc}^r\right|\\ \left|\Delta U_{ca}^r\right|\end{bmatrix} = -kX\begin{bmatrix}2 & -1 & -1\\ -1 & 2 & -1\\ -1 & -1 & 2\end{bmatrix}\begin{bmatrix}\left|\Delta U_{ab}\right|\\ \left|\Delta U_{bc}\right|\\ \left|\Delta U_{ca}\right|\end{bmatrix} \tag{3-84}$$

由于线电压中不含零序分量，所以式（3-84）可以进一步简化为

$$\begin{bmatrix}\left|\Delta U_{ab}^r\right|\\ \left|\Delta U_{bc}^r\right|\\ \left|\Delta U_{ca}^r\right|\end{bmatrix} = -3kX\begin{bmatrix}1 & 0 & 0\\ 0 & 1 & 0\\ 0 & 0 & 1\end{bmatrix}\begin{bmatrix}\left|\Delta U_{ab}\right|\\ \left|\Delta U_{bc}\right|\\ \left|\Delta U_{ca}\right|\end{bmatrix} \tag{3-85}$$

即补偿器对线路压降的校正是通过提供与线路电压变化幅值相等、相位相反的电压变化实现的。由于补偿器接为三角形，所以不能对零序误差进行补偿。因此，如果电压的不平衡度有限时，可以利用积分控制算法实现对电压不平衡和正序的补偿。图 3-61 所示为利用 TSC 对电压进行补偿的原理图，TSC 电路中包括 RC 吸收回路、

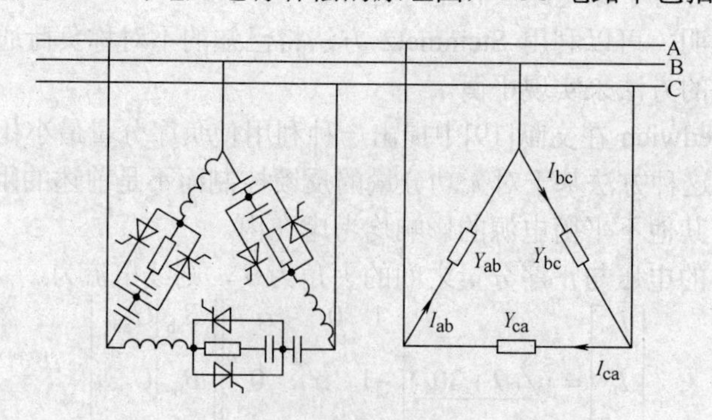

图 3-61　利用 TSC 不平衡控制原理图

限流电抗和一对反并联的晶闸管。当 AB 线电压降低时，连接于相间的 TSC 按电压偏差控制，增加接入的电容量，以提高线间电压。TSC 的三相独立控制可以达到平衡电压的目的，但仅适用于对电压跌落的补偿。

假定供电电压近似等于正序电压时，可以通过使流过补偿器的电流等于不平衡负荷产生的负序电流来实现补偿。仍然假定补偿器接成三角形，如果需要补偿器流过的负序电流为 $c+\mathrm{j}d$，正序电流为 $\mathrm{j}e$，可以得到

$$\begin{bmatrix} B_{\mathrm{ab}} \\ B_{\mathrm{bc}} \\ B_{\mathrm{ca}} \end{bmatrix} = \frac{1}{3\sqrt{3}} \begin{bmatrix} 1 & -\sqrt{3} & 1 \\ 1 & 0 & -2 \\ 1 & \sqrt{3} & 1 \end{bmatrix} \begin{bmatrix} e \\ c \\ d \end{bmatrix} \tag{3-86}$$

此算法通过所需的补偿电流来得到所需的导纳。通常，当不需零序补偿时，所有的电抗相等，但此方法仅适用于补偿器和负荷端电压为严格正序电压的场合。其他推荐的算法包括用瞬时电流采样法和利用有功或无功功率的平均值计算所需的补偿电纳，感兴趣的读者可以参考相应的文献。

3.4.2　波形缺口

电压波形缺口是指电力电子装置正常运行时，在电流由一相换相到另一相时产生的周期性的电压干扰。

电压波形缺口是瞬变现象和谐波畸变之间一种特殊情况。因为稳态时波形缺口周期性地出现，它可以由受影响的电压的谐波频谱来描述。然而，波形下陷相关的频率分量可能导致使用正常的谐波分析设备不能轻易计算表征出来。当电流由一相换相到另一相时，波形缺口发生。在这期间，两相间有一个瞬时的电流。波形缺口在系统中任意一点的严重程度是由电源电感和整流器漏电感决定的。电压缺口有时可能对那些通过电压过零点来计算频率和时间的电力电子装置引起频率或者同步错误。由于绝大多数电子设备均接在低压电网中，因此常会受到波形缺口的影响。电压缺口通常会在低压电网中产生严重的谐波和分谐波，进而可能对逻辑电路和通信系统产生干扰。它往往会引起电磁干扰（EMI）滤波器和容性电路的过负荷。

IEEE519-1992 中对换相缺口的特性（见图 3-62）和限制有详细的描述。低压系统换相过程分类和失真限值见表 3-10。下面借助图 3-63a 对换相缺口及其影响的计算方法加以简要的说明。

假定起始时电流由 A 相电源流经晶闸管 VT_1，在触发延迟角 α=30° 时触发使晶闸管 VT_3 导通，此时电流开始由 A 相转移到 B 相，实际上在电源中必然存在着电感，故电流的转移要有一定的时间才能完成。结果是，由于退出相的晶闸管 VT_1 电流衰减到零和进入相的晶闸管 VT_3 电流上升都需要一定的时间，因而电流的换相被延迟。此时有一个时间间隔，退出和进入相的晶闸管 VT_1、VT_3 均在导通，相当于 AB 两相短路，从而在电压波形上形成缺口。缺口的宽度即等于换相角 μ（也称

为换相重叠角）。图 3-63b 给出了考虑线路电抗时计算换相缺口面积的等效电路。图 3-62 为相应的整流电路输出电压波形，图 a 为相电压波形，图 b 为线电压波形，图 c 为换相过程细部的电流波形。

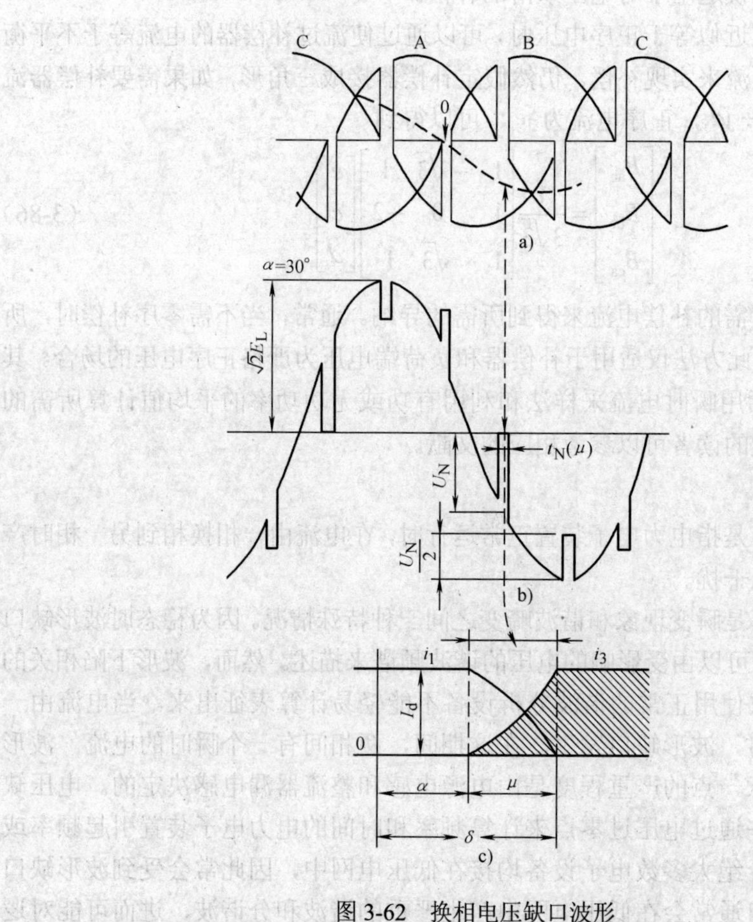

图 3-62　换相电压缺口波形

a）相电压　b）线电压　c）换相过程电流波形

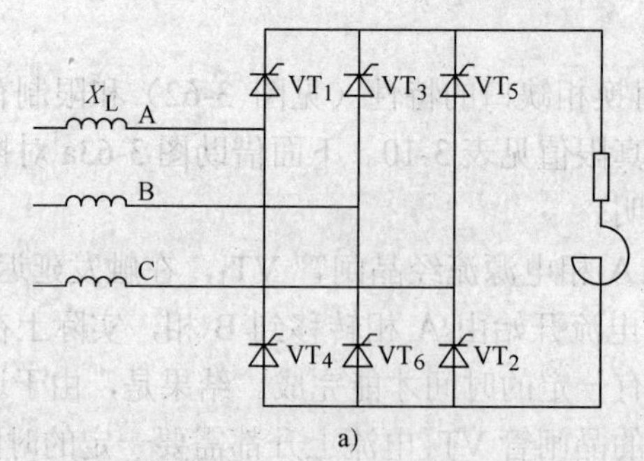

图 3-63　三相全控桥式整流电路和计算换相缺口面积的等效电路

a）桥式整流电路

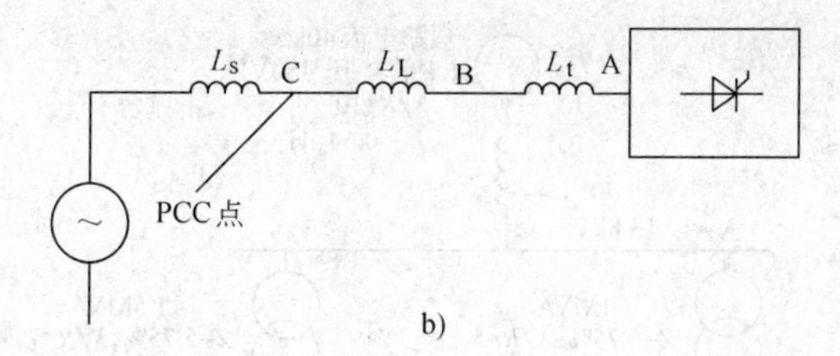

图 3-63 三相全控桥式整流电路和计算换相缺口面积的等效电路（续）

b）等效电路图

$$U_N = \frac{L_L e}{L_L + L_t + L_s} \tag{3-87}$$

$$t_N = \frac{2(L_L + L_t + L_s)I_d}{e} \tag{3-88}$$

$$A_N = U_N t_N = 2I_d L_L \tag{3-89}$$

式中，U_N 为较深的一个缺口的深度（线电压）(V)；t_N 为缺口宽度（ms）；I_d 为变流器的直流电流（A）；e 为换相缺口产生前瞬间的线电压，$e=\sqrt{2}E_L$；L 为每相的电抗，其中 L_s 为电源电感，L_L 为线路电感，L_t 为变流器内部电感（H）；A_N 为缺口面积，表示整流器对负荷的影响。

带缺口线电压的谐波方均根电压的和可以表示为

$$U_H = \sqrt{3U_N^2 t_N f_1} \tag{3-90}$$

相应的最大畸变率为

$$\text{THD}_{max} = 100\sqrt{\frac{3\sqrt{2}\times 10^{-6}}{\rho E_L}}\% = 0.0747\sqrt{\frac{A_N}{\rho}}\% \tag{3-91}$$

式中，E_L 为线电压方均根值，E_L=380V；f_1 为电网频率，取 50Hz；ρ 为总电感与线路电感之比，ρ=（L_L+L_t+L_s）/L_L。

表 3-10 系统换相过程分类和失真限值

	特殊场合（医院、机场）	一般系统	专用系统
缺口深度（%）	10	20	50
THD（电压）(%)	3	5	10
缺口面积/（V・μs）	16400	22800	36500

注：上述面积限值适用于电压 480V 的系统，对于其他系统该限值应乘上系数 V/480。表中的限值主要应用于低压系统，因为此类系统很容易利用示波器观察。

我们下面以图 3-64 为例说明一下计算结果。根据系统数据，C 点的缺口深度占变流器缺口深度的百分比为 ρ_d=（34.4+0.64）/（34.4+0.64+30）=54%，远超过 IEEE 519 规定的允许值。而变流器本身的缺口面积可以由其输出电压为 460V 时 372.82kW（500hp）电动机的负荷电流 I_d=735A 计算得到。

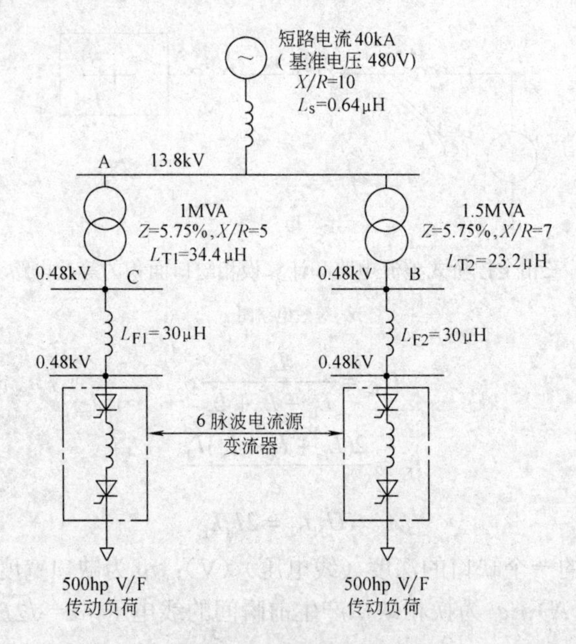

图 3-64　直流传动系统换相缺口面积计算实例（1hp=745.7W）

$$2I_{\mathrm{d}}(L_{\mathrm{s}}+L_{\mathrm{T1}}+L_{\mathrm{F1}})=2\times735\times64.94\mathrm{V}\cdot\mu\mathrm{s}=95609\mathrm{V}\cdot\mu\mathrm{s}$$

也就是说母线 C 处的缺口面积为 0.54×95609V · μs=51628V · μs；同样远远超出表 3-10 给出的 IEEE 低压换相过程失真的允许值。需要通过增大系统的短路容量，特别是变压器的容量，从而减小变压器的等效电抗 $L_{\mathrm{T}i}$ 和馈线电抗 $L_{\mathrm{F}i}$ 来满足规范要求。

3.5　电能质量标准

随着数字经济时代的到来，电能质量问题的重要性在不断地增加，但如何确定适当的质量和可靠性水平受到许多因素的影响，如环境要求以及性能、经济、技术、标准等指标和自动化及通信系统等基础设施作用的影响。应当注意的是，电能质量问题如图 3-65 所示，它实际上不仅取决于电力系统的供电质量，也取决于终端用户系统和设备的特性，比如用户的非线性负荷（如电力电子装置），会向系统注入畸变的电流，并且和系统阻抗相互作用造成谐波失真。因此电力系统的电能质量标准应当符合两方面要求，即终端用户的设备可以正常运行，同时对于系统而言又具有现实的可行性。这意味着在终端用户设备的运行和电力系统本身的性能之间进行紧密的协调，在供电系统的性能和终端用户设备抗扰性之间达到适当的平衡。

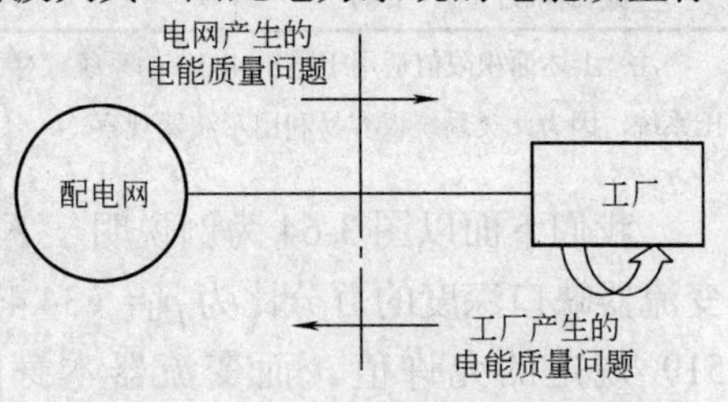

图 3-65　电能质量问题的来源[20]

从终端用户的角度来看，电能质量事件

包括设备误动、跳闸、生产率降低、设备寿命缩短和恶劣的工作条件。电压跌落可能来自配电网，也可能来自工厂中大型电动机的起动，由于电容投切和熔断器动作引起的暂态过程。

据此，可以将电能质量问题划分为三类：①源自供电系统的电能质量问题对工厂的影响；②源自工厂自身的电能质量问题对工厂本身的影响；③工厂产生的电能质量问题对电网的影响。

实际上，电能质量问题可以归结为电网向电力敏感设备提供的电能质量和敏感设备可靠运行所需的电能质量之间存在的差别。这意味着，一方面电力公司必须对提高供电质量的需求加以评估，重要的是其基础设施可以满足敏感设备对于电能质量的要求。假定供电系统能够免除电压跌落，则可以提高许多工业企业的生产率，并且对更大范围的家用电器的用户而言也是十分重要的。提高供电设备性能的经济性需要和提高设备对电压跌落的抗扰性的经济效益应综合考虑。

另一方面，电力用户同样需采取措施以提高设备的抗扰性和设备本身产生的电磁干扰，从而在保护设备正常运行的同时，提高电能质量。在电能质量变化时，改进设备的性能可以带来大量的节约。

因此，解决方法包括：

1）供电系统方面降低电源的变化；

2）制造厂商和终端用户提高用电设备对电能变化的耐受性；

3）终端用户在电源和敏感电子设备之间插入接口设备，如各种电能控制设备，以隔离相互之间的影响。

实际上，解决电能质量问题的关键在于电力公司和终端用户一起对电能质量变化在经济上带来的影响和不同性能改进方案所需的投资进行评估，并制定维护供用电双方合法权益的相应标准，而这些标准则是保证电力系统安全经济运行、保障用户正常用电的基本技术规范和实施电能质量管理的法律依据。到目前为止，我国已制定了 6 个关于电能质量的标准，但仍存在一系列没有解决的问题。

图 3-66 所示的 ITI 曲线[21]是设备制造商给出的对于在供电系统电磁干扰（EMI）条件下设备性能的一个描述，它给出了包括计算机、打印机和监视器等数字设备在内的电子设备在不同电磁条件下的预期效应。

该曲线给出了绝大多数信息设备可以允许（即功能不中断条件下）的交流输入电压的包络；该曲线给出了稳态和暂态条件下设备对电压的要求。应当指出的是，该曲线是在标称电压为 120V、60Hz 的条件下制定的；其他情况下需由用户另行确定。

该曲线（2000 年修改）可以分为 8 种情况进行描述：

（1）稳态工作区　这里指电压的有效值维持恒定或变化非常缓慢，且其变化范围为标称电压的±10%以内，该电压是额定负荷和配电系统损耗的函数。

（2）电压增高区　对应图中电压有效值的增高不超过 120%，而持续时间不超过 0.5s 的区域。该状态通常出现在系统中有大负荷退出运行或负荷由另一个电源供电的情况。

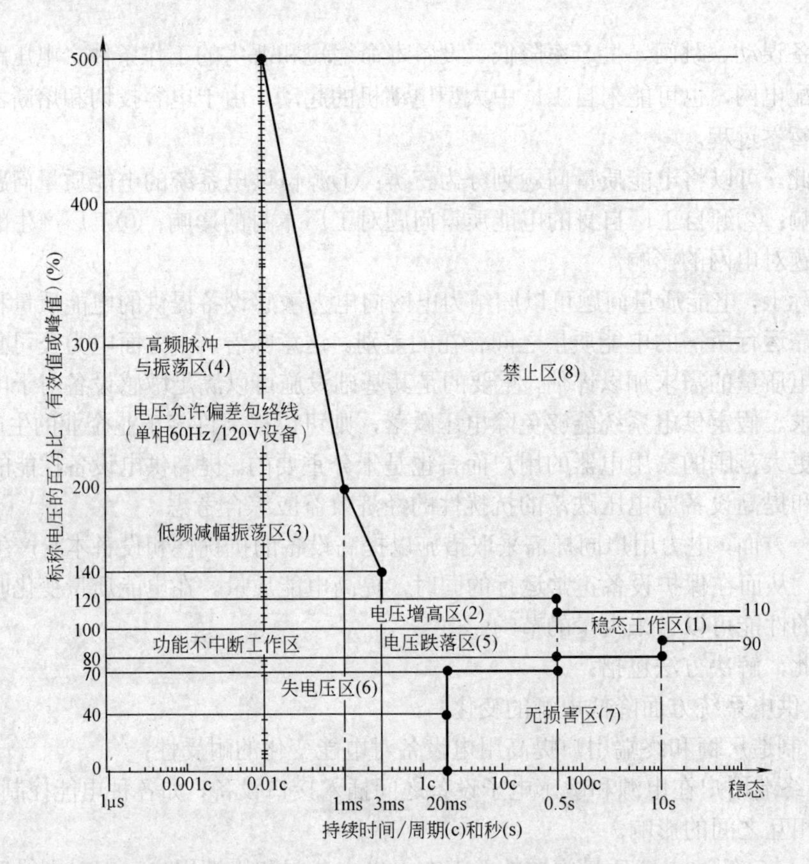

图 3-66　信息技术工业委员会［Information Technology Industry Council，ITI（原名，计算机和商用设备制造商协会，Computer & Business Equipment Manufacturers Association）］

（3）低频减幅振荡区　该区域对应一个减幅振荡的状态过程，它通常出现在向交流配电系统接入功率因数补偿电容时的过程中。该状态过程的频率范围随配电系统的谐振频率的不同，从 200Hz～5kHz，而其幅值通常以 60Hz 标称电压的峰值的百分比而不是有效值来表示。通常认为，该暂态过程产生于电压波形的峰值附近，并且在其产生的半周之后就已被完全衰减。暂态电压的幅值与标称电压之比，随着频率的增加而线形增长，从振荡频率为 200Hz 时的 140%，增加到 5kHz 时的 200%。

（4）高频脉冲与振荡区　该区域对应的暂态过程产生的原因最典型的是由于雷电脉冲引起。对于此类暂态过程的波形和测试条件在 ANSI/IEEE C62.41-1991 中给予了详细的规定。该区域的波形的特征不仅取决于有效值，而包括幅值和持续时间（能量）两个方面。目的是为系统提供最小为 80J 的暂态抗扰度。

（5）电压跌落区　这里包括两个具有不同有效值的电压跌落。通常该暂态跌落过程是由于在交流配电系统的不同地点中投入重负荷或发生故障引起的。电压幅值跌落到标称电压的 80%的典型持续时间不大于 10s；而跌落到 70%标称电压的典型持续时间则不大于 0.5s。

（6）失电压区　失电压包括严重的电压跌落和电源电压完全中断，随之又迅速重新恢复标称电压的供电。上述电压中断的持续时间应不大于 20ms。此类暂态现象通常是由交流配电系统故障引起跳闸及故障清除后重合闸过程引起的。

（7）无损害区　该区域对应的现象包括较（5）、（6）所列条件更为严重的电压跌落和失电压，以及所施加的电源电压长期低于稳态电压允许范围的下限。信息设备应尽可能避免工作于该区域，但在该区域工作并不会造成设备的损坏。

（8）禁止区　该区域包括可能的浪涌或电压超过设备的上限。假如信息设备工作于该区域，可能会造成设备的损坏。

而一个双方成功合作的事例就是半导体制造商和电力公司合作研究后制定的一个国际半导体设备与材料组织（SEMI）性能曲线[22]，该曲线（见图 3-67）要求半导体处理设备可以承受最大电压跌落为 50%、持续时间不超过 200ms 的电压跌落。即当发生电压跌落，但电压仍在折线范围之上时，设备必须能够继续运行而不会中断。

因此，电力公司和工业界一起根据典型电力系统所提供的供电质量来开发新的设备的性能标准，这种方式对在谋求提高生产率和与供电系统的兼容性的工业而言，是至关重要的。

1．源自电网的电能质量问题与标准

电力系统中任何导致用户设备失败或误操作的电压、电流或频率偏移问题均被称为电能质量问题，也是此类问题的主要来源。比如，电压跌落引起的电能质量问题占城市和农村负荷区域所有问题的 67%以上。前述两条曲线（见图 3-66、图 3-67）可以作为终端用户对于敏感工艺和控制设备的采购规范。ITI 曲线中功能不中断区域的范围从持续时间 0．01 周期、500%峰值，到持续时间 20m s 以下的完全电压丧失。SEMI 则只包括电压跌落，并且在 0.2～0.5s 范围更为严格，设备的工作电压必须在 50%标称电压以上。此外，对于一些极端情况，如近处雷电脉冲，其暂态电压水平肯定超过上述曲线给出的条件。此时，设计人员必须采取其他措施来减轻其影响。上述措施必须包括幅值和持续时间两方面的考虑，使设备运行于上述标准规定的范围中。

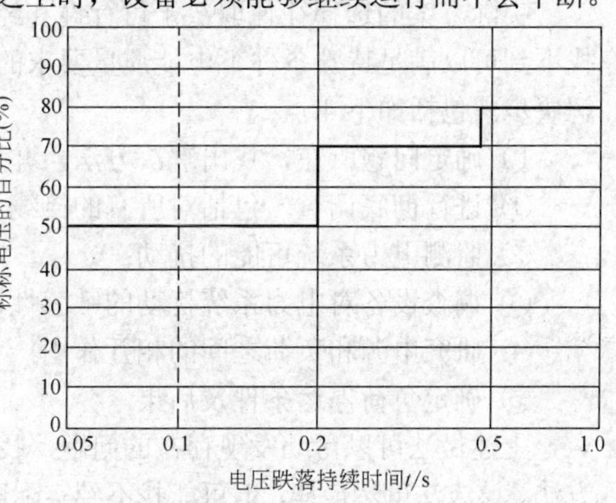

图 3-67　半导体加工设备电压跌落承受能力要求曲线（SEM-F47：2004）

为了解决上述问题，可以采取的措施包括：

1）供电系统和紧急/备用电源必须良好地接地；

2）在变电所、工厂进线和加工与控制设备，采用多层次过电压保护；

3）电气设计上，采用可靠的供电接线和将问题负荷与敏感负荷隔离；

4）设计、确定和实现满足表 3-11 中的 ITI 和 SEMI 标准所要求的紧急处理和控制设备。

表 3-11 相关标准

类型	标准	度量标准
电压跌落	ITI	ITI（CBEMA）曲线
	SEMI	SEMI-F47
电压上升，瞬变过电压	ITI	ITI（CBEMA）曲线

2．源自工厂的自身电能质量问题对工厂本身的影响

工厂本身同样会产生电能质量问题，它不仅影响邻近用户的正常运行，还会对自己产生影响。工厂自身的电能质量问题包括电压跌落、谐波和闪变。电动机起动是工厂电压跌落的一个典型原因。谐波产生的主要原因是非线性负荷，比如电能变换器——电力电子装置、开关电源、整流器、变频器等。

实际方案的选择往往取决于可行性和经济性两方面的考虑，比如往往可能根本找不到可以满足特殊条件下电能质量要求的设备。对于敏感设备用户而言，相应的解决步骤包括如下 4 点：

1）确定问题所在，找出解决方法，并加以优化。这包括：

① 进行彻底调查，包括对所有的接线和接地，以发现问题所在；

② 监测电力系统可能的扰动；

③ 调查设备对电力系统扰动的敏感性，选择具有足够抗扰度的设备；

④ 研究电源和负荷之间的相互作用；

⑤ 确定负荷停运条件及后果。

上述做法可以帮助发现存在的问题，找出可能的解决方案，并采用最优的解决方法。该方法虽然最佳，但可能找不到实际可行的解决方法。比如，为了发现偶然出现的一种干扰，可能需要用户长时间进行监测，并且该方法只能用于解决已知的现象，而放过了潜在的问题。此时应考虑采用可以解决已发现的电能质量问题的补偿设备。

2）补偿设备与电网的兼容性：用户必须确定计划采用的补偿设备与电网兼容，从而可以正常工作，并且不会对邻近负荷发生相互干扰。这里所谓的兼容除了包括适当的输入电压、相数、频率外，还应包括以下暂态特性：

① 对可能的电网电压暂降、暂升、瞬间停电和浪涌的耐受性，以及设备本身；

② 对起动或突入电流进行限制，以阻止其运行引起馈线电压跌落；

③ 限制谐波失真电流；

④ 限制换相缺口。

否则该设备的接插入可能引起扰动而影响工厂中其他设备。比如虽然采用 UPS 可以保护目标设备免受电源中断的影响，但其输入侧整流器的换相缺口可能引起同一建筑物中计算机及其他敏感设备的误动作。

3）校验补偿装置与负荷的兼容性：用户必须了解计划保护的负荷对环境的要求，从而选择具有适当输出性能的电能质量控制设备，特别是根据要求确定容量和

精度。比如如果敏感负荷要求供电电压的波动范围在+6%～−10%，则所选用的补偿装置的电压调节精度应当在±1%的范围。此外，对于补偿器和负荷之间可能出现的相互作用，必须加以特别的关注，比如假定负荷电流的变化会引起欲采用的控制器输出电压变化，则两者的同时应用，可能会导致类似正反馈的作用，进一步加大负荷电流的变化，从而导致不稳定以及欲采用的控制器输出电压的振荡。因此，必须仔细研究欲补偿的负荷的详细特性和建议的控制器对此类负荷的响应，当补偿负荷经受大的电流变化时，可能会引起控制器输出电压发生很大的畸变，如图 3-68 所示。通常需要将控制器的容量选得大一些，或选择一个对负荷电流变化不敏感的控制器。

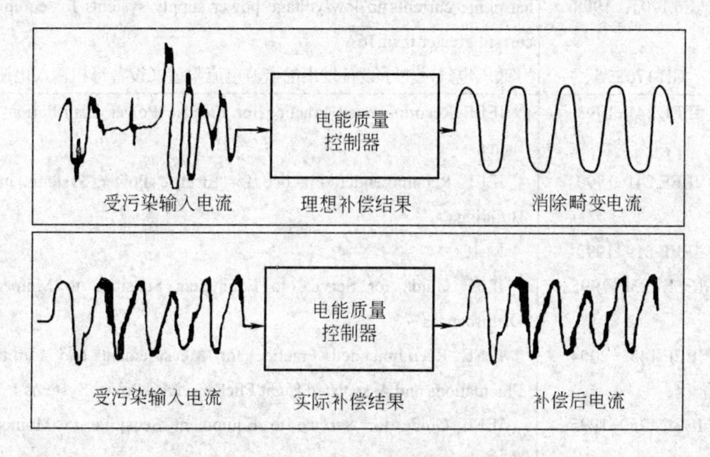

图 3-68 电能质量控制器的补偿效果

特别是虽然电能质量控制设备可以保护敏感设备免受各种电力系统干扰的影响，但为了得到最优的保护作用，必须对各种设备的性能和相应的使用范围有足够的了解，以选择适当的设备，这一点将在随后的章节中加以说明。

4）根据相关标准对设计进行评估：与设备电能质量相关的主要标准见表 3-12。

表 3-12 电能质量问题相关标准

类型	标准编号	标准名称
电能质量	IEEE 1159−1995	IEEE Recommended Practice for Monitoring Electric Power Quality
	ANSI/IEEE 519−1981	IEEE Guide for Harmonic Control and Reactive Compensation of Static Power Converters
	IEEE 399−1997	IEEE Recommended Practice for Industrial and Commercial Power Systems Analysis
	IEEE 141−1993	IEEE Recommended Practice for Electric Power Distribution for Industrial Plants
	IEEE 602−1996	IEEE Recommended Practice for Electric Systems in Health Care Facilities
	IEEE 241−1990	IEEE Recommended Practice for Electric Power Systems in Commercial Buildings
电压跌落	ITI	ITI（CBEMA）曲线
	SEMI	SEMI−F47
	IEEE1346−1998	IEEE Recommended Practice for Evaluating Electric Power System Compatibility With Electronic Process Equipment

（续）

类型	标准编号	标准名称
谐波	IEEE 519-1992	IEEE Recommended Practices and Requirements for Harmonic Control in Electrical Power System
	IEEE 1531-2003	IEEE Guide for Application and Specification of Harmonic Filters
	GB/T 14549-1993	电能质量　公用电网谐波
	IEC 61000-3-2 {E d.3.0}：2005	Electromagnetic compatibility（EMC）- P art 3-2:Limits-Limits for harmonic current emissions（equipment current<=16A per phase）
	IEC 61000-3-4 {Ed.1. 0}：1998	Electromagnetic compatibility（EMC）-Part 3-4:Limits-Limitation of emission of harmonic currents in low-voltage power supply systems for equipment with rated current greater than 16A
	GB 17625.1	低压电气及电子设备发出的谐波电流限值（设备每相输入电流≤16A）
闪变	IEEE 141-1993	IEEE Recommended Practice for Electric Power Distribution for Industrial Plants
	IEEE 241-1990	IEEE Recommended Practice for Electric Power Systems in Commercial Buildings
	IEEE 519-1992	同上
	IEEE 1250-1995	IEEE Guide for Service to Equipment Sensitive to Momentary Voltage Disturbances
	IEEE 1453-2004	IEEE Recommended Practice for Measurement and Limits of Voltage Fluctuations and Associated Light Flicker on AC Power Systems
	IEEE 1250-1995	IEEE Guide for Service to Equipment Sensitive to Momentary Voltage Disturbances
	IEC 61000-3-3 {E d.1.2}：2005	Electromagnetic compatibility（EMC)-Part 3-3:Limits-Limitation of voltage changes，voltage fluctuations and flicker in public low-voltage supply systems,for equipment with rated current≤16A per phase and not subject to conditional connection
	IEC 61000-3-5 {E d.1.0}：1994	Electromagnetic compatibility(EMC)-Part 3:Limits-Section 5: Limitation of voltage fluctuations and flicker in low-voltage power supply systems for equipment with rated current greater than 16A
	GB 12326—2000	电能质量　电压波动和闪变
	GB/T12325—2003	电能质量　供电电压允许偏差
电压不平衡	GB/T 15543—1995	电能质量　三相电压允许不平衡度
过电压	GB/T 18481—2001	电能质量　暂时过电压和瞬态过电压

注：关于闪变的规定有两个标准，即 IEEE 519，提供了在可见和刺激两个范围中的限制。IEEE 1453 基于 IEC 61000-4-15 提出一种新的限制方法。该方法将取代 IEEE 519 和 IEEE 141 提出的电压闪变限值。

虽然电能质量问题目前得到了各界越来越广泛的关注，并且一系列相应的标准被制定出来，但技术及全球化的新进展使得人们对电能质量问题本身及其相应的标准的认识也在不断地得到深化。作为本章的总结，图 3-69 给出了电能质量控制设备的设计流程图，可供从事该领域设计和研究的技术人员参考。

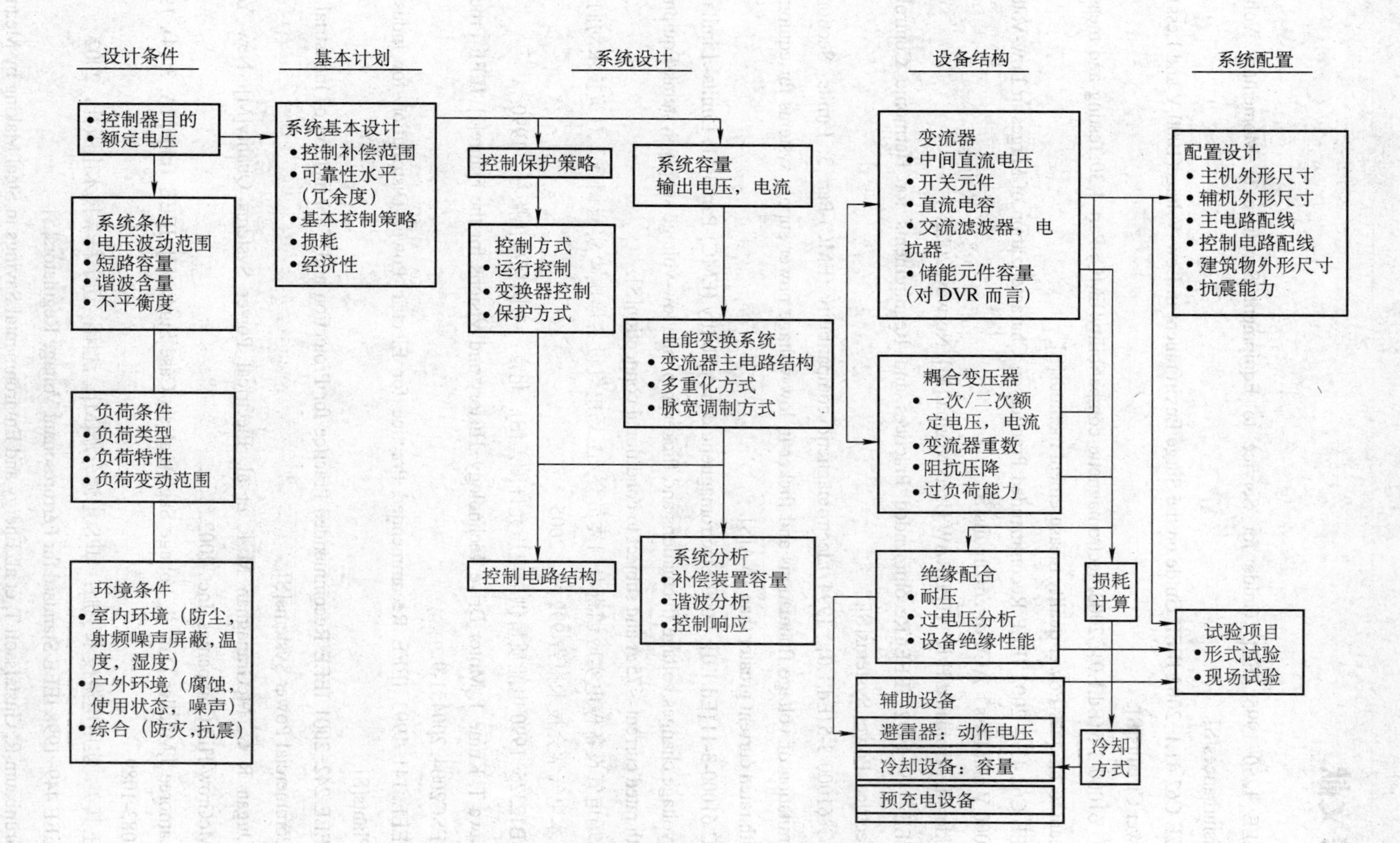

图 3-69　电能质量控制设备设计流程图

参考文献

[1] IEEE 1250−1995 IEEE Guide for Service to Equipment Sensitive to Momentary Voltage Disturbances[S].

[2] IEEE C62.41.1−2002 IEEE Guide on the Surge Environment in Low-Voltage(1000 V and Less)AC Power Circuits[S].

[3] IEC 61000-3-5{Ed.1.0}: 2003Electromagnetic compatibility(EMC)-Part 4-30:Testing and measure ement techniques-Power quality measurement methods[S].

[4] IEEE C62.41.2−2002 IEEE Recommended Practice on Characterization of Surges in Low-Voltage（1000 V and Less）AC Power Circuits[S].

[5] Prikler L, Hoidalen H K. ATPDRAW Users'Manual[M]. Norway, 2002.

[6] IEEE 519−1992 IEEE Recommended Practices and Requirements for Harmonic Control in Electrical Power Systems[S].

[7] IEC 61000-3-5{Ed.1.0}: 1994 Electromagnetic compatibility (EMC)-Part 3: Limits- Section 5: Limitation of voltage fluctuations and flicker in low-voltage power supply systems for equipment with rated current greater than 16 A[S].

[8] IEC 61000-3-11{Ed.1.0}: 2000 Electromagnetic compatibility (EMC)-Part 3-11: Limits- Limitation of voltage changes.voltage fluctuations and flicker in public low-voltage supply systems-Equipment with rated current≤75 A and subject to conditional connection[S].

[9] 工场电气设备停电实应调查专门委员会. 工场电气设备停电の实应调查と对策技术动向[R]. 日本电气学会技术报告 999 号，2005.

[10] GB12325−1990 电能质量供电电压允许偏差[S]. 北京：中国标准出版社，1990.

[11] Sawa T, Kume T. Motor Drive Technology−History and Visions for the Future[J]. IEEE Proc. of PESC2004, 2004: 1-9.

[12] IEEE 141−1993 IEEE Recommended Practice for Electric Power Distribution for Industrial Plants[S].

[13] IEEE 242−2001 IEEE Recommended Practice for Protection and Coordination of Industrial and Commercial Power Systems[S].

[14] Dugan R C, McGranaghan M F, et al. Electrical Power Systems Quality[M], New York: McGrow-Hill Companies, Inc., 2002.

[15] Lamoree J,Mueller D,et al. Voltage Sag Analysis Case Studies[J]. IEEE Trans. IA, 30(4), 1994: 1083-1089.

[16] 王其英. 实用电源技术手册：UPS 电源分册[M]. 沈阳：辽宁科学技术出版社，2002.

[17] IEEE 449−1998 IEEE Standard for Ferroresonant Voltage Regulators[S].

[18] Grünbaum R, Gustafsson T, et al. Energy and Environmental Savings in Steel Making by Means of SVC LIGHT[C] // ISS EAF Conference, 2000.

[19] Ghosh A, Ledwich G.Power Quality Enhancement Using Custom Power Devices[M].Boston: Kluwer Academic Publishers, 2002.

[20] Sermon R C. An Overview of Power Quality Standards and Guidelines from End-User's Point-of-View[C] // IEEE Rural Electric Power Conference, San Antonio, 2005.

[21] ITI(CBEMA)CURVE APPLICATION NOTE[OL]. http: // www. Itic. org.

[22] McGranaghan M, Blevins J, Samotyj M.Optimizing Power Quality and Reliability Initiatives[J]. Transmission & Distribution World, 2004(2): 48-52.

第4章　电能质量中的谐波抑制

引言

电力系统中，人们总是希望电网的稳态电压、电流为理想的正弦波，但非线性负荷与元件的存在，使得系统中出现频率为工频整数倍的正弦波电量，即谐波。特别是随着现代工业技术的发展，电力系统中以电力电子装置为代表的非线性负荷大量增加。电力电子装置的应用，一方面提高了电能的使用效率和便利，另一方面其开关动作向电网中注入了大量的谐波、次谐波分量，导致了交流电网中电压和电流波形的严重失真，目前已替代了传统的变压器等铁磁材料的非线性引起的谐波，成为最主要的谐波源。特别是随着办公自动化和家用电器应用的日益普及、民用和商业用电在城市用电中的比例日益增大，其中计算机、电视机、洗衣机、收录机、电冰箱和电扇等单台谐波虽然含量不大，但由于数量极其庞大，并且工作同时性强（比如每天 19:00 到 21:00 的电视黄金时段里大量电视机同时工作），因而逐渐成为配电网谐波污染的主要来源。谐波的增大导致电能质量的下降，严重影响着供用电设备的安全经济运行，降低了人民的生活质量。

4.1　谐波定义及危害

图 4-1a 为某建筑物一层负荷的三相电流波形图，图 4-1b 为电流波形的频谱（不包括基波分量）。基波分量的大小分别为 A 相电流 248.27A，B 相电流 247.71A，C 相电流 246.03A。显然，现在即便是高档的办公楼、写字楼，电能质量问题也已经到了不容忽视的程度，所以谐波治理已经不再是学者研究的问题，而日益成为电能质量问题的核心内容之一，也是现代电力系统和电力用户的共同要求。

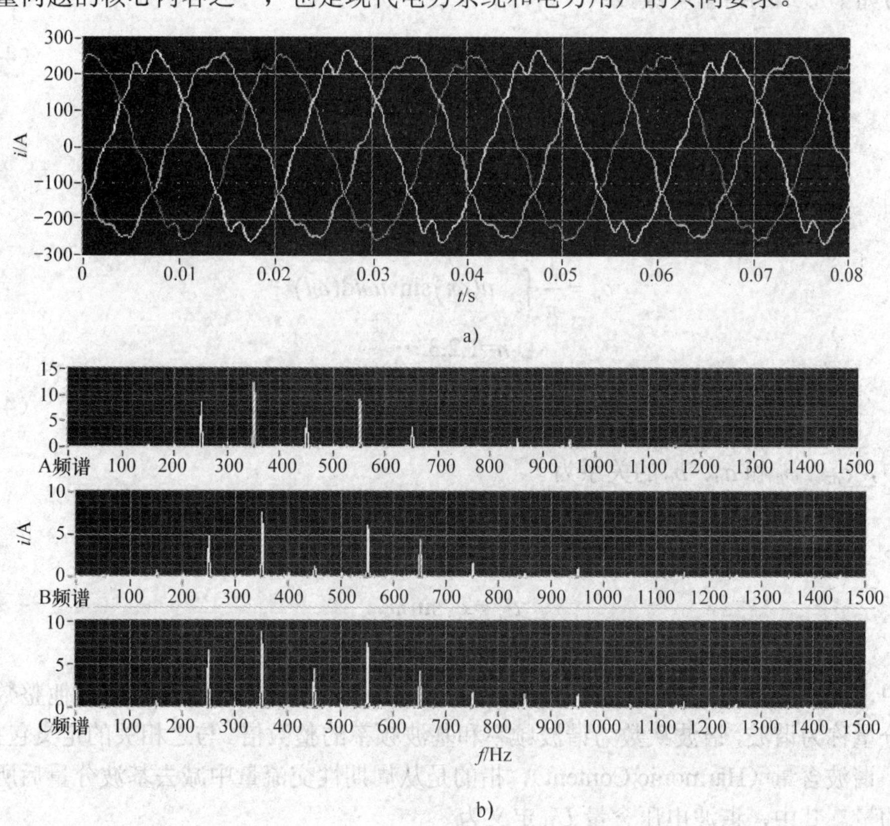

图 4-1　三相电流的波形和频谱

a）三相电流的波形图　b）三相电流的频谱（不含基波分量）

4.1.1　谐波定义

1822 年，法国数学家傅里叶（J.Fourier，1768—1830）指出，一个任意函数都可以分解为无穷多个不同频率正弦信号的和。据此，IEEE 定义“谐波是周期性波形或周期量的正弦分量，其频率为基频的整数倍”。谐波次数 n 为“以谐波频率和基波频率之比表示的整数”。目前一个普遍接受的谐波定义为：“谐波是一个周期电气量的正弦波分量，其频率为基波频率的整数倍”。

理想电力系统所提供的电压和电流具有工频正弦波形。以电压为例，可表示为

$$u(t)=\sqrt{2}U\sin(\omega t+\theta) \tag{4-1}$$

式中，U 为电压有效值；θ 为初相角；ω为角频率，$\omega=2\pi f=2\pi/T$；f 为频率；T 为周期。

当正弦波电压作用在无源线性元件（如电阻、电感和电容）上时，所产生的电流和电压仍为同频率的正弦波。但是当正弦波电压施加在非线性负荷上时，电流就成为非正弦波。对于周期为 T 的非正弦信号 $u(\omega t)$，在满足狄里赫利条件下，可分解为如下形式的傅里叶级数：

$$u(\omega t)=a_0+\sum_{n=1}^{\infty}(a_n\cos n\omega t+b_n\sin n\omega t) \tag{4-2}$$

式中

$$a_0=\frac{1}{2\pi}\int_0^{2\pi}u(\omega t)\mathrm{d}(\omega t)$$

$$a_n=\frac{1}{\pi}\int_0^{2\pi}u(\omega t)\cos n\omega t\mathrm{d}(\omega t)$$

$$b_n=\frac{1}{\pi}\int_0^{2\pi}u(\omega t)\sin n\omega t\mathrm{d}(\omega t)$$

$$n=1,2,3,\cdots$$

即

$$u(\omega t)=a_0+\sum_{n=1}^{\infty}c_n\sin(n\omega t+\varphi_n) \tag{4-3}$$

式中，c_n、φ_n 和 a_n、b_n 的关系为

$$c_n=\sqrt{a_n^2+b_n^2}$$

$$\varphi_n=\arctan(a_n/b_n)$$

$$a_n=c_n\sin\varphi_n$$

$$b_n=c_n\cos\varphi_n$$

其中，频率分量与工频相同的分量称为基波（$n=1$），频率为基波频率其他整数倍的分量称为谐波，谐波次数为谐波频率和基波频率的整数倍。与之相关的定义包括：

谐波含量（Harmonic Content），指的是从周期性交流量中减去基波分量后所得到的量。其中，谐波电压含量 U_H 定义为

$$U_\mathrm{H}=\sqrt{\sum_{n=2}^{\infty}U_n^2} \tag{4-4}$$

谐波电流含量 I_H 定义为

$$I_\mathrm{H}=\sqrt{\sum_{n=2}^{\infty}I_n^2} \tag{4-5}$$

谐波含有率以 HR（Harmonic Ratio）表示周期交流量中含有的 n 次谐波分量的方均根值与基波分量的方均根值之比的百分数。比如第 n 次谐波电压的含有率表示为

$$\mathrm{HRU}_n = \frac{U_n}{U_1} \times 100\% \tag{4-6}$$

式中，U_n为第n次谐波电压有效值（方均根值）；U_1为基波电压有效值。

并定义电压谐波总畸变率THD_u（Total Harmonic Distortion），即谐波含量的方均根值与基频分量的方均根值之比的百分数，为

$$\mathrm{THD}_u = \frac{U_\mathrm{H}}{U_1} \times 100\% \tag{4-7}$$

而电流谐波总畸变率THD_i为

$$\mathrm{THD}_i = \frac{I_\mathrm{H}}{I_1} \times 100\% \tag{4-8}$$

我国电力系统的基波频率为50Hz，因此2次谐波为100Hz（或120Hz），3次谐波为150Hz（或180Hz）。在某些暂态现象中，电力系统会出现一些非整数的分数次谐波，如间谐波、次谐波和分数谐波等。作为谐波的一种，间谐波可能出现在各个等级电压的网络中。它们可以以离散频率或者很宽的频谱的形式出现。间谐波波形畸变的主要来源是静态变频器、周波变频器、异步电动机和电弧装置。电力线载波信号也可以被认为是一种间谐波。

间谐波的影响还没有被广为认知，但是已经表现出影响电力线载波信号，并且会给显示设备（比如CRT）带来视觉上的闪烁。

这里有两个常用的定义值得注意：

1）IEC标准中对总谐波电流的方均根值定义，仅限于40次及以下的谐波，即

$$I_\mathrm{Th} = \sqrt{\sum_{n=2}^{40} I_n^2} \tag{4-9}$$

2）在开关电源等电力电子装置的讨论中，功率因数通常定义为

$$\mathrm{PF} = \frac{1}{\sqrt{1+\mathrm{THD}^2}} \cos\varphi \tag{4-10}$$

式中，$\cos\varphi$定义为位移因子，有时也记为K_d。

畸变因数 K_p，定义为输入交流电流基频分量的有效值和交流电流的有效值之比，即$K_\mathrm{p} = \frac{I_1}{I_\mathrm{in}}$。其中，$I_\mathrm{in} = \sqrt{I_1^2 + \sum_{n=2}^{\infty} I_n^2}$，得到$K_\mathrm{p} = \frac{1}{\sqrt{1+\mathrm{THD}^2}}$；

因此，功率因数也可记为$\mathrm{PF} = K_\mathrm{d} K_\mathrm{p}$。所以对于开关电源而言，当谈到功率因数时，往往包括畸变因数，即谐波失真的影响，并且通常畸变因数起着主导的作用。

4.1.2 谐波源与其危害

电力系统中的各种非线性元件是产生谐波的主要原因。按照非线性元件的类型，电力系统谐波源可以分为两大类：

1. 作为非线性设备的电力电子装置

近年来，电力电子装置应用日益广泛，但其非线性的开关动作所造成的负荷电

流波形畸变是系统中谐波干扰的最主要因素。

由于交流电力系统是最经济便捷的供电方式，所以大多数电气和电子装置均采用由交流电网取得交流电能，然后再转换为对用户而言最方便的电能形式。此时作为装置与电网之间接口的前端变流器的交-直变换器，即整流器，就成为电力电子设备向电力系统注入谐波的主要根源。表 4-1 就给出了常见的以整流电路作为前端变流器的典型设备所产生的谐波波形和畸变率。

表 4-1　典型设备的电流波形和畸变率

接入高中压和低压公用电网的典型设备	典型电流波形	典型 THD
单相电源（整流器和滤波电容）	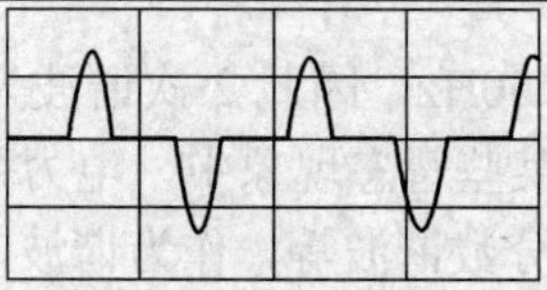	80%（3 次谐波大）
半导体变流器	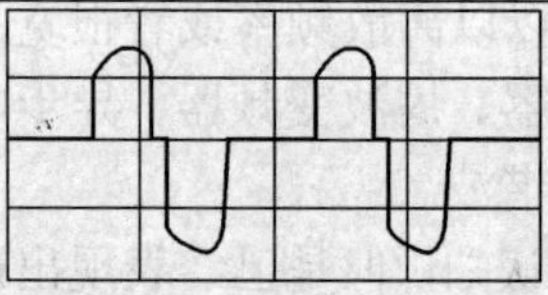	部分负荷 2、3、4 次谐波大
6 脉冲变流器 容性滤波 无串连电抗	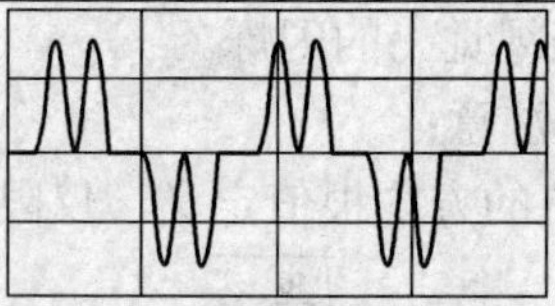	80%
6 脉冲变流器 容性滤波 串连电抗>3% 或直流传动	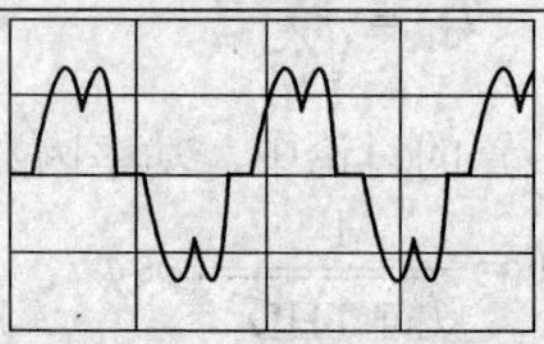	40%
6 脉冲变流器 大电抗电流滤波	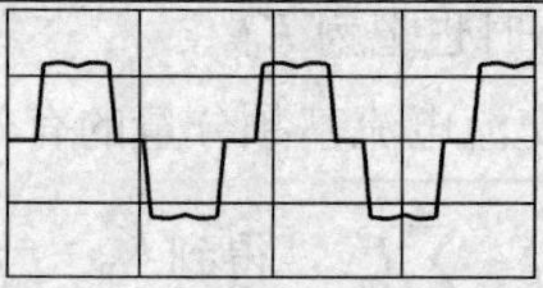	28%
12 脉冲变流器	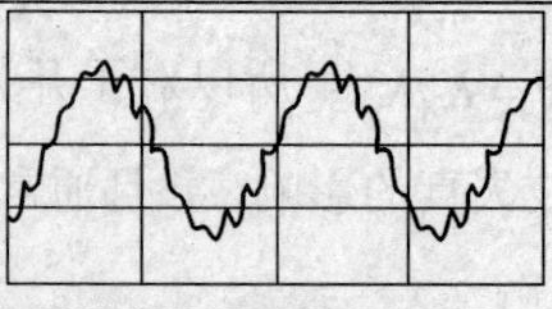	15%
交流调压器	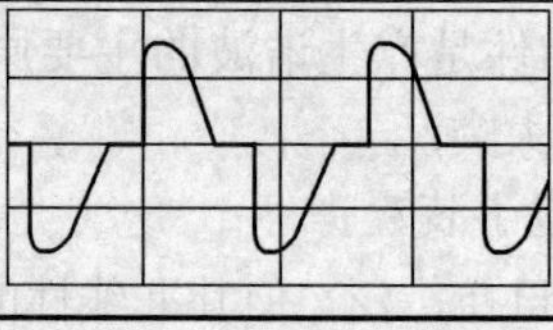	由触发延迟角决定

电力机车是电力系统中一种重要的不平衡和谐波源负荷。电气铁道机车一般采用单相整流设施，如图 4-2 所示。

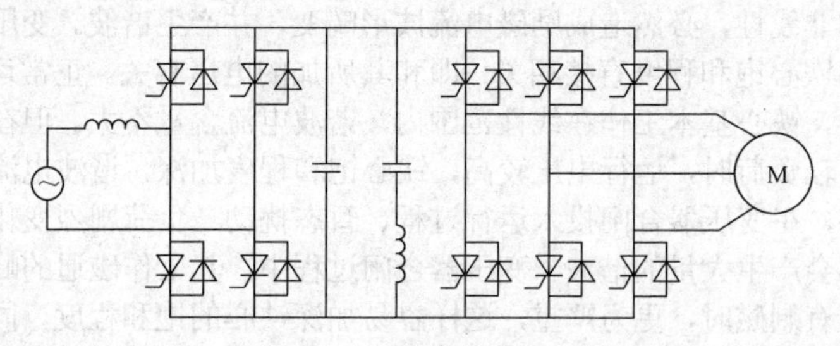

图 4-2　机车交流驱动的典型电力电子电路

SS-8 型电力机车是目前国内电气化铁道的主型机车。根据电能质量的监测报告，国产 SS-8 型电力机车在运行时会导致牵引供电系统谐波含量超标。在供电区间内只有一台 SS-8 型电力机车通过时，在该牵引变压器 110kV 侧产生的各次谐波电流见表 4-2。

表 4-2　SS-8 型电力机车谐波实测数据

谐波次数	L_1 相	L_2 相	L_3 相
基波	27.2	18.5	7.67
3	7.84	5.58	2.08
5	3.92	2.42	1.41
7	2.38	1.83	0.52
9	1.71	1.24	0.44
11	1.11	0.74	0.35
13	0.81	0.59	0.21
15	0.61	0.44	0.16
17	0.55	0.37	0.16
19	0.37	0.25	0.12

为了抑制普通整流设备所产生的谐波，采用 SPWM 技术的各种高功率因数的前端变流器得到了越来越广泛的应用，但是出于经济和技术两方面的考虑，有限的开关频率和多重化结构仍然不能完全免除谐波对系统的污染。

2．含有电弧和铁磁非线性设备的谐波源

这一类设备主要有旋转电机、变压器、铁心电抗器、电弧炉、交流电焊机和荧光灯等。

（1）旋转电机　发电机和电动机是电力系统中应用最为广泛的电力设备之一。在理想情况下，当发电机励磁绕组通以直流电流时，定子绕组中将感应出正弦电动势，发电机输出电压波形为正弦波。而在实际电机中，由于磁极不平衡、绕组不平衡以及铁心饱和等原因，磁极磁场并非完全按照正弦规律分布，因此感应电动势不是理想的正弦波，包含一定的谐波，这种谐波电动势的频率和幅值取决于发电机的结构和工作情况。

（2）变压器和铁心电抗器　变压器广泛存在于各级电网中，用以联系不同电压等级的电网，正常运行条件下，如不考虑磁滞及铁心饱和时，它基本是线性的。但是由于铁心的非线性，必然造成励磁电流波形畸变，并产生谐波。变压器励磁电流的谐波含量和铁心饱和程度直接相关，即和其所加的电压有关。正常运行时，电压接近额定电压，铁心基本工作在线性范围内，谐波电流含量不大。但在一些特殊运行方式下，如轻负荷时，运行电压较高，铁心饱和程度加深，谐波电流含量就会大大增加。此外，在变压器合闸投入运行过程、暂态扰动、负荷剧烈变化及非正常状态运行时，都会产生大量的谐波。变压器合闸过程中，其工作磁通的峰值将高于正常运行值，在有剩磁时，更为严重，这样容易加深铁心的饱和程度，同时波形畸变严重。虽然只是变压器励磁涌流问题，但是相当于产生了许多衰减的谐波电流。

（3）电弧炉、交流电焊机等冲击性负荷　电弧炉利用其电极和炉料之间产生的电弧的热量冶炼金属，是钢铁产业的重要设备。工业用电弧炉在在熔炼初期，相当多的炉内填料尚未熔化而呈块状固体，电弧阻抗极不稳定。这种不稳定的短路状态使得熔化期电流的波形变化极快，实际上每半个工频周期的波形都不相同。在熔化初期以及熔化的不稳定阶段，电流波形不规律，故谐波含量大，频率分布广。其中整数次的低次谐波分量占主导地位，如图 4-3 所示。而随着熔池中熔融金属的上升，电弧逐渐变得稳定，电流也进入稳态，从而失真变小。

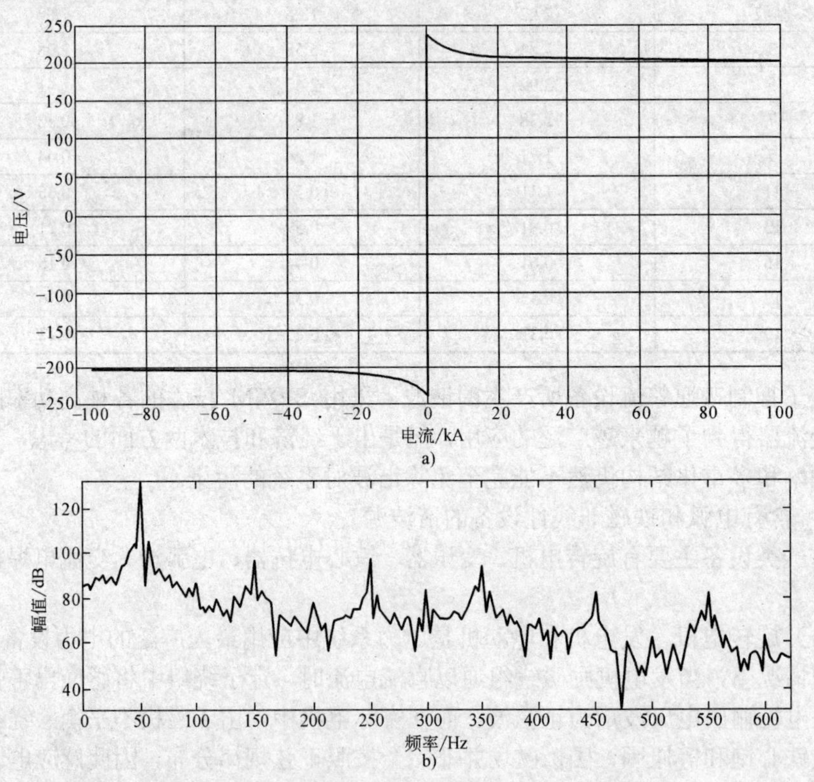

图 4-3　电弧炉电流/电压特性曲线和电流幅频特性

a）电流/电压特性曲线　b）电流幅频特性

作为一个典型的实例，表 4-3 显示电弧炉在两个不同阶段谐波频谱和含量的巨大变化，特别要注意的是，在熔炼期，除了奇次谐波外，还存在偶次谐波。

表 4-3　某交流电弧炉谐波含量 I_n/I_1(%) [1]

谐波次数 n	2	3	4	5	7
熔炼初期谐波含量	7.7	5.8	2.5	4.2	3.1
精炼期谐波含量	0.0	2.0	0.0	2.1	

测试数据显示，由于严重的闪变的影响，电弧炉工作系统中的谐波总畸变率远远超过了国家标准规定的 5%，严重时可以达到 27%；并且在熔炼的每个阶段都存在较大的 2、3、5 次谐波。此外还有分数谐波，对于电网系统产生很大的谐波污染。

直流电弧炉的电弧稳定，短网压降小，对电极升降调节系统的要求不苛刻，而且对供电系统不像交流电弧炉那样，没有频繁的冲击电流。再加上采用多相整流，因此可以保证三相电源基本平衡，低次谐波含量少，所以得到越来越广泛的关注与应用。但由于熔炼过程的非线性仍然会出现幅值较大的低次谐波，对电网产生影响。以上含有电弧的冶炼设备和电焊设备，除产生谐波外，还产生间谐波和造成电压闪变。这些负荷都使电力系统的电流和电压产生畸变，并对电力设备和广大用户设备及通信线路和电子设备产生危害或干扰影响。

根据 1992 年日本电气协会发表的一项关于谐波源的调查报告[6]，在各行业产生的谐波量分布中，商业和民用建筑产生的谐波量占总数的 40.6%，其次是铁路、冶金、机械制造等，如图 4-4 所示。这表明各种采用电力电子技术的办公机器和家用电器正在日益成为谐波干扰的主要来源。

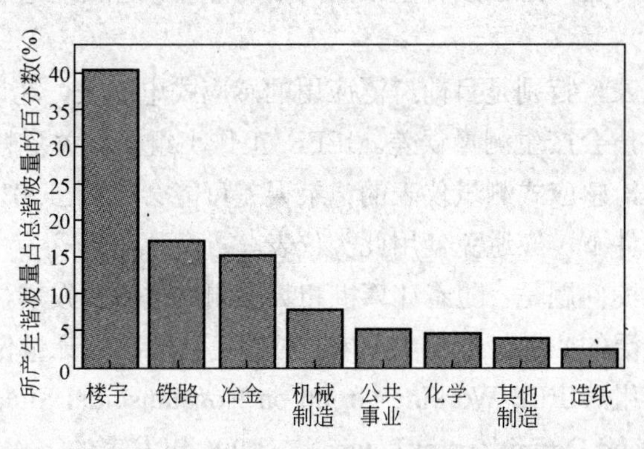

图 4-4　谐波源的行业分布

谐波电流、谐波电压对电力系统和用户的影响及危害，概括起来，大致可以有以下几个方面：

1）由于谐波的存在，增加了系统中元件的附加谐波损耗，降低发电、输电及用电设备的使用效率。大量的 3 次谐波流过中线时，会使线路过热甚至发生火灾。

2）谐波影响各种电气设备，特别是电机类设备的正常工作。

谐波对旋转电机和变压器的影响，首先主要是引起附加损耗，谐波电流流过电机和变压器时，将会增大铁心损耗以及铜损，引起过热。谐波损耗对变压器的影响通常要大于对电机的影响，比如电弧炉变压器由于熔炼过程中的电流的剧烈波动，造成寿命的明显缩短。

谐波对旋转电机和变压器的影响其次是产生机械振动、噪声和谐波过电压。当谐波频率接近电机的固有振动频率时，会引起电机的强烈振动。这些影响可能缩短电机寿命，甚至损坏电机。谐波电流引起的附加损耗通常折算成等值的基频负序电流来进行估算。

3）电力系统中电容器的应用可能会导致的谐振，是一个需要非常重视的问题。当谐波频率与输电系统固有的特征频率重合时，可能会放大谐波分量，产生非常大的电压和电流。这导致设备的附加损耗和发热，缩短电容器寿命，以致造成设备故障。大量调查表明，电容器和与之串联的电抗器的烧毁在谐波引起的事故中约占 75%。

4）谐波电流除了会增加继电器的发热和损耗之外，还会导致动作特性改变，以致造成保护装置的拒动或误动。比如以电磁型电压继电器为例，当含谐波的畸变电压作用于继电器时，动作值总是比继电器刚好动作的基波分量电压有效值大，即过电压继电器有可能出现拒动，而欠电压继电器则可能误功。此外，在动态情况下，如投入空载变压器时会产生谐波含量很高的励磁涌流，造成继电器误动作而使开关跳闸。

而电力测量仪表，特别是目前广泛应用的感应式电能表，在谐波存在条件下，特别是发生谐振时，会产生测量误差。IEEE 工作小组的有关资料指出，当电压和电流波形都畸变时，感应式测量仪表的记录误差可能会达到±20%以上。因此，在电压严重畸变的条件下，应避免使用此类仪表。

一个值得注意的问题是，随着计算机和数字测量技术的发展，数字式测量仪表正在得到越来越广泛的应用，但正如 IEEE 对非正弦情况下计量仪表所受影响评估和功率定义的专家组（IEEE Working Group on Nonsinusoidal Situations：Effects on Meter Performance and Definitions of Power）在 1996 年发表的工作报告中所指出的：现在的关键问题是缺少对非正弦条件下功率分解和定义的统一标准。从而导致即使采用同一种仪表对同一电量进行测量，按照不同的定义所得到的结果有时可能相差 20%～30%。因此，在受到谐波污染时，如何建立科学的功率定义和理论，并保证它不仅适合于仪表测量和电能的管理收费，而且能为广大供电企业和电力用户共同接受，还需要付出艰苦的努力。

5）电力线中的谐波，特别是电能变换装置所产生的谐波电流和电压，会产生相应的电场和磁场，从而对邻近的通信系统造成明显的杂音干扰，降低通信的质量。而其影响的程度取决于干扰的幅度和频率。

近年来，随着通信线路的光纤化，通信线路的抗干扰能力已经大大提高。等效干扰电流的标准有逐渐放宽的趋势，而对通信的干扰也逐渐不再是衡量输电线路谐波水平的主要标准。

6）对计算机和各种电子设备产生干扰。电子设备多利用基于电力电子技术的前端变流器供电，这些设备往往通过精确地确定电压过零点进行控制，所以对谐波失真非常敏感。谐波畸变还会通过电源或磁耦合对电子设备产生影响。计算机和其他数字设备如可编程序控制器等要求交流供电系统的谐波畸变系数小于 5%，而单次谐波分量小于 3%才能正常工作。谐波畸变会造成设备的不稳定、误动，有时谐波干扰，如在医疗设备场合，会造成严重的后果。

近十年来，随着用户对电能质量的要求越来越高以及对谐波的认识不断深入，对谐波危害和影响更为细致的定量分析和研究变得越来越迫切和必要。因此详细定量研究的报道逐渐增多。另外，对谐波影响的广泛性也开始关注，比如谐波对人、动物以及生态环境的影响。虽然目前还没有被完全证实，但已有证据表明，谐波对生态环境的影响确实存在，引起了政府和各界人士的注意，并开辟出了一个新的研究领域—“电磁环境对生态的影响”。

4.1.3 谐波标准

谐波的产生对系统的功率因数和电能质量产生极大的负面影响，使公用电网的电能质量问题日益突出。日本电气学会在 1997 年发表的技术报告，根据调查结果指出谐波电压具有如下特点，从时间段看，在每天 19～22 时电压畸变率最高大，其次是白天，深夜最小；谐波大小与电视的收视率相关性很大；电压谐波分量中以 5 次谐波最大；低压配电系统电压的谐波含有率远高于高中压系统，并且增长最快，这一切说明谐波电流源主要位于配电系统中。而日本 1994 年的调查更显示配电网中住宅区的谐波含量是工业和商业区的 1.3 倍。调查表明包括计算机、空调器和电视机在内的前端变流器采用为整流器的非线性负荷在现代家用和商用电气设备中的比例已高达 50%～90%，家用电器产生的谐波对公用电网电压畸变起着越来越大的影响。为了应对上述谐波干扰问题，国际电工委员会（IEC）分别在 1995 年和 2000 年两次对标准进行了修订，在新版 IEC 61000-3-2《谐波电流发射限值（设备每相输入电流≤16A》中，特别将个人计算机及其监视器和电视接收机这类有功功率不大于 600W，但由于数量大、使用时间长、同时性强、谐波频谱宽，从而对公用电网的供电质量具有很大影响的电气设备列为 D 类。日本能源厅也于 1994 年 9 月发表了一个针对 300V 以下配电系统中使用的额定电流为 20A 电气电子设备的《家用电器和通用电器谐波抑制导则》，导则要求将配电网的谐波水平抑制到 5%以下。我国于 1999 年 12 月开始执行的国标 GB l7625.1—1998《低压电气及电子设备发出的谐波电流限值（设备每相输入电流≤16A）》等效采用了 1995 年版的 IEC 61000-3-2 的规定，其中 D 类设备沿用了 1995 年标准中关于输入电流具有“特殊波形”的规定。应当指出的是，由于新版 IEC 61000-3-2 中消除了该项规定，所以按照国标和原 IEC 标准属于 D 类的电气和电子设备，在新标准下除了个人计算机和电视机等特定设备之外的其他设备应符合 A 类设备的限值。

新版 IEC 标准将电气与电子设备分为四类：

A 类：

- 平衡的三相设备
- 除了 D 类加以专门指名的设备以外的家用电器
- 除了便携式工具以外的工具
- 白炽灯调光器
- 音响设备

以及没被以下三类设备列入的设备均看做是 A 类设备。

B 类：

- 便携式工具
- 非专业的弧焊设备

C 类：

- 照明设备

D 类（设备功率小于等于 600W 的下述设备）：

- 个人计算机和个人计算机的显示器
- 电视机

值得注意的是，对电力系统具有显著影响的设备在未来的标准修订时可能会被重新加以分类。影响的因素包括：

- 使用中的该类设备的数量
- 使用的持续时间
- 应用的同时性
- 功率消耗
- 谐波幅度和相位频谱

D 类设备的限值主要为上述因素指出的对公用电网具有显著影响的设备保留。

除便携设备（B 类）以外的低压电气和电子设备的谐波电流限值见表 4-4。

表 4-4　IEC61000-3-2 低压设备的限值

谐波次数 n		A 类最大允许谐波电流/A	C 类最大允许谐波电流占输入基频电流的百分比（%）	D 类（75～600W）最大允许谐波电流	
				mA/ W	A
奇次	3	2.30	$30\times\lambda^*$	3.4	2.30
	5	1.14	10	1.9	1.14
	7	0.77	7	1.0	0.77
	9	0.40	5	0.5	0.40
	11	0.33	3	0.35	0.33
	13	0.21	3	0.296	0.21
	$15\leqslant n\leqslant 39$	$2.25/n$	3	$3.85/n$	$2.25/n$
偶次	2	1.08	2		
	4	0.43			
	6	0.30			
	$8\leqslant n\leqslant 40$	$1.84/n$			

注：λ^*表示功率因数。

注意到 A 类设备的限值是用最大谐波电流的形式，以绝对值给出的。而 D 类设备则分别用相对值和绝对值两种的形式给出，当 D 类设备容量达到其上限，即 P=600W 时 A、D 类设备的谐波电流限值相同。而对于低于该容量的设备，采用相对值，用意在于对具有高峰值系数的设备进行惩罚。而对偶次谐波的惩罚则表明了需对波形不对称进行限制的要求。再注意到对谐波次数大于 15 次时，D 类设备限值[$3.85P/(1000n)$]与 A 类标准限值（$2.25/n$）均是谐波次数的函数，所以两者限值之比（$584.4/P$）和谐波次数无关，故是同一条曲线。由此得到的 75～600W 之间设备 3～15 次谐波限值之比与输入功率的关系可以如图 4-5 所示。在图中可以看到，在低功率时，A 类设备限值比 D 类高得多，而随着功率增大两者，逐渐趋于接近，但始终大于 1，所以对于除计算机和电视机之外的小功率电气和电子设备而言，IEC 修改后的新标准更容易得到满足，比如在新标准条件下，一个 300W 的充电器属于 A 类设备，它所允许的谐波电流含量即为原标准 600W 充电器的谐波含量，因此可以降低对谐波抑制的要求，从而简化结构，使设备的造价降低。图 4-6 所示为一个 220V、300W 单相整流器在滤波电感为 19mH、滤波电容为 940μF 时的电流频谱和标准限值的关系。

对于工作电压 600V 以下、单相电流大于 16A 的低压电气设备，其谐波电流发射限值，IEC 则利用标准 IEC 61000-3-4: 1998 来加以规定。该标准将设备的连接方式分为 3 级，即当短路比（接入点短路容量与设备额定容量之比）不小于 33 且设备谐波发射值满足表 4-5 限值要求时，该设备可以在任何地点接入供电系统，属于第一级；第二级为与实际网络相关的发射限值，即当谐波电流发射量大于上述限值时，如果短路比大于 33，则可以相应提高限值；设备不具备上述两级的要求，或设备输入电流大于 75A 时，供电主管部门可以根据与用户协议的容量决定是否允许接入系统，则属于第三级。

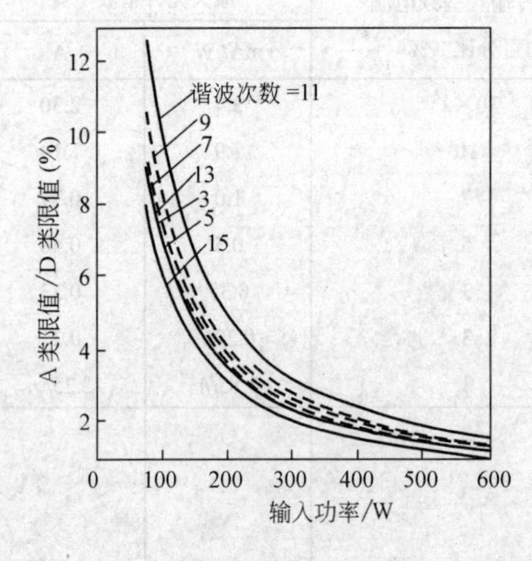

图 4-5　A 与 D 类设备限值之比与输入功率的关系

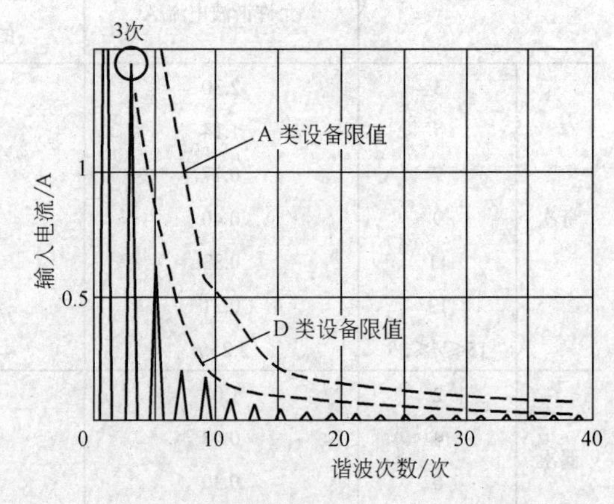

图 4-6　试验电路输入电流频谱和标准限值

表 4-5　第一级设备（$S_{equ} \leqslant S_{sc}/33$）谐波电流发射限值

n	3	5	7	9	11	13	15	17	19
I_n/I_1(%)	21.6	10.7	7.2	3.8	3.1	2	0.7	1.2	1.1
n	21	23	25	27	29	31	≥33	偶次	
I_n/I_1(%)	≤0.6	0.9	0.8	≤0.6	0.7	0.7	≤0.6	≤8/n 或 ≤0.6	

注：I_n—谐波电流分量；I_1—额定基频电流；S_{equ}—电气设备的额定视在功率；S_{sc}—短路容量。

对于范围从 1～35kV 的中压系统，由于没有一个国际公认的参考阻抗，所以现在还没有一个发射标准。IEC 则利用标准 IEC 61000-3-6: 1996 提出一些原则规定。该标准提出对于中压畸变负荷发射限值的三级评估方法：第一级为当某个设备的协议功率与公共连接点的短路容量之比（短路比）$S_i / S_{sc} \leqslant 0.1\%$ 时，可以直接接入系统而不需进行详细计算，而由厂家负责对谐波发射值加以限制；第二级则根据网络特性确定限值，其原则是，如果公用电网处于满载情况下，并且所有设备均按各自的发射限值将谐波注入系统，此时的谐波干扰应等于规划水平；第三级指在特殊和根据不足的情况下接受较高的发射水平；此时用户和电力公司应对方便上述设备接入系统的特殊情况达成协议，并且对实际的和将来的系统特性进行仔细的研究，以确定特殊的情况。而在所有上述情况下用户均应保证其设备发射的干扰低于协议的限值。国标 GB/T 14549—1993《电能质量　公用电网谐波》则分别对公用电网谐波电压和全部用户向公共连接点注入的谐波电流分量（方均根值）规定了允许值。上述标准为与公用电网相连的各种电气和电子设备所产生的谐波规定了限值，为了满足上述标准的要求，绝大多数标准的开关电源均需要采用某种形式的谐波抑制措施，来限制装置内部所产生的谐波，其限值见表 4-6 和表 4-7。

表 4-6　公用电网谐波电压（相电压）限值

电网标称电压/kV	电压总谐波畸变率（%）	各次谐波电压含有率（%）	
		奇　次	偶　次
0.38	5.0	4.0	2.0
6	4.0	3.2	1.6
10			
35	3.0	2.4	1.2
66			
110	2.0	1.6	0.8

表 4-7　注入公共连接点的谐波电流允许值

标准电压/kV	基准短路容量/MVA	谐波次数及谐波电流允许值/A											
		2	3	4	5	6	7	8	9	10	11	12	13
0.38	10	78	62	39	62	26	44	19	21	16	28	13	24
6	100	43	34	21	34	14	24	11	11	8.5	16	7.1	13
10	100	26	20	13	20	8.5	15	64	6.8	5.1	9.3	4.3	7.9
35	250	15	12	7.7	12	5.1	8.8	3.8	4.1	3.1	5.6	2.6	4.7
66	500	16	13	8.1	13	5.4	9.3	4.1	4.3	3.3	5.9	2.7	5.0
110	750	12	9.6	6.0	9.6	4.0	6.8	3.0	3.2	2.4	4.3	2.0	3.7
标准电压/kV	基准短路容量/MVA	谐波次数及谐波电流允许值/A											
		14	15	16	17	18	19	20	21	22	23	24	25
0.38	10	11	12	9.7	18	8.6	16	7.8	8.9	7.1	14	6.5	12
6	100	6.1	6.8	5.3	10	4.7	9.0	4.3	4.9	3.9	7.4	3.6	6.8
10	100	3.7	4.1	3.2	6.0	2.8	5.4	2.6	2.9	2.3	4.5	2.1	4.1
35	250	2.2	2.5	1.9	3.6	1.7	3.2	1.5	1.8	1.4	2.7	1.3	2.5
66	500	2.3	2.6	2.0	3.8	1.8	3.4	1.6	1.9	1.5	2.8	1.4	2.6
110	750	1.7	1.9	1.5	2.8	1.3	2.5	1.2	1.4	1.1	2.1	1.0	1.9

表 4-8 给出了 IEEE 建议的根据负荷容量与所接入的系统容量的比确定的谐波电流限值。为了使描述谐波电流的方式统一，IEEE 519-1992 定义了另一个术语，TDD（Total Demand Distortion）总需求畸变，这个定义和总谐波畸变相同，只是同额定负荷电流的百分比而不是基波电流幅值的百分比来表示，这里所定义的负荷电

流 I_L 应采用前 12 个月最大电流需求的平均值。

表 4-8 配电系统电流失真限值（120～69000V）[4]

最大谐波电流畸变（公共连接点最大负荷电流的基频分量 I_L 的百分数）						
谐波次数（奇次谐波）						
I_{sc}/I_L	n<11	11≤n<17	17≤n<23	23≤n<35	35≤n	TDD
<20	4.0	2.0	1.5	0.6	0.3	5.0
20～50	7.0	3.5	2.5	1.0	0.5	8.0
50～100	10.0	4.5	4.0	1.5	0.7	12.0
100～1000	12.0	5.5	5.0	2.0	1.0	15.0
>1000	15.0	7.0	6.0	2.5	1.4	20.0

注：1. I_{sc}—公共连接点最大短路电流。

2. 偶次谐波含量应小于上述奇次谐波限值的 25%；并且不允许会引起直流偏置的电流失真。

作为谐波的一种形式，间谐波可能出现在各个等级电压的网络中。它们可以以离散频率或者很宽的频谱形式出现。间谐波波形畸变的主要来源是静态变频器、周波变频器、异步电动机和电弧装置。电力线载波信号也可以被认为是一种间谐波。间谐波的影响还没有被广为认知，但是已经表现出影响电力线载波信号，并且会给白炽灯和显示设备带来视觉上的闪烁。为避免白炽灯和荧光灯的闪变问题，对两倍基波频率以下的间谐波宜限制到 0.2%以下；为了避免如电视机、异步电动机（噪声和振动）和低频继电器出现问题，间谐波应不超过 0.5%；通常对于间谐波的规划水平取为 0.2%。

4.2 谐波抑制及无源滤波装置

谐波抑制是提高电能质量，保证供用电设备安全可靠运行的重要手段之一。减小谐波影响的技术措施可以从两方面入手：一是从谐波源出发，减少谐波的产生；二是采取措施提高设备的谐波耐受能力或采用陷波装置抑制在系统中传导的谐波电流。表 4-9 给出了常用的谐波抑制措施。

表 4-9 抑制谐波的主要技术措施

对策	具体措施
避免并联电容器对谐波的放大	改变并联电容器的串联阻抗 将某些电容器组的支路改为滤波器 改变电容器的投入容量
加装无源滤波器	采用各种类型的调谐滤波器和滤波器组
增设静止无功补偿器	容性部分设置为滤波器
加装有源滤波器	各种结构（串联、并联、混合）的有源滤波器

（续）

对策	具体措施
增强电力系统承受谐波的能力	谐波源接向较大容量的公共连接点，由高一级电压的电网向谐波源供电
提高用电设备的抗谐波干扰能力	改进设备性能，提高设备抗谐波干扰能力 采取抗谐波干扰措施，确保设备正常运行
减少设备发生的谐波干扰	采用特殊结构的变流变压器，实现前端变流器的多重化和采用PWM控制技术
阻塞谐波在电力系统中的流动	在高压输电线路中串联高频阻波装置 低压侧采用 Yd 联结的变压器
加强对电力系统谐波的管理和实时控制	避免轻负荷，高电压的运行状态 设谐波检测点，加强对注入电网谐波的管理 系统出现异常或故障，需进行谐波检测分析

4.2.1　谐波源治理

对于谐波治理最为有效的措施应当是从源头进行治理，即限制非线性负荷的谐波发生量。正如前面所述，电力电子装置是电力系统中最严重、最突出的谐波源。在各种电力电子装置中，作为市电和设备的接口、作为前端变流器的各种类型的整流装置所占的比例最大。因此，采用高功率因数的前端变流器[5]，以抑制整流装置所产生的谐波是谐波治理的重要措施。

（1）多重化技术　对大功率相控整流器，一般是采用增加变流器重数的方法，如采用多个 6 脉波整流电路并联的方式，构成多重化电路（也即多脉波电路）来减少变流器输入电流中的谐波。例如在高压直流输电系统和 SVC 中，通常采用图 4-7 所示的两个 6 脉波变流器串联或并联连接的方式，构成一个 12 脉波变流器，此时变流器输入侧变压器分别为 Yy 和 Yd 联结，相位相差 30°。

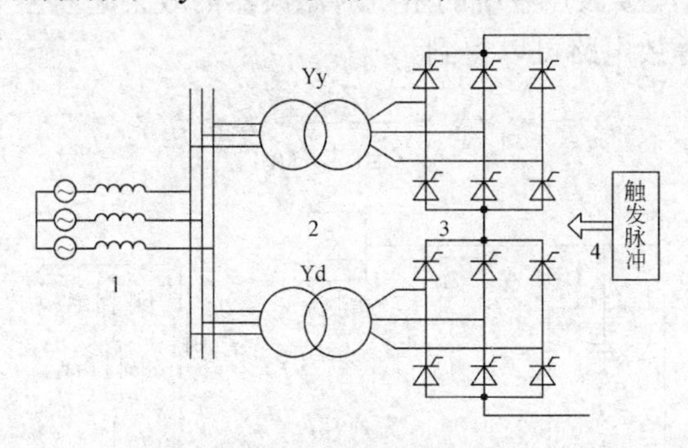

图 4-7　12 脉波换流桥

在 12 脉波变流器中，两个 6 脉波变流器产生的 5 次和 7 次谐波电压的幅值相等、相位差 180°，被完全抵消，因此产生的谐波电压主要是 $12n$ 次，从而大大减少了谐波分量。

（2）脉宽调制整流技术　随着电力电子技术的发展，正弦脉宽调制技术（Sine Pulse Width Modulation，SPWM）已经十分成熟，被广泛应用于电力电子设备的前端变流器，形成了所谓的 PWM 整流电路。在此类变流器中，输入电流为接近正弦且与电源电压同相的 PWM 波形，从而得到接近于 1 的功率因数。这种单位功率因数变流器的应用，使得作为谐波源的前端变流器所产生的谐波畸变得到有效的抑制。对于上述技术由于稍后还会详细讨论，这里就不再赘述。

除上述措施外，还通常有如下几方面措施来抑制谐波对设备的影响：

1）提高设备对谐波干扰的耐受能力，比如让变压器、电机降低额定值使用，以留有足够的裕量。对于 PWM 逆变器供电的电动机采用特殊的绝缘方式，以提高其对高电压变化率（du/dt）的耐受能力，而继电器则采用具有对方均根值敏感特性的产品。

2）利用安装位置适当的、特别是安装在谐波源附近的无源滤波器来吸收谐波源发生的谐波电流，从而有效地减少在系统中传导的谐波电流。

3）采用有源滤波技术可以有效地抵消非线性负荷产生的谐波电流，近年来结合有源和无源滤波器两者优点的混合滤波器正得到越来越广泛的关注。

在实际使用中，上述技术中哪一种最为有效通常取决于负荷的特性、涉及的电压和电流波形，特别是系统参数，如 PCC 点的短路水平等。这里着重讨论无源滤波器的设计和应用。

利用设置在作为谐波源的非线性负荷附近的无源滤波器（Passive Filter，PF）即由滤波电容器、电抗器和电阻器适当组合而成的并联滤波装置来控制谐波电流是最为常用的谐波抑制方法之一。通常将产生谐波的负荷看做是谐波电流源。无源滤波器的作用是为谐波电流 i_{LH} 提供一个低阻抗的通路或谐振回路，通过分流非线性负荷所产生的谐波电流来减少流入电网的谐波电流 i_{SH}。

必须指出的是，接入点系统的阻抗对滤波器的效果起着至关重要的作用。由图 4-8b 所示谐波等效电路可以得到

$$i_{SH} = \frac{Z_{FH}}{Z_{FH} + Z_{SH}} Z_{LH} \tag{4-11}$$

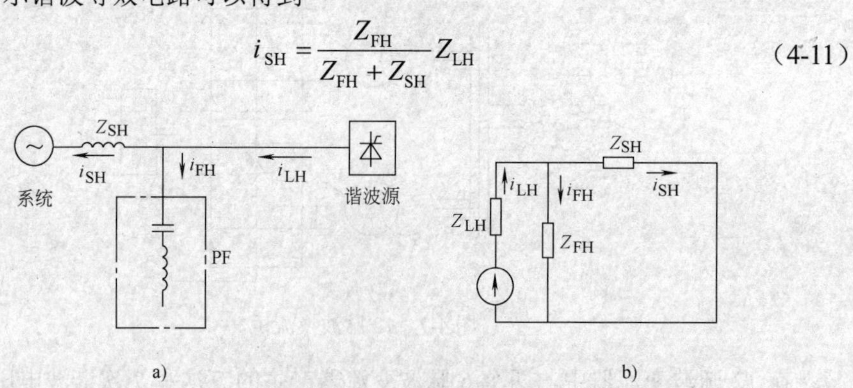

图 4-8　并联滤波器对谐波源的分流作用

a）系统单线图　b）谐波等效电路

即为了使注入系统的谐波电流尽可能小，应使滤波器的阻抗 Z_{FH} 尽可能小，但由于实际电路中滤波器阻抗不可能为零，所以系统相对于谐波的短路阻抗 Z_{SH} 对滤波效果也起了重要的作用。系统短路阻抗越高，即短路容量（和短路电流）越小，滤波器的分流作用越大，而注入系统的谐波电流也就越小。对于正确设计的滤波器而言，其分流系数，即流入滤波器的相应谐波电流占该次谐波电流的比例 $(\rho_f = i_{FH}/i_H)$ 为 0.995，也即滤波器的阻抗角接近−81°。而对于一个短路容量非常大的系统，由于其短路阻抗接近零，则滤波器分流系数将接近 0，则滤波器基本没有效果，全部谐波电流均将流入系统。所以根据实际系统的参数，对滤波器安装的滤波效益（即补偿前后电压必需畸变率之比）进行分析是设计中的重要一环。

根据结构不同，无源滤波器可分为带通滤波器（包括单调谐滤波器、双调谐滤波器、三调谐滤波器）、高通滤波器、C 型阻尼滤波器和桥式滤波器等[1]。它们的电路结构如图 4-9 所示。

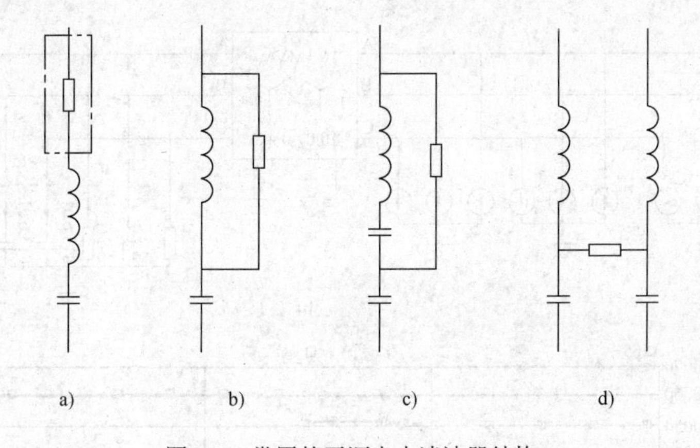

图 4-9　常用的无源电力滤波器结构

a）单调谐带通滤波器　b）高通滤波器　c）C 型阻尼滤波器　d）桥式滤波器

在理想情况下，如果滤波器的谐振角频率 ω_r 正好等于某一次谐波角频率，则对于该次谐波而言，滤波器的阻抗为其最小值 R。由于滤波支路对于该次谐波电流阻抗很小，所以经其分流，可以有效地减小注入交流系统的谐波电流，从而达到对该次谐波的抑制作用。无源滤波器具有结构简单、容易设计的优点，但其滤波效果依赖于系统阻抗特性，并容易受温度漂移、网络上谐波污染程度、滤波电容老化及非线性负荷变化的影响。此外，由于无源调谐滤波器仅可对特定谐波进行有效的衰减，而出于经济和占地面积方面的考虑，滤波器个数均是有限制的，所以谐波的抑制效果受到限制。

特别是此类滤波器可能会在频率低于谐振频率的某个频率与系统发生并联谐振，进而引起对该次谐波产生放大作用，甚至引起元件的损坏。为了说明这一点，以图 4-10 所示系统单线图为例，其中 10kV 母线短路容量为 10MVA，通过额定电压 10/0.4kV、额定容量为 100kVA、短路阻抗为 5%的变压器与负荷相连，电阻负荷

R_L容量为 50kW。电力电子装置产生的 5 次和 7 次谐波电流均为 5A，为了抑制 7 次谐波在 400V 母线处接入电容，与变压器构成 7 次滤波器。

这里利用 EMTDC/PSCAD 对其进行仿真，仿真电路如图 4-10b 所示。电容器组在 t=0.3s 时投入，仿真结果如图 4-10c、d 所示。其中，p、s 分别表示注入变压器和系统的电流分量。可以看到在电容器组投入前后，注入系统的 7 次谐波电流 s7 显著减少，但 5 次谐波 s5 则明显增加，说明发生了谐波放大作用。

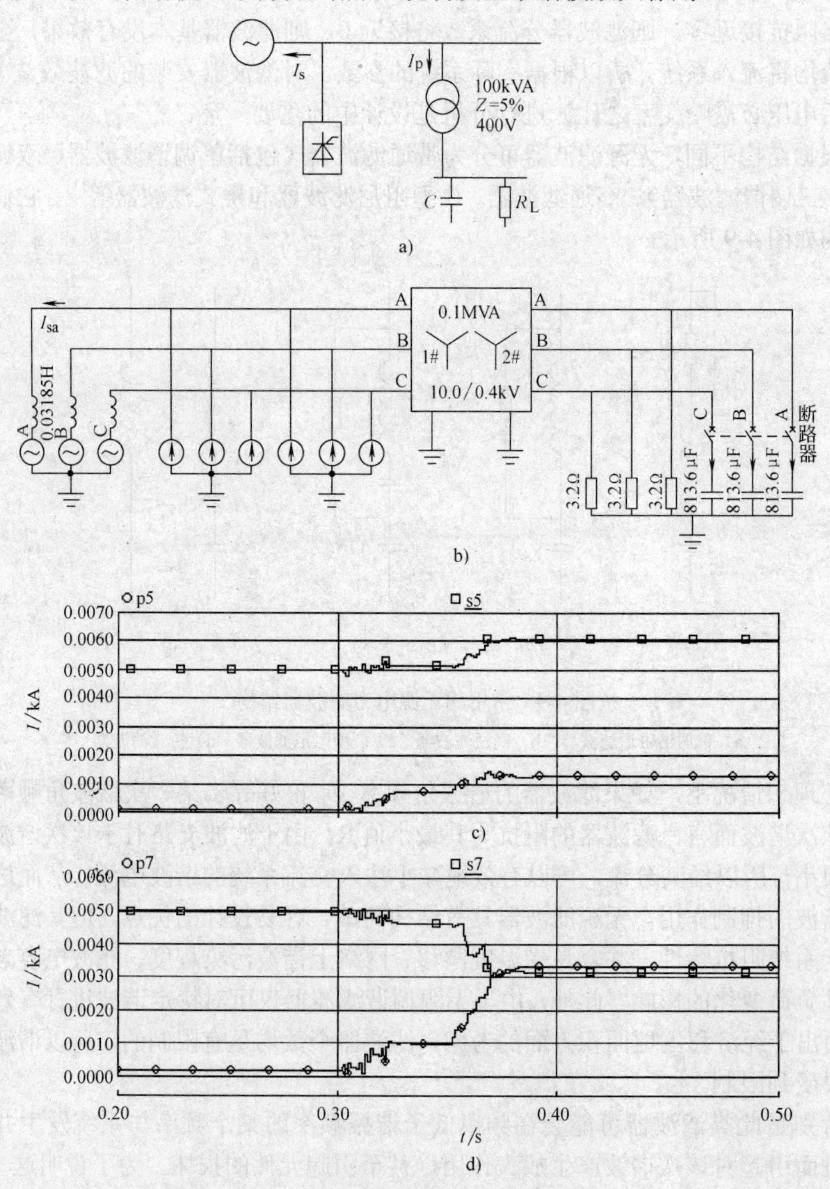

图 4-10　模型系统原理图与 PSCAD 仿真结果

a）系统单线图　b）PSCAD 仿真原理电路　c）5 次谐波仿真电流波形　d）7 次谐波仿真电流波形

为了便于讨论，可以使用如图 4-10 所示的等效电路，此时得到的流过滤波支路的电流如下：

$$i_{\mathrm{f}}=\frac{Z_{\mathrm{L}}}{Z_{\mathrm{L}}+Z_{\mathrm{f}}}i_{\mathrm{s}} \tag{4-12}$$

流入滤波支路的 n 次谐波电流可以表示为

$$i_{\mathrm{f}n}=\frac{nX_{\mathrm{L}}}{nX_{\mathrm{L}}+nX_{\mathrm{Lf}}-\dfrac{X_{\mathrm{Cf}}}{n}}i_{\mathrm{s}n} \tag{4-13}$$

定义滤波支路分流系数：

$$k_{\mathrm{f}n}=\frac{i_{\mathrm{f}n}}{i_{\mathrm{s}n}}=\frac{nX_{\mathrm{L}}}{nX_{\mathrm{L}}+nX_{\mathrm{Lf}}-\dfrac{X_{\mathrm{Cf}}}{n}}=\frac{1}{1+\dfrac{nX_{\mathrm{Lf}}-\dfrac{X_{\mathrm{Cf}}}{n}}{nX_{\mathrm{L}}}}=\frac{1}{1+\beta_n}$$

和负荷侧分流系数：

$$k_{\mathrm{L}n}=\frac{i_{\mathrm{L}n}}{i_{\mathrm{s}n}}=\frac{nX_{\mathrm{Lf}}-\dfrac{X_{\mathrm{Cf}}}{n}}{nX_{\mathrm{L}}+nX_{\mathrm{Lf}}-\dfrac{X_{\mathrm{Cf}}}{n}}=\frac{\dfrac{nX_{\mathrm{Lf}}-\dfrac{X_{\mathrm{Cf}}}{n}}{nX_{\mathrm{L}}}}{1+\dfrac{nX_{\mathrm{Lf}}-\dfrac{X_{\mathrm{Cf}}}{n}}{nX_{\mathrm{L}}}}=\frac{\beta_n}{1+\beta_n} \tag{4-14}$$

式中

$$\beta_n=\frac{nX_{\mathrm{Lf}}-\dfrac{X_{\mathrm{Cf}}}{n}}{nX_{\mathrm{L}}}$$

当 $k_{\mathrm{f}n}>0$，即 $\beta_n>-1$ 时，说明滤波支路的电流方向与等效电路相同，滤波支路呈现感性；反之，$k_{\mathrm{f}n}<0$，即 $\beta_n<-1$ 时，说明滤波支路呈现容性，即存在谐波放大的可能。$\beta_n=-1$ 时，负荷 X_{L} 与滤波支路 X_{Lf} 和 X_{Cf} 发生并联谐振，如图 4-11c 所示。下面分别加以说明。

$\beta_n>-1$ 时，包括如下工况：

$\beta_n>0$，即 $nX_{\mathrm{Lf}}>X_{\mathrm{Cf}}/n, 0<k_{\mathrm{f}n}=1/(1+\beta_n)<1, 0<k_{\mathrm{L}n}=\beta_n/(1+\beta_n)<1$。

显然，两个支路的电流均小于谐波源电流。滤波支路呈现感性；不会出现谐波放大，随着滤波支路电抗器 X_{Lf} 的增大，电容过电流的条件进一步减少。

$$\beta_n=0,\ \text{即}\ nX_{\mathrm{Lf}}=X_{\mathrm{Cf}}/n, k_{\mathrm{f}n}=1, k_{\mathrm{L}n}=0$$

滤波支路串联谐振，即阻抗为零，流经负荷支路的电流 $i_{\mathrm{L}n}$ 为零，谐波源产生的 n 次谐波电流全部流入滤波器。以上两种情况各支路电流如图 4-11a 所示，此时两个支路电流之和等于谐波源电流，均不会出现谐波放大。

$-1<\beta_n<0, nX_{\mathrm{Lf}}<X_{\mathrm{Cf}}/n<n(X_{\mathrm{Lf}}+X_{\mathrm{L}})$，此时滤波器支路将呈现容性，但整个电路呈现感性 $1<k_{\mathrm{f}n}, -\infty<k_{\mathrm{Lf}}<0$，此时滤波支路电流方向保持不变，但出现谐波放大，

如图 4-11b 所示。当 $\beta_n=-0.5$，$k_{Ln}=-1$，即负荷中的电流的幅值与谐波源电流幅值相等，但此时负荷电流方向相反。

$\beta_n=-1, X_{Cf}/n=n(X_{Lf}+X_L)$，此时 $k_{fn}\to\infty$，$k_{Ln}\to-\infty$，系统出现并联谐振，滤波支路电流方向不变，如图 4-11c 所示。

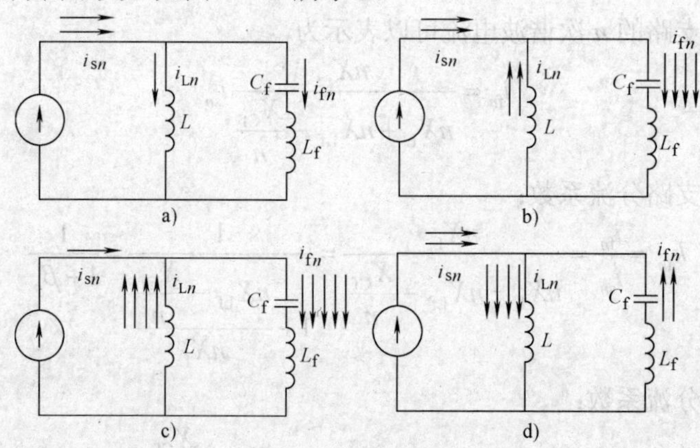

图 4-11　电路参数与电流之间的关系

a）$\beta_n\geqslant0$　b）$-1<\beta_n<0$　c）$\beta_n=-1$　d）$\beta_n<-1$

$\beta_n<-1$，$X_{Cf}\,n>n(X_{Lf}+X_L)$，此时 $k_{fn}<0$，$k_{Ln}>0$，即随着滤波支路电容增大，滤波支路电流反向，负荷支路电流为谐波源电流与滤波支路电流之和，并且两者的电流幅值逐渐减小，如图 4-11d 所示。其中当 $\beta_n=-2, X_{Cf}/n=n(X_{Lf}+2X_L)$ 时，$k_{fn}=-1, k_{Ln}=2$，滤波支路电流反向，但幅值与谐波源电流相等，流入负荷的电流为谐波源电流和滤波支路电流之和。两个支路的分流比 k_{fn}、k_{Ln} 与 β_n 的关系如图 4-12 所示。当 $-2<\beta_n<0$ 时，滤波支路电流 i_{fn} 被放大；而负荷电流仅在 $-0.5<\beta_n$ 时才不被放大。因此两个支路谐波电流均不被放大的条件是 $\beta_n>0$，即 $nX_{Lf}>X_{Cf}/n$，滤波支路呈现感性。

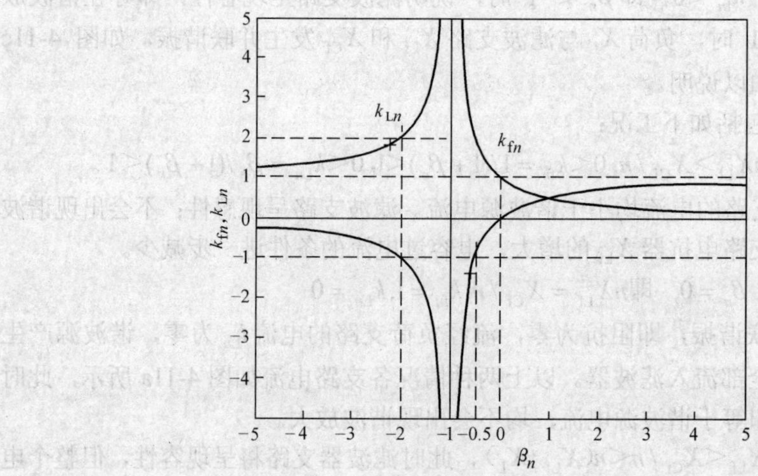

图 4-12　电路参数与谐波放大的关系

为了确定系统的谐振频率，通常可以根据电容器组容量和其接入点的短路容量来确定。下式在工程中常常用来对谐振点的谐波次数 n 进行近似计算：

$$n=\sqrt{\frac{\mathrm{MVA}}{\mathrm{MVAc}}} \tag{4-15}$$

式中，MVA 为系统的短路容量（Mvar）；MVAc 为没有采用滤波器结构的电容器组的容量（Mvar）。

采用并联电容器组来向电网提供无功功率是一个广泛被接受和应用的实践。但电容器组可能与线路和变压器电抗等相互作用而发生串联谐振，这是一个必须加以考虑的问题。为了限制合闸涌流和抑制谐波，实践中往往采用 6%～12%的串联电抗器进行限流，此时电容器的作用实际上相当于一个调谐频率为 5 次或 3 次的单调谐滤波器。当电抗容量为 6%时，串联电抗器的补偿电容支路对于 5 次以上谐波呈现感性，不会与系统发生并联谐振。但当系统中 3 次谐波明显时，为了防止发生 3 次谐波放大，电抗器的容量可取到 13%～15%。表 4-10 给出了电容器串联电抗器的容量与谐波特性，串联电抗的增大有利于抑制流经电容器的谐波电流，但使得电容器吸收负荷发生的谐波的效果劣化。

表 4-10　串联电抗器容量和相应的谐波特性

串联电抗器阻抗（%）	6	8	13
基频阻抗/Ω	X_L：0.06，X_C：−1.0	X_L：0.09，X_C：−1.09	X_L：0.15，X_C：−1.15
5 次谐波阻抗/Ω	$-\frac{1.0}{5}+0.06\times5=0.1$	$-\frac{1.09}{5}+0.09\times5=0.23$	$-\frac{1.15}{5}+0.15\times5=0.52$
5 次谐波电压失真 3.5%时 5 次电流百分数（%）	$\frac{3.5}{0.1}=35$	$\frac{3.5}{0.23}=15$	$\frac{3.5}{0.52}=6.7$
5 次谐波电流失真 35%时 5 次电压百分数（%）	0.1×35=3.5	0.23×35=8.1	0.52×35=18

如果得到的谐振频率接近系统的某次谐波频率就可能出现所谓的谐波放大等问题。以图 4-13 所示某厂的供电系统为例[6]，一次变电所 2 号主变压器与 220kV 系统相连，66kV 母线上有向钢厂供电的钢厂线及电容器（总容量为 10Mvar），其中接有以减少电容器组在合闸瞬间的涌流及抑制流经电容器组的谐波的串联电抗器。钢厂有 2 台 30t 直流电弧炉，为谐波源。在投运该并联电容器时，多次发生高压熔断器熔断，零序保护动作跳闸，使得并联电容器长期不能正常运行。电容器容抗 $X_C=589.25\Omega$, $X_L=23.57\Omega$。利用上述讨论的计算方法可以得到，滤波器串联谐振谐波次数为 $n=\sqrt{X_C/X_L}=5$，即对 5 次谐波电流具有放大作用。系统短路容量 S_{sc} 为 210MVA，$X_s/X_C\approx Q_C/S_{sc}=10/210=4.8\%$，$X_L/X_C=4\%$，对应的变压器与电容器组并联谐振谐波次数可以由下式计算：

$$\frac{1}{n}=\sqrt{\frac{X_{\mathrm{L}}+X_{\mathrm{s}}}{X_{\mathrm{C}}}}=\sqrt{\frac{4.8+4}{100}}=0.297$$

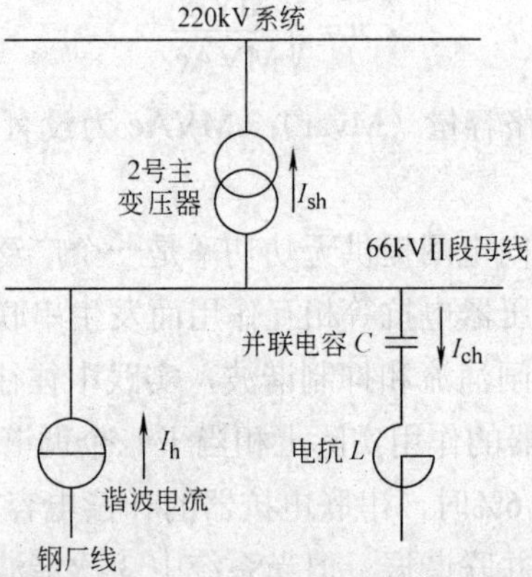

图 4-13　某工厂供电系统单线图

即为 3.37 次谐波。为防止 3 次以上谐波放大，则应使 $nX_{\mathrm{L}}>X_{\mathrm{C}}/n$，即 $X_{\mathrm{L}}/X_{\mathrm{C}}\geqslant 1/n^2=1/9$，通常取 12%以上。上述实例表明，必须对实际系统的并联电容器谐波电流放大问题加以认真的研究，并对电容器容量和串联电抗进行调整。实际上，在系统的负荷容量中，变流器或谐波发生设备占 20%以上而需接入功率因数校正电容器组时，或设计中遇到电容器组和谐波发生设备并存的场合，必须进行谐波分析，并采取相应的如装设滤波器等抑制措施。

带通滤波器通常由电容器和电抗器串联和并联组成，调谐在某个目标频率，在调谐的谐波频率处，电容器和电抗器具有相等的电抗值，从而呈现低阻抗特性。它具有通频带窄、滤波效果好、损耗小、调谐较容易等一系列优点，是使用最广泛的一类滤波器。

高通滤波器是一个对于目标频率及其以上频率起作用的滤波器。它适用于对 7、11 和更高次的谐波进行滤波，特别是可以有效地阻尼高频缺口形的振荡。适当地选择并联电阻，同样可用来抑制较低频率的并联谐振。由于并联电阻会产生明显的基频有功损耗，所以通常不用于 5 次以下的滤波器。

C 型滤波器与高通滤波器的性能非常接近，其优点是通过电容器的引入，在设计参数下，它基本没有基频损耗。因此它通常用于抑制 5 次以下谐波的振荡阻尼，比如电弧炉或采用周波变流器的轧机调速系统的场合，以抑制低次和次谐波振荡。

桥式滤波器实际上是由两个导通滤波器通过在中点以电阻连接构成的。其主要优点是对于两个频率均有很好的滤波特性，同时还可以有效地阻尼并联谐振。特别是耦合电阻较之高通和 C 型滤波器的损耗更小。

4.2.2　滤波器的设计方法[7-9]

滤波器的设计需要滤波器所在的电力系统和环境的信息。这些信息包括正常运行条件下，供电系统的结构及其可能发生的变化，如变压器的更换和馈线等引起的参数变化；可能引起滤波器参数变化的负荷变化，如产生谐波的负荷（交流电机、电容器组、滤波装置等）的变化；系统的谐波电压，其中不仅包括所有的特征谐波，还应包括非特征谐波，以及背景谐波和未来的产生谐波的负荷；系统不平衡带来的谐波增强作用，特别是三次谐波的产生和在系统中的传导。

所需的信息还包括偶发事件对滤波器工作的影响。比如，滤波器或其他电气设备的投切引起的过电压，特别是多组滤波器同时投切时，暂态过电压往往会造成低次谐波滤波器的过负荷。又如，系统结构的变化，如滤波器的投入或停用，会引起谐振频率及其峰值发生显著变化。对于在同一地点设置多组滤波器时，由于设计中通常按照整体运行来确定容量，因此单个滤波器的故障可能导致需要其他滤波器也退出，以防止过负荷；而如果这些滤波器调谐在同一频率时，还需注意两者之间的均流问题。此外，如果采用多组分级投切的滤波器结构，则必须按照正确的顺序进行投切，以防止并联谐振的发生。所有这些均必须在设计阶段加以详细的分析和研究。

在对系统进行谐波分析时，短路和潮流计算的数据仍是必要的，但是进行频域分析时，需要考虑到参数对频率的依赖性，所以模型需要增加相应的信息。IEEE 399–1997 中给出了相应的推荐模型，见表 4-11。

表 4-11　谐波分析用电力系统元件模型[10]

元件名称	等效电路模型	模型参数
同步和异步电动机	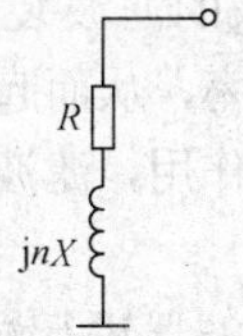 R $\mathrm{j}nX$	$R=R_{\mathrm{dc}}(1+An^B)$ $X=X''$或$X_2=\dfrac{X''_{\mathrm{d}}+X''_{\mathrm{q}}}{2}$ 注：A、B 均为系数，A 的典型值为 0.1，B 的典型值为 1.5
变压器	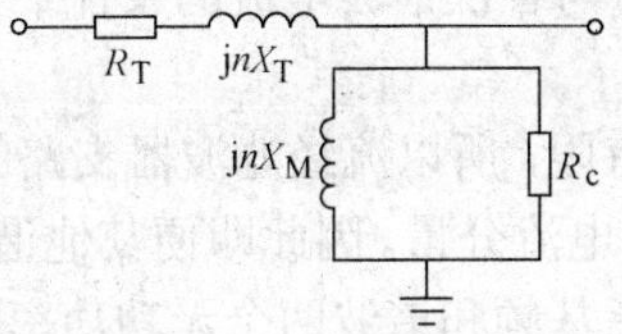 R_{T}　$\mathrm{j}nX_{\mathrm{T}}$ $\mathrm{j}nX_{\mathrm{M}}$　R_{c}	$R_{\mathrm{T}}=R_{\mathrm{dc}}(1+An^B)$
负荷（静态和动态）	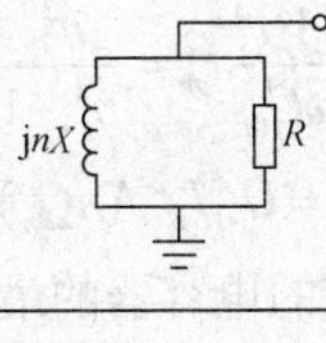 $\mathrm{j}nX$　R	$R=\dfrac{U^2}{P}$ $X=\dfrac{U^2}{Q}$

（续）

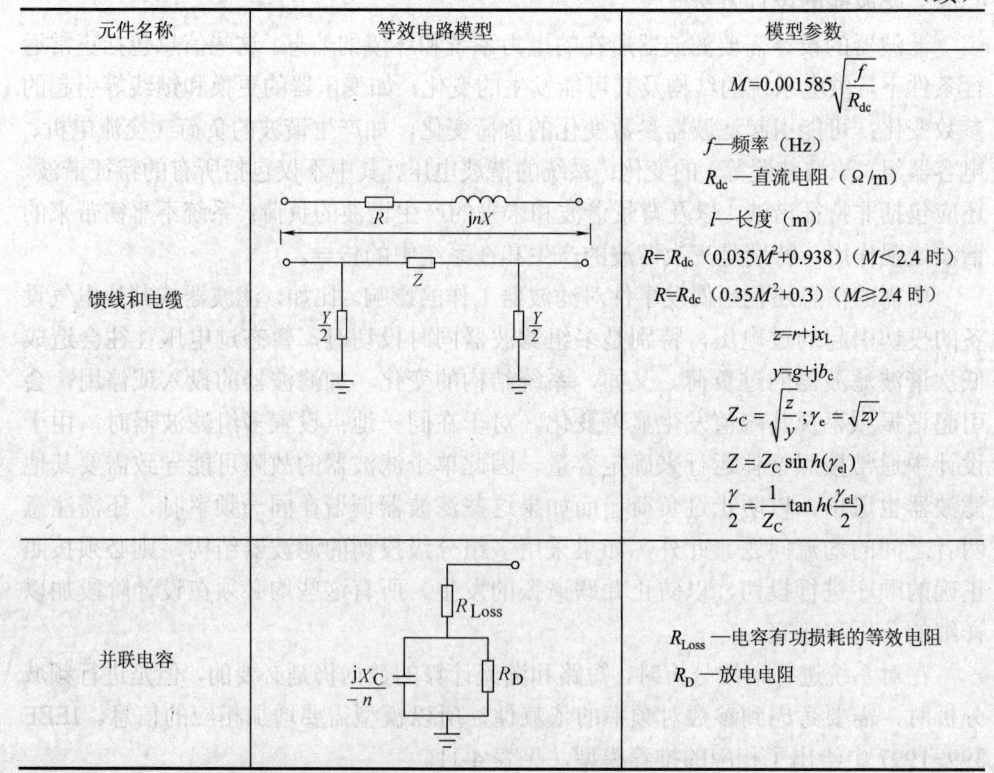

元件名称	等效电路模型	模型参数
馈线和电缆	R　$\mathrm{j}nX$ Z $\frac{Y}{2}$　$\frac{Y}{2}$	$M=0.001585\sqrt{\frac{f}{R_{\mathrm{dc}}}}$ f—频率（Hz） R_{dc}—直流电阻（Ω/m） l—长度（m） $R=R_{\mathrm{dc}}(0.035M^2+0.938)$（$M<2.4$ 时） $R=R_{\mathrm{dc}}(0.35M^2+0.3)$（$M\geqslant 2.4$ 时） $z=r+\mathrm{j}x_{\mathrm{L}}$ $y=g+\mathrm{j}b_{\mathrm{c}}$ $Z_{\mathrm{C}}=\sqrt{\frac{z}{y}};\gamma_{\mathrm{e}}=\sqrt{zy}$ $Z=Z_{\mathrm{C}}\sin h(\gamma_{\mathrm{el}})$ $\frac{\gamma}{2}=\frac{1}{Z_{\mathrm{C}}}\tan h(\frac{\gamma_{\mathrm{el}}}{2})$
并联电容	R_{Loss} $\frac{\mathrm{j}X_{\mathrm{C}}}{-n}$　R_{D}	R_{Loss}—电容有功损耗的等效电阻 R_{D}—放电电阻

下面以单调谐滤波器为例说明设计的步骤。

第 1 步：决定滤波器无功容量

作为由无源储能元件电感和电容构成的滤波装置，滤波器除了分流谐波电流外，还可给系统提供一个基频容性无功功率，从而起到改善系统功率因数和维持系统电压的作用。由于滤波器上电抗的抵消作用，滤波器的有效无功往往小于滤波器电容的标称值。

如果采用若干组调谐于不同频率的滤波器进行滤波时，设计中一个值得注意的问题是，在已知总的基波无功容量与各次谐波电流的条件下，如何分配滤波器的无功容量。

实际的滤波器由于谐波阻抗有限，所以流经滤波器支路的除基频和调谐频率两个电流分量外，还有其他各次谐波电流分量。因此即便其他谐波电流影响可以忽略，滤波器电容的安装容量至少需包括基频和谐波两个无功功率的和，即

$$S_n=\omega C_{\mathrm{f}n}\left(\frac{n^2}{n^2-1}U_{\mathrm{s1}}\right)^2+\frac{1}{n\omega C_{\mathrm{f}n}}I_n^2=\frac{n^2}{n^2-1}\left(Q_n+\frac{U_{\mathrm{s1}}^2I_n^2}{nQ_n}\right) \tag{4-16}$$

注意到 U_{s1}、I_n 已知，上式在 $Q_n=U_{\mathrm{s1}}^2{I_n}^2/(nQ_n)$，即输出的无功功率为 $Q_{n,\min}=U_{\mathrm{s1}}I_n/\sqrt{n}$ 时，取得最小值。对应的电容器的最小安装容量，也即不考虑基

波无功功率补偿时，滤波器的电容器安装容量为

$$S_{n,\min}=\frac{2n^2}{n^2-1}\frac{U_{s1}I_n}{\sqrt{n}}=\frac{2n^2}{n^2-1}Q_{n,\min} \tag{4-17}$$

上式表明，对于较高次谐波而言，滤波器电容的安装容量大约为输出无功功率的 2 倍，换句话说，安装容量没有被充分利用来进行基频无功补偿。所以当滤波器兼作无功补偿器时，可以按如下原则进行无功分配：

1）根据已知的接入点电压 U_{s1} 和谐波电流 I_n 计算对应于每个滤波器电容器最小安装容量时输出的无功功率，如果其和满足（即不小于）给定的无功功率要求时，并且超出部分也在允许范围之内，则可以将各滤波器的最小安装容量作为其安装容量。需要指出的是，由于实际工业系统往往谐波十分丰富，不可能为每一次谐波设置一个滤波器，比如对于包括旁频的系统，如采用周波变流器的轧机在容量设计时要考虑到对旁频的吸收，比如 5 次滤波器要考虑到 5～7 次之间的旁频吸收所需的容量；又如对于所设置的最高次的滤波器，则需要考虑高于其调谐频率的谐波容量的吸收。

2）工业应用中，为了防止谐波放大和限制电容器组的合闸涌流，很少采用纯电容器进行无功补偿，往往均在电容器上串联限流电抗，从而构成实际上的滤波器。所以设计中，通常将所需的全部补偿容量分配到滤波器中。由于工业系统补偿所需的无功功率通常远大于滤波器的最小安装容量，所以也可以简化设计，首先按谐波电流的比值，大体分配滤波器的无功容量，然后再进行最小安装容量、滤波特性和安全核算。

第 2 步：选择滤波器的调谐频率

无源滤波器的作用是降低谐波失真，但实际的滤波器通常并不调谐在精确的谐波频率上，因为这可能会带来两个不希望的后果：

1）谐振时的低阻抗会导致几乎所有相应频率的谐波电流都流经滤波器，这样会加大对滤波器容量的要求。

2）如前所述，滤波器与系统阻抗之间的相互作用会导致系统在一个低于调谐频率的频率上产生并联谐振，这会导致需要对滤波器参数进行重新调谐。

此外：

1）滤波器部分电容单元失效导致总体电容值的减少，从而导致滤波器的谐振频率增高。另一方面，由于滤波器电容模块中的短路元件没有从电路中移除，会导致电容值增加，从而降低了谐振频率。

2）滤波器电抗和电容在制造过程中的误差：通常商品电容器的误差范围为±20%，而电抗器的偏差为±5%。在滤波器使用中，为了防止由于元件误差造成的不平衡而导致过电压，所以必须有更为严格的要求。工业系统中，通常要求电容器的正偏差不大于+5%，而电抗器在±2%以内。此外应用中，还要考虑到温度变化引起的电容值改变。

实践中，元件参数偏差引起的调谐频率的偏差的百分数可以用下式描述：

$$\delta=\frac{\Delta f}{f_n}+\frac{1}{2}\left(\frac{\Delta L}{L_n}+\frac{\Delta C}{C_n}\right) \tag{4-18}$$

由此电容和电感发生 2%的误差通常会引起 1%左右的调谐频率偏差。

3）电力系统结构的变化所导致的系统短路容量与负载阻抗变化。因此在实际设计时，通常将滤波器的谐振频率选为比谐波频率低 3%～15%，使其在谐波频率点呈现感性。由于过于尖锐的调谐特性会使元件承受过大的应力，并且易于使滤波器在其他谐波源的作用下过负荷。这种设计方法不仅能充分地去除谐波，还能为滤波器的失谐提供一定的裕量。有些场合，如果滤波器的主要用于功率因数补偿，谐波抑制仅是第二位的，则谐振频率会选择在较标称谐波频率低 12%以上，这种设计得到的滤波器不会发生谐波过负荷，但可能会降低谐波抑制作用。通常滤波器的设计均从最低次的单调谐滤波器开始。

对于 n 次谐波单调谐滤波器而言，其等效阻抗可以表示为

$$Z_{\mathrm{f}}=R+\mathrm{j}(X_{\mathrm{L}}-X_{\mathrm{C}}) \tag{4-19}$$

在调谐频率处，$X_{\mathrm{L}}=X_{\mathrm{C}}$。

其基频的容抗 X_{C} 为

$$X_{\mathrm{C1}}=\frac{n^2}{(n^2-1)}X_{\mathrm{eff}} \tag{4-20}$$

式中，X_{eff} 为滤波器的基频等效电抗，$X_{\mathrm{eff}}=kU_{\mathrm{LS}}^2/Q_{\mathrm{ref}}$。

此时对应的基频感抗为

$$X_{\mathrm{L1}}=\frac{X_{\mathrm{C}}}{n^2} \tag{4-21}$$

式中，Q_{ref} 为滤波器的等效无功功率（Mvar）；U_{LS} 为系统的标称线电压（kV）。

如果同上面建议的那样，将滤波器调谐在比谐波频率稍低的频率上，那么上述 n 就不是整数了。例如在一个 50Hz 的系统中，对于 7 次谐波，将滤波器的调谐在 332Hz，n 就应该等于 6.64。

滤波器调谐的另外一个目的是在谐波失真不是很严重时，用于避免由于谐波电流造成的电容过负荷和电力系统谐振的发生。这种情况下，滤波器是不接地的（避免同系统发生 3 次谐振），并被调谐在 5 次谐波以下（4.3 次或者 4.7 次）从而避免在特征谐波（例如 5 次和 7 次）上发生谐振。

第 3 步：优化滤波器配置，以满足谐波守则

滤波器的设置应能将系统的电压和电流的失真水平限制在一定范围内，因此需对谐波负荷在整个频域中对各种可能出现的运行情况进行充分的评估。IEEE 519-1992 和 IEEE 399-1997 对进行这些必需的研究提供了指导。谐波研究被用来确定滤波器的数量、滤波器的调谐频率和滤波器安装位置。通过谐波分析可以得到滤波器各元件的参数选择、不同工况下施加于滤波器各元件的电压和流经各元

件的电流的频谱及应力。在分析时需考虑的因素概述如下：

1）分级投切时滤波器的组数及不同组合时的性能；

2）采用多个滤波器时，其中一个滤波器故障所产生的影响；

3）系统电压和负荷的变化范围；

4）电力系统正常时和故障时的结构；

5）系统频率变化、元件制造误差、恶劣气温下的容量变化和滤波器电容器单元的停用所引起的滤波器的失谐；

6）特征和非特征谐波。

如果设置了滤波器后失真情况仍然很严重，则有可能是由于滤波器的加入导致了滤波器同系统在一个较低的频率上发生了并联谐振。此时，如果将该滤波器重新调谐在一个较低的频率上，往往就可以解决此类问题。如果问题仍不能解决，则可能需采用多调谐滤波器。

第 4 步：确定元件额定值

一旦滤波器被优化后，元件的额定值也就确定下来了。通常，首先确定的是滤波器的电容值，其次是电抗、电阻和开关额定值。

1）电容的额定值：电容器的额定值通常是由其工作电压和发出的无功功率确定的。如果所设计的滤波器仅用于滤除谐波，而不需附带考虑无功补偿，则设计得到的这种滤波器称为最小滤波器。

电容电压的额定值是由稳态（包括谐波）、瞬态（持续时间小于半个周期）和暂态（持续时间达到几秒钟）三种过电压中较大的一个来确定的。滤波器电容的瞬态过电压往往是与滤波器的投切及馈线断路器的操作有关。对于独立的单调谐滤波器而言，其影响往往并不严重，但如果多个不同调谐频率的滤波器接于同一母线上时，有可能会出现问题。而暂态过电压可以通过不同时将变压器和电容器接入就可以避免。以单调谐滤波器为例，滤波器电容的额定电压是基于稳态运行条件确定的，即

$$U_{\mathrm{C}}=\sum_{n=1}^{\infty} i_{\mathrm{C}}(n)\frac{X_{\mathrm{C}}}{n}$$

电容的选择应当保证施加在电容上的最高峰值电压（基波加上谐波）不大于额定电压的峰值。滤波器电容上承受的电压应当根据最坏的情况进行计算。n 次滤波器额定相电压的方均根值可以由电容两端的基波电压 U_{C1} 加上 n 次谐波电压来确定，即

$$U_{\mathrm{C}}=U_{\mathrm{C1}}+U_{\mathrm{C}n}=U_{\mathrm{C1}}+\sum i_{\mathrm{C}}(n)\frac{X_{\mathrm{C}}}{n} \tag{4-22}$$

式中，$U_{\mathrm{C}n}$ 为 n 次谐波电流在滤波器电容上产生的电压；$i_{\mathrm{C}}(n)$ 为流经滤波器电容的 n 次谐波电流；

U_{C1} 为滤波器电容上的最大基波电压的方均根值，$U_{\mathrm{C1}}=U_{\mathrm{s}}n^2/(n^2-1)$（其中，

U_s 是滤波器两端的最大系统电压）；X_C 为滤波器电容的基频容抗。

图 4-14 给出了随着瞬变发生频率不同，电容峰值电压标幺值（以额定电压的峰值为基值）的限值，所以电容选择必须满足该要求。

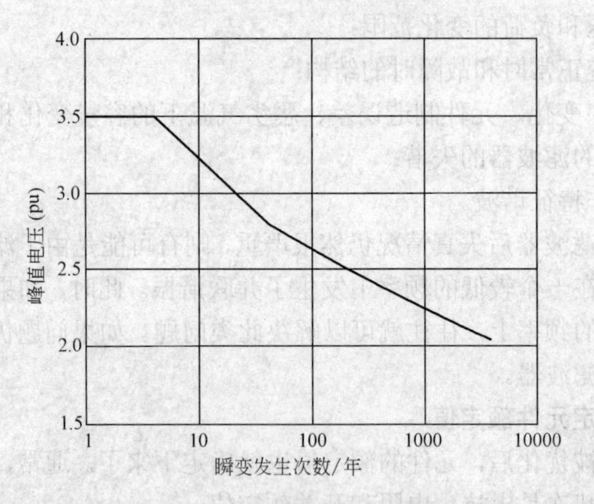

图 4-14 电容的瞬变过电压能力

流入滤波器电容的包括基频电流和谐波电流在内的总电流可以由下式得到

$$I_{\rm rms}=\sqrt{\sum_{n=1}^{\infty}i_{\rm C}(n)^2} \tag{4-23}$$

流经滤波器电容器组的总方均根电流必须小于前述基于无功容量和额定电压计算得到的电容器的额定电流的 135%。此外，该电流还必须小于电容器组熔断器的电流容量。事实上，对于低次谐波滤波器而言，通常在该电流达到限值之前早已达到其他限值，所以很少成为一个限制性因素。

滤波器设计的最后一项标准是校核滤波器电容的介质发热量是否在允许的范围内，并且通常由下式进行校核：

$$\left|\sum_{n}(U_{\rm fC}(n)i_{\rm fC}(n))\right|\leqslant\left|1.35Q_{\rm rated}\right| \tag{4-24}$$

式中，$U_{\rm fC}(n)$ 是 n 次谐波电流在滤波器电容两端的压降（kV）；$Q_{\rm rated}$ 是铭牌上的电容器组额定容量（kvar）。

必须注意滤波器电容器组的额定无功容量不等于滤波器的有效无功功率，而需包括抵消串联电抗器作用所需无功容量和留有足够的裕量。综上所述，实际设计时，通常需要电容在所有条件下均满足以下限值：

① 小于 110%额定电压；

② 在瞬变条件下，峰值电压（包括谐波电压在内）小于 120%的额定方均根电压的 $\sqrt{2}$ 倍，即 $U_{\rm peak}\leqslant 1.2\sqrt{2}U_{\rm rms}$；

③ 小于根据额定电压和额定无功功率条件下标称方均根电流的135%；

④ 小于 135%的额定无功功率。

上述 IEEE 标准中给出的限值是较为保守的结果，许多文献的推荐值均大于上述限值。比如 R.C.Dugan 在参考文献[17]和 J.C. Das 在参考文献[1]中均提出，实际上可以将电容的峰值电压限值提高到 120%额定值以内，相应地方均根电压的限值为额定值的 110%；包括谐波电流在内的方均根电流的限值为额定值的 180%，其中单次谐波不超过 150%；无功容量的限值则与上列相同，为 135%。上述参数可以供读者应用时参考。

实际中，滤波器电容器容量的选择可以根据测量数据或计算得到。而在某些特殊场合，比如为了将变流器的功率因数提高到 0.9～0.95，所需的无功功率大体为负荷视在功率的 40%左右。而对于采用二极管整流桥作为前端变流器的 PWM 变频调速系统而言，由于此时功率因数接近 1，滤波器电容将导致电压上升，所以不宜采用无源滤波器作为谐波抑制，而应采用有源滤波等其他方式进行补偿。

2）滤波器电抗额定值：在滤波器电容器容量确定后，电抗器的电感应当根据滤波器选择的调谐频率 f_{rated} 确定：

$$f_{\text{rated}} = \frac{1}{2\pi\sqrt{LC}} \tag{4-25}$$

电抗额定值的确定主要取决于最大的工作线电压、滤波器的调谐频率、基本雷电冲击绝缘水平（BIL）、谐振频率的 Q（品质因数）、最大短路电流和该电流的持续时间，以及开关动作时的瞬态和暂态过电压水平。

一个必须注意的问题是，线路和变压器的电抗可能与滤波器产生并联谐振，假定线路的等效电感为 L_s，则滤波器的谐振频率将为

$$f_{\text{actual}} = \frac{1}{2\pi\sqrt{(L+L_s)C}} \tag{4-26}$$

该频率始终低于滤波器的调谐频率。f_{rated} 由于设备接入点系统参数各异，所以滤波器电抗往往采用可以调整的结构，比如具有抽头或其他调节方式。

中压滤波器通常均接成不接地的星形，并且电抗接于母线和滤波器的电容器组之间，这样在电容器组发生短路故障时，可以限制故障电流。但此时电抗器的容量应能耐受电容器对地短路时的故障电流，据此电流额定值的确定取决于系统的最大工作电压、平衡和不平衡短路时的故障电流；而故障的持续时间则取决于跳闸继电器和断路器的动作时间。而对于铁心电抗器而言，由于过大的故障电流可能会引起铁心饱和而将使其丧失限流能力。如果电抗器接于中性点一侧，则不能抑制电容器组相间或相对地短路的电流水平。

3）滤波器电阻额定值：上述讨论均是在忽略电感和电容的有功损耗条件下进行的，实际的电抗器中不可避免存在电阻，而电容器也具有有功损耗，因此实际的单调谐滤波器均如图 4-9a 所示，是由电容、电感和电阻串联构成的，此时滤波器电

抗的品质因数通常定义为

$$Q=\frac{X_0}{R}=\frac{\sqrt{L/C}}{R} \tag{4-27}$$

式中，X_0 为滤波器调谐时电感的电抗和电容器的容抗，$X_0=n_0X_L=X_C/n_0$。

品质因数决定了调谐的锐度，通常滤波器电抗的品质因数大于 50。其带宽（Pass Band，PB）取决于 $|Z_f|=\sqrt{2}R$ 时的频率。现以图 4-15 为例说明品质因数对谐振特性的影响。

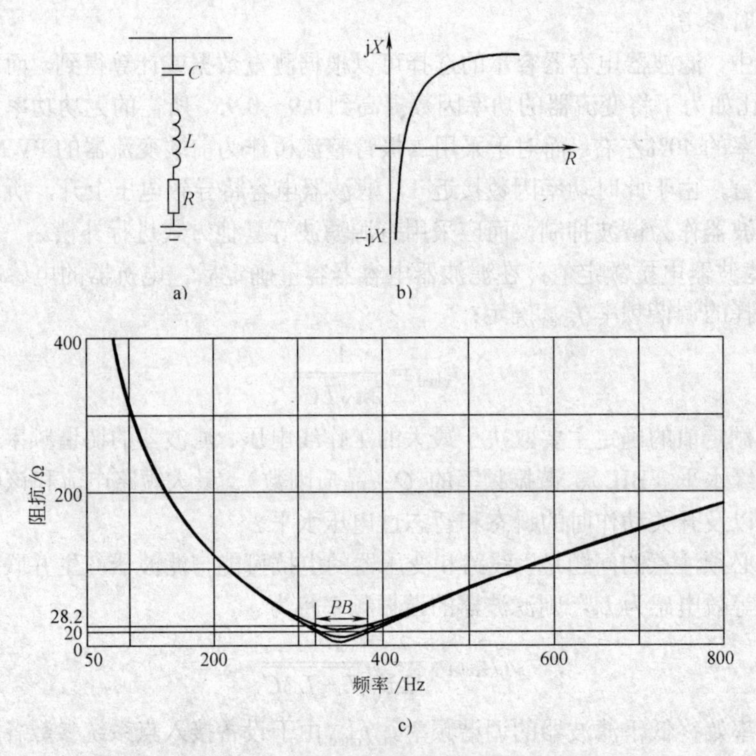

图 4-15　单调谐滤波器

a）结构　b）R–X 特性　c）阻抗频率特性

图 4-15a、b 为一个单调谐滤波器的结构和相应的电阻–电抗特性曲线示意图。图 4-15c 所示滤波器，C=4.56μF，L=45.5mH，滤波器调谐于 7 次谐波，即 350Hz，此时电感与电容的阻抗相抵消，滤波器的阻抗等于纯电阻。串联电阻分别为 1、5、10、20Ω，相应的品质因数 Q 分别为 100、20、10 和 5。可以看到，随着 R 的减小，Q 值增大，谐振的锐度也随之增大，而通带宽度（PB）减小。在绝大多数应用场合，滤波器的自然品质因数（即不含有意添加的电阻）均较高，比如在调谐频率处往往高于 100。在实际应用中，往往需要有意地降低品质因数，比如选择在 30～60 之间。通常在实际中均采用计算机仿真的方法来评估滤波器特性对品质因数的敏感性。

定义特征频率 ω_n 与滤波器调谐频率 ω_0 两者偏差的标幺值为

$$\delta=\frac{\omega_n-\omega_0}{\omega_0} \tag{4-28}$$

由此得到频率 ω_n 处滤波器阻抗 Z_f 为

$$\begin{aligned}Z_f&=R+\mathrm{j}\left[n_0(1+\delta)X_L-\frac{X_C}{n_0(1+\delta)}\right]\\&=R\left\{1+\mathrm{j}Q\left[(1+\delta)-\frac{1}{(1+\delta)}\right]\right\}\\&=R\left(1+\mathrm{j}Q\frac{2\delta+\delta^2}{1+\delta}\right)=R\left(1+\mathrm{j}Q\delta\frac{2+\delta}{1+\delta}\right)\end{aligned} \tag{4-29}$$

式（4-28）对应两条不对称的曲线，如图 4-15c 所示。当在频偏 $\delta<0$ 时，即系统的特征频率低于滤波器的调谐频率时，曲线位于左半平面，阻抗呈容性；反之 $\delta>0$ 时阻抗为感性，曲线位于右半平面。

在频率偏差不大 $(\delta\ll 1)$ 的条件下，上式可以改写为

$$Z_f=R(1+\mathrm{j}2\delta Q) \tag{4-30}$$

电阻 R 趋近零时，上述曲线的渐近线可以由下式给出：

$$|X_f|=\pm 2X_0|\delta| \tag{4-31}$$

即为图 4-16 所示的两条对称的直线。

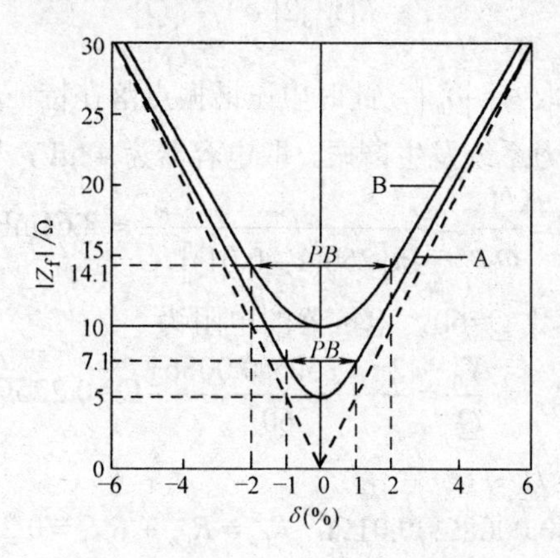

图 4-16　单调滤波器性能、宽带和渐近线与频偏的关系

此时特征频率处的阻抗 Z_n 为

$$Z_{n=}\sqrt{1+4\delta^2Q^2R}=X_0\sqrt{Q^{-2}+4\delta^2} \tag{4-32}$$

谐振电路通频带通常定义为回路中电流由谐振时的最大值下降到其 0.707 倍时的频带宽，即回路阻抗由谐振（δ=0）时的最小阻抗 Z_{fn}=R 增大到其 $\sqrt{2}$ 倍时的频带宽。由上式可以得到 $Z_b=\sqrt{2}Z_{fn}=\sqrt{2}R=\sqrt{1+4\delta_{pb}^2Q^2R}$，即

$$Q = \frac{1}{2\delta_{pb}} \tag{4-33}$$

对于单调谐串联谐振回路而言，Q 越大或 δ 越小，通频带越窄，即选频性能越好。

此外，由于滤波器两端的谐波电压是流经滤波器的谐波电流和特征频率处阻抗的乘积，所以为了减小谐波电压，应当尽可能降低滤波器的调谐阻抗。

单调谐滤波器的投切通常不会给电容和电感带来任何异常的负荷。但对投切过程中可能出现的异常过电压或过电流现象，如系统变压器的饱和引起的谐波，可能会给滤波器带来短时间过电压，因此进行暂态分析和计算机仿真仍是必要的。

4.2.3 偏谐振式滤波器及滤波器组

1．单调谐带通滤波器设计

单调谐滤波器可以按照分流方式，即如前所述，将滤波器调谐频率选择某特征频率处进行设计。但实践中，为了防止滤波器与电力系统发生谐振，往往采取偏谐振式滤波器，并且其调谐频率低于计划抑制的特征谐波频率。其中，一种常用的方法是采用所谓的感性偏谐振滤波器[12]，即将滤波器电感的值提高一个百分比 ε（也称感性偏谐振率），此时滤波器电压谐振点为

$$\omega_0 = \frac{\omega_n}{\sqrt{L+\varepsilon}}$$

偏谐振时的阻抗公式为

$$Z_f = R[1+j2\left(\delta+\frac{\varepsilon}{2}\right)Q] \tag{4-34}$$

简化设计时，可以取 $\varepsilon = |\delta_m|$，此时电压谐振点落在特征频率的（$1-\delta_m/2$）标幺值处，从而避免了与电力系统发生谐振。取电容器为 48μF，则调谐频率处电抗为

$$L = \frac{1}{\omega_0 c} = \frac{1}{4\pi\left[250(1-0.01)\right]^2 C} = 8.61\text{mH}$$

取电抗器的品质因数 Q=60，电抗器的电阻为

$$R_{Ln} = \frac{X_0}{Q} = \frac{2\pi\times250\times0.00861}{60}\Omega = 0.225\Omega$$

电容器的谐波电阻为

$R_{Cn}=X_0\tan\theta=12.96\times0.0008\Omega=0.01\Omega$；$R_{fn}=R_{Ln}+R_{Cn}=0.235\Omega$。实际的滤波器品质因数为

$$Q = \frac{X_0}{R_{fn}} = \frac{\sqrt{L/C}}{R_{fn}} = 57.6$$

图 4-17 为上述方法得到的在不考虑接入点阻抗条件下滤波器的阻抗频率特性和考虑接入点阻抗条件下的系统综合阻抗频率特性。可以看到，由于系统阻抗与滤波器发生的并联谐振作用使得两者的特性有相当大的不同。

考虑到系统参数，一个对实际滤波器品质因数的估计方法如下[12]：

$$Q = \frac{1}{\delta_{\mathrm{m}}} \cot \frac{\varphi_{\mathrm{s}}}{2} \tag{4-35}$$

式中，φ_{s} 为电力系统谐波阻抗角，$\varphi_{\mathrm{s}} = \arctan(X_{sn}/R_{sn})$，该角随着负荷的增加而减小。比如当系统有中等负荷时，阻抗角 φ_{s} 为 80°～82°；轻载时，φ_{s} 取 85°。

比如以偏谐振式简化方法设计一个中等负荷条件下的 5 次滤波器，此时取频率偏差 $\delta_{\mathrm{m}} = 0.02$，$\varphi_{\mathrm{s}} = 80^{\circ}$，可以得到所谓最有利的品质因数[18]为

$$Q = \frac{1}{0.02} \cot 40^{\circ} = 59.6$$

如前所述，由于系统电感 L_{s} 的存在，该电感和串联单调谐滤波器中电感和电容一起会产生频率低于滤波器调谐频率的并联谐振，其频率为

$$f_{\mathrm{p}} = \frac{1}{2\pi\sqrt{(L + L_{\mathrm{s}})C}} = 216\mathrm{Hz}$$

由图 4-17 可以看到滤波器自身的频率特性为在调谐频率 f_0 以下的低频区域，滤波器呈现容性，相位超前；而在调谐频率 f_0 以上的区域，滤波器呈现感性，阻抗在调谐频率 f_0 处呈现最小值。而考虑接入点短路容量时，上述并联谐振点处 f_{p} 阻抗急剧增大，而偏离该谐振频率 f_{p} 时，在高频和低频段阻抗均受到接入点短路阻抗的限制，所以呈现感性。滤波器接入点的短路容量对滤波器接入后系统的频率特性具有相当大的影响，所以在按参考文献[18]推荐的滤波器计算公式（此类公式通常不考虑接入点参数对滤波性能的影响）完成设计后，利用计算机仿真进行核算是必不可少的步骤。

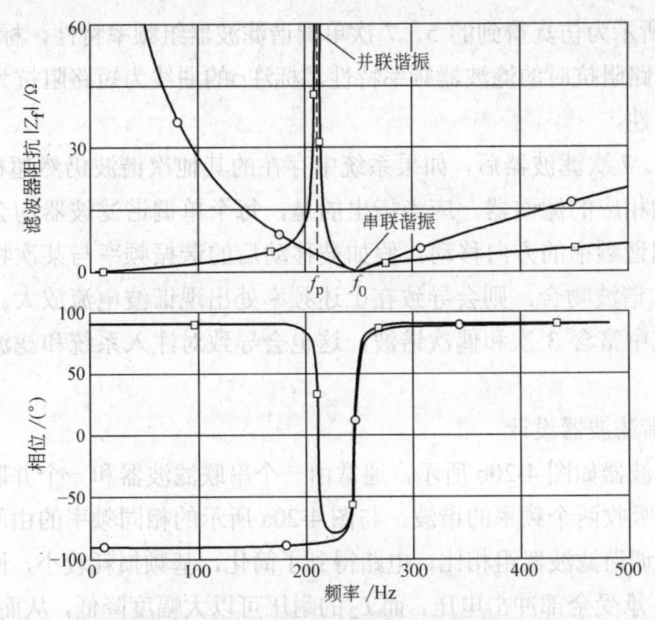

图 4-17　单调谐滤波器阻抗和相位频率特性

注：图中标注□的曲线对应考虑接入点短路阻抗为 1Ω 时的系统综合频率特性；标注○曲线对应接入点短路阻抗无穷大，即滤波器自身的频率特性，也是参考文献[18]中通常给出的特性曲线。

这种方法设计简单，同时得到的滤波器安装容量小、效益高、损耗小，比起前述的分流式单调谐滤波器可靠性高，通常用于变压器二次母线上。但该方法与前述IEEE 推荐的低于特征频率 3%～15%的调谐频率仍有较大的差别，下面根据上述方法对滤波器进行设计。

由于实际工业系统中往往含有多次谐波，所以针对主要的谐波分量利用多个单调谐滤波器并联使用来分别削减相应的谐波含量是一个广泛应用的实践。比如假定增加一个 7 次谐波滤波器，并且让其谐振于 n=6.7 次（$\delta/2$=0.043）。假定电容取 18μF，则根据式（4-21）电感为

$$L=\frac{X_{\mathrm{C}}}{\omega_1 n^2}=\frac{1}{\omega_0 C}=\frac{1}{4\pi^2\times[5\times6.7]^2 C}=12.5\mathrm{mH}$$

同样，考虑到取电抗器的品质因数为 60，得到 R=0.458，由于电容的损耗较小，这里忽略不计。得到下述并联的由 5 次和 7 次单调谐滤波器组成的滤波器组。假定滤波器接入点系统电压为 10kV，短路容量为 100MVA，则短路阻抗为 1Ω，在忽略电阻分量条件下，相应的电感为 3.18mH。得到图 4-18 所示的仿真电路，其中 I_{s} 是扫频电流源。

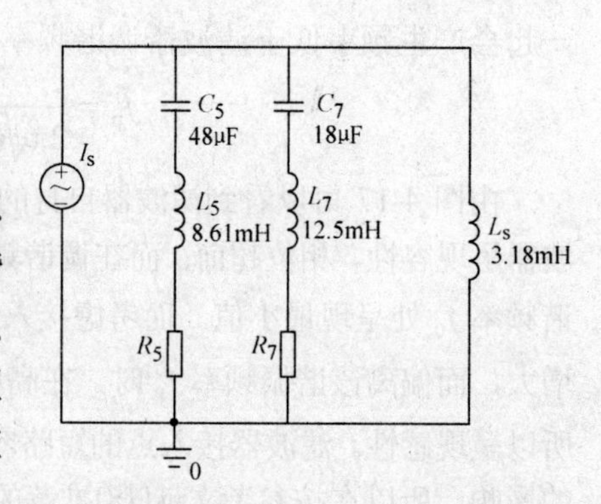

图 4-18　PSPICE 中的仿真电路

图 4-19 所示为仿真得到的 5、7 次单调谐滤波器组频率特性，标注○的曲线为不考虑系统短路阻抗时的滤波器频率特性，标注□的曲线为短路阻抗为 1Ω 时的系统综合频率特性。

当增加 5、7 次滤波器后，如果系统中存在的其他次谐波仍然超标，则往往需要进一步增加相应的滤波器。应当指出的是，每个单调谐滤波器均会引起谐振频率向低于其调谐频率的方向移动，假如被移动后的谐振频率与某次特征、非特征和 3 的倍数次谐波吻合，则会导致在上述频率处出现谐波电流放大。此外，变压器的开关涌流中富含 3 次和偶次谐波，这也会导致对注入系统和滤波器的谐波电流的增加。

2．双调谐滤波器设计

双调谐滤波器如图 4-20b 所示，通常由一个串联滤波器和一个并联滤波器组合而成，它同时吸收两个频率的谐波。与图 4-20a 所示的相同频率的由两个单调谐滤波器构成的单调谐滤波器组相比，电路得到了简化，基频损耗较小，同时由于只有一个电抗器 L_1 承受全部冲击电压，而 L_2 的耐压可以大幅度降低，从而降低了造价。但这种滤波器结构比较复杂，调谐也较困难，然而由于占地面积小，特别是在高压大容量滤波器中应用，还是具有一定的技术和经济上的优势。

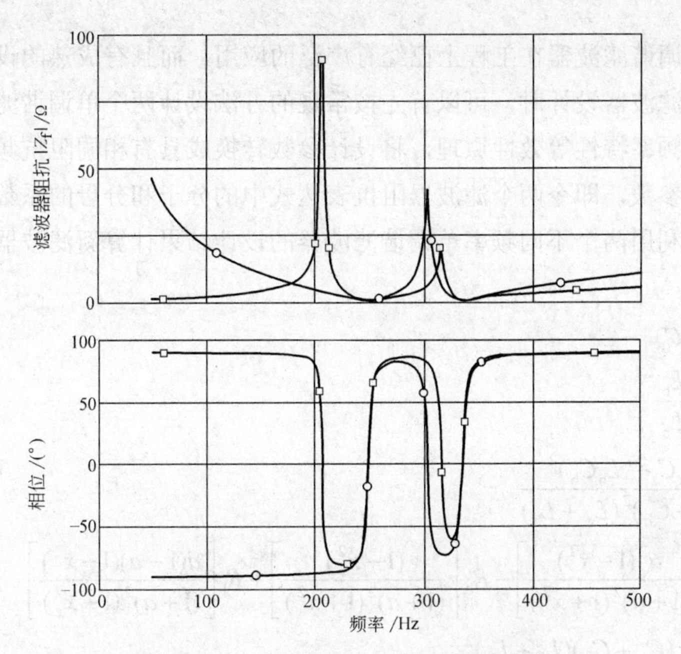

图 4-19　5、7 次单调谐滤波器组频率特性

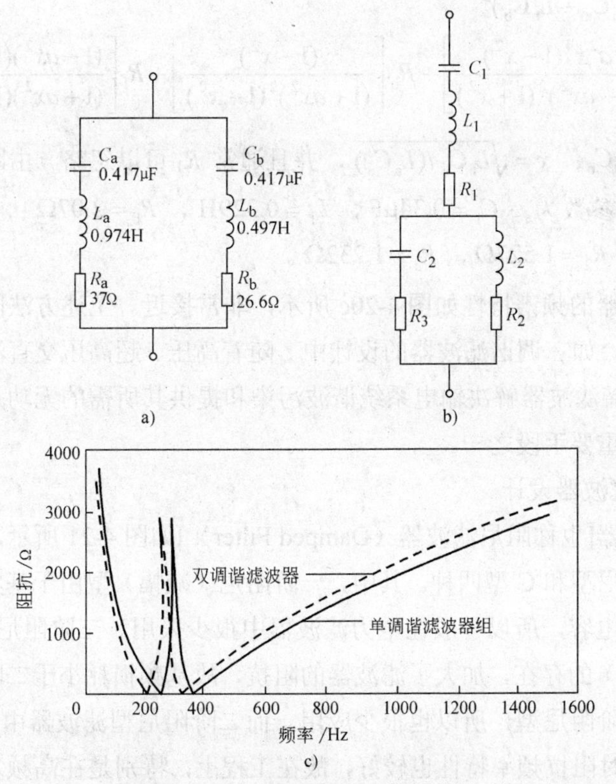

图 4-20　双调谐滤波器及频谱特性

a）两个单调谐滤波器构成的单调谐滤波器组　b）双调谐滤波器　c）频谱特性

由于单调谐滤波器在工程上已经有广泛的应用，而且有成熟的设计方法，所以对双调谐滤波器设计时，可以首先按常规的方法设计两个单调谐滤波器，然后再根据阻抗频率特性等效性原理，将设计参数转换成具有相同阻抗频率特性的双调谐滤波器参数，即令两个滤波器阻抗表达式中的分子和分母的系数分别相等，就可以直接利用两个不同频率单调谐滤波器的设计结果计算新滤波器的参数，此时有

$$
\begin{aligned}
&C_1 = C_a + C_b \\
&L_1 = \frac{L_a + L_b}{L_a + L_b} \\
&L_2 = \frac{(L_a C_a - L_b C_b)^2}{(C_a + C_b)^2 (L_a + L_b)} \\
&R_2 = R_a\left[\frac{a^2(1-x^2)}{(1+a)^2(1+x^2)}\right] - R_b\left[\frac{(1-x^2)}{(1+a)^2(1+x^2)}\right] + R_1\left[\frac{a(1-a)(1-x^2)}{(1+a)^2(1+x^2)}\right] \\
&C_2 = \frac{C_a C_b (C_a + C_b)(L_a + L_b)^2}{(L_a C_a - L_b C_b)^2} \\
&R_3 = -R_a\left[\frac{a^2 x^4 (1-x^2)}{(1+ax^2)^2(1+x^2)}\right] + R_b\left[\frac{(1-x^2)}{(1+ax^2)^2(1+x^2)}\right] + R_1\left[\frac{(1-ax^2)(1-x^2)}{(1+ax^2)(1+x^2)}\right]
\end{aligned} \tag{4-36}
$$

式中，$a = C_a / C_b$；$x = \sqrt{L_b C_b / (L_a C_a)}$，并且通常 R_1 可以忽略。由图 4-20a 得到的双调谐滤波器参数为：$C_1 = 0.34\mu F$，$L_1 = 0.329H$，$R_1 = 2.07\Omega$；$C_2 = 7.931\mu F$，$L_2 = 0.039H$，$R_2 = 1.527\Omega$，$R_3 = 1.232\Omega$。

两个滤波器的频谱特性如图 4-20c 所示，非常接近。上述方法同样可以利用到多调谐滤波器，如三调谐滤波器的设计中。随着高压、超高压交直流输电技术的应用，采用多调谐滤波器解决输电系统谐波污染和提供其所需的无功是目前国际上得到普遍使用的重要手段之一。

3．高通滤波器设计

高通滤波器[也称阻尼滤波器（Damped Filter）]如图 4-21 所示，主要有一阶、二阶和三阶阻尼型和 C 型四种。其中，一阶阻尼（减幅）型由于基频损耗过大，并且需要很大的电容，所以一般在电力滤波器中很少采用。三阶阻尼型由于 C_2（比 C_1 容量小得多）的存在，加大了滤波器的阻抗，故基频损耗小于二阶阻尼型，但频率特性不如二阶阻尼型，所以也很少应用。而二阶阻尼型滤波器由于基频损耗小、结构简单，同时阻抗频率特性也较好，故在工程上，特别是在高频复合滤波器中得到最广泛的应用。

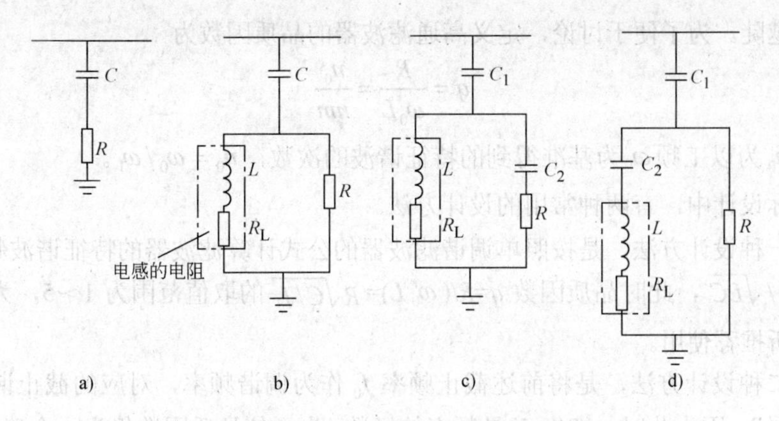

图 4-21 高通（阻尼）滤波器电路

a）一阶 b）二阶 c）三阶 d）C 型

高通滤波器的一个主要特点是对于参数的变化不敏感，而其性能通常可以利用下列 m 和截止频率 f_0 两个参数加以描述：

$$m=\frac{1}{R^2C} \tag{4-37}$$

$$f_0=\frac{1}{2\pi CR} \tag{4-38}$$

其导纳可以用下式给出：

$$Y_\mathrm{f}=G_\mathrm{f}+\mathrm{j}B_\mathrm{f} \tag{4-39}$$

式中，

$$G_\mathrm{f}=\frac{m^2n^4}{R_1\left[(1-mn^2)^2+m^2n^2\right]}$$

$$B_\mathrm{f}=\frac{n}{R_1}\left[\frac{1-mn^2+m^2n^2}{(1-mn^2)^2+m^2n^2}\right]$$

其中，$n=f/f_0$。

滤波器在截止频率 f_0 以上时，由于容抗减小，其阻抗为与并联电阻数量级相同的低阻抗，且截止频率一般略高于装设单调谐滤波器的最高特征谐波频率。而在截止频率 f_0 以下的频率范围，由于容抗迅速增加，使滤波器呈现容性高阻状态。对于给定的电容容量，选择截止频率 f_0 和参数 m，以使滤波器在给定的频率范围内具有足够小的阻抗。其中，m 的取值范围通常在 0.5～2 之间。

在忽略电感的电阻条件下，滤波器的阻抗可以表示为

$$Z_\mathrm{HP}=\frac{1}{\mathrm{j}\omega C}+\left(\frac{1}{R}+\frac{1}{\mathrm{j}\omega L}\right)^{-1} \tag{4-40}$$

二阶高通滤波器由于电感 L 与电阻 R 并联，所以其并联阻抗不会超过电阻值，由于电阻越大，其对电抗的旁路效果越小，即滤波器特性越接近单调谐滤波器，谐

振特性越陡。为了便于讨论，定义高通滤波器的品质因数为

$$q=\frac{R}{\omega_0 L}=\frac{n_0}{nm} \tag{4-41}$$

式中，n_0 为以工频 ω_1 为基准得到的特征谐波的次数，$n_0=\omega_0/\omega_1$。

实际设计中，有两种常用的设计方法。

第一种设计方法，是按照单调谐滤波器的公式计算滤波器的特征谐波频率[18]，即 $\omega_0'=1/\sqrt{LC}$，此时品质因数 $q=R/(\omega_0' L)=R\sqrt{C/L}$ 的取值范围为 1～5，为国内冶金企业所推荐使用。

第二种设计方法，是将前述截止频率 f_0 作为调谐频率，对应的截止谐波次数 $n_0=X_{C1}/R$。因为此时 $q=R/(\omega L)$是频率的函数，为了使品质因数仍为一个确定的数，通常和单调谐滤波器一样，定义滤波器容抗和感抗相等的频率，即 $\omega_H=1/\sqrt{LC}$ 时的 q 值 $q_H=R/(\omega_H L)=R\sqrt{C/L}=1/\sqrt{m}$，其中 m 的取值范围为 0.5～2（q=1.414～0.707），被 IEEE 和电力系统所推荐。这种方法设计的滤波器基波损耗不大，因为基波电流主要流经电感 L，高频损耗为主要的，因此在满足滤波要求条件下，截止谐波次数 n_0 不宜取太小，容量也不宜过小。

实际上，两种设计方法虽然对滤波器的调谐频率的定义不同，但对品质因数的定义却是相同的，即均定义在滤波器的感抗和容抗相等时。为了便于比较，根据截止频率为 $\omega_0=1/(CR)$和第一种设计方法的调谐频率 ω_0'，得到

$$\frac{\omega_0}{\omega_0'}=\frac{1}{CR}\bigg/\frac{1}{\sqrt{LC}}=\frac{1}{R}\sqrt{\frac{L}{C}} \tag{4-42}$$

根据式（4-41）上式可改写为

$$\frac{\omega_0}{\omega_0'}=\frac{1}{q}=\sqrt{m} \tag{4-43}$$

即两种设计方法得到的滤波器的调谐频率之比是品质因数 q 的倒数或参数 m 的平方根。当 q=1 或 m=1 时，两种设计方法得到的滤波器参数相同。

尽管无源滤波器在电力系统中得到广泛的应用，但其本身存在下述问题：

1）无源滤波器由于其调谐频率和容量均是固定的，不能适应系统参数和运行条件的变化，而元件的老化、变质和温度影响均可能导致滤波器失谐，甚至引起谐波放大。

2）滤波器的设计受到系统阻抗的影响，对于需要无功补偿容量很大的场合，滤波器的投入可能会导致系统过补偿和过电压，而其切除又可能引起欠电压。特别是无源滤波器作为一个分流装置，必须在滤波器的阻抗远低于系统阻抗时才能有效发挥作用，因此对于短路容量大的系统其作用有限。

3）由于单调谐滤波器只能消除特定的某次谐波，实际系统中往往由于谐波含

量丰富而需要多组滤波器并联。此时由于滤波器之间的相互影响会改变单个滤波器的调谐特性，而其中一组滤波器的切除会改变整个系统的频谱特性和谐波电流的走向，以致造成剩余滤波器组的过负荷或损坏。

4）滤波器和系统之间或滤波器组间可能会产生并联谐振，从而导致对特征或非特征谐波电流的放大。高通滤波器虽然不会引起谐波放大，但其滤波效率较低，并且体积较大。

5）对于大容量滤波器而言，其串联电阻可能产生可观的有功损耗。

随着电力电子技术的发展，有源滤波器由于采用谐波对消原理，故可以有效地同时消除多次谐波，并且不会出现谐波放大的问题，所以得到越来越广泛的关注与应用。

4.3　有源电力滤波器

表 4-12 给出了几种最常用的补偿装置的适用性。

表 4-12　各装置对解决不同电能质量起的作用

	电压波动	闪变	不平衡	谐波	电压暂降	停电
SVC	○	○	△	×	×	×
STATCOM	○	○	○	△	×	×
APF	○	○	○	○	×	×
UPS	△	△	△	△	○	○
DVR	○	△	△	△	○	×
储能	△	△	△	△	○	○

注：○—补偿器有作用；△—可能具有作用；×—无作用。

随着电力电子装置等非线性负荷在电力系统中应用的日益广泛，其从电力系统中提取的无功功率和谐波电流所带来的电能质量问题日益严重。之前讨论的采用无源的 LC 滤波器抑制谐波和利用电容器组对功率因数进行校正等无源补偿技术，结构简单、价格便宜、鲁棒性强，所以实践中得到广泛的应用；但是其补偿固定、体积大，且可能与系统发生谐振的缺点，随着供电系统容量的不断增大和补偿对象的日益复杂而变得越来越突出，特别是它主要适用于等效串联阻抗固定的系统，而这对于结构和负荷不断变化的配电系统而言，恰恰是难以实现的。而随着电力电子技术的进展发展起来的有源滤波器，则由于可以有效地对包括无功和谐波电流在内的干扰电流进行补偿，而受到越来越广泛的关注[5]。但是其缺点也十分明显，比如，其容量在有些场合会高达负荷容量的 80%，再加上构成补偿装置核心的开关器件的价格通常很高，所以往往成为一种代价高昂的电能质量问题解决方法。特别是有时非线性负荷带来的电能质量问题同时包括电流谐波和电压畸变两方面的问题，而单一的有源滤波器又不能同时解决上述问题。所以装置的高价格和补偿能力的局限，大大地限制了用户对有源滤波器的接受程度。

综合上述有源和无源滤波器的优缺点，近年来对混合型补偿器结构和有效性进行的大量研究证明，通过选用适当结构的混合型补偿装置完全可以高效且经济地解决面临的各种类型电能质量问题。本节的重点在于从结构上讨论混合滤波器对各类电能质量问题的适用性，关于控制方法的讨论将在其后的章节中进行，应当指出这里讨论的结果并不局限于滤波器，对于其他类型的补偿装置也是完全适用的。下面首先对常规的有源滤波器加以讨论[6, 7]。

4.3.1 纯有源滤波器

现代有源滤波器作为一种广义的补偿装置，被赋予了一系列电能质量控制功能，这包括：谐波滤波、阻尼振荡、隔离和终止、无功补偿以校正功率因数和控制电压、负荷平衡、电压闪变抑制，以及上述功能的综合。电力电子器件和信号处理设备价格的降低，为开发和制造有源滤波器，并将其投放市场提供了动力。目前，有源滤波器以其比传统无源滤波器更小的体积、更好的性能和更灵活的应用得到了越来越广泛的关注。但作为有源滤波器的核心即逆变器而言，电压源和电流源逆变器均是可能的，但由于电压源逆变器的损耗、体积和噪声均较之对应的电流源逆变器要小，所以除了某些特殊场合，比如采用超导储能装置外，通常成为首选。而从结构上看，纯（pure，相对于混合而言）有源滤波器包括串联和并联两种结构形式，但就目前而言，并联滤波器由于其结构和功能上的优越性，受到更为广泛的应用。

1．有源滤波器的结构与性能

有源滤波器的功能是检测和补偿谐波源产生的谐波，而根据检测方法的不同通常将有源滤波器分为两类，即所谓反馈控制型的有源滤波器其特点是检测电网的谐波信号，然后产生补偿信号对其进行抑制；另一类则称为前馈控制型的有源滤波器，它的功能是检测谐波源的谐波信号，然后对其进行补偿。

图 4-22 给出了反馈控制型有源滤波器的等效电路。图中，Z_n 为谐波源的谐波阻抗，Z_s 为线路阻抗，u_s 为电网电压。由于负荷均连接在线路上，故在讨论谐波污染问题时可以认为上述等效电路中 u_s 的基频分量为零，而线路阻抗 Z_s 上电压的谐波分量即看作是受电端电压的谐波分量。为了便于比较不同结构有源滤波器的性能，这里采用所谓有源滤波器对高频分量的“插入损耗” IL [8] $\left(IL=\dfrac{u_{sh}^0}{u_{sh}}\right)$，作为分析的依据。

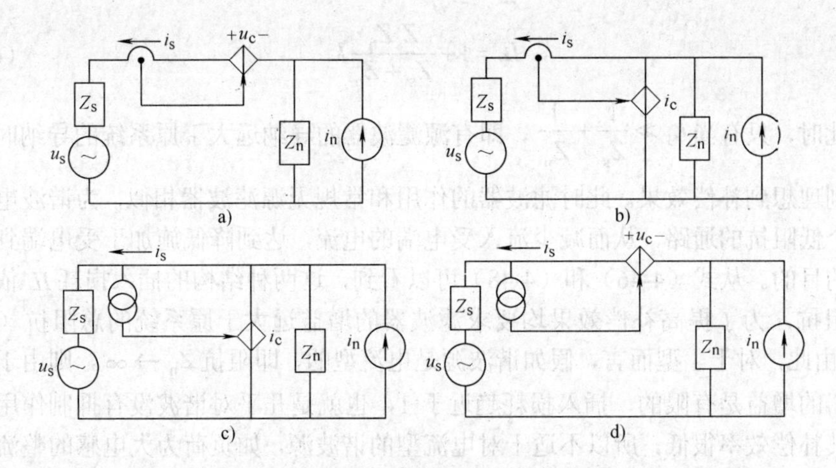

图 4-22　反馈型有源滤波器等效电路

a）电流检测电压补偿（Ⅰ型）　b）电流检测电流补偿（Ⅱ型）

c）电压检测电流补偿（Ⅲ型）　d）电压检测电压补偿（Ⅳ型）

其中，u_{sh}^0 是没有任何滤波器时受电端的谐波电压，而 u_{sh} 是接入有源滤波器以后受电端的谐波电压。插入损耗 IL 表示接入有源滤波器前受电端的谐波电压分量与接入后受电端谐波电压的比值，所以 IL 越大，说明有源滤波器对谐波的抑制作用越大。而如果 $IL<1.0$，则意味着接入滤波器后谐波电压分量反而增大，即有源滤波器对谐波起了放大作用，这是我们所不希望并且要极力避免的。

对于Ⅰ型结构如图 4-22a 所示，串联在谐波源和负荷之间的有源滤波器应当具有很大的串联阻抗，以阻断谐波源谐波对负荷的影响，所以补偿器的增益应当尽可能大于系统的阻抗，注意到忽略电路中电源 u_s 时，滤波器接入前受电端电压为

$$u_{sh}^0=\frac{Z_n i_n}{Z_s+Z_n} \tag{4-44}$$

由滤波器互阻抗 $u_c=-k_1 i_s$，得到滤波器接入后受电端电压为

$$u_s=\frac{Z_n i_n}{Z_s+Z_n+k} \tag{4-45}$$

故Ⅰ型滤波器的插入损耗为：

$$IL=\frac{u_s^0}{u_s}=1+\frac{k_1}{Z_s+Z_n} \tag{4-46}$$

显然增益 k_1 越大，则插入损耗越大，或者说谐波分量的抑制效果越好。为了达到理想补偿效果要求 $k_1 \gg Z_n+Z_s$。

对于图 4-22c 所示的Ⅲ型结构而言，可以得到类似的结论，此时由于 $i_c=-k_3 u_s$，故

$$i_s=(i_n-k_3 u_s)\frac{Z_n}{Z_n+Z_s} \tag{4-47}$$

相应的插入损耗为

$$IL = 1 + \frac{Z_s Z_n}{Z_s + Z_n} k_3 \tag{4-48}$$

此时，只有当$k_3 \gg \frac{1}{Z_s} + \frac{1}{Z_n}$，即有源滤波器的导纳远大于原系统的导纳时，才能得到理想到补偿效果。此时滤波器的作用和常规无源滤波器相似，为谐波电流提供一个低阻抗的通路，从而减少流入受电端的电流，达到降低施加于受电端到谐波电压的目的。从式（4-46）和（4-48）可以看到，这两种结构的插入损耗IL依赖于系统阻抗，为了提高补偿效果均要求滤波器的增益远大于原系统的总阻抗（或导纳）。由此，对于Ⅰ型而言，假如谐波源是电流型的，即阻抗$Z_n \to \infty$，则由于有源滤波器的增益是有限的，插入损耗趋近于 1，也就是几乎对谐波没有抑制作用，或者说其补偿效率很低，所以不适于对电流型的谐波源，如负荷为大电感的整流器进行补偿。而对于Ⅲ型结构而言，如果谐波源是电压型的，即$Z_n \to 0$，或其导纳无穷大，则同样不能达到满意的补偿效果，即不适宜用于电压型非线性负荷的补偿。

研究表明，实际上只要有源滤波器的增益足够大，并且与谐波信号相位相同，即呈纯阻性，则完全可以在忽略系统参数的条件下，达到理想的补偿效果。

而对于Ⅱ、Ⅳ两类结构，其插入损耗与系统参数无关。以拓扑Ⅱ为例，由$i_C = -k_2 i_s$得到

$$IL = 1 + \frac{Z_n k_2}{Z_s + Z_n} \tag{4-49}$$

如果谐波源的内阻Z_n远大于线路阻抗Z_s，即$Z_n \gg Z_s$，插入损耗IL为

$$IL_2 \approx 1 + k_2 \tag{4-50}$$

即此类滤波器适于对具有无穷大阻抗的电流源性质的谐波源进行补偿，同时其插入损耗正比于有源滤波器的增益。而Ⅳ型滤波器在谐波源导纳远大于线路导纳$Y_n \gg Y_s$，换句话说，在其内阻远小于线路阻抗，即$Z_n \ll Z_s$时，具有类似特性

$$IL_4 \approx 1 + k_4 \tag{4-51}$$

图 4-23 则表示前馈型有源滤波器的等效电路。图 4-23a 对应的拓扑Ⅴ型与拓扑Ⅱ型相比，除传感器的设置点外，高频等效电路完全相同。只是前馈型是检测谐波源的电流，而反馈型是检测受电端，即电源侧的电流。同样拓扑Ⅵ型和Ⅳ型具有类似的关系。而拓扑Ⅰ型（即电流检测电压补偿型）和Ⅲ型（即电压检测电流补偿型），两种涉及跨导的电路结构，则没有对应的前馈电路。

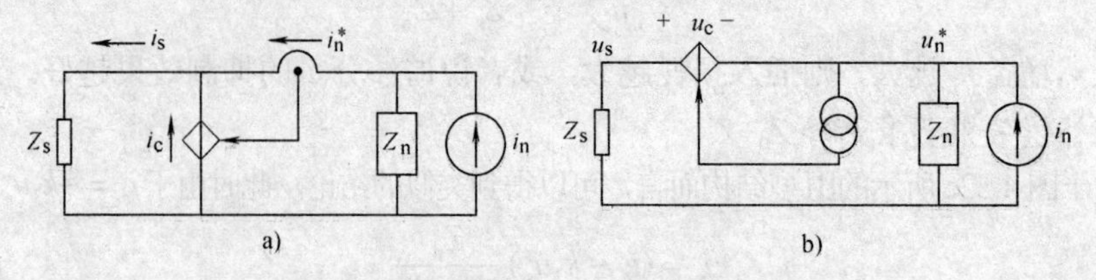

图 4-23 前馈型有源滤波器等效电路

a）电流检测电流补偿型（Ⅴ型） b）电压检测电压补偿型（Ⅵ型）

由表 4-13 可以看出，当有源滤波器的增益为 1 时，前馈型有源滤波器具有无穷大的插入损耗，即可以完全消除谐波分量对受电端的影响。否则滤波器的补偿效果有限。对于Ⅴ型结构，如果谐波源接近于电流源，即如拓扑Ⅱ型时 $Z_n \gg Z_s$，

$$IL_5 = \frac{1}{1-k_5} \tag{4-52}$$

即插入损耗可以近似看作与系统阻抗 Z_n、Z_s 无关。

表 4-13 有源滤波器的插入损耗和谐波改善率

类型	增益	插入损耗（IL）	谐波改善率 η(%)
Ⅰ	互阻抗 $u_c = -k_1 i_s$	$1+\dfrac{k_1}{Z_s+Z_n}$	$\dfrac{k_1}{k_1+Z_s+Z_n}$
Ⅱ	电流增益 $i_c = -k_2 i_s$	$1+\dfrac{Z_n k_2}{Z_s+Z_n}$	$\dfrac{Z_n k_2}{Z_s+(1+k_2)Z_n}$
Ⅲ	互导纳 $i_c = -k_3 u_s$	$1+\dfrac{k_3}{Y_s+Y_n}$	$\dfrac{k_3}{Y_s+Y_n+k_3}$
Ⅳ	电压增益 $u_c = -k_4 u_s$	$1+\dfrac{Z_s k_4}{Z_s+Z_n}$	$\dfrac{Z_s k_4}{(1+k_4)Z_s+Z_n}$
Ⅴ	电流增益 $i_c = -k_5 i_n^*$	$(\dfrac{1}{1-k_5})(1-\dfrac{k_5 Z_s}{Z_s+Z_n})$	$\dfrac{k_5 Z_n}{(1-k_5)Z_s+Z_n}$
Ⅵ	电压增益 $u_c = -k_6 u_n^*$	$(\dfrac{1}{1-k_6})(1-\dfrac{k_6 Z_n}{Z_s+Z_n})$	$\dfrac{k_6 Z_s}{(1-k_6)Z_n+Z_s}$

注：$Y_s = \dfrac{1}{Z_s}, Y_n = \dfrac{1}{Z_n}$。

对于Ⅵ型结构，如果谐波源接近电压源时，即如拓扑Ⅳ型时 $Z_n \ll Z_s$，

$$IL_6 = \frac{1}{1-k_6} \tag{4-53}$$

综上所述，电压补偿型的装置，如Ⅰ、Ⅳ、Ⅵ型有源滤波器可以通过提高线路的谐波阻抗，来限制流入受电端的谐波电流；理想条件下，电压补偿型的有源滤波器可以对谐波电流起到完全补偿或阻断作用，此时实际上流经滤波器本身的谐波电流也为零。而电流补偿型有源滤波器，如Ⅱ、Ⅲ、Ⅴ型的功能是为谐波源发射的谐波电流提供一个低阻抗的通路，或者说通过使谐波源产生的谐波电流最大限度地流经电流型有源滤波器，来减少流入受电端的谐波电流。实际上此类有源滤波器并不会减少在系统中循环的谐波电流，只是重新安排其路径和分流系数。

上述讨论从滤波器插入损耗，也即谐波衰减（或补偿）效果入手，提供了一个关于基本结构有源滤波器的功能和局限的统一描述，从而为以下进一步的讨论提供了基础，也为根据应用场合和补偿对象的要求选择适用的有源滤波器拓扑提供了一个参考。由于插入损耗的概念不是很直观，实际中可以采用谐波改善率来对有源滤波器的效果进行评估，定义谐波改善率为

$$\eta = \frac{u_s^0 - u_s}{u_s^0} \times 100\% = (1 - \frac{1}{IL}) \times 100\% \tag{4-54}$$

此时 I 型结构的谐波改善率就可以表示为 $\eta = \frac{k_1}{Z_s + Z_n + k_1} \times 100\%$，随着 $k_1 \to \infty$，谐波改善率趋近于 100%，即实现完全补偿。较之插入损耗，谐波改善率可以更为直观地得到采用有源滤波器后抑制谐波电流的效果，以及如何选择适当的参数来提高补偿效果。其他类型的改善率可以参见表 4-13。

2．并联有源滤波器

（1）原理与结构　图 4-24 给出了用于谐波电流滤波的并联有源滤波器结构图，是有源滤波系统的一种最基本的结构，包括构成有源滤波器核心的电压源（或电流源）逆变器、与系统耦合的变压器（或电抗器），以及相应的检测控制电路。图中串联电抗 L_{AC} 设置在非线性负荷的电源侧，以保证有源滤波器工作的稳定性和可靠性。

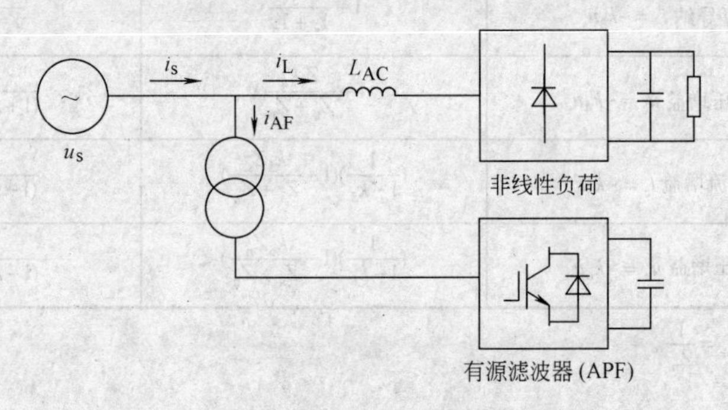

图 4-24　并联有源滤波器原理图

有源滤波器通过向系统注入与欲补偿的谐波电流大小相等、方向相反的电流，与系统中的相应电流分量抵消，从而达到“滤波”的目的。并联型有源滤波器（APF）由于通过耦合变压器并入系统，不会对系统运行造成影响，具有投切方便、灵活以及各种保护简单的优点。其工作原理可以根据图 4-25 所示的等效电路图，以电压源逆变器为例分析如下。

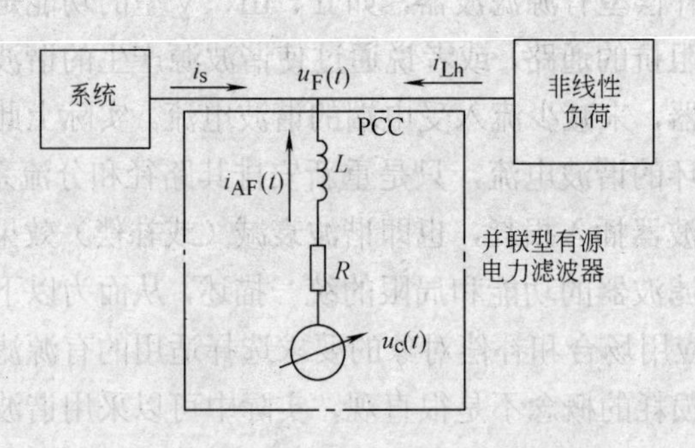

图 4-25　并联有源电力滤波器等效电路

电压型逆变器产生的补偿电流 $i_c(t)$满足下面的等式：

$$L\frac{di_{AF}(t)}{dt}+Ri_{AF}(t)=u_c(t)-u_F(t) \tag{4-55}$$

式中，$u_c(t)$、$u_F(t)$ 分别为逆变器和有源电力滤波器的输出电压；L、R 分别为等效的电感与电阻。通常情况下，等效电阻 R 很小，因此可以忽略。所以近似有

$$L\frac{di_{AF}(t)}{dt}\approx u_c(t)-u_F(t)=\Delta u_{cF}(t) \tag{4-56}$$

因此，有源电力滤波器产生的补偿电流大小主要取决于逆变器的输出电压 $u_c(t)$ 的大小。根据电压源逆变器的调制控制理论，可以将电压源逆变器等效为一个比例放大器，即

$$u_c(t)=K_m u_{dc}(t) \tag{4-57}$$

式中，$u_{dc}(t)$ 为电压源逆变器的直流侧电容电压；K_m 为与调制控制方法有关的函数。

对于并联型有源电力滤波器，其主要的功能是补偿电流 i_{AF} 能快速跟踪负荷电流中的谐波分量，从而使流入电网的谐波电流尽可能小，以减少对系统的污染。而为了使 i_{AF} 能够快速跟踪要补偿的电流，需要满足两个条件：首先，i_{AF} 的幅值要满足最大补偿电流的要求，即有源电力滤波器的补偿容量满足负荷补偿的要求；其次，有源滤波器输出电流的变化率 $di_{AF}(t)/dt$ 要大于谐波电流的最大变化率，以确保快速跟踪谐波电流的变化。这可以通过两个办法解决，即减小有源电力滤波器的等效电感 L，或提高逆变器输出电压 $u_c(t)$ 以加大电压差。耦合电感 L 越小，其电流跟踪能力越强，但是 L 过小，会导致输出信号中含有大量开关频率的特征谐波分量，并降低故障时的可靠性。因此，提高直流侧电容电压 $u_{dc}(t)$ 成为提高有源电力滤波器电流跟踪能力的有效手段。

该滤波器通过变压器（或电抗器）与非线性负荷并联连接，对其特性的可以简述如下：

① 逆变器应当包括一个辅助的、频带达 1kHz 的电流环，并且采用载波频率为 25kHz 的 PWM 方法，对补偿电流 i_{AF} 进行控制。上述条件使得滤波器可以对高达 25 次的谐波电流进行有效的补偿。对于整流器类的非线性负荷而言，由于主导谐波为 5 次，往往需对其加以特别关注，这一点在以下的讨论中将会专门加以说明。

② 控制电路应当能从非线性负荷电流 i_L 中利用数字信号处理的方式，尽可能精确地瞬时提取欲补偿的谐波分量 i_{Lh} 的幅值和相位的信息。对于三相平衡负荷而言，这可以借助瞬时有功和无功理论实现。由于同步坐标变换可以将欲补偿的频率分量转换为直流，从而便于和其他分量区别，所以通常需要采用锁相环（PLL）来保证变换与电源的频率、相位的同步。

③ 为了从补偿电流 i_{AF} 中消除 PWM 逆变器开关频率的脉动，所以一般与逆变器并联一个小容量的无源滤波器。其安装位置应当尽可能靠近逆变器。

（2）控制系统　有源电力滤波器控制系统由两大部分组成，即指令电流运算电路和补偿电流发生电路。其中，指令电流运算电路的主要功能是由补偿对象的电流中提取所需补偿的谐波和无功等电流分量，即所谓的谐波检测电路。补偿电流发生电路的作用则是根据指令电流运算电路得出的补偿电流的参考信号，构造实际的补偿电流。下面将分别加以说明。

1）补偿信号的检测方法：实际上，补偿器的补偿特性取决于由负荷电流中提取谐波的算法，即在很大程度上，APF 的有效性依赖于是否能得到没有失真地表示欲补偿的谐波分量的参考信号。因此，APF 控制关键问题之一就是找到一种算法，该算法可以由负荷电流中精确地提取欲补偿的谐波分量的幅度和相位，从而为控制提供参考。

并联有源滤波器通常包括三种类型的谐波检测方法，考虑到实际检测系统不可避免地存在的检测延时，实际中通常用一个一阶惯性环节来进行描述，这分别可以表示为

① 负荷电流检测：该方法对位于有源滤波器接入点下游处的电流，即负荷电流 i_L 进行检测，然后从中提取谐波分量 i_{Lh}。而实际补偿电流为

$$I_{AF}=\frac{1}{1+sT}i_{Lh}(t) \tag{4-58}$$

② 电源电流检测：该方法对位于接入点上游的电源电流 i_s 进行检测，并从中提取谐波电流分量 i_{sh}。而实际补偿电流为

$$I_{AF}=\frac{K_s}{1+sT}i_{sh}(t) \tag{4-59}$$

③ 母线电压检测：该方法检测接入点处的母线电压 u_{pcc}，然后从中提取谐波电压分量 u_h。实际补偿电流仍为

$$I_{AF}=\frac{K_u}{1+sT}u_h(t) \tag{4-60}$$

通常，谐波提取技术可以分为两类，一种为直接法，即采用陷波滤波器将基频及不计划由 APF 补偿的低次谐波信号从所采集的信号中滤出，剩余的信号即可作为 APF 控制器的参考信号；另一种则为间接法，即将除干扰信号外的所有信号均由输入信号中取出，进行解耦，然后重新将所需的分量进行组合以作为参考信号。

a）陷波器（带阻滤波器）：基于陷波器原理的 APF 如图 4-26 所示，负荷电流 i_L 经采样后生成的采样信号 i_L^s 通过调谐于基频的陷波滤波器后，采样信号中的基频分量 i_1^s 被消除，而在参考信号中仅含计划补偿的谐波分量 $i_F^{s*}(=i_L^s-i_1^s)$。

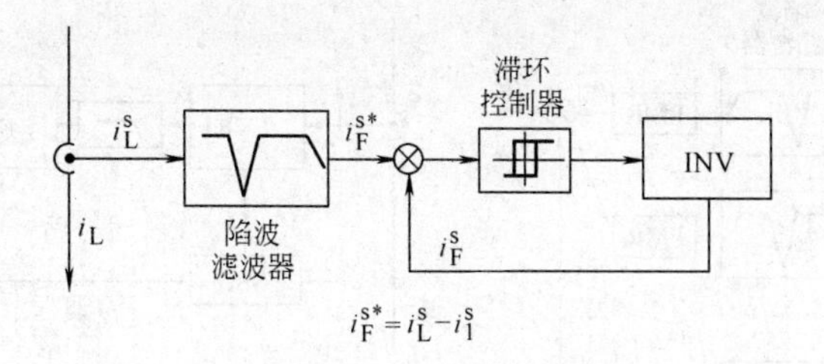

图 4-26　基于陷波器的有源滤波器结构图

为了在没有失真的条件下滤出基频分量，需要采用窄带陷波器，但实际滤波器由于受到陷波器幅频和相频特性的影响，输出信号会发生失真，即上述简单的结构就不能实现理想的补偿。特别是窄带陷波器往往意味高阶滤波器，而这也表明对各次谐波分量造成更严重的互不相同的相移和幅度衰减，所以其无失真的提取需要大量的计算或昂贵的硬件结构。一个可行的方法是采用自适应滤波器。图 4-27 是一个采用 IIR（无限脉冲响应）陷波滤波器的框图，为了克服上述问题，它采用了一个匹配滤波器，该滤波器可以完成上述陷波功能又不会引起附加失真，但由于牵涉大量计算从而限制了响应速度。

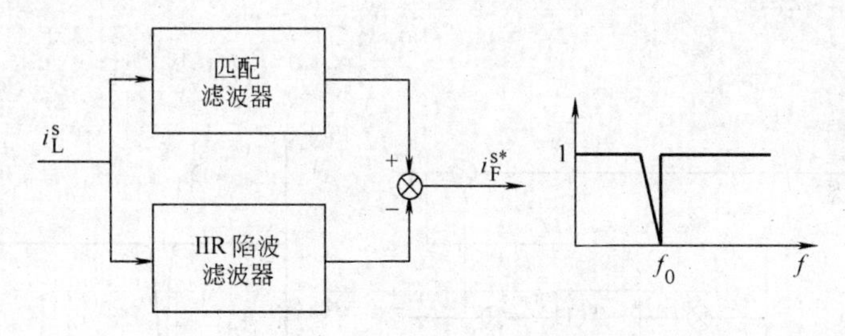

图 4-27　自适应噪声滤波器

b）分解合成方法：图 4-28 给出了利用对采集信号的谐波分量解耦然后再组合构成的滤波器，它仅使所需补偿的分量通过，经组合后形成补偿器的参考信号。

图 4-28a 为采用多个调谐陷波器的方案，图 4-28b 是采用硬件 FFT。但由于两者的硬件结构较为复杂，所以仅适用于计划消除某些特定谐波的项目。

c）自适应噪声对消：为了实现实时控制，三相有源滤波器的谐波检测目前普遍采用的是基于瞬时无功理论的谐波检测；但上述方法对于单相有源滤波器难于使用。一种可能的间接采样的例子就是所谓的自适应噪声消除方法（ANC）。这种方法的结构和幅频特性如图 4-29 所示，其特点是利用电网基频信号作为参考信号，对负荷电流中与参考信号同频率同相位的信号产生陷波作用，使输出信号仅含除参考信号外的谐波与无功功率分量，并以此作为有源滤波器的控制信号。

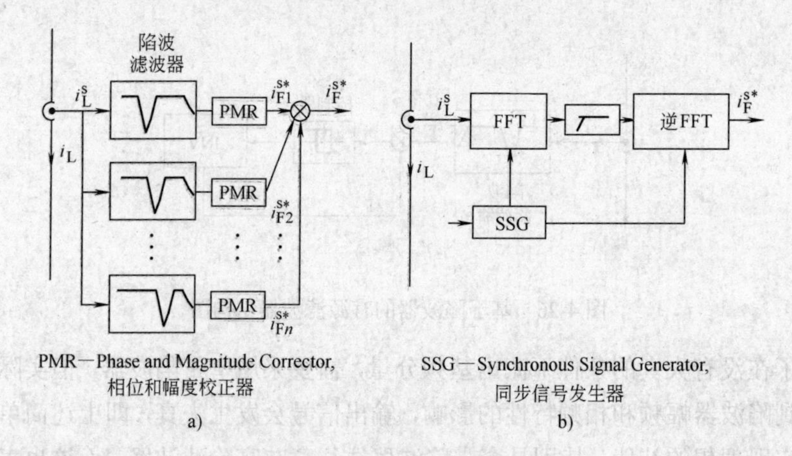

图 4-28　谐波解耦组合滤波器

a）带通滤波器　b）FFT 解耦方法

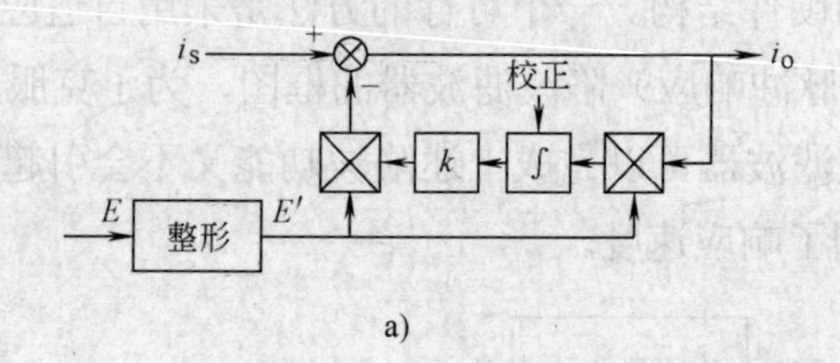

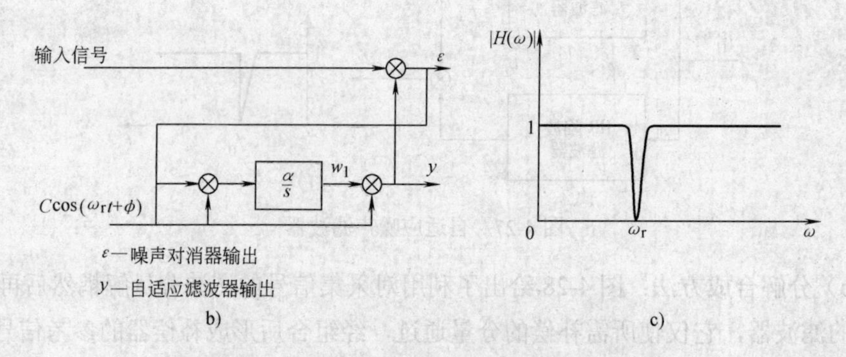

图 4-29　自适应噪声滤波器原理图与传递函数

a）自适应检测电路原理图　b）数字实现原理图　c）频率特性

i_o 为谐波检测电路的输出；E 为电网电压，通常为标准正弦基波电压 $E = E_m \sin\omega t$，从图 4-28 可得：

$$i_o = i_L - kE_m \sin\omega t\{k_o + \frac{1}{\omega RC}\int_{t_o}^{t} i_o E_m \sin\omega t \mathrm{d}t\} = i_L - (k_o + k_i)kE_m \sin\omega t \tag{4-61}$$

式中，$k_i = \frac{1}{\omega RC}\int_0^t i_o E_m \sin\omega t \mathrm{d}t\}$；$k$ 为比例系数，k_o 为积分器输出的直流分量，当稳态时，k_o 保持恒定值不变；k_i 为积分器输出的交流分量，由于正交原理及积分器的时间常数很大，积分后除基频正序分量，该分量为与 E' 同频率且同相位的正弦分量，此外所有其他分量均趋于零。而由于积分器输出中的直流分量经比例放大器和乘法器后产生与 i_o 中正弦基波分量相对应的正弦基波分量，再经反相求和运算，抵消 i_o 中的正弦基波分量，直至 i_o 中不再含有与 E' 同频率的正弦分量时，积分器输出的直流分量将保持在某个值不变，此时检测电路进入稳定状态。故稳态时输出信号中基频分量为零，所以最终作为积分器稳态交流输出的 k_i 也将近似为零。

假设负荷电流

$$i_L = i_p + i_q + i_h \tag{4-62}$$

式中，i_p 为基频有功分量；i_q 为基频无功分量；i_h 为谐波分量。如前所述，稳态时 i_o 不含有与电网同频率的基频分量，故

$$i_o = i_L - kk_o E_m \sin\omega t = i_L - i_p = i_q + i_h \tag{4-63}$$

可见，检测电路的输出 i_o 即为负荷电流中的无功分量及谐波分量。该电路的优点是适应范围广，稳态检测精度高，检测精度不受电网基波频率变化影响，且硬件实现简单，易于调整。同时，可以根据需要，分别检测负荷中的谐波和无功功率。其缺点是动态响应较慢，同时因硬件电路中运放等器件的零漂影响，实际电路中需加校正装置。

对于非线性负荷所产生的噪声，上述方法均可望取得良好的效果，但应当注意的是，由于往往 APF 与输电线的耦合需经变压器实现，而常规的铁心变压器及其漏抗的非线性对谐波的衰减作用将严重影响到补偿效果。一般而言，13 次及以下谐波受铁心变压器影响不大，对于更高次谐波的补偿则需注意铁心材料的选择和变压器的设计。

d）瞬时无功功率：基于瞬时无功功率算法对电源电流或负荷电流的基频分量或特定频率分量进行检测的方法将在第 5 章进行详细的讨论，这里就不再重复；采用该方法可以在同步坐标系上将特定频率的分量变换为直流分量，然后通过低通滤波器将相应分量检出，就可以得到所需补偿的电流指令，如图 4-30 所示。

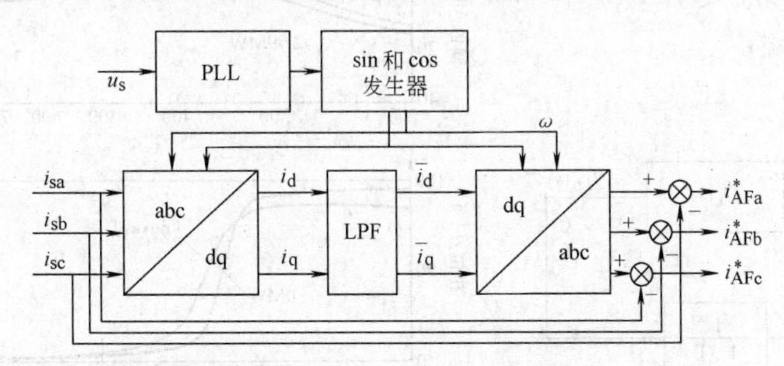

图 4-30 基于同步坐标系的瞬时电流计算方法

图 4-31 为一个典型的采用空间电压矢量 PWM 调制方法的控制系统框图。图中，LPF 表示低通滤波器，PLL 为锁相环，abc/αβ 表示补偿器的三相/两相变换，SV PWM 表示空间电压矢量 PWM 调制。据统计，日本在实用的有源滤波器的控制中采用瞬时空间矢量法的系统占总数的 84%[7]。可见对上述方法的充分研究是十分重要的。

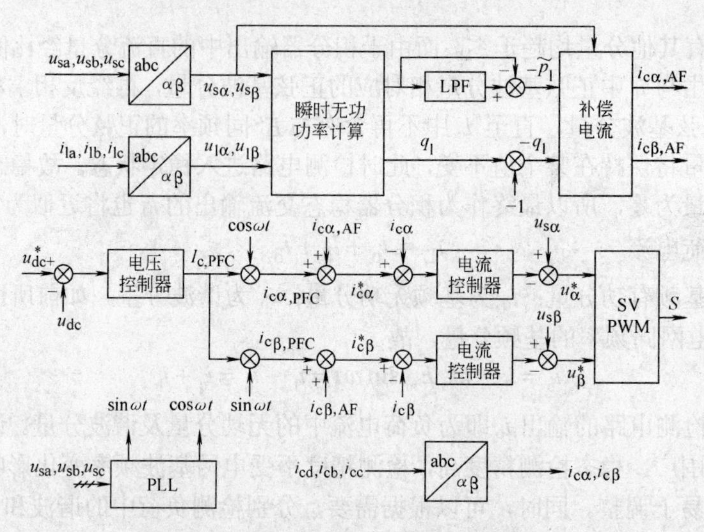

图 4-31 并联有源滤波器控制系统框图[7]

2）控制系统结构：下面分别对采用三种不同谐波信号检测方法的闭环控制系统分别加以讨论[9]，其中 $G_*(s)\left(=\dfrac{I_{*h}(s)}{I_{AF}(s)}\right)$ 表示不同的控制系统的开环传函。为了便于比较，额定输出功率均选为 2.99MW。

① 基于负荷电流检测的控制系统：采用负荷电流检测的闭环控制系统如图 4-32a 所示，其对应的波特图见图 4-32b 所示。波特图显示，该方法的相位裕量仅为 6°～7°，在实际系统应用中考虑到控制延时，这可能导致系统的不稳定。

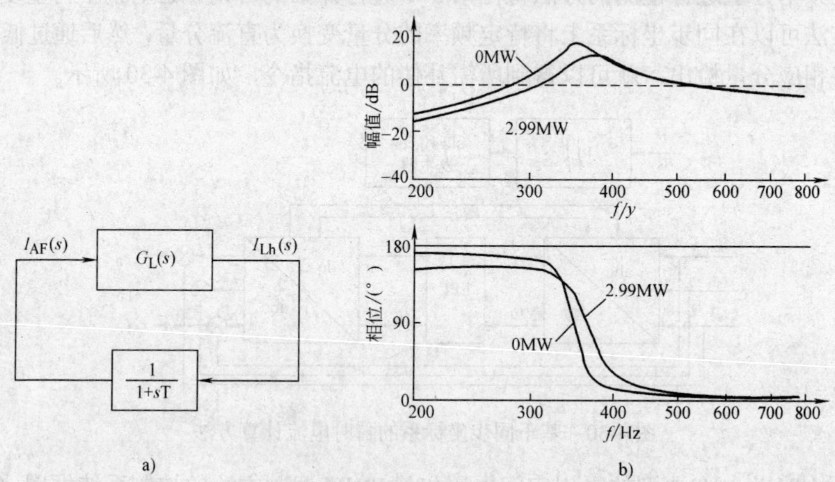

图 4-32 基于负荷电流检测的控制系统

a）系统框图 b）$G_L(s)$ 波特图

② 基于电源电流检测的控制系统：相应的框图和波特图见图 4-33。其中，$k_s=20$。根据波特图，在额定负荷时相位裕量为 37°，但是在空载时上述裕量下降到 22°，同样可能引起系统的不稳定。

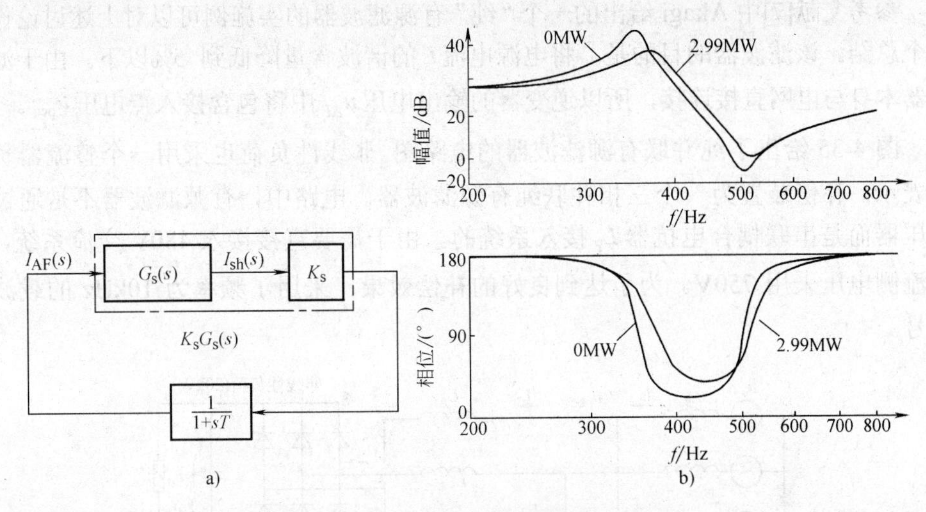

图 4-33 基于电源电流检测的控制系统

a）系统框图 b）$K_SG_S(s)$ 波特图

③ 基于母线电压检测的控制系统：母线电压检测的闭环控制系统框图和波特图如图 4-34 所示，其中 $K_u = 2$。由于相位裕量始终在 90° 以上，所以检测母线电压的有源滤波器控制方法是稳定的，仿真研究表明，即便控制延时达到 0.16ms，即接近一个周期，系统仍然相当稳定。由此，从稳定性角度出发，母线电压检测方法是最适于配电系统并联有源滤波器的控制方法。当将其安置在非线性负荷附近时，可以有效地消除接入点的谐波电压。而如果希望利用并联有源滤波器来阻尼沿馈线传播的谐波的话，其最佳安装位置为一次线的终端。

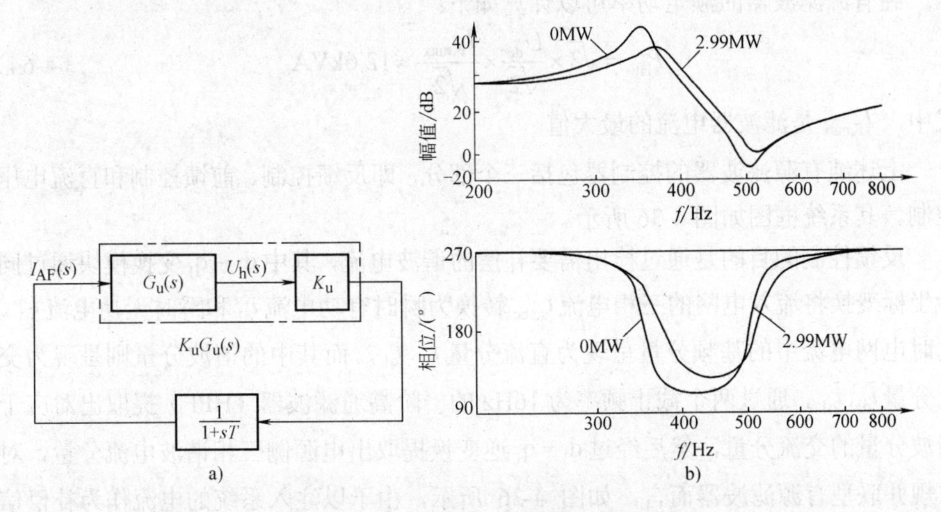

图 4-34 基于母线电压检测的控制系统

a）系统框图 b）$K_uG_u(s)$ 波特图

参考文献[7]中 Akagi 给出的一个“纯”有源滤波器的实施例可以对上述讨论作一个总结。该滤波器的目的是，将电源电流 i_s 的谐波含量降低到 5%以下。由于滤波器本身与电网直接连接，所以逆变器的输出电压 u_{AF} 中将包含接入点电压 u_{pcc}。

图 4-35 给出了纯并联有源滤波器的电路图。非线性负荷也采用一个整流器负荷表示。补偿装置为一个三相并联纯有源滤波器。电路中，有源滤波器不是通过变压器而是串联耦合电抗器 L_F 接入系统的。由于需要直接接入 480V 交流系统，直流侧电压采用 750V。为了达到良好的补偿效果，采用了频率为 10kHz 的载波信号。

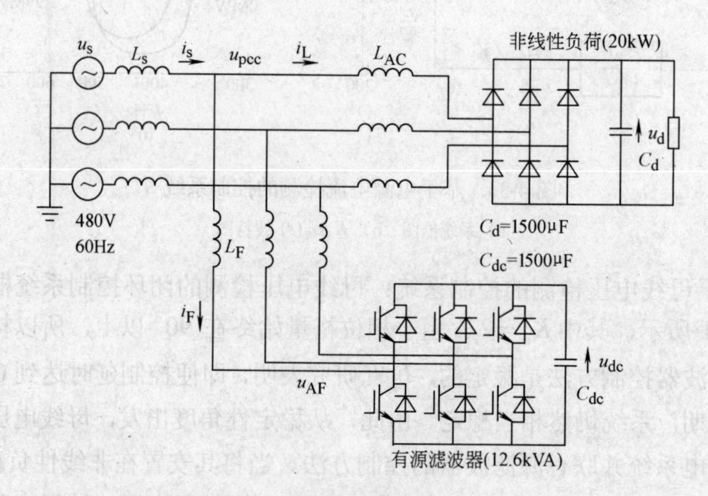

图 4-35 纯并联有源滤波器电路图

纯有源滤波器的额定功率可以计算如下：

$$P_{HF}=\sqrt{3}\times\frac{U_{dc}}{\sqrt{2}}\times\frac{I_{F,max}}{\sqrt{2}}=12.6\text{kVA} \tag{4-64}$$

式中，$I_{F,max}$ 是滤波器电流的最大值。

上述纯有源滤波器的控制器包括三个部分，即反馈控制、前馈控制和直流电压控制。其系统框图如图 4-36 所示。

反馈控制的目的是通过检出需要补偿的谐波电流，其中 d_1-q_1 变换模块通过同步坐标变换将流入电网的三相电流 $i_{s,abc}$ 转换为瞬时有功电流 i_{d1} 和瞬时无功电流 i_{q1}。此时电网电流中的基频分量呈现为直流分量 $\bar{i}_{d1}$、$\bar{i}_{q1}$，而其中的谐波分量则呈现为交流分量 $\tilde{i}_{d1}$、$\tilde{i}_{q1}$。通过两个截止频率为 16Hz 的一阶高通滤波器（HPF）提取出对应于谐波分量的交流分量，然后经过 d_1-q_1 逆变换提取出电源侧三相谐波电流分量，对常规并联型有源滤波器而言，如图 4-36 所示，由于以注入系统的电流作为补偿信号，所以实际上就已经完成了滤波器补偿电流参考值的计算。

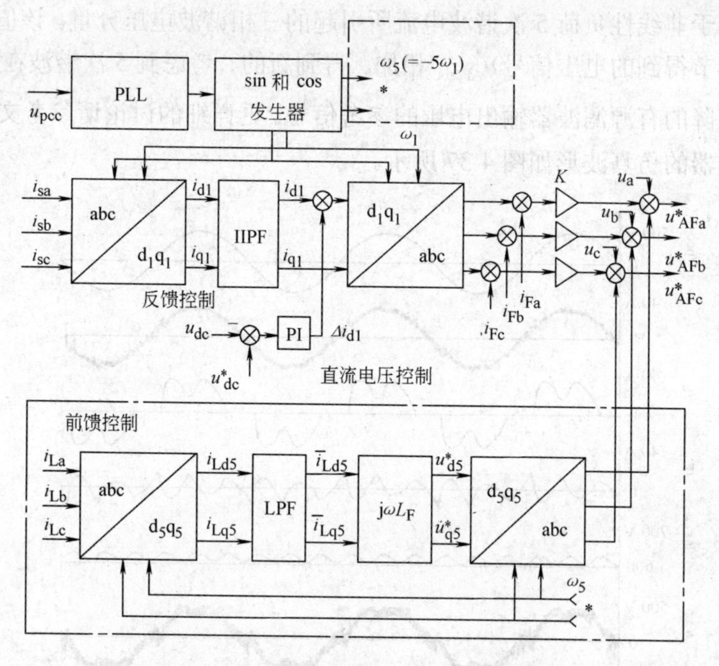

图 4-36 纯并联有源滤波器控制系统框图

文献[9]则采用了另外两个与常规作法不同的、十分新颖的措施，一是以补偿器输出电压作为控制目标，所以接入点电压成为逆变器输出电压的一部分。为了实现上述控制，将谐波电流分量与流经耦合电抗（即有源滤波器）的电流 $i_{F,abc}$ 相加，得到补偿器输出电流。该输出电流乘以放大系数 K，得到有源滤波器在耦合电抗器 L_F 两端生成的电压的参考值：

$$u^*_{AF,h} = K\tilde{i}_{s,abc} \tag{4-65}$$

该电压值和检出的公共连接点 PCC 处的电压 u_a、u_b、u_c 相加，得到有源滤波器输出电压的参考信号 $u^*_{AF,abc}$。由于该算法将公共连接点的电压 u_{pcc} 作为控制信号的一部分，所以可以用来补偿该电压对谐波电流可控性的影响。

二是由于作为非线性负荷的整流器，其主导谐波为 5 次；为了更好地实现对其补偿，控制系统中专门设计了一个 5 次谐波的前馈控制环节（见图 4-36 中点画线框）。其功能是计算流经耦合电抗器 L_F 上的负荷的 5 次谐波电流引起的附加电压降。做法是，首先提取非线性负荷的电流 $i_{L,abc}$，然后通过 d_5-q_5 变换得到以 5 次谐波频率同步旋转的同步坐标系上的负荷电流分量 $i_{L,dq}$；此时 5 次谐波分量转换成直流分量，而其他分量仍为交流。然后通过两个截止频率为 16Hz 的一阶低通滤波器（LPF）得到作为直流分量的 5 次谐波的 dq 分量 $\bar{i}_{Ld5}$、$\bar{i}_{Lq5}$，乘以耦合电抗 ωL_F 得到负荷电流在耦合电抗上引起的 5 次谐波电压分量的参考值 u^*_{d5}、u^*_{q5} 再经过逆变换得到耦合电抗器两端由于非线性负荷 5 次谐波电流所引起的三相谐波电压分量。该值进一步和前述反馈环节得到的电压信号 $u^*_{AF,abc}$ 相加，得到新的、考虑到 5 次谐波在 L_F 上所引起的附加压降的有源滤波器输出电压的参考信号。更详细的讨论请参考文献[7, 11]。纯并联滤波器的仿真波形如图 4-37 所示。

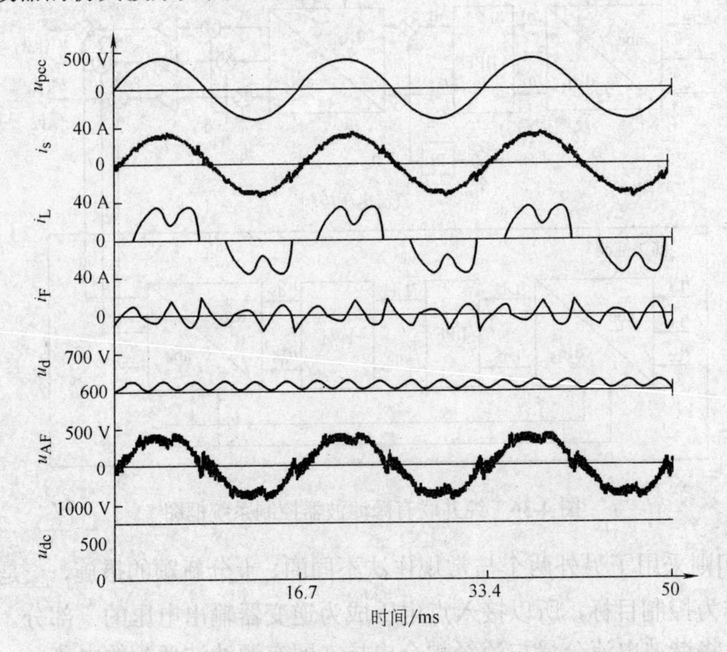

图 4-37 纯并联滤波器仿真波形

需要指出的是，单纯从控制的角度而言，该前馈环节并不是必须的，略去图 4-36 中点画线包围的部分同样，可以达到类似的补偿效果。只是由于其他谐波的幅值与主导谐波相比可能相差太远，利用附加的前馈控制环节对主导谐波单独进行控制，可以降低反馈环节所需的放大系数，从而改善系统的稳定性。对于常规的有源滤波器而言，该部分很少采用。

直流电压控制用来维持直流电容上的电压，以为补偿器提供电压支持。因此，有源滤波器是通过控制电量 Δd_1 向直流电容提供基频有功功率，来控制直流侧电容电压。

参考文献[10]中提出了一个采用多重化技术和基于瞬时无功功率理论的反馈控制系统的并联有源滤波器，其结构如图 4-38 所示。该装置兼顾了补偿特性和器件开关频率的要求，对于中大容量的实际应用具有很好的前景。

随着功率器件和数字控制电路价格的不断下降，目前并联纯有源滤波器在电能质量控制领域已经具有良好的市场前景，但价格因素仍是制约其广泛应用的一个重要条件。目前 10～400kVA 容量的纯有源滤波器已经被应用在电力系统、工商企业和医院等领域。

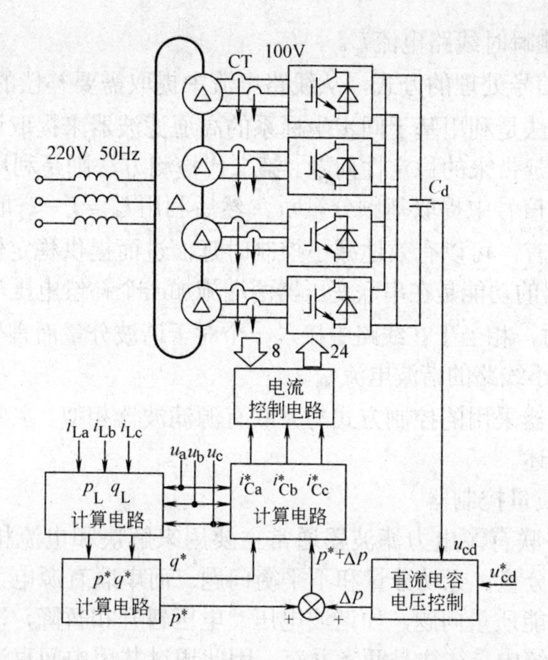

图 4-38　四重化串联有源滤波器的结构和控制框图[10]

3．串联有源滤波器

串联有源电力滤波器是串联在供电电源与非线性负荷之间的电能质量治理设备，其主要功能是电压调节，即当系统电压受到干扰时，串联有源滤波器将产生适当的补偿电压，使负荷侧电压不受系统电压变化的影响，如图 4-39 所示。这时，通常称为串联型电能质量控制器（Series Power Quality Controller，SPQC），也称为动态电压调节器。串联有源电力滤波器的另一功能是接在供电系统与非线性负荷之间，将系统与非线性负荷隔离开，同时在负荷侧并联无源滤波器，防止非线性负荷的谐波电流流入系统。此时串联有源滤波器的谐波阻抗大，非线性负荷的谐波电流都通过阻抗小的无源滤波支路分流了。

图 4-39 所示的串联有源滤波器通过三相变压器或三个单相变压器串联到线路之中，是按以下反馈的原则进行控制：

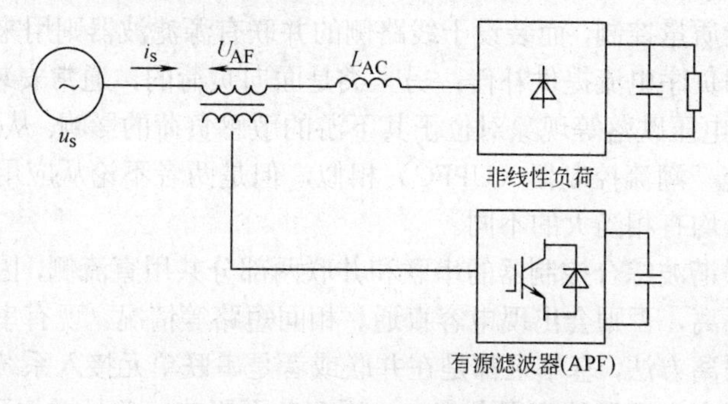

图 4-39　串联有源滤波器原理图

1）控制器检测瞬时线路电流 i_s。

2）利用数字信号处理的方式，从线路电流中提取需要补偿的谐波电流 i_{sh}；所谓第一代的检测方法是利用基于同步坐标系的高通滤波器来提取谐波分量，但面临系统参数和控制时延带来的稳定性问题。第二代检测方法则是利用基于同步坐标系的低通滤波器，从信号中提取基频分量 i_{s1}，然后利用 $i_{sh}=i_s-i_{s1}$ 取得谐波分量。相对于第一代检测而言，可以有效地减小控制时延，进而提供稳定性。

3）有源滤波器的功能是在串联变压器两端施加一个补偿电压 $U_{AF}=-Ki_{sh}$。当反馈增益 K 足够大时，相当于在线路中接入一个对于谐波分量而言呈高阻抗的元件，从而可以显著地减小线路的谐波电流 i_{sh}。

串联有源滤波器采用的控制方式与并联有源滤波器相似，主要包括前馈和反馈两种，在此不再赘述。

4．统一电能质量控制器

如上所述，并联有源电力滤波器通常主要用来解决和电流相关的电能质量问题，如电流的谐波分量、无功分量和不平衡问题。而串联有源电力滤波器则用来解决与电压有关的电能质量问题，如谐波电压、电压暂升和暂降，以及电压不平衡问题。而目前电力系统中，往往是两者并存，因此通过共用中间直流环节将两者背靠背结合起来的串并联综合控制器，即所谓统一电能质量控制器（Unified Power Quality Controller，UPQC）得到了越来越广泛的认同[12, 13]。

UPQC 的主电路结构如图 4-40 所示，包括串联有源滤波器、并联有源滤波器、直流储能单元三个部分。两个脉宽调制（PWM）逆变单元分别构成串联单元和并联单元的主要部分，直流储能装置则是两个逆变单元共用的，这三个部分共同组成一个完整的用户电力装置。其中，串联部分用来在公共连接点向线路插入一个与线路电流成正比的串联电压，从而一方面可以抑制线路电流中的谐波分量，另一方面又可起到缓冲器的作用，以消除线路电压跌落或闪变对负荷的影响。而并联部分则一方面用来通过直流中间环节向串联补偿器提供潮流控制所需的有功功率，另一方面可以对较低频率的谐波进行补偿。这种统一电能质量控制器从应用角度区分，又可分为两类：一类是面向系统的，往往安装在变电所附近，其中安装在变压器侧的串联部分主要用来在配电线路和变压器之间起谐波隔离作用，并且对公共连接点处的用户提供电能质量控制，而装设于线路侧的并联有源滤波器则用来对负荷侧的谐波、无功功率和负序电流提供补偿；另一类是面向负荷的，通常安装在负荷附近，用来抑制闪变、电压跌落等现象对位于其下游的敏感负荷的影响。从结构上，UPQC 与输电系统的统一潮流控制器（UPFC）相似，但是两者不论从应用场合、补偿对象，还是容量上均有相当大的不同。

由于串并联谐波综合控制器的串联和并联两部分共用直流侧，因此电网和装置之间必须进行隔离，否则会出现电容直通、相间短路等情况。现有串并联谐波综合控制器采用的隔离方法，基本上都是在并联或者是串联单元接入系统的地方增加隔离变压器。但隔离变压器的应用会带来一系列负面影响，并且增加了装置的成本，所以近年来又提出了一种新型的三相串并联谐波综合补偿器，称为直流隔离串并联谐波综合补偿器（DC Isolation UPQC，DCI-UPQC）。

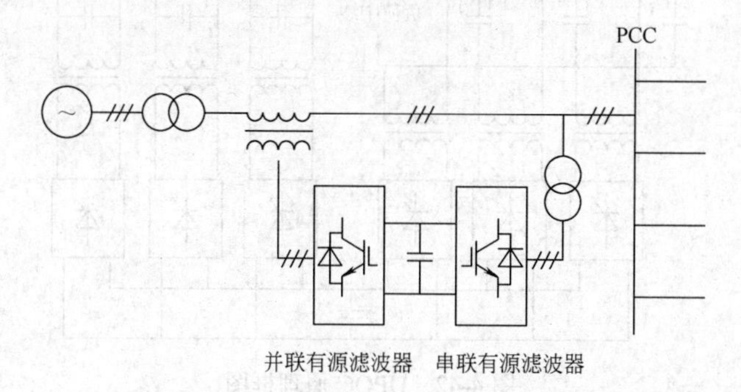

图 4-40 统一电能质量控制器（UPQC）结构

DCI-UPQC 的单相拓扑结构如图 4-41 所示。其结构的主要特点在于，它采用三组相同大小的电容互相并联（图中的 C_s、C_{com}、C_p），电容之间采用电子开关进行连接（图中的 S_1 和 S_2），开关 S_1 和 S_2 的开关状态互补。在 S_1 关断、S_2 导通的时候，C_p 和 C_{com} 进行均压；当 S_1 导通、S_2 关断的时候，C_{com} 和 C_s 进行均压，从而实现装置中串联单元和并联单元能量的交换。为避免在电容均压过程中充放电电流出现尖峰，在 C_{com} 支路上采用限流电阻或者是电感进行限流。

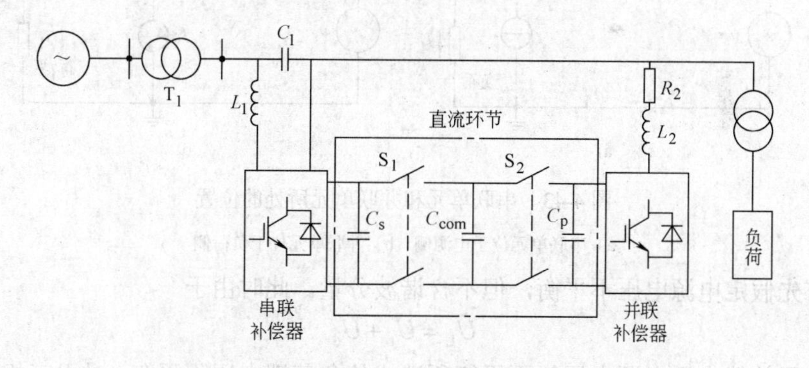

图 4-41 DCI-UPQC 单相拓扑结构

参考文献[14, 15]提出的 UPQC 状态反馈方法是一个从理论和实际应用中均很有特色的方法，这里首先加以介绍。为了便于讨论，同样采用该参考文献中提出的原理框图，如图 4-42 所示。图中，6 个逆变器利用状态反馈进行独立控制。

为了便于讨论，这里用串联理想电压源来表示串联有源滤波器，而以并联理想电流源来代表并联有源滤波器，来建立 UPQC 的等效电路[14]。从结构上看，串联单元和并联单元的位置存在两种可能的选择，如图 4-43 所示。图中，PCC 点的电压为 u_t，负荷电压、负荷电流、电源电压和电源电流分别表示为 u_L、i_L、u_s、i_s；而串联单元插入的电压为 u_d，并联单元注入的电流为 i_f。

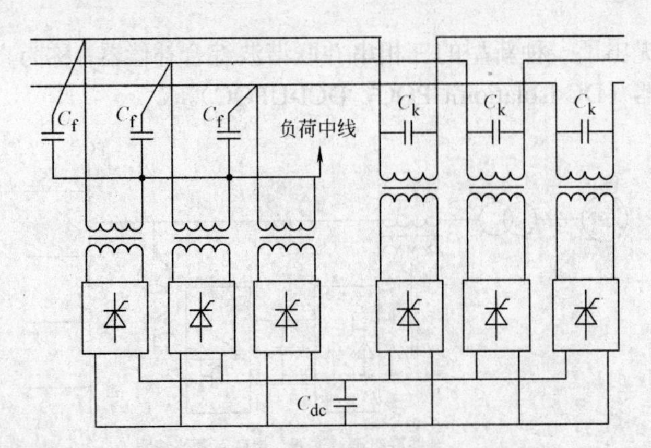

图 4-42 UPQC 原理框图

随着敏感负荷的应用日益广泛，电压不平衡和电压畸变引起的电能质量问题占了实际发生的电能质量问题的大多数，为了简化讨论，同时不失一般性，将讨论的重点放在电压畸变，而忽略谐波分量对负荷的影响，同时利用叠加原理对串联单元的电压补偿和并联单元的电流补偿分别讨论。讨论中，采用对称分量法，用下标 0、1、2 分别表示零序、正序和负序分量。

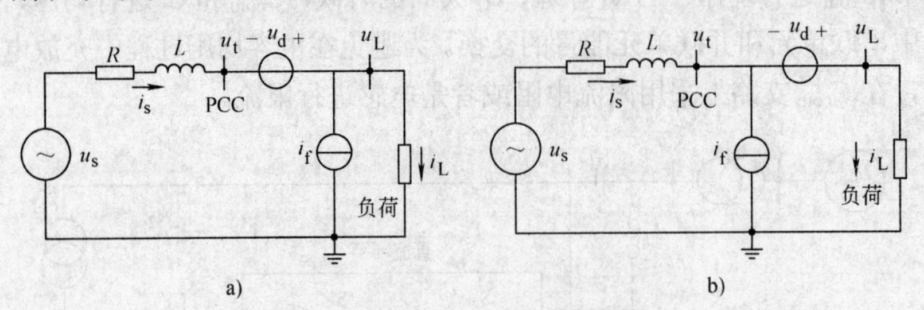

图 4-43 串联单元和并联单元所处的位置

a）串联单元位于电源侧 b）并联单元位于负荷侧

首先假定电源电压不平衡，但不含谐波分量。此时由于

$$\dot{U}_{\mathrm{L}} = \dot{U}_{\mathrm{t}} + \dot{U}_{\mathrm{d}} \tag{4-66}$$

为了补偿由于电源电压的不平衡所造成的负荷端电压不平衡，对于三相四线制系统，串联补偿电源输出的电压需要能消除电源电压的零序和负序分量，即

$$\dot{U}_{\mathrm{d0}} = -\dot{U}_{\mathrm{L0}}, \quad \dot{U}_{\mathrm{d2}} = -\dot{U}_{\mathrm{L2}} \tag{4-67}$$

为了使串联补偿器不需吸收额外的正序有功功率，故令其输出的正序电压与线路电流的正序分量 I_{s1} 正交，得

$$\dot{U}_{\mathrm{t1}} + \left|U_{\mathrm{d1}}\right|(\alpha_1 + \mathrm{j}\beta_1) = \dot{U}_{\mathrm{L1}} \tag{4-68}$$

式中，$\alpha_1 + \mathrm{j}\beta_1$ 表示与 $\dot{I}_{\mathrm{s1}}$ 正交的单位相量。进一步假设 $\dot{U}_{\mathrm{L1}} = \left|\dot{U}_{\mathrm{L1}}\right|\angle 0^\circ$，由此得到负荷端电压的二次方程为

$$\left|\dot{U}_{\mathrm{d1}}\right|^2 - 2\alpha_1\left|\dot{U}_{\mathrm{L1}}\right|\left|\dot{U}_{\mathrm{d1}}\right| + \left|\dot{U}_{\mathrm{L1}}\right|^2 - \left|\dot{U}_{\mathrm{t1}}\right|^2 = 0 \tag{4-69}$$

求解该方程得到的较小的解，即是为了补偿由于电源电压不平衡造成的负荷侧电压不平衡所需注入的电压。

而对于利用并联单元对不平衡电流的补偿，同样可以类似的方法得到

$$\dot{I}_{f0}=\dot{I}_{L0}, \dot{I}_{f1}=0, \dot{I}_{f2}=\dot{I}_{L2} \tag{4-70}$$

上述公式给出了 UPQC 对三相电流和电压不平衡补偿的计算公式。如果上述补偿是理想的，则流经串联补偿器的电流将完全是正序电流 $\dot{I}_{s1}$，而由于串联补偿器插入的正序电压与流经该补偿器的正序电流相互正交，所以上述不平衡电压的补偿将不需要消耗任何正序功率。而由于上述补偿完全限制在正序范畴，所以也不产生任何负序和零序功率损耗。这说明上述正序电压补偿的平均功耗为零。而由于经过补偿后的负荷电压是严格正序的，而并联补偿中又不需注入正序电流，所以不平衡电流补偿所消耗的平均功率损耗同样是零。这说明串联单元位于负荷侧的 UPQC 在对不平衡进行补偿时，除了补偿装置本身的损耗所需的功率外，与系统之间没有任何有功功率的交换。对于串联单元位于负荷侧的 UPQC 可以用类似的方法进行讨论。

对上述串联单元位于电源侧和负荷侧两种 UPQC 结构的分析表明：

1）前者可以工作在零功率交换模式，后者不能。

2）前者可以通过调节并联补偿器输出的无功补偿电流使负荷端的功率因数为 1，后者则取决于负荷本身。

3）前者的并联部分可以直接提供负荷所需的全部无功功率，而后者由于并联部分只能对接入点的无功功率进行直接补偿，所以只能提供负荷所需的平均无功功率。

图 4-44 为串联单元位于电源侧的 UPQC 等效电路。图中，负荷电阻与电感分别为 R_L、L_L；为了改善控制的稳定性，在串联滤波器两端并联有 L_d、C_d、R_d 构成的滤波器，在并联滤波器两端引入电容 C_f 构成的滤波器；串联变压器的漏感为 L_T，并联变压器的漏感和逆变器损耗 L_f、R_f，电容 C_d 两端电压为 u_{sd}，串联单元插入电压为 u_d；直流环节电容电压为 U_{dc}；串联和并联逆变器输出电压则分别表示为 $U_{dc}u_{c1}$、$U_{dc}u_{c2}$。

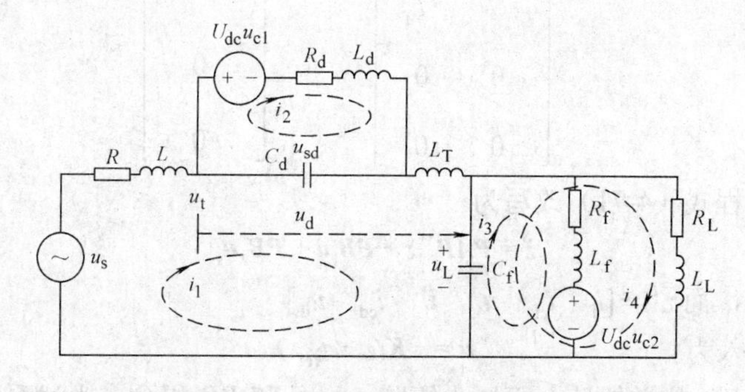

图 4-44　串联单元位于电源侧的 UPQC 单相等效电路

图 4-44 所示系统的状态方程包括 6 个状态变量，即

$$\dot{\boldsymbol{x}} = \boldsymbol{A}\boldsymbol{x} + \boldsymbol{B}_1\boldsymbol{u}_c + \boldsymbol{B}_2\boldsymbol{u}_s \tag{4-71}$$

式中

$$\boldsymbol{x}^T = [i_1 \quad i_2 \quad i_3 \quad i_4 \quad u_{sd} \quad u_L]$$

$$\boldsymbol{u}^T = [u_{c1} \quad u_{c2}]$$

$$i_s = i_1$$

$$i_L = i_4$$

$$i_f = i_4 - i_1$$

$$i_{cf} = i_1 - i_3 - i_4$$

$$i_{cd} = i_2 - i_1$$

$$\boldsymbol{A} = \begin{bmatrix} -\frac{R}{L+L_T} & 0 & 0 & 0 & \frac{1}{L+L_T} & -\frac{1}{L+L_T} \\ 0 & -\frac{R_d}{L_d} & 0 & 0 & -\frac{1}{L_d} & 0 \\ 0 & 0 & -\frac{R_f}{L_f} & 0 & 0 & \frac{1}{L_f} \\ 0 & 0 & 0 & -\frac{R_L}{L_L} & 0 & -\frac{1}{L_L} \\ -\frac{1}{C_d} & \frac{1}{C_d} & 0 & 0 & 0 & 0 \\ \frac{1}{C_f} & 0 & -\frac{1}{C_f} & -\frac{1}{C_f} & 0 & 0 \end{bmatrix},$$

$$\boldsymbol{B}_1 = \begin{bmatrix} 0 & 0 \\ \frac{U_{dc}}{L_d} & 0 \\ 0 & 0 \\ 0 & -\frac{U_{dc}}{L_f} \\ 0 & 0 \\ 0 & 0 \end{bmatrix}, \quad \boldsymbol{B}_2 = \begin{bmatrix} \frac{1}{L+L_T} \\ 0 \\ 0 \\ 0 \\ 0 \\ 0 \end{bmatrix}$$

将状态方程式（4-71）改写为

$$\dot{\boldsymbol{z}} = \boldsymbol{P}\boldsymbol{A}\boldsymbol{P}^{-1}\boldsymbol{z} + \boldsymbol{P}\boldsymbol{B}_1\boldsymbol{u} + \boldsymbol{P}\boldsymbol{B}_2\boldsymbol{u}_s \tag{4-72}$$

式中，$\boldsymbol{z} = \boldsymbol{P}\boldsymbol{x}$，而 $\boldsymbol{z}^T = [i_f \quad i_{cf} \quad u_L \quad i_L \quad i_{cd} \quad u_d]$

而控制输入为

$$\boldsymbol{u} = -\boldsymbol{K}(\boldsymbol{z} - \boldsymbol{z}_{ref}) \tag{4-73}$$

式中，$\boldsymbol{K}$ 是 LQR 增益矩阵，可以由矩阵 $\boldsymbol{PAP}^{-1}$ 和 $\boldsymbol{PB}_1$ 得到。上述系统可以利用滞

环实现控制。而参考信号 z_{ref} 的选择需要根据网络理论谨慎地进行。其中，负荷电流 i_L 的参考值的选择最为困难，实践中往往采用降阶反馈控制的方法将其消去。详细的实现方法可以参见参考文献[14]，这里就不再详细讨论。

参考文献[15]给出了作者对串联补偿器位于负荷侧的系统进行的仿真研究。此时的等效电路如图 4-45 所示。采用如前所述的状态反馈得到的控制系统，仿真结果如图 4-46 所示。

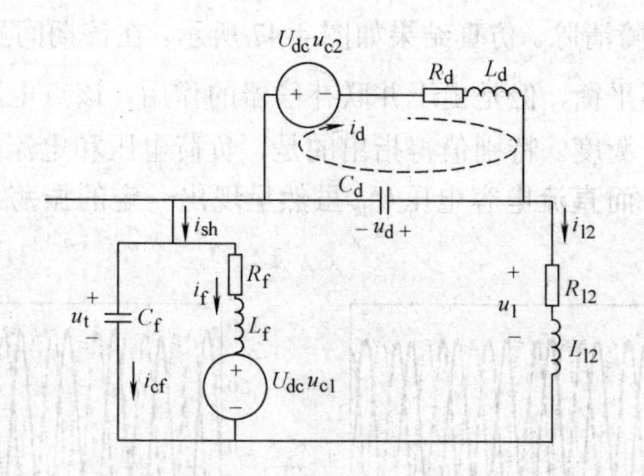

图 4-45　串联单元位于负荷侧的 UPQC 单相等效电路

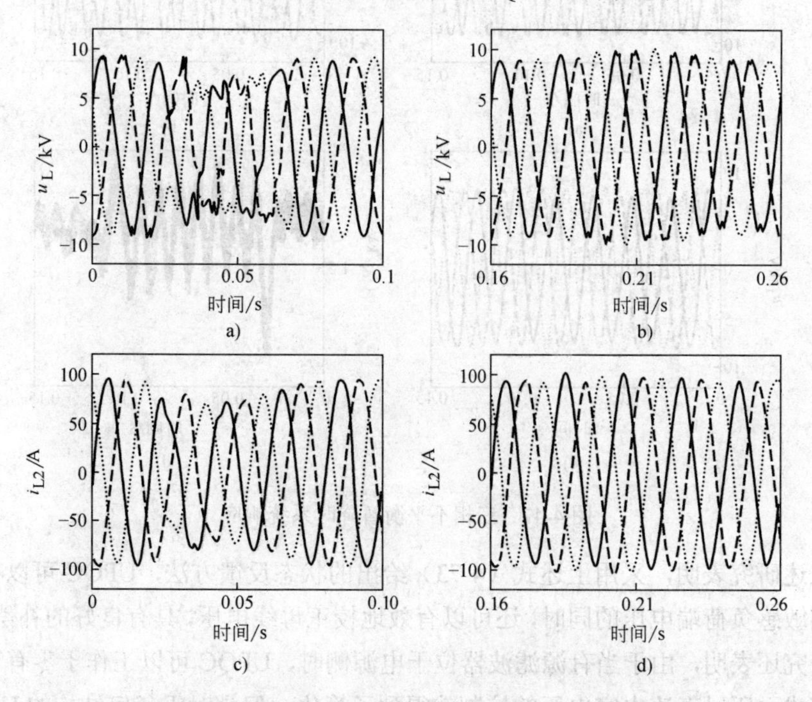

图 4-46　电压暂降和恢复时负荷端电压、电流波形

a)、c) 电压暂降时负荷端电压、电流波形　b)、d) 电压恢复时负荷端电压、电流波形

设电源电压在稳态运行一个周波后突然跌落到标称值的一半，8 个周波后电压

又恢复到标称值。此时仿真结果如图 4-46 所示。可以看到，暂降发生后两个周波内，负荷电压和电感电流均发生下降，然后逐渐恢复到接近标称值。而在故障清除后，所需恢复的量已经很小。由此可以看到，UPQC 在系统电压跌落时有极好的补偿作用，完全可以保护敏感设备不受电源电压扰动的影响。

同样在系统稳态运行条件下，系统电压在 0.02s 时发生突变，b 相电压峰值维持在标称值 9.0kV；a 相电压的峰值跌落到 7.0kV；c 相则突升为 11.2kV。4 个周波后（0.1s），故障清除。仿真结果如图 4-47 所示。在该期间虽然接入点电压 u_t 呈现明显的三相不平衡，但是由于并联补偿器的作用，该点电压的不平衡度远小于电源电压的不平衡度。特别值得指出的是，负荷电压和电流基本维持平衡，显然补偿是成功的。而直流电容电压 U_{dc} 虽然呈现出一定的振荡，但其跌落的幅度不大。

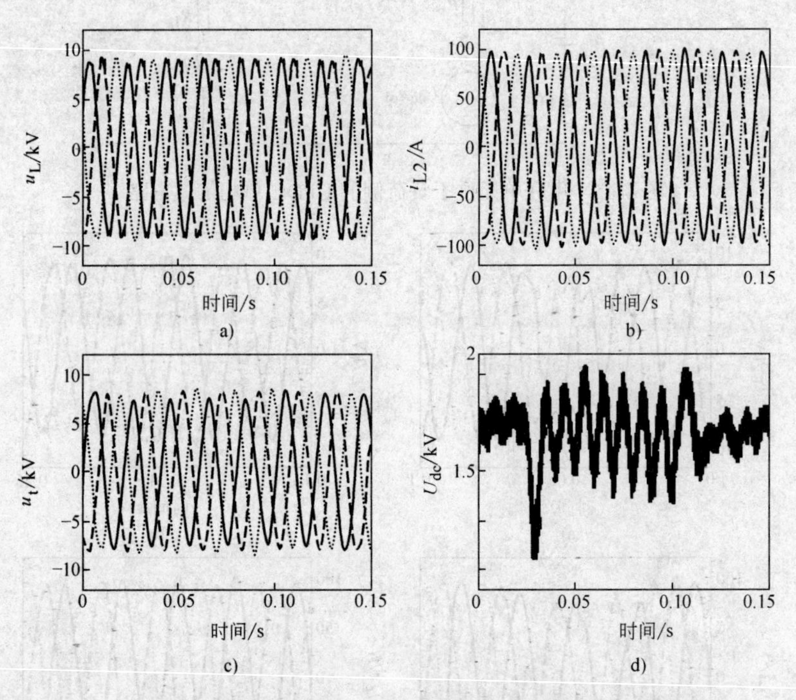

图 4-47　三相不平衡暂降时系统响应

上述研究表明，采用上述式（4-73）给出的状态反馈方法，UPQC 可以在有效地控制敏感负荷端电压的同时，还可以有效地校正母线电压，具有良好的补偿效果。上述研究还表明，由于当有源滤波器位于电源侧时，UPQC 可以工作于零有功功率交换模式，所以直流电容电压的控制就得到了简化。但是对于任何结构的 UPQC，电容容量的选择都是十分重要的，因为其存储的能量必须能在各种暂态过程中提供必要的电压支撑，而这就涉及容量的确定和控制策略的选择。

4.3.2　混合滤波器

混合滤波器的分类实际上有各种不同的方法，本节主要根据 Singh[12]的两级分类方法，按照构成滤波器的单元组件的类型（有源或无源）和数量，以及电路拓扑进行分类，并且将讨论局限在至少包括一个有源滤波器的范畴。

根据参考文献[12]，包括一个有源滤波器和一个无源滤波器的两单元混合滤波器具有 8 种主要拓扑，如图 4-48 所示。

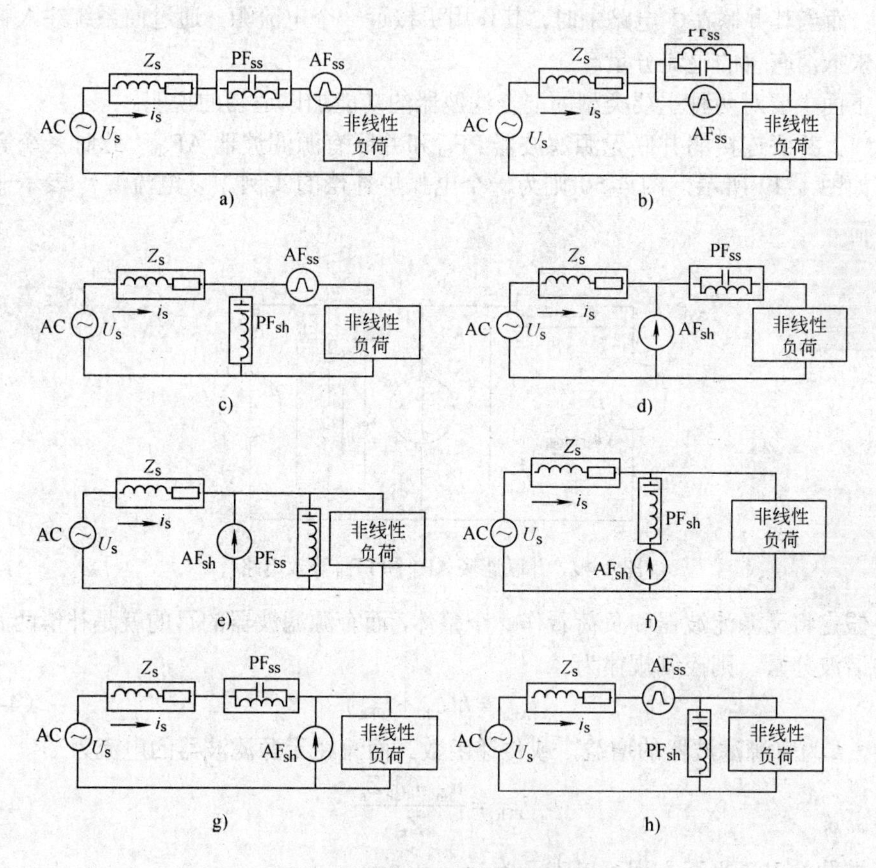

图 4-48　两单元混合滤波器拓扑

a）串联连接的串联无源滤波器（PF_{ss}）和串联有源滤波器（AF_{ss}）

b）并联连接的串联无源滤波器（PF_{ss}）和串联有源滤波器（AF_{ss}）

c）并联无源滤波器（PF_{sh}）和串联有源滤波器（AF_{ss}）

d）并联有源滤波器（AF_{sh}）和串联无源滤波器（PF_{ss}）

e）并联连接的并联无源滤波器（PF_{sh}）和并联有源滤波器（AF_{sh}）

f）串联连接的并联无源滤波器（PF_{sh}）和并联有源滤波器（AF_{sh}）

g）串联无源滤波器（PF_{ss}）和并联有源滤波器（AF_{sh}）

h）串联有源滤波器（AF_{ss}）和并联无源滤波器（PF_{sh}）

其中，基本组成单元为串联无源滤波器 PF_{ss}（其中 ss 表示串联（Series））、串

联有源滤波器 AF_{ss}、并联无源滤波器 PF_{sh}［其中 sh 表示并联（Shunt）］和并联有源滤波器 AF_{sh} 4 种。这里所说的无源滤波器可能是由若干个单调谐（通常是 3 个，两个低频的单调谐滤波器和 1 个高通滤波器）或多调谐滤波器的组合，而不仅仅意味着单个 LC 滤波器。而有源滤波器 AF 则可能是电流源 CSI 的，也可能是电压源 VSI 的；图中的电流源和电压源的符号只是表明，当有源滤波器串联在电路中时，其作用更近似一个可控电压源，通过向系统插入一个补偿电压来改善系统或负荷电压的畸变；而当其并联在主电路中时，其作用更接近一个电流源，通过向系统注入补偿电流来抵消有害的电流分量。

下面主要对两种主要类型的混合滤波器的功能加以适当的说明。

（1）并联连接的并联无源滤波器 PF_{sh} 和并联有源滤波器 AF_{sh}　此时系统等效电路如图 4-49 所示，图 4-50 则为一个电弧炉补偿的实例。以电流源 i_L 表示非线性负荷。

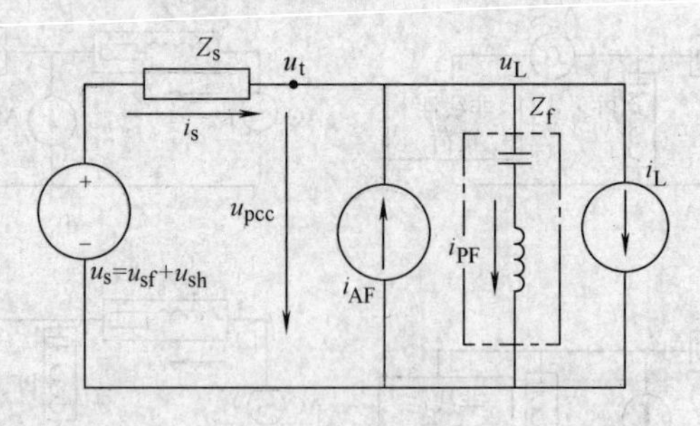

图 4-49　并联连接 AF_{sh} 和 PF_{sh} 等效电路

假定将无源滤波器和负荷看作一个整体，而有源滤波器的目的就是补偿两者电流的谐波分量，则控制规律为

$$i_{AFh}=k(i_{Lh}+i_{PFh}) \tag{4-74}$$

式中，k 为有源滤波器的增益，或传递函数。而流经无源滤波器的电流为

$$i_{PFh}=\frac{u_{sh}-i_{sh}Z_s}{Z_F} \tag{4-75}$$

据此，电流平衡方程可以表示为

$$i_{sh}=i_{Lh}+i_{PFh}-i_{AF}=(1-k)(i_{Lh}+i_{PFh}) \tag{4-76}$$

由此可以得到电源电流的谐波分量为

$$i_{sh}=\frac{u_{sh}+Z_F i_{Lh}}{Z_s+\dfrac{Z_F}{1-k}}=\frac{(1-k)(u_{sh}+Z_F i_{Lh})}{(1-k)Z_s+Z_F} \tag{4-77}$$

由上式可以看到，与前述混合滤波器的控制规律不同，此时仅当 $|1-k|\to 0$ 时，电源电流的谐波分量才会趋近零，即实现对系统和负荷的谐波电流补偿。所以，对于刚性的系统不适于用这种并联补偿的方式来抑制谐波，而实际中也确实很少应用。

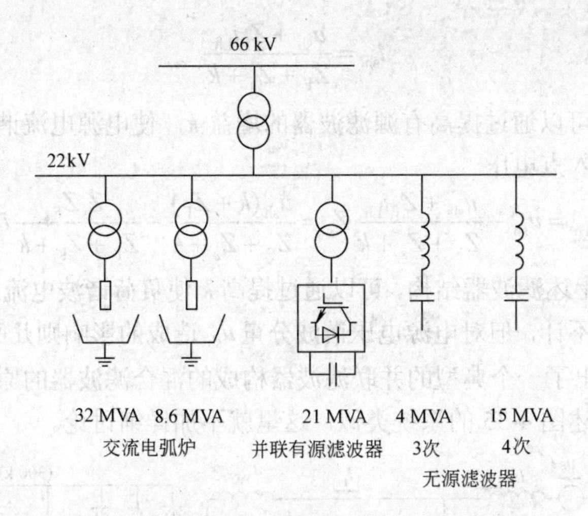

图 4-50　用于电弧炉补偿的 21MVA 有源滤波器

此外由式（4-74）还可以看到，由于两个滤波器之间会发生相互作用，此时的有源滤波器的输出电流除了需要补偿负荷电流之外，还要对流入滤波器的其他谐波分量进行补偿，这会增大所需的有源滤波器的容量。

控制系统可以利用直流中间环节的电压控制达到幅值控制的目的，由于类似结构已经多次讨论，这里就不再赘述。

（2）串联连接的并联无源滤波器 PF_{sh} 和并联有源滤波器 AF_{sh}　一个典型的串联连接 PF_{sh} 和 AF_{sh} 的结构如图 4-51a 所示，相应的等效电路如图 4-51b 所示。

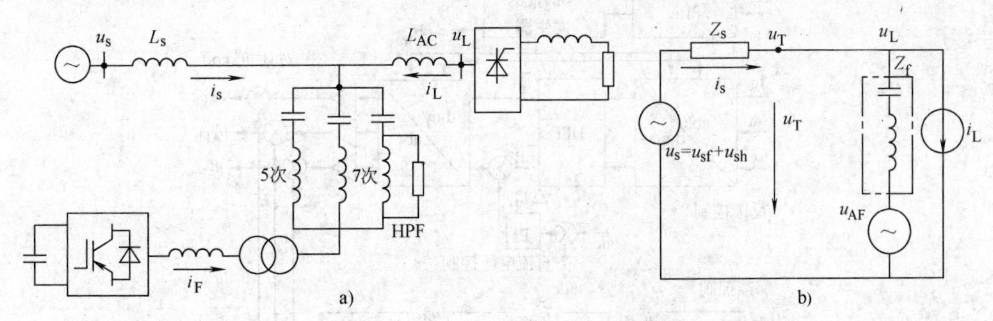

图 4-51　串联连接的 PF_{sh} 和 AF_{sh} 的结构及等效电路

a）结构　b）等效电路

假定将有源滤波器等效为一个受控电压源 u_{AF}，控制规律为

$$u_{AF} = ki_{sh} \tag{4-78}$$

可以得到电源电流的谐波分量 i_{sh} 为

$$i_{sh} = i_{Lh} + i_{AF} = i_{Lh} + \frac{u_{sh} - Z_s i_{sh} - ki_{sh}}{Z_F} \tag{4-79}$$

对上式求解，可以得到

$$i_{sh} = \frac{u_{sh} + Z_F i_{Lh}}{Z_F + Z_s + k} \tag{4-80}$$

显然，同样可以通过提高有源滤波器的增益 k，使电源电流谐波分量为零。此时，可以得到接入点电压

$$u_{Th} = u_{sh} - \frac{u_{sh} + Z_F i_{Lh}}{Z_F + Z_s + k} Z_s = \frac{u_{sh}(k + Z_F)}{Z_F + Z_s + k} - \frac{Z_s Z_F}{Z_F + Z_s + k} i_{Lh} \tag{4-81}$$

可见，采用上述滤波器结构，可以通过提高 k 使负荷谐波电流对接入点电压 u_T 的影响变得忽略不计，但对电源电压谐波分量 u_{sh} 造成的影响则几乎没有补偿作用。

图 4-52 给出了一个典型的并联滤波器构成的混合滤波器的原理图和控制系统框图，由于和前述图 4-35 的系统类似，这里就不加详细讨论。

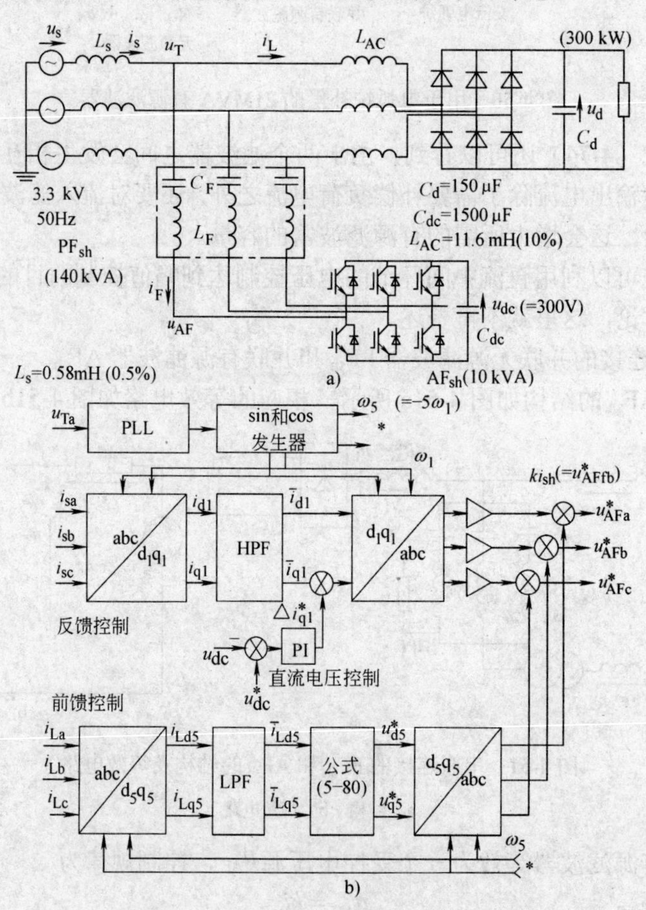

图 4-52　串联连接的 AF_{sh} 和 PF_{sh} 原理图及控制系统框图

a）原理图　b）控制系统框图

图 4-52b 与图 4-36 的控制系统基本相同，由于前面已进行了详细的讨论，这里就不再赘述。其中变换方程为

$$\begin{bmatrix} u_{d5}^* \\ u_{q5}^* \end{bmatrix} = \begin{bmatrix} R_F & -\omega_5 L_F + \dfrac{1}{\omega_5 C_F} \\ \omega_5 L_F - \dfrac{1}{\omega_5 C_F} & R_F \end{bmatrix} \begin{bmatrix} \overline{i}_{Ld5} \\ \overline{i}_{Lq5} \end{bmatrix} \tag{4-82}$$

无源滤波器在系统中的作用是吸收由非线性负荷产生的谐波电流。实际应用中，无源滤波器通常均由5次、7次单调谐滤波器和一个高通滤波器组合而成。而为了消除有源滤波器开关频率的噪声，在常规的混合滤波器中所用的无源滤波器，通常还需附加的消除开关频率脉动的滤波器，如11、13次单调谐滤波器，来替代高通滤波器，但这通常造成滤波器的体积过于庞大。在参考文献[7]采用的结构中，仅采用一个7次单调谐滤波器，而以前馈的方式来消除5次谐波分量，从而大大减小了滤波器的体积。图4-53给出了混合滤波器的滤波特性，在7次谐波的邻域呈现低阻抗；当没有有源滤波器时，在200～340Hz范围内存在谐波放大现象；而当有源滤波器接入后，完全消除了谐波放大现象。这说明上述控制方法的有效性。

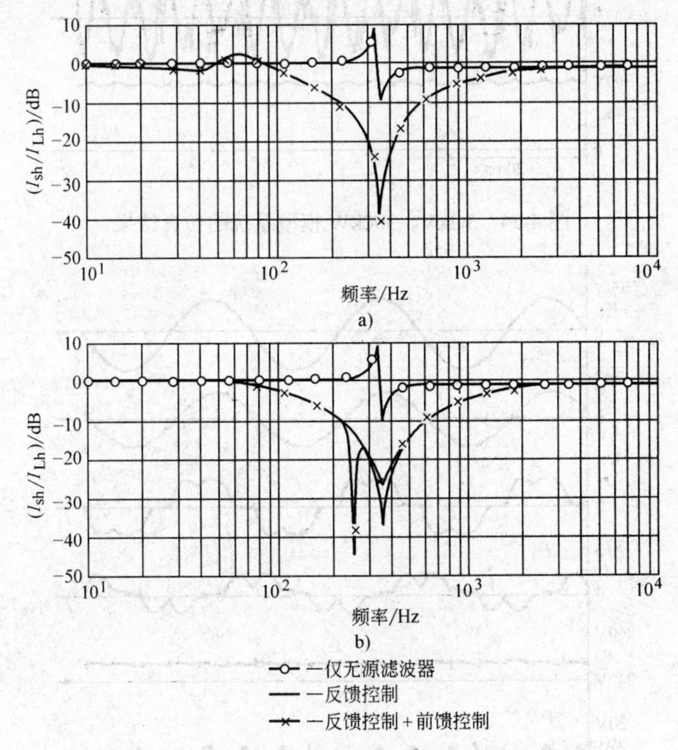

图4-53　混合滤波器的滤波特性（$k=36\Omega$）

a）正序分量　b）负序分量

作者利用计算机仿真的方法对图4-52a所示的系统进行了计算，其结果如图4-54所示；随后由利用一个容量为0.16kVA的有源滤波器和相应的无源滤波器组合而成的实验室装置，对一台220V、5kW的二极管整流负荷进行了实验，实验结果如图4-55所示。

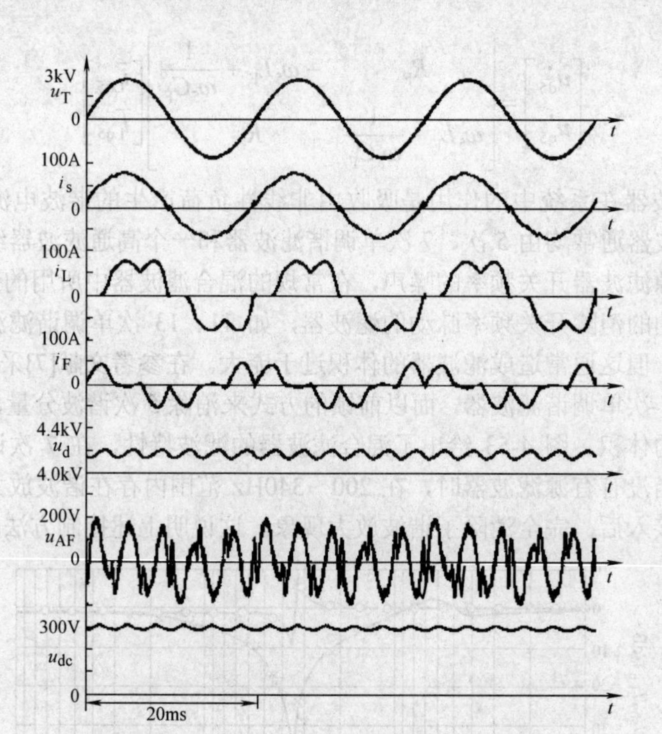

图 4-54　3.3kV、300kW 模型系统的仿真结果

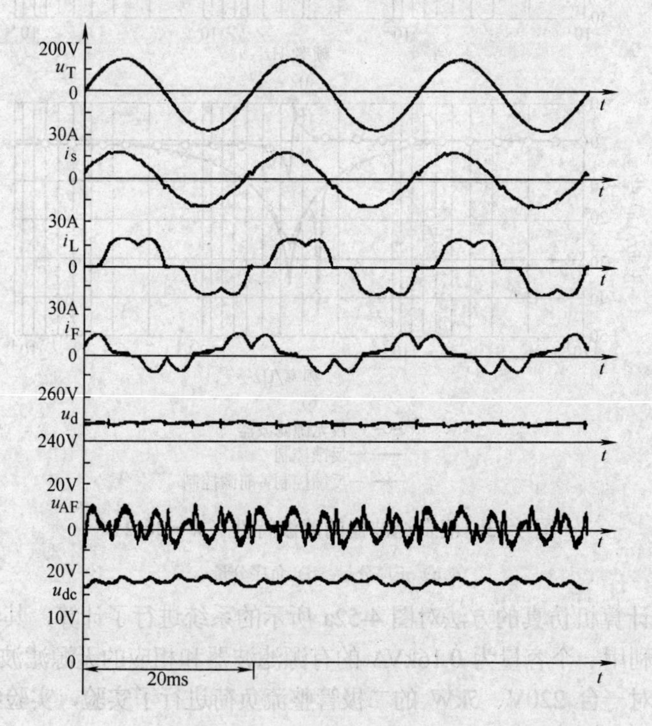

图 4-55　200V、5kW 整流器负荷的实验室补偿结果

仿真和实验的结果均表明，在采用单个无源滤波器的条件下，串联连接的混合滤波器可以有效地对非线性负荷进行补偿。而所提方案不需借助耦合变压器与供电线路连接，可以进一步缩小补偿器的体积。特别值得注意的是，上述串联结构可以使所需有源滤波器的容量较之常规的并联连接的有源滤波器大幅度减小。所有这些都证明了所提方案的优越性，为今后实用化提供了一个可行的方案。

参考文献

[1] Das J C. Power System Analysis: Short Circuit Load Flow and Harmonics[M]. New York: Marcel Dekker Incorporated, 2002.

[2] H. Akagi, Y. Kanazawa, et al, Generalized theory of the instantaneous reactive power and its application, T. IEE Japan, Vol.103-B, No.7, pp483-490, 1983

[3] IEEE 519−1992 IEEE Recommended Practices and Requirements for Harmonic Control in Electrical Power Systems[S].

[4] 电力品质调整用パワエレクトニクス应用机器适用技术调查专门委员会. 电力品质调整用パワエレクニクスの适用技术动向[R]. 电气学会技术报告 978 号，2004.

[5] 姜齐荣，赵东元，陈建业. 有源电力滤波器[M]. 北京：科学出版社，2005.

[6] 电力用アクティブフィルタ调查专门委员会.电力用用アクティブフィルタ技术[R].电气学会技术报告,第 425 號，1992.

[7] Akagl H. Active Harmonic Filters[C]//Proceedings of the IEEE, 2005, 93（12）: 2128-2141.

[8] Son Y, Sul S. Generalization of Active Filters for EMI Reduction and Harmonics Compensation[J]. IEEE Trans on Industry Applications, 2006, 42（2）: 545-551.

[9] Akagi H. Control Strategy and Site Selection of a Shunt Active Damping of Harmonic Propagation in Power Distribution Systems[J]. IEEE Transactions on Power Delivery, 1997, 12（1）:354-363.

[10] Akagi H, Tsukamoto Y, Nabae A. Analysis and Design of an Active Power Filter Using Quad Series Voltage Source PWM Converters[J]. IEEE Transa on Industry Applications, 1990, 26（1）: 93-98.

[11] Srianthumrong S, Akagi H. A Medium Voltage Transformerless AC/DC Power Conversion System Consisting of a Diode Rectifier and a Shunt Hybrid Filter[J]. IEEE Transactions on Industry Applications, 2003, 39（3）: 874-882.

[12] Khadkikar V, Chandra A, et al.. Conceptual Study of Unified Power Quality Conditioner （UPQC）[C]// IEEE ISIE 2006, 1088-1093, 2006, Montreal, Canada.

[13] Fujita H, Akagi H. The Unified Power Quality Conditioner: The Integration of Series and Shunt Active Filters[J]. IEEE Transa on Power Electronics, 1998, 13（2）: 315-322.

[14] Ghosh A, Ledwich G. Power Quality Enhancement Using Custom Power Device[M]. London: kluwer Academic Publishers, 2003.

[15] Ghosh A, Jindal A K. A Unified Power Quality Conditioner for Voltage Regulation of Critical Load Bus[C]//IEEE Power Engineering Society General Meeting, 471-476, 2004.

[16] Peng F Z, Akagi H, Nabae A. A New Approach to Harmonic Compensation in Power Systems——A Combined System of Shunt Passive and Series Active Filters[J]. IEEE Transactions on Industry Applications 1990, 26（6）: 983-990.

[17] Dugan R C, McGranaghan M F, et al. Electrical Power Systems Quality [M]. New York: McGraw-Hill Companies, Inc.; 2002.

[18] 钢铁企业电力设计手册[M]. 北京: 冶金工业出版社, 1996.

第5章　电能质量中的无功补偿

引言

电力系统中的非线性元件会引起电压波形畸变而形成谐波。近年来，随着大型电力电子装置的大量应用，其作为谐波源引起的电压畸变已不可忽略，严重降低了电力系统的自然功率因素，使供电质量变坏。

为改善电压波形，提高功率因素和电能质量，当前行之有效的办法，除增大电力系统的容量、采用多相整流的变压器外，就是采用静止无功补偿装置。其特点是利用无触点开关（如晶闸管或IGBT），在改变其导通状况的条件下，可以对基波电流迅速响应其无功部分的变化，达到快速调节的目的。

本章先介绍常用的变阻抗型静止无功补偿装置，包括 TCR、TSC、TCT、SVC，然后再介绍基于变流器的无功补偿装置 STATCOM。

5.1 变阻抗型静止无功补偿器

在静止型无功功率补偿装置未被广泛应用之前，多采用调节同步调相机励磁的办法，以响应无功功率的变化。但同步调相机虽具有调相的优点，但因其动态响应慢、不能适应变化速度快的工业负荷（如电弧炉）、运行维护复杂且发出单位无功功率的有功损耗较大，所以随后逐渐被静止型无功功率补偿装置所代替。

静止型无功功率补偿装置是在20世纪60年代后期发展起来的，经过半个世纪的发展，到目前，世界上几大著名的公司如瑞士ABB公司、德国西门子公司、法国阿尔斯通公司、美国GE公司以及日本东芝、三菱等公司都推出了各具特色的系列产品，在工业系统中发挥着不同的作用。如在电力工业中用来改善系统稳定性，限制过电压；在直流输电系统中用来作无功功率调节；在冶金工业中用来抑制轧机、电弧炉等冲击负荷引起的电压闪变，改善功率因数等。下面分别加以介绍。

5.1.1 晶闸管控制电抗器（TCR）

基本的单相TCR（Thyristor Controlled Reactor）的原理结构如图5-1中A部分所示，它由固定电抗器（通常是铁心的）、两个反并联的晶闸管串联组成。由于目前晶闸管的耐压能力的限制，实际应用时，往往采用多个晶闸管串联接入中压电网或降压变压器二次侧使用，以满足需要的电压和容量要求。串联的晶闸管要求同时触发导通，而当电流过零时自动关断。图5-2为一个实际TCR装置的外观图。

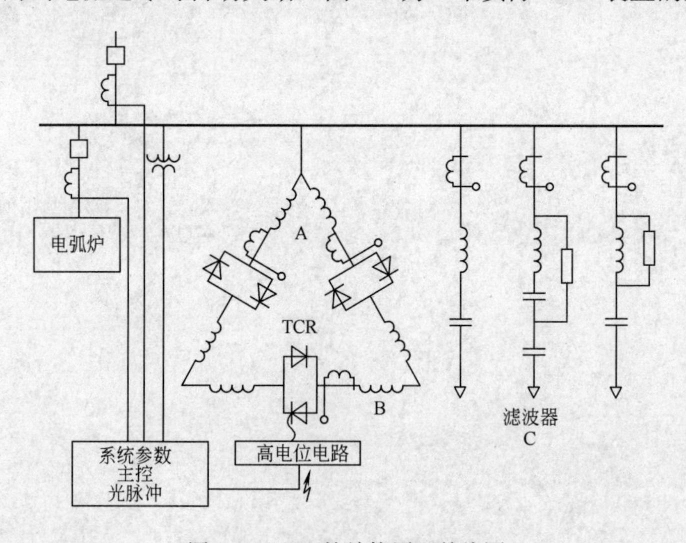

图5-1 TCR的结构原理单线图

TCR正常工作时，在电压的每个正负半周的后1/4周波中，即从电压峰值到电压过零点的间隔内，触发晶闸管，此时承受正向电压的晶闸管将导通，使电抗器进入导通状态。一般用触发延时角（firing delay angle）α 来表示晶闸管的触发瞬间，它是从电压最大峰值点到触发时刻的电角度，其决定了电抗器中电流有效值的大小。如前所述，电流的基波分量的幅值是$\alpha(\sigma)$的函数，即

图 5-2　ABB 公司 TCR 阀体和电抗器的外观图

$$I_{\mathrm{F}}=\frac{U_{\mathrm{m}}}{X_{\mathrm{L}}}\left(\frac{\sigma-\sin\sigma}{\pi}\right),\quad 0\leqslant\sigma\leqslant\pi/2 \tag{5-1}$$

而 TCR 的基波等效电纳为

$$B_{\mathrm{F}}(\sigma)=\frac{I_{\mathrm{F}}}{U_{\mathrm{m}}}=\frac{1}{X_{\mathrm{L}}}\left(1-\frac{2\alpha}{\pi}-\frac{1}{\pi}\sin 2\alpha\right),\quad 0\leqslant\alpha\leqslant\pi/2 \tag{5-2}$$

或

$$B_{\mathrm{F}}(\sigma)=\frac{1}{X_{\mathrm{L}}}\left(\frac{\sigma-\sin\sigma}{\pi}\right),\quad 0\leqslant\sigma\leqslant\pi/2 \tag{5-3}$$

式中，U_{m}为 TCR 补偿母线电压的最大值；X_{L}为相控电抗器电抗值（Ω）。

因此，TCR 的基波电纳连续可控，最小值为$B_{\mathrm{F,\,min}}=0$（对应$\alpha=\pi/2$），最大值为$B_{\mathrm{F,max}}(\alpha)=\dfrac{1}{X_{\mathrm{L}}}$（对应$\alpha=0$）。

TCR 的运行特性可以用图 5-3 所示的电压-电流特性曲线来描述，它的边界由最大允许电压、最大允许电流和最大导纳构成，在正常运行区域内，TCR 可以视作一个连续可调的电感。

由于 TCR 采用相控的方式工作，所以当触发延时角$\alpha\neq 0$时，流过电抗器的电

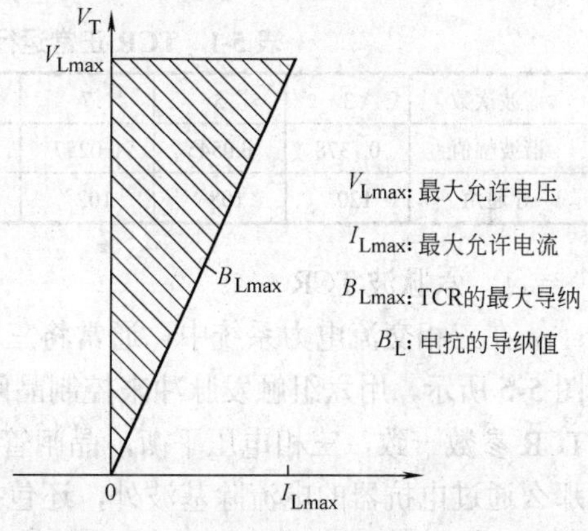

图 5-3　TCR 的基频电压-电流特性曲线

流将不是正弦信号。在理想情况下，通过傅里叶分析可以得到电流各次谐波分量的幅值与α的关系，即

$$I_n(\alpha)=\frac{4}{\pi}\frac{U}{X_{\mathrm{L}}}\frac{\sin\alpha\cos(n\alpha)-n\cos\alpha\sin(n\alpha)}{n(n^2-1)},\quad n=2k+1,\quad k=1,2,3,\cdots \tag{5-4}$$

基波和各次谐波的幅值随着α的变化曲线如图 5-4 所示，其中I_1对应基波电流幅值；以$\alpha=0$时 TCR 流过最大基波电流$I_1=1.0$作为基准，为了将谐波成分表达更清楚，其幅值乘了 10 倍。

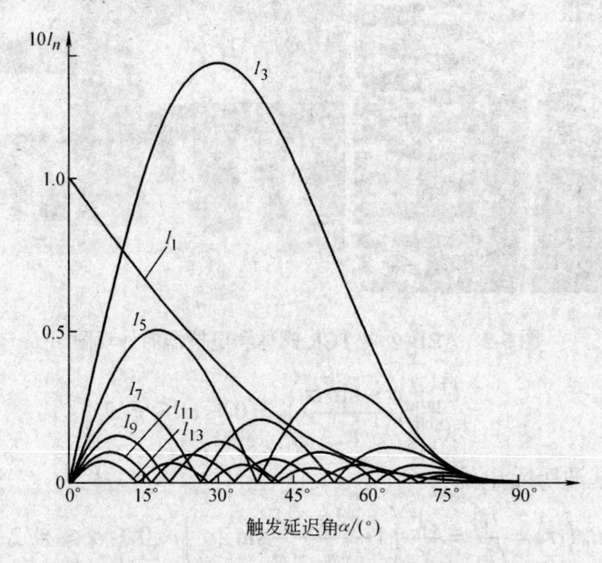

图 5-4 TCR 电流的基波和各次谐波的幅值与触发延时角的关系

可见，最主要的谐波是 3、5、7、9、11 和 13 次谐波，它们的最大值出现在不同的导通角，见表 5-1。TCR 在正常运行时会产生大量的特征谐波注入电网，因此必须采取措施将这些谐波消除或减弱，有以下几种方法。

表 5-1 TCR 正常运行时的最大特征谐波电流值

谐波次数	3	5	7	9	11	13	15	17
谐波幅值	0.1378	0.0545	0.0257	0.0156	0.0105	0.0078	0.0027	0.0022
导通角	120°	108°	102°	100°	98°	96°	95°	95°

1．六脉波 TCR

在三相交流电力系统中，通常将三个单相 TCR 按照△联结方式连接起来，如图 5-5 所示，用六组触发脉冲来控制晶闸管的开通，故称为六脉波 TCR。如果各相 TCR 参数一致，三相电压平衡，晶闸管在电压正半周期和负半周期的控制角相等，那么通过电抗器的电流除基波外，还包括如下奇次谐波：正序 $6n+1$ 次（即 1、7、13 次等）、零序电流 $6n+3$ 次（即 3、9、15 次等）、负序电流 $6n+5$ 次（即 5、11

次等）。其中零序电流在接成三角形的电抗器内形成环流，不会进入电网。正序和负序电流流入电网，因此六脉波 TCR 的特征谐波为 $n = 6k \pm 1$，$k = 1,2,3\cdots$。

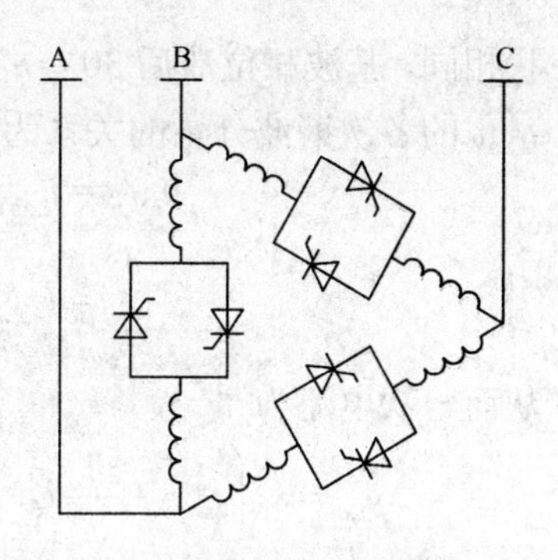

图 5-5　六脉波晶闸管控制电抗器

实际系统中，电抗器不会完全相同，电压也不平衡，尤其当电抗器正负半周投切不对称时，电抗器电流将包含包括直流分量在内的所有频谱的谐波，直流分量可能使降压变压器饱和，增大谐波含量和损耗。

2．十二脉波 TCR

图5-6所示为十二脉波TCR电路结构，由两组参数相同的六脉波三角形联结TCR组成，通过变压器耦合起来，一组 TCR 接入变压器二次侧的三角形联结绕组（以下称第一组），另一组 TCR 接入变压器二次侧的星形联结绕组（以下称为第二组）。

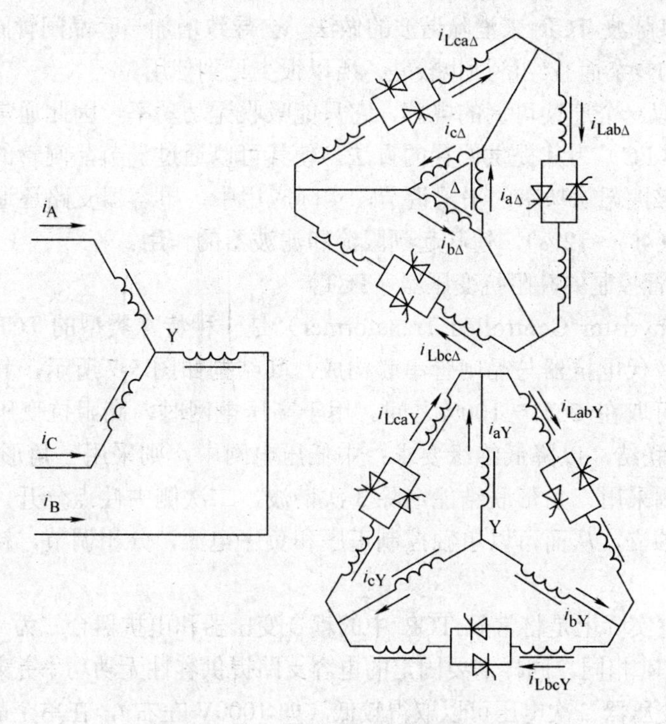

图 5-6　十二脉波晶闸管控制电抗器

设三相对称，电压比分别为 $k_\Delta:1$（二次侧）、$k_\text{Y}:1$，且 $k_\Delta:k_\text{Y} = \sqrt{3}:1$，各 TCR 控制的触发延迟角 α 相同，下面以 A 相电流为例来分析变压器一次侧电流的 n 次谐波含量。已知，加在第一组 a 相 TCR 上的电压与加在第二组 a 相 TCR 上的电压的幅值相同，相位滞后 30°，由于各组 TCR 采用相同的触发延时角，则 $i_{\text{Lab}\Delta}$ 与 i_{LabY} 形状相同，基波相位滞后 30°，n 次谐波分量的相位滞后 $n\times30°$；而 i_{aY} 各次谐波分量与 i_{LabY} 的各次谐波分量的关系为

$$
\begin{aligned}
i_{aY,n} &= i_{LabY,n} - i_{LcaY,n} \\
&= I_{aY,n}\left[2\sin\frac{n\pi}{3}\sin\left(n\omega t+\phi-\frac{\pi}{2}+\frac{n\pi}{3}\right)\right]
\end{aligned}
\tag{5-5}
$$

从而一次电流为

$$
\begin{aligned}
i_{1,n} &= k_{\Delta}\left(i_{a\Delta,n}+\frac{1}{\sqrt{3}}i_{aY,n}\right) \\
&= k_{\Delta}I_{aY,n}\left[\sin\left(n\omega t+\phi-\frac{n\pi}{6}\right)+\frac{2}{\sqrt{3}}\sin\frac{n\pi}{3}\sin\left(n\omega t+\phi-\frac{\pi}{2}+\frac{n\pi}{3}\right)\right]
\end{aligned}
\tag{5-6}
$$

当 $n=6(2k-1)\pm1$，$k=1,2,3\cdots$ 时，$i_{1,n}=0$，即消除了 5、7、17、19 等次谐波分量；又由于六脉波三角形联结 TCR 输出电流中不含 3、9、15 等次谐波，因此，十二脉波 TCR 的特征谐波为 $n=12k\pm1$，$k=1,2,3\cdots$。

采用更多脉波 TCR 来消除谐波的做法，会导致增加一套晶闸管阀及其控制装置，不仅结构复杂而且经济性也较差，所以很少见到使用。

TCR 类似一个连续可调的电感，它只能吸收无功功率，因此通常利用加入固定电容器组（FC）为其提供偏置的方法，使其可以通过调节晶闸管的触发角，实现从容性到感性无功功率的平滑调节。实际应用中，电容器支路还通常串联一个适当的电感（4%～12%），使其起到限流和滤波器的作用。

3．晶闸管控制的高阻抗变压器（TCT）

TCT（Thyristor Controlled Transformer）是一种特殊类型的 TCR，它利用高阻抗变压器替代电抗器与晶闸管串联构成，其结构如图 5-7 所示，其中高阻抗变压器的漏抗可取在 33%～100%之间。用于高压电网时，高阻抗变压器一般采用星形-三角形联结，以降低绝缘要求；中低压电网中，则采用三角形-开口三角形联结，一次侧采用三角形联结能消除 3 次谐波，二次侧中性点分开，使每相负荷与另外两相独立，从而可以单独控制正序和负序电流，分相调节，补偿电弧炉等不平衡负荷。

这种装置实际上是将常规 TCR 中的耦合变压器和电抗器合二为一，其基本工作原理和 TCR 相同，同样需要固定的电容支路提供容性无功功率并兼作滤波器。由于高阻抗变压器二次电压可以取得较低（如 1000V 左右），在单个晶闸管器件的工作电压以内，或串联器件数量少，使得主电路和门极电路的绝缘均变得简单，安装容易；再加上可以根据需要尽可能充分利用器件的电压和电流容量，所以造价低于同容量的 TCR。这些原因使得 TCT 在中小型（40～50Mvar 以下）的 SVC 中得到了相当广泛的应用，在日本采用此类结构的 SVC 占到总数的一半以上。作为其变形，也可以将变压器和电抗器分离，以降低制造成本。

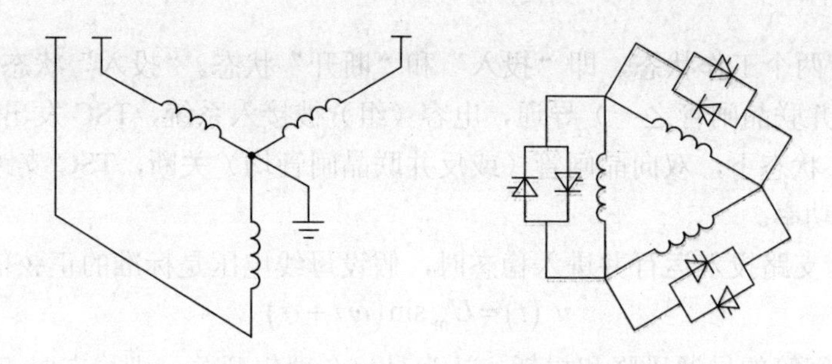
图 5-7　晶闸管控制的高阻抗变压器

当容量进一步增大时，由于变压器二次电流增大，使得其经济性变差，再加上大电流引起的干扰和损耗问题，所以变得不再适用。

5.1.2　晶闸管投切电容器（TSC）

固定并联电容补偿方式是一种得到最大规模应用的无功功率补偿方式，其优点在于造价低、运行和维护简单、运行可靠性较高；但是，由于无法随负荷无功功率的变化而变化，难以满足变电所功率因数指标要求，甚至出现过补偿等负面影响。而利用断路器或接触器投切的电容器装置虽然具有结构简单、控制方便、性能稳定和成本低廉等优点，但是响应速度慢、不能频繁投切，特别是接入时会产生很大的涌流，因此主要应用于性能要求不高的场合。为了满足提高负荷功率因数的要求，同时克服上述缺点，采用晶闸管作为开关的 TSC 得到了越来越多的关注，特别是在低压（380V）场合，更得到广泛的应用。单相 TSC 的原理结构如图 5-8a 所示，它由电容器、双向导通晶闸管（或一对反并联的晶闸管）和阻抗值很小的限流电抗器组成。限流电抗器的主要作用是，限制晶闸管阀由于误操作引起的浪涌电流，以及避免与交流系统电抗在某些特定频率上发生谐振。

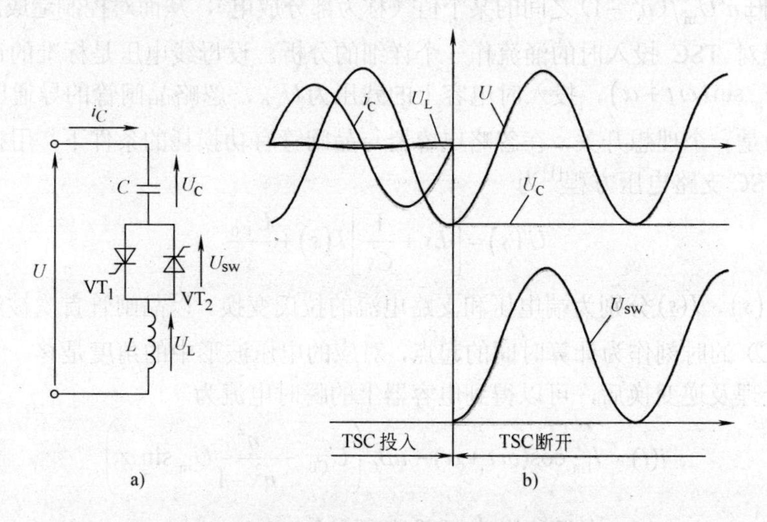

图 5-8　TSC 的原理结构和工作波形

a）原理结构　b）工作波形

TSC 有两个工作状态，即“投入”和“断开”状态。“投入”状态下，双向晶闸管（或反并联晶闸管之一）导通，电容（组）被接入系统，TSC 发出容性无功功率；“断开”状态下，双向晶闸管（或反并联晶闸管均）关断，TSC 支路不起作用，不输出无功功率。

当 TSC 支路投入运行并进入稳态时，假设母线电压是标准的正弦信号，即

$$u_{\mathrm{s}}(t)=U_{\mathrm{m}}\sin(\omega t+\alpha) \tag{5-7}$$

忽略晶闸管的导通压降和损耗，认为是一个理想开关，则稳态时 TSC 支路的电流为

$$i(t)=\frac{n^2}{n^2-1}\frac{U_{\mathrm{m}}}{X_{\mathrm{C}}}\cos(\omega t+\alpha) \tag{5-8}$$

式中，$n=\sqrt{X_{\mathrm{C}}/X_{\mathrm{L}}}=\omega_{\mathrm{n}}/\omega$，为 LC 电路自然频率与工频之比；$X_{\mathrm{C}}=\omega C$；$X_{\mathrm{L}}=\omega L$。

电容上基频电压的幅值为

$$U_{\mathrm{C}}=\frac{n^2}{n^2-1}U_{\mathrm{m}} \tag{5-9}$$

当电容电流过零时，晶闸管自然关断，TSC 支路被“断开”，此时电容上的电压达到极值，即$U_{\mathrm{C},i=0}=\pm n^2U_{\mathrm{m}}/(n^2-1)$（其中+对应电容电流由正变为零时晶闸管自然关断的情况，-对应电容电流由负变为零时晶闸管自然关断的情况）。此后，如果忽略电容的漏电损耗，则其上的电压将维持极值不变，而晶闸管承受的电压在（近似）零和交流电压峰-峰值之间变化，如图 5-8b 所示。

实际上，当 TSC 支路被断开后，为了安全起见，或者由于电容的漏电效应，电容上的电压将不能维持其极值，当再次投入时，电容上的残留电压将为 0（称为完全放电）到$\pm n^2U_{\mathrm{m}}/(n^2-1)$之间的某个值（称为部分放电），从而对控制造成困难。

这里对 TSC 投入时的涌流作一个详细的分析。设母线电压是标准的正弦信号$u_{\mathrm{s}}(t)=U_{\mathrm{m}}\sin(\omega t+\alpha)$，投入时电容上的残压为$U_{\mathrm{C0}}$，忽略晶闸管的导通压降和损耗，认为是一个理想开关，在忽略电容器与晶闸管有功损耗的条件下，用拉氏变换表示的 TSC 支路电压方程[1]为

$$U(s)=\left[Ls+\frac{1}{Cs}\right]I(s)+\frac{U_{\mathrm{C0}}}{s} \tag{5-10}$$

式中，$U(s)$、$I(s)$分别为端电压和支路电流的拉氏变换。以晶闸管首次被触发（即投入 TSC）的时刻作为计算时间的起点，对应的电压波形中的角度是α，经过简单的变换处理及逆变换后，可以得到电容器上的瞬时电流为

$$i(t)=I_{\mathrm{1m}}\cos(\omega t+\alpha)-nB_{\mathrm{C}}\left(U_{\mathrm{C0}}-\frac{n^2}{n^2-1}U_{\mathrm{m}}\sin\alpha\right)\times\sin\omega_n t-I_{\mathrm{1m}}\cos\alpha\cos\omega_n t \tag{5-11}$$

式中，$\omega_n=1/\sqrt{LC}=n\omega$，是电路的自然频率；$B_{\mathrm{C}}=\omega C$，是电容器的基波电纳；

$I_{1\mathrm{m}}=U_{\mathrm{m}}B_{\mathrm{C}}n^2/(n^2-1)$，是电流基波分量的幅值。

式（5-11）右侧的后两项代表预期的电流振荡分量，其频率为自然频率。实际中由于电路中存在不可避免的有功损耗，所以该两项将随时间增大而衰减。从式（5-11）可以看到，如果希望投入 TSC 支路时完全没有过渡过程，即后边两项振荡分量为零，必须同时满足以下两个条件：

1）自然换相条件：　$\cos\alpha=0$（即 $\sin\alpha=\pm1$）　(5-12)

2）零电压切换条件：$U_{\mathrm{C0}}=\dfrac{n^2}{n^2-1}U_{\mathrm{m}}\sin\alpha=\pm\dfrac{n^2}{n^2-1}U_{\mathrm{m}}$　(5-13)

实际上，条件 1，即在系统电压最大值时触发晶闸管，是自然换相条件；因为流过电容的电流超前其两端电压（即系统电压）90°，所以在系统电压峰值时流经电容的电流为零；而作为依赖电流过零自然关断的半控器件，晶闸管的无电流冲击换相点应为系统电压峰值点。而条件 2，即投入时电容器应已预充电到 $U_{\mathrm{m}}n^2/(n^2-1)$，是零电压切换条件；此时由于开通前后晶闸管两端电压均为零，所以其开通过程将不会在电路中引起由于电压突变导致的过渡过程。为了同时满足上述条件，厂家多采用了假定电容两端电压已预充电到系统峰值电压，从而在电源电压峰值时开通晶闸管以投入电容器组的方法，如图 5-9 所示。

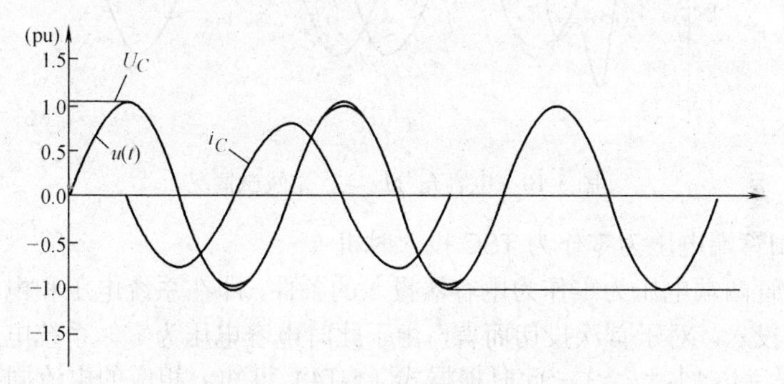

图 5-9　电容电压等于系统电压峰值时投入 TSC

1. 无暂态过程的 TSC 投切时机

在实践中，通常控制器设计在电流过零点（即 $\alpha=0$）时触发晶闸管，将电容投入。问题是电容器一旦被切除后会不可避免地发生放电而导致电容电压下降，因此除非每次（包括首次）投入之前均将电容充电到电源电压的峰值，在间断运行中将很难保证上述条件。

实践中另外一种做法是假定每次投入之前电容器均经过充分放电，其两端电压为零。此时就可以在系统电压过零点（即触发延时角 $\alpha=-90°$）时开通晶闸管，使电容器接入。此时由于 $U_{\mathrm{C0}}=0$，$\sin\alpha=0$，故代表的零电压切换条件可以得到满足；但自然换相条件不能得到满足，其中振荡分量的第一项为零，只有第二项可能引起振荡，振荡的最大值是正常情况下的两倍。为了说明这一点，将描述电容中电流的（5-11）式改写为

$$i(t) = I_{1\mathrm{m}}\left[\cos(\omega t + \alpha) - \cos\alpha\cos\omega_n t\right] + nB_{\mathrm{C}}\frac{n^2}{n^2-1}U_{\mathrm{m}}\sin\alpha \times \sin\omega_n t \quad (5\text{-}14)$$

显然仅在首次投切（即$t = 0$）时，可以保证流经晶闸管和与之串联的电容中的电流为零；但此后的投切过程中，由于电容（即晶闸管）中的基频电流在系统电压过零时，晶闸管中的电流正达到其峰值，不能自然关断，如图 5-10 所示。由此可见，采用电压过零点投切的电容方式实际上只能应用于首次投切；其后的运行中，两个晶闸管实际上仍应在系统电压峰值时进行自然换相。为了可靠起见，实践中往往采用提供连续脉冲的形式使晶闸管工作于二极管模式。但这种方式由于电容器一旦从系统中切除，必须等到电压下降到零以后才能够再次投入；而根据国家标准，电容所附带的放电电路需要 3～10min 对电容上的电压进行放电，所以限制了其再次投入的时间。

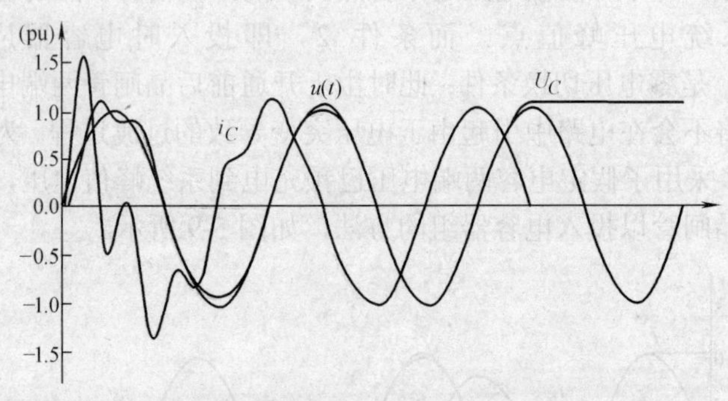

图 5-10 电容充分放电、无残压情况

2．晶闸管端电压为零作为 TSC 投入时机

以晶闸管两端电压为零作为电容器投入的条件，即在系统电压和电容两端电压相等时进行投入。对于首次投切而言，由于此时电容电压为零，系统电压为零的时刻为$t = k\pi(k = 0、\pm1、\pm2\cdots)$，此时根据式（5-14）可知，相应的电流同样为零，即没有冲击。而一旦晶闸管（如图 5-8a 中的 VT_1）开通，电容电压将跟随系统电压而变化，所以将始终满足零电压切换条件（触发条件 2）；在电源电压达到正峰值时，此时晶闸管 VT_1 自然关断，同时电容器已被充到电源电压的正峰值，VT_2 处于正向偏置，实现无过渡过程的自然换相。这种方法中，TSC 的晶闸管一旦导通就将始终满足零电压切换条件，所以最简单且可靠的做法就是提供连续脉冲来实现自然换相。该方法由于取消了必须在电容电压为零时进行投切的条件，所以实际上可以在短时间内进行反复投切。

综上所述，为使 TSC 电路的过渡过程最短，应在输入的交流电压与电容上的残留电压相等，即晶闸管两端的电压为零时将其首次触发导通，具体而言：①当电容上的正向（反向）残压小于（大于）输入交流电压的峰（谷）值时，在输入电压等于电容上的残压时导通晶闸管，可使得过渡过程最短；②当电容上的正向（反向）残压大于（小于）输入交流电压的峰（谷）值时，在输入电压达到峰（谷）值时，导通晶闸管，可直接进入稳态运行。

采用 TSC 时一个值得注意的问题是，由于晶闸管关断时刻对应于系统电压峰值，所以关断后电容的残压将是系统电压峰值，换句话说，晶闸管上承受的最大电压将是系统电压峰值的两倍，所以在设计时 TSC 晶闸管阀体的耐压应按同等电压条件下 TCR 阀体耐压的两倍来选取，以保证安全运行。再加上 TSC 仅能对无功功率进行阶梯状调节，以及实际应用中要求每次电容投切所引起的系统电压波动不应超过标称值的 5%～6%，所以往往采用多组 TSC 并联根据需要进行投切的方式。导致其经济性并不理想。因此除了在特定的场合，如电气化铁路重负荷低密度列车供电系统的无功补偿和低压补偿，以及与 TCR 混合使用外，TSC 应用较少。

5.1.3　静止无功补偿器（SVC）

SVC 是目前电力系统中应用最多、最为成熟的并联补偿设备，它也是一类较早得到应用的 FACTS 控制器。静止无功补偿器（SVC）包括与负荷并联的电抗器或电容器，或两者的组合，且具有可调/可控部分。可调/可控电抗器包括晶闸管控制的电抗器（TCR）或晶闸管投切的电抗器（TSR）两种形式。电容器通常包括与谐波滤波器电路结合成一体的固定的或机械投切的电容器，或在需对电容进行高速或非常频繁投切时所采用的晶闸管投切的电容器（TSC）等形式。图 5-11 为 SVC 的一些常见形式。

在所有 SVC 的组合形式中，由固定电容和晶闸管控制电抗器组成的无功补偿器（Fixed Capacitor，Thyristor-Controlled Reactor Type Static Var Compensator，FC-TCR 型 SVC）是最基本也是最常用的一种。它的单相原理和补偿特性如图 5-12 所示。其中，电容支路为固定连接，TCR 支路采用延时触发控制，形成连续可控的感性电抗，通常 TCR 的容量大于 FC 的容量，以保证既能输出容性无功也能输出感性无功。实际应用中，常用一个滤波网络（LC 或 LCR）来取代单纯的电容支路，滤波网络在基频下等效为容性阻抗，产生需要的容性无功功率，而在特定频段内表现为低阻抗，从而能对 TCR 产生的谐波分量起着滤波作用。

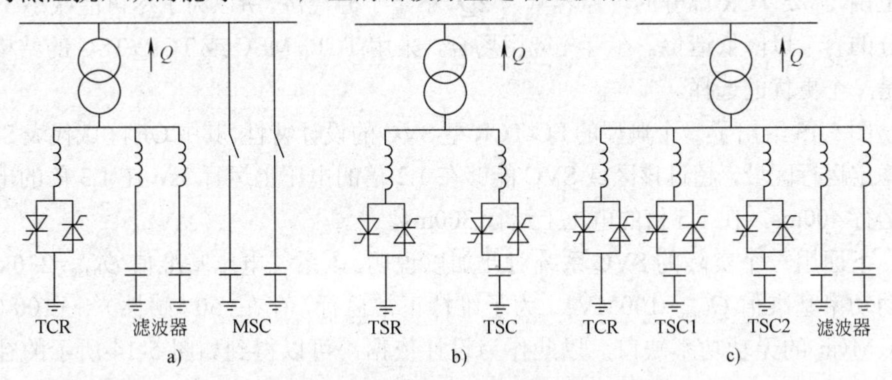

图 5-11　SVC 的常见形式

a）采用 TCR、MSC 和滤波器组合方式的 SVC　b）采用 TCR、TSC 组合方式的 SVC

c）采用 TCR、TSC 和滤波器组合方式的 SVC

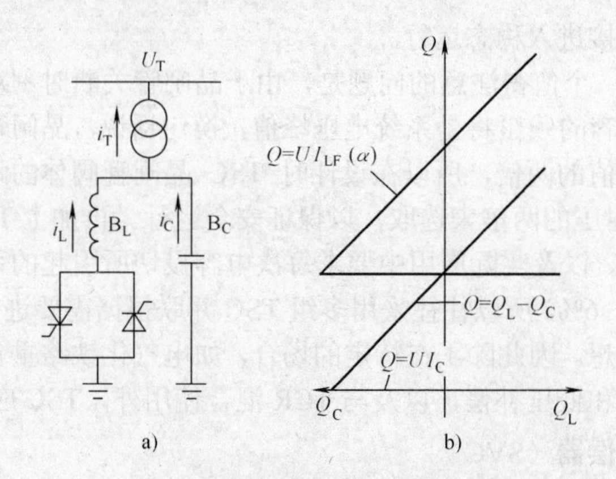

图 5-12　FC-TCR 型 SVC 的单相原理图和补偿特性

a）单相原理图　b）补偿特性

FC-TCR 型 SVC 总的无功功率输出（以吸收感性无功功率为正）为 TCR 支路和 FC 支路的无功功率输出之和，即 $Q=Q_L-Q_C$。图 5-12b 所示为无功功率输出与无功功率需求之间的关系曲线，纵坐标为无功功率输出，横坐标为无功功率需求，最下面的平行线表示 FC 输出的容性无功功率（假设输入电压有效值不变），最上面的斜线表示 TCR 的无功功率输出，中间的斜线是 FC-TCR 的合成无功功率输出。当需要最大的容性无功功率输出时，将 TCR 支路“断开”，即触发延时角 $\alpha=90°$，逐渐减少触发延时角 α，则 TCR 输出的感性无功功率增加，从而实现从容性到感性无功功率的平滑调节。在零无功功率输出点上，FC 输出的容性无功功率和 TCR 的感性无功功率正好抵消；进一步减少 α，则 TCR 输出的感性无功功率超过 FC 输出的容性无功功率，整个装置输出净感性无功功率；当 $\alpha=0$ 时，TCR 支路“全导通”，装置输出的感性无功功率最大。需注意 FC-TCR 的结构，为了达到从 $-Q$ 到 $+Q$ 的调节范围，需要 TCR 部分的可控容量为 $2Q$，不是十分经济。所以为了尽可能减小 TCR 部分的容量以降低造价，在有些应用场合，采用 TCR+MSC 或 TCR+TSC 的结构可能是一个更优的选择。

图 5-13 给出了一个典型的 FC-TCR 型 SVC 的设计特性，其中 OP 区域代表 SVC 的稳定运行区域，超过该区域 SVC 能够在 1.2 倍的电压上运行 3s，在 1.3 倍的电压上运行 400ms，在 1.5 倍的电压上运行 300ms。

下面用一个实际的 SVC 系统对此加以说明。该系统电压基准值 U_{base}=230kV，无功功率基准值 Q_{base}=100MVA。为了维持正常运行，存在−50（感性）～+100（容性）Mvar 的无功功率缺口，以此作为设计依据，可以得到如图 5-14 所示的补偿系统特性曲线。根据设计，当系统电压低于 0.85pu 时，装置工作在容性的极限；当电压高于 1.1pu 时，装置工作在其感性极限；在图中的阴影区间装置可以连续工作。

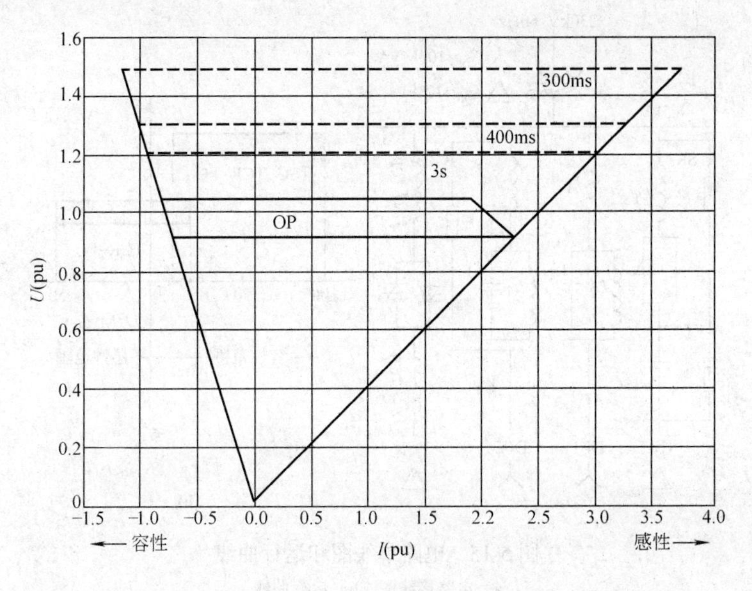

图 5-13　伏安特性——SVC 的稳态和暂态运行点

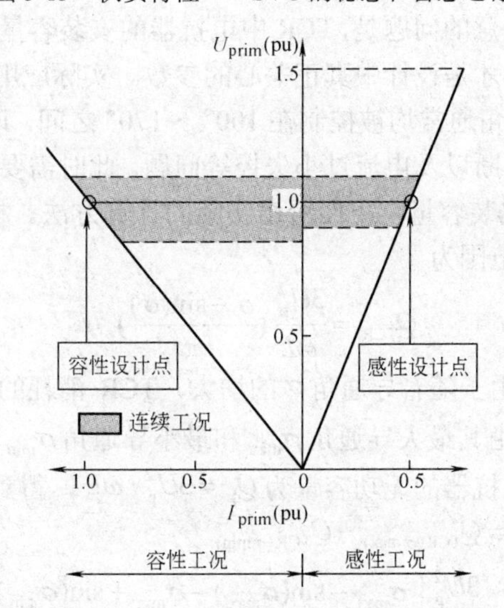

图 5-14　变电所无功补偿装置的性能

U_{prim}—变压器一次电压的标幺值　I_{prim}—变压器一次电流的标幺值

根据上述性能要求，设计给出图 5-15a 所示的单线系统图，包括一个额定容量为 76Mvar 感性的 TCR，一个容量为 74Mvar 容性的 TSC 支路，以及由 3/5 和 7/11.5 两个双调谐滤波器 DF1、DF2 组成的容量呈 26Mvar 容性的谐波滤波器。当 TSC 切除时，上述 26Mvar 的滤波器和 TCR 一起可以产生−26～+50Mvar 的感性无功功率。而当 TSC 工作时，三者一起可产生−100～−24Mvar 的容性无功功率。由此完成了上述−100～+50MVar 的补偿要求。该设计系统的运行曲线如图 5-15b 所示。

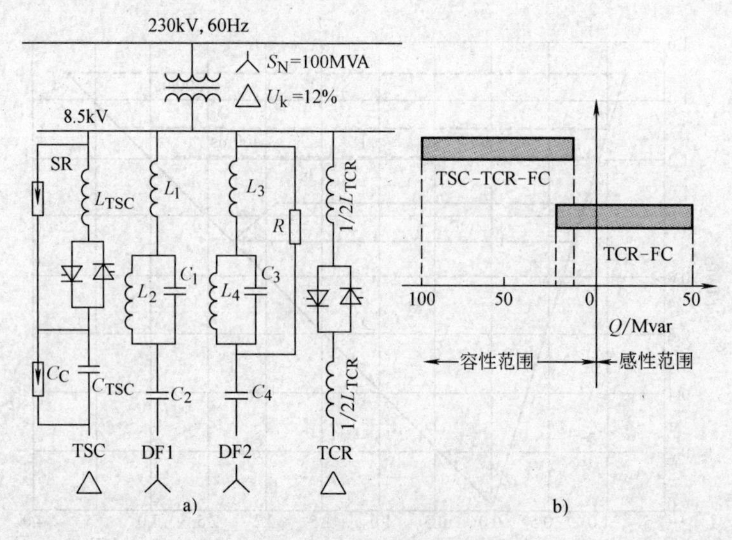

图 5-15　电路单线图和运行曲线

a）电路接线图　b）运行曲线

设计中一个需要注意的问题是，TCR 中电抗器的安装容量与可调容量是完全不同的两个概念，而后者才是设计中真正关心的参数。实际应用中为了保证 TCR 正常工作，电抗器的导通角通常均被控制在 100°～170° 之间，以防止导通角 180° 时产生电流连续而不能关断以及电流过小失控等问题。此时需要根据设计提出的控制范围来确定电抗器的安装容量，下面给出实际的计算方法。根据公式（5-1）可以得到三相 TCR 的调节范围为

$$Q_{TCR}=\frac{3U_p^2}{\omega L}\left(\frac{\sigma-\sin(\sigma)}{\pi}\right) \tag{5-15}$$

式中，U_p 为相电压。由于随着导通角 σ 的增大，TCR 消耗的无功功率增大，所以 TCR 的调节范围可以由其最大导通角 σ_{max} 和最小导通角 σ_{min} 之间吸收的无功功率大小确定，再注意到电抗器的无功容量为 $Q_L=3U_p^2/\omega L$，得到

$$\begin{aligned}\Delta Q&=Q_{TCR(\sigma max)}-Q_{TCR(\sigma min)}\\&=\frac{3U_p^2}{\omega L}\left[\frac{\sigma_{max}-\sin(\sigma_{max})-\sigma_{min}+\sin(\sigma_{min})}{\pi}\right]\\&=\left[\frac{\sigma_{max}-\sin(\sigma_{max})-\sigma_{min}+\sin(\sigma_{min})}{\pi}\right]Q_L\end{aligned} \tag{5-16}$$

假定 TCR 的最大和最小导通角分别为 $\sigma_{max}=160°$，$\sigma_{min}=20°$，则可调范围为

$$\begin{aligned}Q_{TCR,(\sigma max)}-Q_{TCR,(\sigma min)}&=\frac{3U_p^2}{\omega L}\left[\frac{\sigma_{max}-\sin(\sigma_{max})-\sigma_{min}+\sin(\sigma_{min})}{\pi}\right]\\&=Q_L\frac{7}{9}\end{aligned} \tag{5-17}$$

即如果 TCR 的调节范围为 50MVar，则所需的电抗器安装容量为 64.3MVar，在设计时必须十分注意这一点。

注意到 TCR 最小的无功容量：$Q_{TCR(\sigma min)} = Q_L \left[\frac{\sigma_{min} - \sin(\sigma_{min})}{\pi} \right]$，所以需要在计算电容安装容量时应加上此容量。但实际中，由于该值通常很小，所以式（5-17）可以简化为

$$\begin{aligned} Q_{TCR(\sigma max)} - Q_{TCR(\sigma min)} &\approx \frac{3U_p^2}{\omega L} \left[\frac{\sigma_{max} - \sin(\sigma_{max})}{\pi} \right] \\ &= Q_L \frac{7}{9} \end{aligned} \tag{5-18}$$

利用 SVC 对电弧炉的闪变进行抑制，可以说是一项成熟的、并且得到广泛应用的技术。这种方法在改善功率因数和抑制特定谐波方面具有令人满意的结果，但是由于响应速度的原因，在解决闪变问题上却受到一定的限制。为了提高响应速度，目前常用的控制方法包括如下几种：

1）分相控制，对正负半周进行开环预测控制；

2）检测供电点的无功功率的相对变化量，对于预测控制的平均值进行闭环补偿控制；

3）每个半周对负荷的无功功率预测的结果中，减去基频分量，使静止闪变补偿装置的工作点自动地移到负荷的波动范围，以提高补偿效率为目的的偏置补偿控制。

对于多台电弧炉和补偿装置并联运行时，分别检出各台电弧炉的电流，然后进行合成，然后根据合成电流平均分配到性能相同的补偿器中进行控制。

为了达到高速控制的目的，闪变补偿装置多采用开环控制的方式。这里所谓“开环”控制即无反馈的控制系统，它根据被控对象的性质和控制目标，实时监视被控对象的特性变量，然后以一定的规律进行预测得出控制量并实施，也就是所述的第一种方法。在用于电弧炉补偿时通常采用分相控制的结构，图 5-16 所示为一个用于 SVC 的单相开环控制器的原理图。

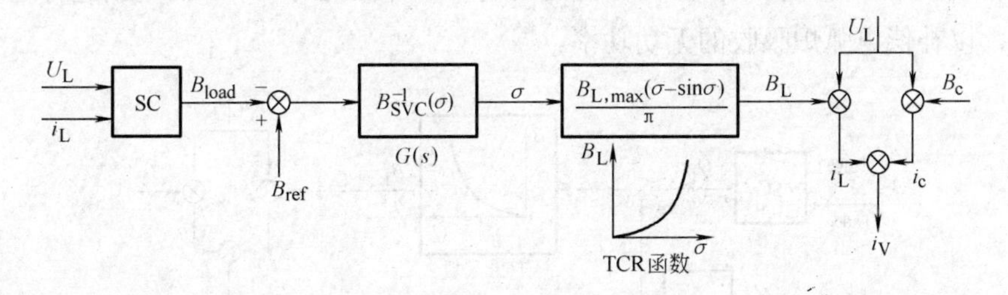

图 5-16　SVC 的开环控制结构

该控制器包括如下部分：

1）首先由一个称为电纳计算器的功能模块（SC），通过测量负荷上的电压和电

流，经计算得到负荷的等值电纳，设为 B_{load}。

2）然后根据维持总电纳恒定的控制目标，计算出 SVC 应该具有的等效电纳，即 $B_{SVC}=B_{ref}-B_{load}$，其中 B_{ref} 为需要维持恒定的电纳参考值。

3）再通过非线性变换得到所需的 TCR 导通角 σ，该非线性变换对应的函数通常被称作 SVC 的前馈传递函数 $G(s)$，它是由 SVC 的运行特性决定的。对于 FC-TCR 型 SVC，如果忽略动态特性，它的电纳可以表示为

$$B_{SVC}(\sigma)=B_{FC}+B_{TCR}=B_{FC}+\frac{\sigma-\sin\sigma}{\pi X_L} \tag{5-19}$$

如果令 $G(s)=B_{SVC}^{-1}(\sigma)$，也就是说前馈传递函数是 B_{SVC} 的逆函数，就可以实现理想的前馈控制。由此，为了得出对应的 TCR 的导通角 $\sigma[=2(\pi-\alpha)]$，需要求解一个非线性超越方程，这是由一个称为导通角计算器（CAC）的功能模块来完成的。

开环式前馈控制的优点是，实现简单、响应迅速，经过精心设计的具有前馈环节的开环控制的典型响应时间为 5～10ms。但是，前馈控制系统的性能在很大程度上决定于前馈传递函数 $G(s)$ 的精确性。实际上，由于以下三个原因：①函数 $G(s)$ 是预先确定的，如果外部系统的特性发生了设计函数时没有考虑到的变化，将得不到如设计所要求的控制效果；②函数 $G(s)$ 很难反映系统的动态特性，SVC 装置从得出新的触发延迟角到其导纳值的改变是需要一定时间来完成的，这在前馈传递函数中不易表达；③前馈控制对于系统参数变化所引起的控制偏差没有校正能力。因此，这种控制方法通常仅用于需要快速响应且精度要求不高的负荷补偿，如对冲击性负荷进行补偿的闪变抑制装置中。更高性能的控制系统中，通常将前馈控制与反馈控制结合起来，利用前馈环节的快速响应特性和反馈环节的精确调节特性，达到最优的补偿效果。

图 5-17 所示即为一个包括前馈控制和反馈控制两个环节的控制器，其中一个环节是用于无功功率补偿的开环分相控制系统，它通过测量供电点的电压 U_L 和电弧炉的电流 i_L，得到各相需要补偿的无功功率，并据此对 SVC 的电纳进行连续地控制，以补偿电弧炉吸收的无功功率。

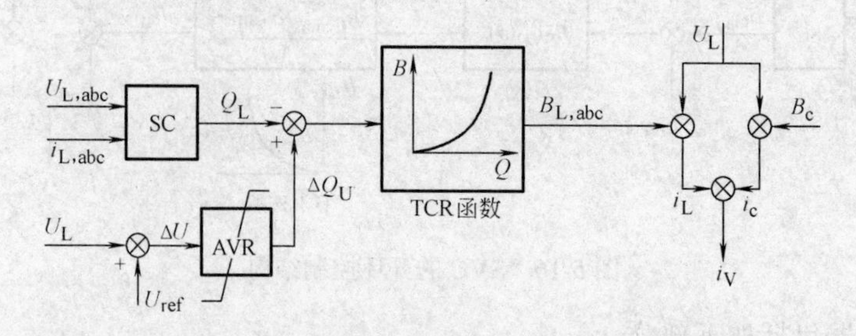

图 5-17　SVC 的闭环控制结构（AVR）

另一个是闭环三相平衡电压控制，其参考值即标称电压值，通过 AVR 的环节来进行控制。AVR 的工作原理是，当其检测到电压或无功功率偏差后，就按照一定的控制规律，如比例积分（PI）控制规律，调节 SVC 电纳参考值进行补偿，以改变负荷母线上总的无功电流大小，直到被测点电压或无功功率的误差减小到可接受的水平为止，此外加入限压环节来防止过电压的发生。控制的优先级依次为限压、开环控制和闭环电压控制。

上述两种方法对于采用单相桥结构的 STATCOM 而言也是完全适用的，只是此时的控制目标通常是无功电流（或无功功率）而不是电纳。

对于 SVC 投运前、后，电弧炉电压闪变抑制情况如图 5-18 所示。

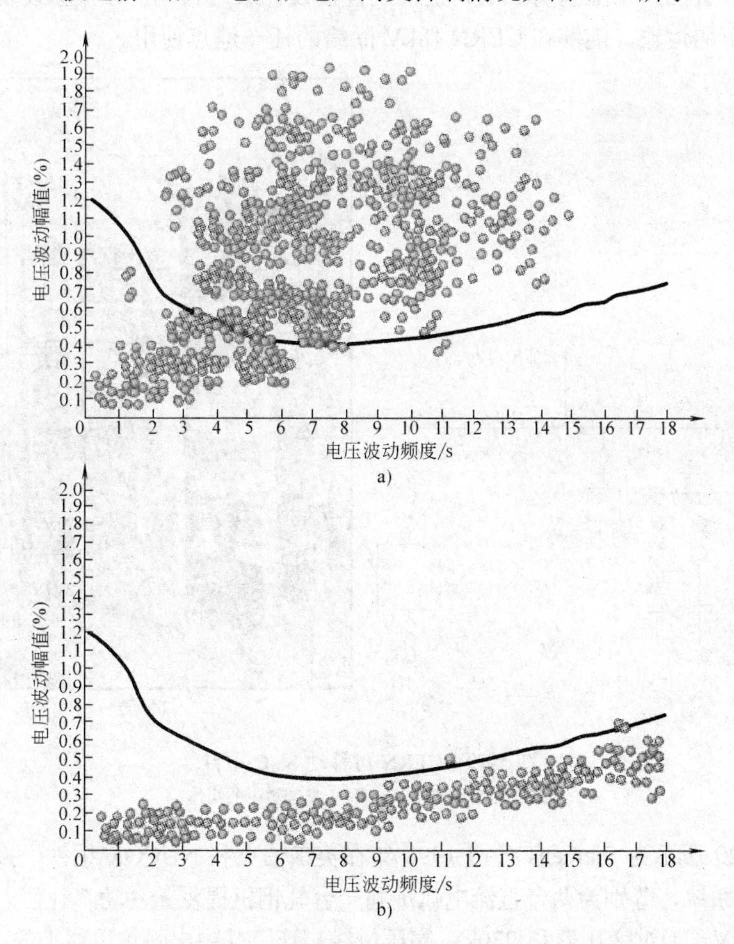

图 5-18　SVC 投运前、后的电弧炉电压闪变抑制
a）SVC 投运前　b）SVC 投运后

即便采用精心设计的开环控制系统，使响应时间达到 4～5ms 等级，SVC 的闪变改善率最高也只能达到 70%左右。这个问题的出现首先是受到晶闸管响应速度的

限制，作为半控器件，晶闸管一旦被触发导通就处于失控状态，直到流经器件的电流过零，自然关断为止。所以装置的控制只能依赖于上个周期所测得的数据进行，产生不可避免的控制延时。其次，由于 SVC 所提供的无功功率是通过改变无源无功元件的投入时刻实现的，所以不可能对电弧炉工作时所需要的波动的有功功率进行补偿；而有功功率的波动将在输电线路上导致幅度和相位的变化，这同样会引起闪变。

图 5-19 为 Alstom 公司安装的一个位于瑞士日内瓦的 SVC 项目，用于补偿欧洲粒子物理研究所的大量脉动负荷对法国和瑞士间 18kV 配电网络的扰动，以保证向其他用户的供电质量。SVC 主电路包含一个 19Mvar TCR 和相应次数滤波器。

这套装置的一个显著特点是，整个装置被设计成可移动的，整套设备能用一辆载重货车车厢运输，能够在 CERN 18kV 网络的任一地点使用。

图 5-19　CERN 可移动 SVC 项目

a）CERN 单线图　b）位于集装箱中的阀体

图 5-20 所示为 Siemens 公司 1998 年在美国伯克利 NUCOR 钢铁厂投入运行的 SVC 补偿系统，分别为两台直流电弧炉和一台轧钢机提供无功功率补偿。母线电压都是 34.5kV，通过变压器和 230kV 高压母线相连。其中电弧炉母线上的 SVC 采用 160Mvar TCR，以及调谐频率为 2 次、3 次、5 次、7 次的四个单调谐滤波器和一个 11 次高通滤波器，总容量 180Mvar。轧钢机母线上 SVC 采用 80Mvar TCR，加上 3 次与 5 次两个单调谐滤波器和一个 7 次高通滤波器，总容量 80Mvar。SVC 投运后，34.5kV 母线上谐波总量控制在 1.5%以下，电压闪变也符合标准。

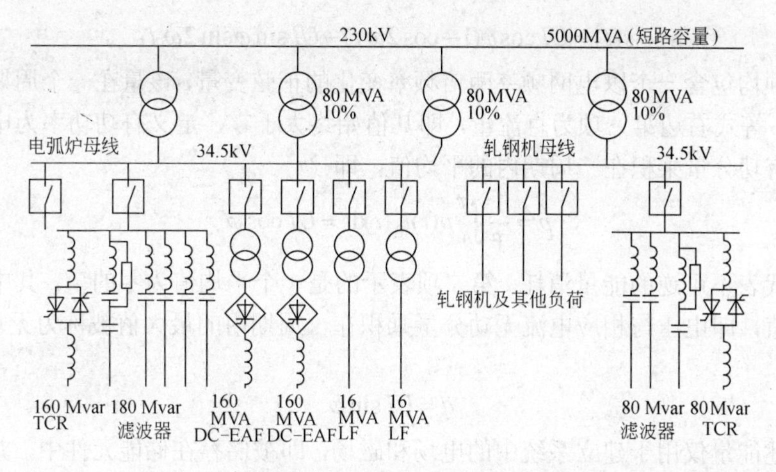

图 5-20 美国伯克利 NUCOR 钢铁厂投运的 SVC

5.2 瞬时无功与 DFACTS 装置

5.2.1 瞬时无功理论

关于以正弦电压为激励的线性负荷电路的有功功率和无功功率的理论早已为人们所熟知并获得了广泛应用。但是随着非线性和时变负荷，如电力电子装置的应用日益广泛，使得深入理解瞬时无功功率和谐波功率的本质对于现代电力系统的成功运行变得越来越重要。近年来，许多研究人员试图在原有基于稳态平均概念之上的有功功率、无功功率、有功和无功电流、功率因数等基本概念进行重新定义，以对不平衡及失真条件下的电力系统参数进行描述。但是，只有赤木泰文提出的瞬时功率理论（Instantaneous Power）[2,3]才真正为上述问题的解决奠定了坚实的基础，并且在许多 FACTS 装置中得到了成功的应用。

为了更好地理解瞬时功率的概念，首先对基于时间平均概念，并且建立在稳态线性系统基础上的传统功率理论进行简要的说明。

根据定义，在任何情况下，瞬时功率是瞬时电势差和瞬时电流的乘积。

1．正弦电压激励的单相线性电路

对于线性电路而言，正弦电压激励和所产生的电流仍是正弦，并可分别记为

$$\begin{cases} u(t) = \sqrt{2}U\sin\omega t \\ i(t) = \sqrt{2}I\sin(\omega t - \varphi) \end{cases} \tag{5-20}$$

式中，φ 为电压和电流之间的夹角；U、I 为系统电压和电流的有效值。由此，瞬时功率可以记为

$$s(t) = u(t)i(t) = UI\cos\varphi - UI\cos(2\omega\, t - \varphi) \tag{5-21}$$

如果以电压相量 $\dot{u}(t)$ 作为参考，将电流 $i(t)$ 分解为与电压同相位的分量 $I\cos\varphi$ 和与其正交的分量 $I\sin\varphi$，上式可以改写为

$$s(t) = UI\cos\varphi(1-\cos 2\omega t) - UI\sin\varphi\sin 2\omega t \tag{5-22}$$

两项均包含一个以电网频率两倍频率变化的正弦变量，该量在一个周期中平均值为零。等式右边第一项为直流量，即其值始终大于零，定义有功功率为电压与相应电流有功分量乘积在一周期内的平均值，即

$$p = \frac{1}{\mathrm{T}}\int_0^T u(t)i_{\mathrm{p}}(t)\mathrm{d}t = UI\cos\varphi \tag{5-23}$$

它代表不可逆的能量消耗。第二项表示的是一个平均值为零的量，其中振荡能量的峰值，即电压与相应电流无功分量乘积在一周期内的最大值被称为无功功率，表示为

$$q = UI\sin\varphi \tag{5-24}$$

上述能量仅用于建立系统中的电场和磁场，即被储存在储能元件中，并且通过与电路交换能量最终被送回电路。

2．正弦电压激励的三相线性电路

对于平衡的线性系统，瞬时电压和电流可以表示为

$$\begin{bmatrix} u_{\mathrm{a}}(t) \\ u_{\mathrm{b}}(t) \\ u_{\mathrm{c}}(t) \end{bmatrix} = \sqrt{2}U \begin{bmatrix} \sin\omega t \\ \sin(\omega t - \dfrac{2\pi}{3}) \\ \sin(\omega t + \dfrac{2\pi}{3}) \end{bmatrix} \tag{5-25}$$

$$\begin{bmatrix} i_{\mathrm{a}}(t) \\ i_{\mathrm{b}}(t) \\ i_{\mathrm{c}}(t) \end{bmatrix} = \sqrt{2}I \begin{bmatrix} \sin(\omega t - \varphi) \\ \sin(\omega t - \varphi - \dfrac{2\pi}{3}) \\ \sin(\omega t - \varphi + \dfrac{2\pi}{3}) \end{bmatrix} \tag{5-26}$$

根据定义，电路的瞬时功率应当是三相瞬时功率之和

$$\begin{aligned} s_{3\phi}(t) &= u_{\mathrm{a}}(t)i_{\mathrm{a}}(t) + u_{\mathrm{b}}(t)i_{\mathrm{b}}(t) + u_{\mathrm{c}}(t)i_{\mathrm{c}}(t) \\ &= UI\cos\varphi[3 - \cos\omega t - \cos(\omega t - \frac{2}{3}\pi) - \cos(\omega t + \frac{2}{3}\pi)] \\ &\quad -UI\sin\varphi[\cos\omega t + \cos(\omega t - \frac{2}{3}\pi) + \cos(\omega t + \frac{2}{3}\pi] \end{aligned} \tag{5-27}$$

同理得到，由于三相平衡系统，上式第一项中的三个交变分量之和为 0，所以平衡系统的三相瞬时有功功率为一个常量，即单相瞬时有功功率的三倍为

$$p_{3\phi} = 3UI\cos\varphi \tag{5-28}$$

同理，可以根据上述定义得到，三相系统的瞬时无功功率是每相瞬时无功功率之和，即

$$q_{3\phi} = 3UI\sin\varphi \tag{5-29}$$

上述理论的功率概念长期以来一直被成功地应用于电气工程领域，但是由于上述有效值（方均根值）的概念是基于时间平均的基础之上的，即是基于稳态交流系统的，它们只能用于表征以电源周期作为单位进行平均的系统参数变化的情况，这对于传统的发电机、电动机、电力系统的分析研究而言是足够了。而在新型的电力电子装置引入电力系统后，由于其动作周期远小于电源周期，以电源周期平均的方法进行描述，时间尺度显得太大，无法满足实际的需要了。比如采用有效值的概念，测量环节存在一个周期，即 20ms 的延时。这个延时对发电机励磁系统不会造成什么影响，而对响应时间为数毫秒到数十毫秒量级的 FACTS 控制器而言，该延时已经变得不可忽略，足以引起系统的振荡。

所以为了准确描述响应时间小于一个工频周期的 FACTS 装置的运行状态，需要有一个新的理论来对系统中无功功率、有功功率、电压、电流等概念进行描述。这就是赤木泰文于 1983 年提出的瞬时功率的理论，而为了将其扩展到包括三相四线制系统中，许多研究人员进行了大量的工作，下面以图 5-21 所示的模型为例，对其基本原理作一个简要的说明[2-7]。

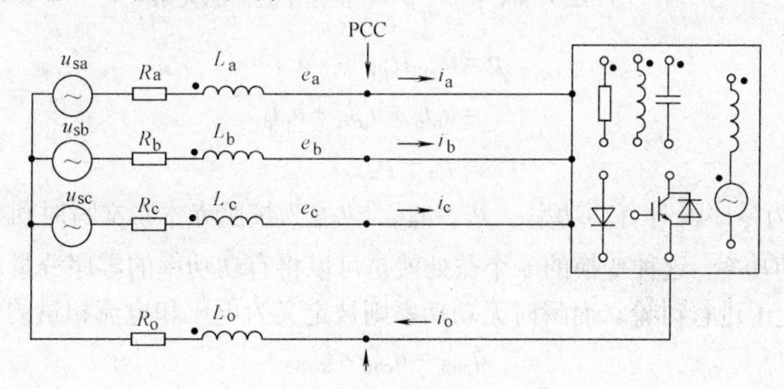

图 5-21　三相四线制系统

在如图 5-22 所示的静止 $\alpha-\beta-o$ 坐标系上一个三相四线系统可以记为

$$\begin{bmatrix} u_o \\ u_\alpha \\ u_\beta \end{bmatrix} = \sqrt{\frac{2}{3}} \begin{bmatrix} \frac{1}{\sqrt{2}} & \frac{1}{\sqrt{2}} & \frac{1}{\sqrt{2}} \\ 1 & -\frac{1}{2} & -\frac{1}{2} \\ 0 & \sqrt{\frac{3}{2}} & -\sqrt{\frac{3}{2}} \end{bmatrix} \begin{bmatrix} u_a \\ u_b \\ u_c \end{bmatrix} \tag{5-30}$$

$$\begin{bmatrix} i_o \\ i_\alpha \\ i_\beta \end{bmatrix} = \sqrt{\frac{2}{3}} \begin{bmatrix} \frac{1}{\sqrt{2}} & \frac{1}{\sqrt{2}} & \frac{1}{\sqrt{2}} \\ 1 & -\frac{1}{2} & -\frac{1}{2} \\ 0 & \sqrt{\frac{3}{2}} & -\sqrt{\frac{3}{2}} \end{bmatrix} \begin{bmatrix} i_a \\ i_b \\ i_c \end{bmatrix} \tag{5-31}$$

式中所有的变量均是瞬时值，并且包含所有的谐波分量。可以将输入电压和电流缩写为相量的形式：$\dot{u}_{o\alpha\beta}$、$\dot{i}_{o\alpha\beta}$。

据此，三相平衡电路的瞬时有功功率 p 在瞬时功率系统中被定义为电压和电流相量的标量积，即

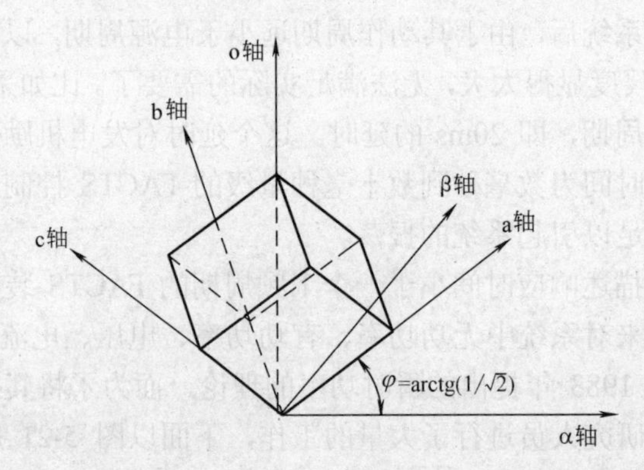

图 5-22 abc 和 α−β−o 坐标系之间的关系

$$
\begin{aligned}
p &= \dot{u}_{o\alpha\beta}\dot{i}_{o\alpha\beta} \\
&= u_o i_o + u_\alpha i_\alpha + u_\beta i_\beta \\
&= p_o + p_r
\end{aligned} \tag{5-32}
$$

式中，p_o 为零序瞬时有功功率；$p_r = u_\alpha i_\alpha + u_\beta i_\beta$ 为按照赤木泰文瞬时功率理论定义的瞬时有功功率。这种变换的一个益处就是可以将有功功率的零序分量从有功功率中分离，便于进行讨论。而瞬时无功功率则被定义为电压和电流相量的矢量积，即

$$
\dot{q}_{o\alpha\beta} = \dot{u}_{o\alpha\beta} \times \dot{i}_{o\alpha\beta} \tag{5-33}
$$

对应的展开式为
$$
\begin{bmatrix} q_o \\ q_\alpha \\ q_\beta \end{bmatrix} = \begin{bmatrix} 0 & -u_\beta & u_\alpha \\ u_\beta & 0 & -u_o \\ -u_\alpha & u_o & 0 \end{bmatrix} \begin{bmatrix} i_o \\ i_\alpha \\ i_\beta \end{bmatrix}
$$

而与前相同，以其幅值定义瞬时无功功率，得到

$$
q = \left\| \dot{q}_{o\alpha\beta} \right\| = \sqrt{q_o^2 + q_\alpha^2 + q_\beta^2} \tag{5-34}
$$

根据上述定义，瞬时电流相量可以描述为

$$
\begin{bmatrix} i_o \\ i_\alpha \\ i_\beta \end{bmatrix} = \frac{1}{u_{o\alpha\beta}^2} \begin{bmatrix} u_o & 0 & u_\beta & -u_\alpha \\ u_\alpha & -u_\beta & 0 & u_o \\ u_\beta & u_\alpha & -u_o & 0 \end{bmatrix} \begin{bmatrix} p \\ q_o \\ q_\alpha \\ q_\beta \end{bmatrix} \tag{5-35}
$$

式中，$u_{o\alpha\beta} = \sqrt{u_o^2 + u_\alpha^2 + u_\beta^2}$

由此，瞬时功率电流相量可以被分解为两种瞬时电流分量，一个是瞬时有功电

流相量，该相量是与有功功率 p 相关的电流分量之和，而且可以定义为

$$\begin{aligned} \dot{i}_{o\alpha\beta p} &= \dot{i}_{op} + \dot{i}_{\alpha p} + \dot{i}_{\beta p} \\ &= \frac{p}{u_{o\alpha\beta}^2}\dot{u}_{o\alpha\beta} \\ &= \frac{u_o p}{u_{o\alpha\beta}^2}\dot{o} + \frac{u_\alpha p}{u_{o\alpha\beta}^2}\dot{\alpha} + \frac{u_\beta p}{u_{o\alpha\beta}^2}\dot{\beta} \end{aligned} \tag{5-36}$$

式中，$\dot{o}$、$\dot{\alpha}$、$\dot{\beta}$ 是 o、α、β 三个轴的单位相量。

而瞬时无功电流相量，该相量是与系统交换的瞬时无功功率 q 相关的电流分量，而且与 p 类似，定义为

$$\begin{aligned} \dot{i}_{o\alpha\beta q} &= \dot{i}_{oq} + \dot{i}_{\alpha q} + \dot{i}_{\beta q} \\ &= \frac{\dot{q}_{o\alpha\beta} \times \dot{u}_{o\alpha\beta}}{u_{o\alpha\beta}^2} \\ &= \frac{u_\beta q_\alpha - u_\alpha q_\beta}{u_{o\alpha\beta}^2}\dot{o} + \frac{u_o q_\beta - u_\beta q_o}{u_{o\alpha\beta}^2}\dot{\alpha} + \frac{u_\alpha q_o - u_o q_\alpha}{u_{o\alpha\beta}^2}\dot{\beta} \end{aligned} \tag{5-37}$$

值得注意的是，上述所有这些量的计算均是实时的，即没有任何延时，所以它既可以用于稳态问题的计算，也可以用来计算暂态过程，这是这种新理论系统的主要优点。

如前所述，瞬时有功电流相量的各个分量 $\dot{i}_{op}$、$\dot{i}_{\alpha p}$、$\dot{i}_{\beta p}$，分别与瞬时电压相量相应的分量 u_o、u_α、u_β 平行，因此瞬时有功功率表达式（5-32）中，等式右边和式的各项是同一坐标轴上的电流和电压相量的乘积，即标量积。

$$\begin{aligned} p &= p_o + p_\alpha + p_\beta \\ &= u_o i_{op} + u_\alpha i_{\alpha p} + u_\beta i_{\beta p} \end{aligned} \tag{5-38}$$

而瞬时无功功率表达式（5-33）中的瞬时无功电流相量 $\dot{i}_{oq}$、$\dot{i}_{\alpha q}$、$\dot{i}_{\beta q}$，则与瞬时电压相量中相应的电压分量相正交，因此其矢量积，即瞬时无功功率为零。这说明瞬时无功功率实际上式在三相之间交换或循环，而并不像有功功率那样在线路中进行传输。因此，可以得到三相系统的瞬时有功功率和无功功率还存在下述关系：

$$0 = u_o \dot{i}_{oq} + u_\alpha \dot{i}_{\alpha q} + u_\beta \dot{i}_{\beta q} \tag{5-39}$$

从上述讨论可以知道，瞬时有功电流相量是瞬时有功功率传输的一个不可缺少的部分，而相应于瞬时无功功率相量的瞬时无功电流则在三相之间转换或循环。也即瞬时无功电流对于瞬时有功功率的传输没有起任何贡献，反而增加了由三相瞬时有功电流和瞬时无功电流的方均根值组成的瞬时电流的幅值，进而增加了线路损耗。

5.2.2　基于瞬时功率理论的补偿算法

上述瞬时功率理论为实时计算瞬时有功功率和无功功率提供了一个有力的工具，显然可以应用于冲击负荷的快速无功功率补偿之中。图 5-23 给出了一个瞬时

无功功率补偿系统的基本框图，其中下标‘s’表示系统侧的量，‘L’表示负荷侧的量，而‘c’表示补偿器侧的量。

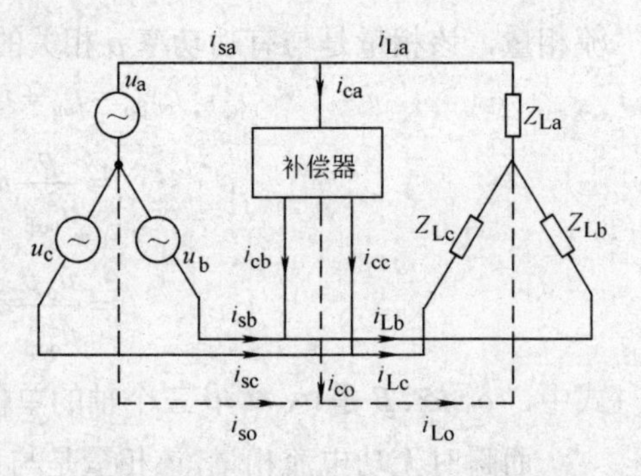

图 5-23　三相四线制系统原理图

无功功率补偿的目的是由补偿装置提供负荷所需的无功功率，换句话说，瞬时无功功率补偿就是要消除流入系统侧的瞬时无功电流分量，这意味着如图 5-23 所示需要引入瞬时无功电流源 $\dot{i}_{oqc}$、$\dot{i}_{\alpha qc}$、$\dot{i}_{\beta qc}$，来对消负荷产生的瞬时无功电流，即 $\dot{i}_{o\alpha\beta,qc}=\dot{i}_{o\alpha\beta,qL}$，使得在任一时刻流入系统的无功电流相量 $\dot{i}_{o\alpha\beta,qs}=0$，也即补偿后将没有瞬时无功电流在三相之间循环。为了实现上述控制，需要对电路中负荷的瞬时无功功率 $\dot{q}_{o\alpha\beta,s}$ 和相应的负荷瞬时电流的无功分量，$\dot{i}_{o\alpha\beta,qL}$ 进行计算：

$$\begin{aligned}\dot{q}_{o\alpha\beta,L}&=\dot{u}_{o\alpha\beta,s}\dot{i}_{o\alpha\beta,L}\\ \dot{i}_{o\alpha\beta,qL}&=\frac{\dot{q}_{o\alpha\beta,L}\dot{u}_{o\alpha\beta,s}}{\dot{u}_{o\alpha\beta,s}\dot{u}_{o\alpha\beta,s}}\end{aligned}\tag{5-40}$$

由此得到控制算法为[4]

$$\begin{bmatrix}i_{oc}\\ i_{\alpha c}\\ i_{\beta c}\end{bmatrix}=\frac{1}{u_{o\alpha\beta}^2}\begin{bmatrix}u_o & 0 & u_\beta & -u_\alpha\\ u_\alpha & -u_\beta & 0 & u_o\\ u_\beta & u_\alpha & -u_o & 0\end{bmatrix}\begin{bmatrix}0\\ q_{oL}\\ q_{\alpha L}\\ q_{\beta L}\end{bmatrix}\tag{5-41}$$

因为在补偿中不涉及有功功率的转换，即 $p=0$，并且可能补偿器由不含储能元件的开关装置来实现。虽然在消除了瞬时无功电流后电源电流的方均根值会得到减小，但与零序电压成正比的零序电流仍然存在。

当零序电压为 0 时，上式可以改写为

$$\begin{bmatrix}i_{oc}\\ i_{\alpha c}\\ i_{\beta c}\end{bmatrix}=\frac{1}{u_{o\alpha\beta}^2}\begin{bmatrix}0 & 0 & u_\beta & -u_\alpha\\ u_\alpha & -u_\beta & 0 & 0\\ u_\beta & u_\alpha & 0 & 0\end{bmatrix}\begin{bmatrix}0\\ q_{oL}\\ q_{\alpha L}\\ q_{\beta L}\end{bmatrix}\tag{5-42}$$

实际补偿系统中，由于往往采用三相三线制系统，所以系统中零序分量为零，此时上述方程可以缩写为赤木泰文最初采用的三相平衡系统的补偿模式。

此时，由方程式（5-32）不含零序分量的有功功率可以缩写为

$$p=\dot{u}_{\alpha\beta}\dot{i}_{\alpha\beta}=u_\alpha i_\alpha+u_\beta i_\beta\tag{5-43}$$

同理，不含零序分量的方程式（5-33）被缩写为

$$\left\|\dot{q}_{\alpha\beta}\right\|=\left\|\dot{u}_{\alpha\beta}\dot{i}_{\alpha\beta}\right\|=u_\alpha i_\beta-u_\beta i_\alpha\tag{5-44}$$

两者的组合就给出赤木泰文最早定义的瞬时功率方程

$$\begin{bmatrix} p \\ q \end{bmatrix} = \begin{bmatrix} u_\alpha & u_\beta \\ -u_\beta & u_\alpha \end{bmatrix} \begin{bmatrix} i_\alpha \\ i_\beta \end{bmatrix} \tag{5-45}$$

在赤木泰文的定义中，p 是瞬时实功率，定义为同相电压与电流的积之代数和。换句话说，瞬时实功率为电流矢量与电压矢量的标量积；显然，瞬时实功率为含有能量的实体，是在αβ平面存在的实际物理量，如图 5-24 所示。而 q 被命名为所谓的瞬时虚功率，它由相互正交的轴上的电压和电流的乘积来定义，并且用来描述在不同相之间循环的瞬时功率。作为电流矢量与电压矢量的矢量积，显然，q 是与αβ平面垂直的相量，即不含能量的虚的物理量。进一步的分析表明，实际上由传统功率理论，各相瞬时功率有功分量和无功分量得到的瞬时有功功率和瞬时无功功率的概念和赤木泰文定义的瞬时实功率和虚功率的概念是一致的[8]，所以在以下的讨论中，除特殊注明外，均以瞬时有功功率和瞬时无功功率来定义。

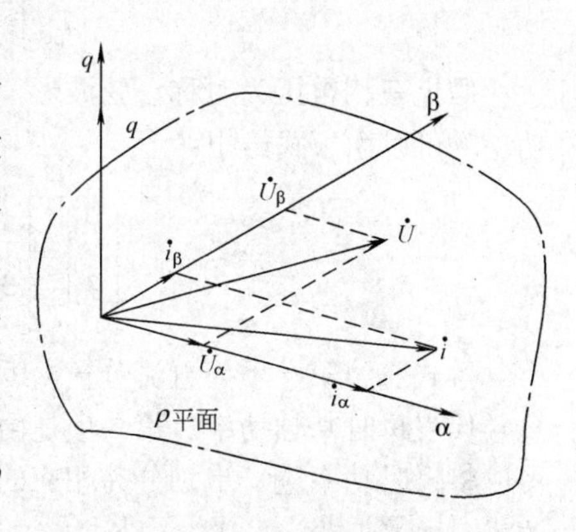

图 5-24　瞬时功率相量图

在上述方程等式两边左乘系数阵 $\begin{bmatrix} u_\alpha & u_\beta \\ -u_\beta & u_\alpha \end{bmatrix}$ 的逆，得到相应的根据瞬时有功功率和瞬时无功功率分解的电流相量：

$$\begin{bmatrix} i_\alpha \\ i_\beta \end{bmatrix} = \begin{bmatrix} u_\alpha & u_\beta \\ -u_\beta & u_\alpha \end{bmatrix}^{-1} \begin{bmatrix} p \\ q \end{bmatrix} = \begin{bmatrix} i_{\alpha p} \\ i_{\beta p} \end{bmatrix} + \begin{bmatrix} i_{\alpha q} \\ i_{\beta q} \end{bmatrix} \tag{5-46}$$

式中，$i_{\alpha p}$ 是 α 轴上的瞬时有功电流，$i_{\alpha p} = \dfrac{u_\alpha}{u_\alpha^2 + u_\beta^2} p$；$i_{\alpha q}$ 是 α 轴上的瞬时无功电流，$i_{\alpha q} = \dfrac{-u_\beta}{u_\alpha^2 + u_\beta^2} q$；$i_{\beta p}$ 是 β 轴上的瞬时有功电流，$i_{\beta p} = \dfrac{u_\beta}{u_\alpha^2 + u_\beta^2} p$；$i_{\beta q}$ 是 β 轴上的瞬时无功电流，$i_{\beta q} = \dfrac{u_\alpha}{u_\alpha^2 + u_\beta^2} q$。

由此，瞬时功率可以表示为

$$\begin{aligned} s &= u_\alpha i_{\alpha p} + u_\beta i_{\beta p} + u_\alpha i_{\alpha q} + u_\beta i_{\beta q} \\ &= \frac{u_\alpha^2}{u_\alpha^2 + u_\beta^2} p + \frac{u_\beta^2}{u_\alpha^2 + u_\beta^2} p + \frac{-u_\alpha u_\beta}{u_\alpha^2 + u_\beta^2} q + \frac{u_\alpha u_\beta}{u_\alpha^2 + u_\beta^2} q \end{aligned} \tag{5-47}$$

式中，第一和第二两项分别为在 α、β 轴上的瞬时有功功率；而第三和第四两项则分别为 α、β 轴上的瞬时无功功率，并且两项的和为零。所以无功功率补偿的目的就是消除第三和第四两项，此时系统不论在稳态还是暂态的位移因子均将为零，即不存在无功功率交换。为了实现上述目的，则相应的控制策略为

$$\begin{bmatrix} i_{\alpha c} \\ i_{\beta c} \end{bmatrix} = \begin{bmatrix} u_\alpha & u_\beta \\ -u_\beta & u_\alpha \end{bmatrix}^{-1} \begin{bmatrix} 0 \\ q \end{bmatrix} \tag{5-48}$$

假定三相电压为对称正弦波形，而电流为任意的周期波形，此时瞬时有功和无功功率可以由下式给出：

$$\begin{bmatrix} p \\ q \end{bmatrix} = \begin{bmatrix} 3UI_1\cos\varphi_1 + \sum\limits_{n\neq1} p_n \\ 3UI_1\sin\varphi_1 + \sum\limits_{n\neq1} q_n \end{bmatrix} \tag{5-49}$$

等式右边第一项为直流分量，其中包括正序电压和基频电流的幅值和相位的信息，代表瞬时基频功率。第二项是由于系统不平衡和谐波引起的交流分量。由此，可以将瞬时功率进一步划分为相应的直流分量 $\bar{p}$、$\bar{q}$ 和交流分量 $\tilde{p}$、$\tilde{q}$，从而将两轴的瞬时电流记为

$$\begin{aligned} i_\alpha &= \frac{u_\alpha}{u_\alpha^2+u_\beta^2}\bar{p} + \frac{u_\alpha}{u_\alpha^2+u_\beta^2}\tilde{p} - \frac{u_\beta}{u_\alpha^2+u_\beta^2}\bar{q} - \frac{u_\beta}{u_\alpha^2+u_\beta^2}\tilde{q} \\ i_\beta &= \frac{u_\beta}{u_\alpha^2+u_\beta^2}\bar{p} + \frac{u_\beta}{u_\alpha^2+u_\beta^2}\tilde{p} + \frac{u_\alpha}{u_\alpha^2+u_\beta^2}\bar{q} + \frac{u_\alpha}{u_\alpha^2+u_\beta^2}\tilde{q} \end{aligned} \tag{5-50}$$

式中，等式右边第一项为基波有功电流的瞬时值；第三项为基波无功电流的瞬时值；第二项为谐波有功电流的瞬时值；第四项为谐波无功电流的瞬时值。波浪线～表示交流分量，直线－表示直流分量。注意到在正序同步坐标系上负序分量的频率为两倍的系统频率，所以也属于交流分量。实际上，同步坐标系上各变量的意义见表 5-2。

表 5-2　同步坐标系上变量的物理意义

p-q 电流	物理意义
$\bar{i}_p, \bar{i}_q\ (\omega=0)$	正序分量
$\tilde{i}_p, \tilde{i}_q\ (\omega=2\omega_o)$	负序分量或 3 次谐波
$\tilde{i}_p, \tilde{i}_q\ (\omega=(n\pm1)\omega_o)$	n 次谐波

而从补偿的角度对式（5-39）进行分析，可以看到如果将第三、四项表示的谐波电流作为补偿对象，即补偿电流为

$$\begin{aligned} i_{c\alpha} &= -\frac{u_\alpha}{u_\alpha^2+u_\beta^2}\tilde{p} + \frac{u_\beta}{u_\alpha^2+u_\beta^2}\tilde{q} \\ i_{c\beta} &= -\frac{u_\beta}{u_\alpha^2+u_\beta^2}\tilde{p} - \frac{u_\alpha}{u_\alpha^2+u_\beta^2}\tilde{q} \end{aligned} \tag{5-51}$$

相应的电源电流为

$$i_{s\alpha} = \frac{u_\alpha}{u_\alpha^2 + u_\beta^2}\overline{p} - \frac{u_\beta}{u_\alpha^2 + u_\beta^2}\overline{q}$$

$$i_{s\beta} = \frac{u_\beta}{u_\alpha^2 + u_\beta^2}\overline{p} + \frac{u_\alpha}{u_\alpha^2 + u_\beta^2}\overline{q} \tag{5-52}$$

由于$u_\alpha^2 + u_\beta^2$为电压矢量的二次方；$\overline{p}$、$\overline{q}$ 为常量，故电源提供的电流的频率仅与电源电压有关，即仅含基频成分，所有的谐波成分均被抵消掉了，也就是说系统起了谐波滤波器的作用。

如果进一步将基波无功电流成分也包含在补偿对象之中，则由电源提供的电流将表示为

$$i_{s\alpha} = \frac{u_\alpha}{u_\alpha^2 + u_\beta^2}\overline{p}, \tag{5-53}$$

即仅含正序基频有功功率分量，显然对于电力系统而言这是最理想的。

从原则来讲，只要开关频率足够高，就可以在系统中产生所希望的任意波形的电流，从而制出理想的电能补偿器，以完成上述任务。但是在实际应用中，一方面，由于电力电子器件的开关频率较低，而限制了大功率的电力电子装置在谐波抑制中的应用。另一方面，由于开关器件的损耗随开关频率与开关电流的增加而增大，所以采用大功率高频变流器对所有有害成分进行补偿从经济上是不合理的。因此，目前这种理想的补偿装置的应用受到局限，实际中采用的往往是以某种特定对象为目的的补偿装置，根据补偿对象不同，补偿器的功用见表 5-3。

表 5-3　电能补偿器在电力系统中的应用

目　　的	补偿成分	补偿器名称
改善功率因数	$\|q\|$	无功补偿器
消除波形畸变	$\tilde{p},\tilde{q}$	有源滤波器
消除畸变与改善功率因数	$\tilde{p},\|q\|$	无功与谐波滤波器
抑制电压波动	$\tilde{p},\|q\|$	闪变抑制器
稳定系统电压	$\|q\|$	电压调节器
提高系统稳定性	ΔP	电力系统镇定器

由此可以看到，所有上述补偿器均基于同样的控制机理。所以广义的电能补偿器可定义为“将系统中所含有害电流（谐波电流、无功电流及负序电流）检出，产生与其相反的补偿电流，以抵消的母线中有害电流电力电子变换装置产生”。

为了说明常规功率理论和瞬时功率理论之间的关系，以一个三相平衡系统加以说明。如前所述，在静止α－β－o坐标系中，电流和电压可以表示为

$$
\begin{aligned}
u_\alpha &= \sqrt{3}U\sin\omega t \\
u_\beta &= \sqrt{3}U\cos\omega t \\
u_o &= 0
\end{aligned}
\tag{5-54}
$$

$$
\begin{aligned}
i_\alpha &= \sqrt{3}I\sin(\omega t-\varphi) \\
i_\beta &= \sqrt{3}I\cos(\omega t-\varphi) \\
i_o &= 0
\end{aligned}
\tag{5-55}
$$

相应地，有功功率和无功功率均为常量，并可以表示为

$$
\begin{aligned}
p &= 3UI\cos\varphi \\
q &= 3UI\sin\varphi
\end{aligned}
\tag{5-56}
$$

与方程式（5-28）、式（5-29）给出的结果完全相同，这说明在系统三相电压和电流对称，并且都只包含基波分量时，此时两个理论体系中，瞬时实功率 p 和传统的有功功率的定义相一致。而瞬时虚功率 q 的量值也与传统的无功功率相等，但作为瞬时虚功率的 q 与传统无功功率的物理意义是完全不同的，这一点读者必须十分清楚。此时瞬时功率理论中的瞬时实功率与瞬时虚功率的直流分量分别对应三相交流中的基频有功分量和无功分量；而交流分量则与三相电流中的谐波分量（包括负序分量）对应。

5.2.3 变流补偿器的主电路结构

1．变流补偿器的分类

补偿器根据其与被补偿对象（即干扰源）、连接方式的不同而分为并联型、串联型和串并联混合型三种[9-11]。而每种类型又可以根据直流侧是采用蓄电池、超导线圈或飞轮之类的储能装置，还是采用电容、电感等储能元件，即是否能与系统交换有功功率而分为两类。这里主要对不同结构的补偿器的工作原理和特性进行讨论。

并联型补偿器与系统并联，等效为一个受控电流源，如图 5-25a 所示。补偿器向系统注入与干扰源产生的有害电流大小相等、方向相反的电流，从而达到补偿的目的。并联型补偿器主要适用于电流源型感性负荷的干扰电流补偿，技术上已相当成熟，配电系统中多采用此结构对有害电流进行补偿。

串联型补偿器经耦合变压器串接入配电系统，如图 5-25b 所示，其功能等效于一个受控电压源，主要是消除电压型的干扰与电压波动对敏感负荷的影响。

与串联型补偿器相比，并联型补偿器通过耦合变压器并入系统，不会对系统运行造成影响，具有投切方便灵活以及各种保护简单的优点。但是当单独使用并联型补偿器来滤除有害电流时，往往需要很大的容量，导致工程造价高、电磁干扰、结构复杂以及高功率损耗等问题。

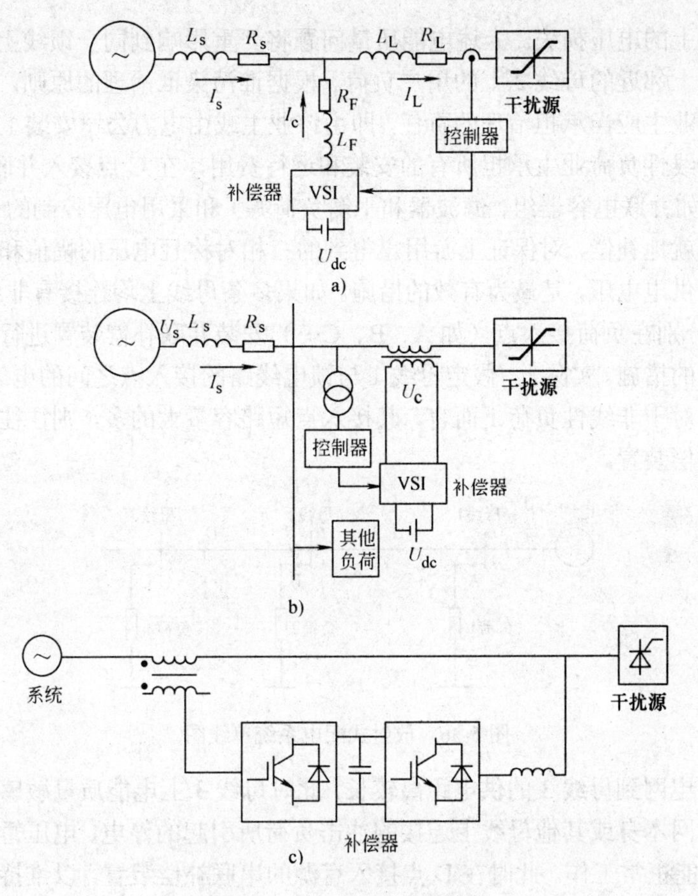

图 5-25 补偿器拓扑结构

a）并联型 b）串联型 c）串-并联型

图 5-25c 所示为串-并联型补偿器，也称之为统一电能质量调节器（UPQC）。它综合了串联型和并联型两种结构共同组成一个完整的用户电力装置来解决电能质量的综合性问题。其中，直流侧电容器或电感储能装置是串联型和并联型补偿器所公用的，串联型补偿器起到补偿电压型干扰、消除系统不平衡、调节电压波动或闪变以及改善配电网的稳定性或阻尼振荡的作用；并联型补偿器起到补偿有害电流与不平衡、补偿负荷的无功功率、调节变流器直流侧电压的作用。因此，这种统一电能质量调节器可以实现短时间不间断供电、蓄能、无功功率补偿、抑制谐波、消除电压波动及闪变、维持系统电压稳定等功能，被认为是最理想的补偿器的结构。这种结构既可用于三相系统，又可以用于单相系统。但是其主要缺点在于成本较高（需要较多的开关器件）和控制复杂。

下面以一个简单的例子对三种不同类型补偿器的作用加以说明[12]。

以图 5-26 所示的放射式配电系统为例，母线 3 上接有一个非线性不平衡负荷，该负荷会向馈电线路注入谐波和负序电流，此外该负荷的功率因数也很差，将增加线损和线路上的电压损失。上述电能质量问题将严重影响到同一馈线上的用户，特别是其电气上邻近的母线 2 上的用户负荷。根据谁污染谁治理的原则，母线 3 上的非线性负荷业主应当承担治理的责任，即由该业主或由电力公司安装上述并联补偿装置而由非线性负荷业主承担所有的安装和运行费用，在 C 点接入并联补偿装置，包括无源（如并联电容器组、滤波器和平衡负荷等）和采用电压控制的有源 FACTS 控制器实现就地补偿，对保证上游用户得到的三相对称且电压的幅值和失真均符合要求的正弦供电电压，是最为有效的措施。如果多条母线上均连接有非线性负荷 1、2，则对其分别在负荷接入点（如 A、B、C…）安装并联补偿装置进行就地补偿，是最为有效的措施。实际上，假定母线 1 与馈电线路的接入点之间的电气距离很短，换句话说相对于非线性负荷 1 而言，其接入点短路容量大的多，则往往不需安装任何类型的补偿装置。

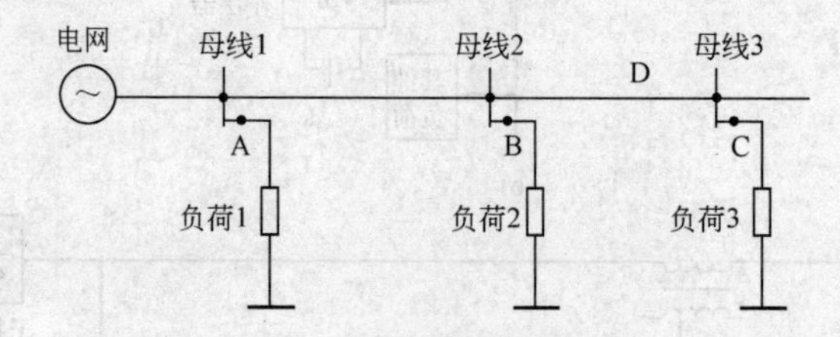

图 5-26　放射式配电系统单线图

假定由电网到母线 3 的供电距离较长，此时母线 3 上电能质量敏感负荷可能会经受由于电网本身或其他母线上连接的冲击负荷所引起的停电、电压暂升或暂降的影响，而不能正常工作。此时在 D 点接入有源的串联补偿装置，以维持母线 3 上电压的稳定，就成为一个有效的措施。此外，该串联补偿装置还可以起到广义有源滤波器的作用，防止上游线路中的谐波电流对母线 3 电压的影响，从而保证母线 3 的供电质量。如果采用串并联混合补偿器，则可以同时起到控制电压和电流的波形、幅值和相位的目标，从而保证连接于母线 3 的负荷均可以得到高质量的电能。同时相对于电网而言，被控制的母线 3 相当于一个纯阻性负荷，从电网吸收正弦正序电流，而不引起任何畸变。所以根据被补偿对象的性质和在馈电线路的位置来确定补偿装置的类型和安装位置，是进行系统补偿设计的关键。

2．变流并联补偿器的原理和功能

并联型补偿器的电路如图 5-25a 所示，其补偿的对象为流入电力系统中的有害电流 I_{sh}，这里可以将无功电流、负序电流和谐波电流等有害电流看作是广义的谐波电流。并联补偿的基本原理是通过向系统注入一个补偿电流 I_{ch} 来对消非线形负荷所生成的无功和（或）谐波电流，从而使作为一个整体的补偿器和负荷，从供电系统吸收的电流为正序基频正弦信号 I_{ps}，从而消除负荷（包括线路阻抗）对电力系统的影响。为了便于讨论，则可将负荷等效为一个广义谐波电流源 I_{Lo}，得到图 5-27a 所示的诺顿等效电路。

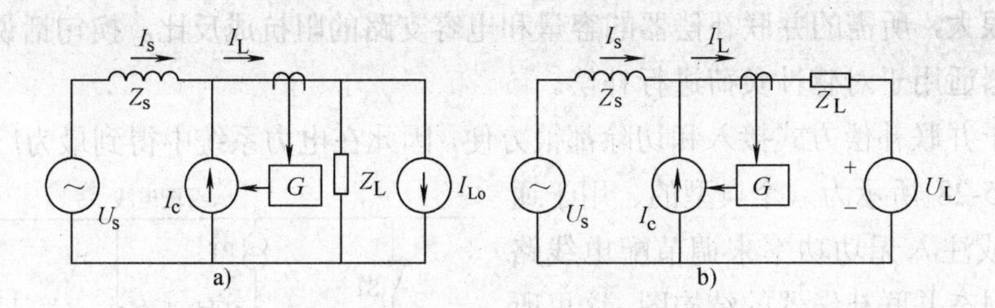

图 5-27　并联补偿器的补偿原理

a）感性负荷补偿原理　b）容性负荷补偿原理

图 5-27a 所示的等效电路中，G 是补偿器的传递函数，其中包括电流的测量和控制延时在内。对于基频正序信号而言，补偿器不起作用，即$|G|_{fp}\approx 0$；而对于需要补偿的有害电流而言，$|G|_h\approx 1.0$。由此可以在标幺值系统中得到电源电流为[11]

$$
\begin{aligned}
I_s &= \frac{Z_L I_{Lo}+U_s}{Z_s+Z_L/(1-G)} \\
I_L &= \frac{1}{1-G}\frac{Z_L I_{Lo}+U_s}{Z_s+Z_L/(1-G)}
\end{aligned}
\tag{5-57}
$$

当$\left|\dfrac{Z_s}{Z_L}+\dfrac{1}{1-G}\right|_h >> 1.0pu$ 时，$I_{sh}\approx 0$，即电源电流为正弦。

因此，并联补偿器的补偿特性受到系统和负荷特性的影响，当$|Z_L|>>|Z_s|$时，$I_s/I_{Lo}\approx 1.0-G$。由于经滤波后谐波电流检测回路正序基波电流的放大系数$|G|_{fp}\approx 0$，而广义谐波电流的放大系数$|G|_h\approx 1.0$，故谐波电流的放大系数为$I_{sh}/I_{Loh}\approx 1.0-G$。实际中，$|1-G|_h=0.1\sim 0.3$，即广义谐波电流的补偿率可达 70%～90%。

当负荷为容性时，可以将负荷等效为一个广义的谐波电压源，故可以采用戴维南等效电路（见图 5-27b），此时电源电流和负荷电流分别为

$$
\begin{aligned}
I_s &= \frac{U_s-U_L}{Z_s+Z_L/(1-G)} \\
I_L &= \frac{1}{1-G}\frac{U_s-U_L}{Z_s+Z_L/(1-G)}
\end{aligned}
\tag{5-58}
$$

只有当补偿装置的工作条件满足：$|Z_s+Z_L/(1-G)|_h >> 1.0\text{pu}$ 时，电源电流中谐波分量$I_{sh}=0$，即为正序正弦波，所需补偿电流为$I_C\approx(U_{sh}-U_{Lh})/Z_L$。

但是，对于采用电容滤波的二极管整流电路作为前端变流器的电力电子装置而言，由于容性负荷的等效内阻Z_L通常非常小，而如果交流侧又没有串联大电抗器，线路阻抗Z_s的标幺值也仅为百分之几，所以上述条件难以满足，并且此时所需的补

偿电流很大，所需的并联补偿器的容量和电容支路的阻抗成反比。换句话说，并联型补偿器适用于对感性负荷进行补偿。

由于并联补偿方式接入和切除都很方便，因此在电力系统中得到最为广泛的应用。图 5-28 所示为一个典型的、用于通过吸收或注入无功功率来调节配电线路电压的固态并联补偿器的结构图。这里所谓的固态指的是基于电力电子（固态）器件的装置。

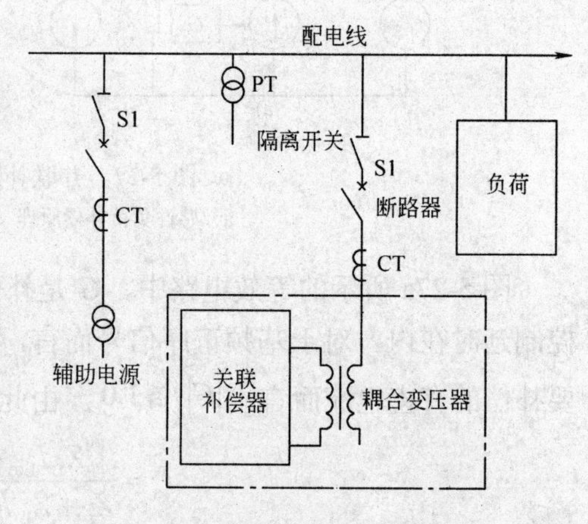

图 5-28　固态并联补偿器原理图

为了将该设备嵌入配电系统，采用了包括作为检测单元的电压互感器（PT）、电流互感器（CT）、避雷器、隔离开关、断路器、和提供三相低压电源的辅助电源。

电力系统并联补偿具有如下特点：

1）并联补偿装置与电力系统并联，通过供电点嵌入系统，不需改变电力系统的结构，所以可以容易地实现所谓的热插接，即可以在系统正常运行时无冲击地投入运行和退出运行。并联补偿的这个特点使其在电力系统中被认可与接受的程度最高。

2）并联补偿可以改变系统的导纳矩阵的对角元素或向系统中注入电流，因此通过并联补偿可以方便地向系统注入或从系统吸收有功功率，或向系统中注入无功功率或从系统中吸收无功功率，因此并联补偿可以控制电力系统的有功功率或无功功率的平衡。正是并联补偿的上述两种能力，使得并联补偿对电力系统具有如下作用：

① 维持或控制供电点电压；

② 向电力系统提供或从系统中吸收无功功率；

③ 改变系统的阻抗特性；

④ 提高系统的电能质量。

并联补偿是一种对系统中无功功率的分布进行控制的技术，也是一种改善交流输电线电能质量的方法。该技术一般用于补偿独立和群体负荷，其目的有三：

1）功率因数校正；

2）电压调节；

3）负荷平衡。

值得注意的是，即便在供电电压恒定并与负荷独立的情况下，即系统强壮的条件下，也需要进行补偿。

3．变流串联型补偿器的原理与功能

串联型补偿器的结构如图 5-25b 所示，串联连接在电源和负荷之间。它借助一个耦合变压器接入电网，通过向线路注入一个和系统电压的有害分量大小相同、方向相反的补偿波电压，以在线性负荷两端施加一个纯正弦的高质量的正序电压，或者通过检测出负荷所产生的有害电流，控制补偿器输出的电压来维持接入点的电压为正序正弦电压，从而保证供电电源的电流为正弦。其补偿作用同样可以用类似并联补偿的方法进行分析。

感性负荷（见图 5-29a）时可以近似看做是电流源，假定补偿器输出控制电压 $U_c = kGI_s$，采用诺顿等效电路则电源电流为

$$I_s = \frac{Z_L I_L + U_s}{Z_s + Z_L + kG} \tag{5-59}$$

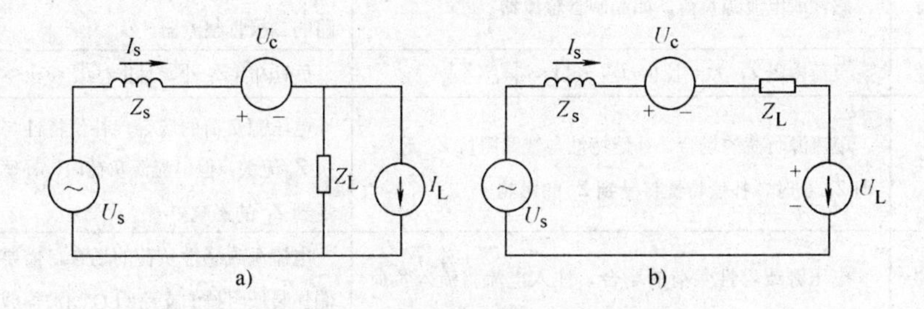

图 5-29　串联补偿器的补偿原理

a）感性负荷补偿原理　b）容性负荷补偿原理

由于 $|G|_h \approx 1.0$，故当 $k >> |Z_L + Z_s|$ 时，

$$\begin{aligned} I_{sh} &\approx 0 \\ U_c &\approx Z_L I_{Lh} + U_{sh} \end{aligned} \tag{5-60}$$

故理想补偿要求增益 k 尽可能大，而负荷并联阻抗 $|Z_L|_h$ 尽可能小。但由于通常前端变流器中整流负荷为感性时 Z_L 非常大，所以上述条件难以满足。

对于负荷为容性时，采用戴维南等效电路，电源电流可以记为

$$I_s = \frac{U_s - U_L}{Z_s + Z_L + kG} \tag{5-61}$$

如增益 $k >> 1.0\text{pu}$，则

$$\begin{aligned} I_{sh} &\approx 0 \\ U_c &\approx V_{sh} - V_{Lh} \end{aligned} \tag{5-62}$$

实际上，如取控制电压指令为 $U_c^* = G(kI_s - U_L)$，则电源电流表达式可以改写为

$$I_s = \frac{U_s - (1-G)U_L}{Z_s + Z_L + kG} \tag{5-63}$$

由于电源通常谐波电压分量很小，$U_{sh} \approx 0$，只要通过控制使$|1-G|_h << 1.0$，则可以实现将电源电流的有害分量减少的控制目的。通过上述讨论可知，串联型补偿器的补偿特性与系统和负荷参数无关，可以很容易地实现对容性负荷的补偿目的。所以和并联型相比，两者的补偿特性互补，可以通过两者的组合实现串−并联补偿，达到良好的补偿目的。串、并联型补偿器性能比较见表 5-4。

表 5-4　变流串、并联补偿器性能比较

	并联型补偿器	串联型补偿器
基本原理	功能等效为电流源	功能等效为电压源
适用负荷	感性或电流源负荷，如晶闸管整流器	容性或电压源负荷，如具有电容滤波电路的二极管整流器
动作条件	负荷内阻 Z_L 大，且 $\|1-G\|_h << 1 << \|Z_L/Z_s\|_h$	负荷内阻 Z_L 小，且 $\|1-G\|_h << 1 << k$
补偿特性	电流源负荷的场合，补偿特性与线路阻抗 Z_s 无关；但 Z_L 小时，补偿特性将受到 Z_s 的影响	电压源负荷的场合，补偿特性与线路阻抗 Z_s 无关，但电流源负荷时，补偿特性将受到 Z_L 的影响
需注意的问题	电压源或容性负荷的场合，注入电流将流入负荷侧，需注意负荷过电流的问题	电流源或感性负荷的场合，需要在负荷侧加装低阻抗的支路（LC 滤波器或并联补偿电容）

5.3　STATCOM

STATCOM 的结构基于一个由可关断器件构成的静止式同步电压源变流器，习惯上人们将其工作原理与旋转式同步调相机相比。此时变流器输出电压的频率和系统频率相同，并且由于有功功率的注入完全是为了补偿逆变器的有功损耗，而变流器的损耗包括开关损耗和辅助电路（如变压器、引线、吸收回路等）的损耗，通常仅为装置容量的百分之几，所以两者的相位差很小，可以认为变流器电压与系统电压同步，所以此类基于电压源（或电流源）逆变器、以补偿无功功率为目的的装置被称为静止同步补偿器（Static Synchronous Compensator，STATCOM）。

STATCOM 经串联电抗（包括变压器的漏抗与电路中其他电抗）与电网相连，如图 5-30 所示，其中 STATCOM 和线路的全部有功损耗均折算到电路中的等效电阻 r 中。

如果直流侧电压恒定，则在忽略 STATCOM 中的有功损耗条件下，即 $r = 0$ 时，可以得到

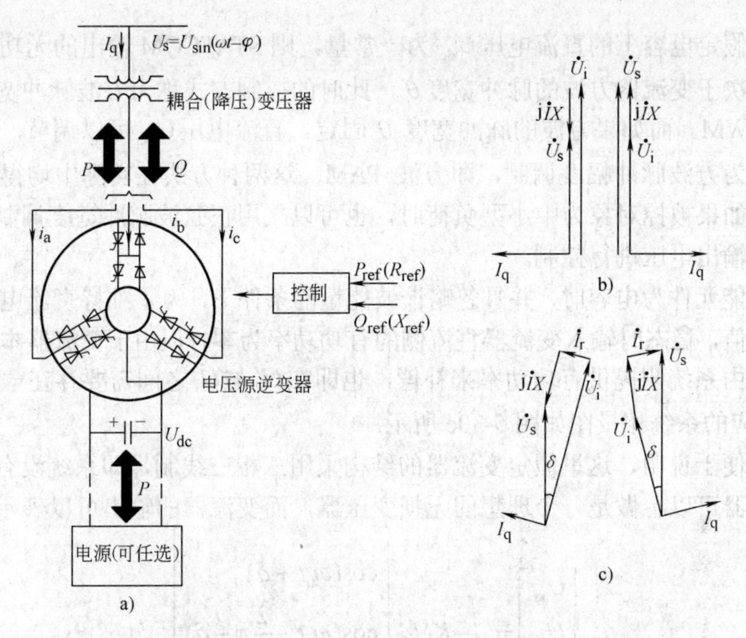

图 5-30　STATCOM 等效电路和相量图

a）STATCOM 等效电路　b）理想电路相量图　c）考虑有功损耗时相量图

$$\dot{U}_s = \dot{U}_i + j\dot{I}X \tag{5-64}$$

对应的相量图如图 5-30b 所示。系统和变流器之间的耦合是通过一个理想电感实现的，因此耦合电路中流过的电流应当与施加在电感两端的电压正交；而由于系统电压 U_s 和变流器输出电压的基频分量 U_i 同相位，所以该电流相量将和系统电压相量成 90°，即变流器和系统之间所交换的能量是纯无功能量。由此得到两者所交换的无功功率为

$$Q = U_s \frac{U_s - MU_{dc}}{X} \tag{5-65}$$

当变流器输出电压基频分量的有效值 MU_{dc} 大于系统电压的有效值 U_s 时，无功电流经耦合电抗由变流器流入系统，此时电流超前系统电压 90°，变流器向系统输出无功功率；反之，如果系统电压的有效值大于变流器输出电压基频分量的有效值时，电流由系统流向变流器，此时电流的相位滞后系统电压，变流器从系统吸收无功功率。在应用中为了降低损耗，STATCOM 多采用多重化结构，如果每个变流器组均采用方波脉宽调制的方法，此时调制比 M 可改写为

$$M = k\sin\left(\frac{\theta}{2}\right) \tag{5-66}$$

式中，θ 为方波的脉冲宽度。据此可将式（5-65）改写为

$$Q = U_s \frac{U_s - kU_{dc}\sin\left(\frac{\theta}{2}\right)}{X} \tag{5-67}$$

可见，若假定电容上的直流电压U_{dc}为一常量，则STATCOM输出的无功功率就将唯一地取决于变流器方波的脉冲宽度θ，此时的控制方式称为方波脉冲宽度调制，即方波 PWM。而如果方波的脉冲宽度 θ 固定，直流电压U_{dc}可以调节，则这种控制方式称为方波脉冲幅度调制，即方波 PAM。这两种方式在实际中均得到广泛的应用。而如果被控对象为中小型负荷时，也可以采用正弦波脉冲宽度调制(SPWM）的方法对输出电压进行控制。

当储能元件为电容时，并且忽略谐波能量的条件下，为了维持直流电容上的电压为一定值，稳态时输入变流器直流侧的有功功率为零，但由于变流器本身存在的损耗需要由系统侧提供有功功率来补偿，也即在U_s与U_i之间需要存在一定的相位移δ，相应的系统相量图如图 5-30c 所示。

为了便于说明，这里假定变流器的结构采用三相三线制，即系统没有中性线。此时变流器可以看做是一个理想的无损变压器，而变流器的输出可以表示为

$$\begin{bmatrix}\dot{U}_{ia}\\ \dot{U}_{ib}\\ \dot{U}_{ic}\end{bmatrix}=\sqrt{\frac{2}{3}}KU_{dc}\begin{bmatrix}\cos(\omega_0 t+\delta)\\ \cos(\omega_0 t-\frac{2}{3}\pi+\delta)\\ \cos(\omega_0 t+\frac{2}{3}\pi+\delta)\end{bmatrix}\tag{5-68}$$

式中，K是中间直流电压与变流器输出线电压之间的变换比。对于脉冲宽度固定的脉冲幅度调制（PAM）型电压源变流器而言，K是一个常量；而对于脉冲宽度可变的脉冲宽度调制（PWM）型变流器而言，K则是一个变量。

在假定系统电压三相对称，且忽略谐波分量的条件下，系统电压可以表示为

$$\begin{bmatrix}\dot{U}_{sa}\\ \dot{U}_{sb}\\ \dot{U}_{sc}\end{bmatrix}=\sqrt{\frac{2}{3}}U_s\begin{bmatrix}\cos\omega_0 t\\ \cos(\omega_0 t-\frac{2}{3}\pi)\\ \cos(\omega_0 t+\frac{2}{3}\pi)\end{bmatrix}\tag{5-69}$$

式中，ω_0是系统频率。据此，系统的电压平衡方程为

$$\begin{bmatrix}\dot{U}_{sa}\\ \dot{U}_{sb}\\ \dot{U}_{sc}\end{bmatrix}=(R+L\frac{d}{dt})\begin{bmatrix}\dot{i}_a\\ \dot{i}_b\\ \dot{i}_c\end{bmatrix}\begin{bmatrix}\dot{U}_{ia}\\ \dot{U}_{ib}\\ \dot{U}_{ic}\end{bmatrix}\tag{5-70}$$

根据能量守恒，在稳态时 STATCOM 交流侧和直流侧的瞬时功率应当相等，据此可以给出

$$\begin{aligned}CU_{dc}\frac{dU_{dc}}{dt}&=\dot{U}_{ia}\dot{i}_a+\dot{U}_{ib}\dot{i}_b\dot{U}_{ic}\dot{i}_c\\&=\sqrt{\frac{2}{3}}KU_{dc}\left[\cos(\omega_0 t+\delta)\dot{i}_a+\cos\left(\omega_0 t-\frac{2}{3}\pi+\delta\right)\dot{i}_c+\cos\left(\omega_0 t+\frac{2}{3}\pi+\delta\right)\dot{i}_c\right]\end{aligned}\tag{5-71}$$

即

$$\frac{\mathrm{d}U_{\mathrm{dc}}}{\mathrm{d}t}=\sqrt{\frac{2}{3}}\frac{K}{C}\left[\cos\left(\omega_0 t+\delta\right)i_{\mathrm{a}}+\cos\left(\omega_0 t-\frac{2}{3}\pi+\delta\right)i_{\mathrm{b}}+\cos\left(\omega_0 t+\frac{2}{3}\pi+\delta\right)i_{\mathrm{c}}\right] \quad (5\text{-}72)$$

式（5-72）即为简化的 STATCOM 基频状态方程。由于该方程为非线性时变方程，难以进行解析求解。为简化讨论，同时又不失一般性，通常通过派克变换将其放到同步坐标系中求解，此时，将系统电压相量$\dot{U}_{\mathrm{s}}$放在 α 轴上，得到系统的状态方程为

$$C_{\mathrm{d}}\frac{\mathrm{d}U_{\mathrm{dc}}}{\mathrm{d}t}=K\left(i_{\mathrm{a}}\cos\delta+i_{\beta}\sin\delta\right)$$

$$\begin{bmatrix} r+L\dfrac{\mathrm{d}}{\mathrm{d}t} & -\omega_{\mathrm{s}}L \\ -\omega_{\mathrm{s}}L & r+L\dfrac{\mathrm{d}}{\mathrm{d}t}\end{bmatrix}\begin{bmatrix} i_{\mathrm{a}} \\ i_{\beta}\end{bmatrix}=\begin{bmatrix} U_{\mathrm{s}}-KU_{\mathrm{dc}}\cos\delta \\ -kU_{\mathrm{dc}}\sin\delta\end{bmatrix} \quad (5\text{-}73)$$

由图 5-30a 可以看到，流入电容的电流实际上是三相电流之和。在忽略谐波分量的条件下，假定系统电压三相对称，则稳态时三相电流的基频分量之和为零，这也就意味着流入直流电容的基频电流为零，即$i_{\mathrm{dc1}}=i_{\mathrm{a1}}+i_{\mathrm{b1}}+i_{\mathrm{c1}}=0$。这除了再一次验证了 STATCOM 的直流侧和交流电源系统之间实际上并没有基频有功能量交换外，还进一步表明两者之间实际上也不存在无功能量的交换。换句话说，电压源逆变器在这里的作用仅是用来提供一组与系统电压同步且三相对称的交流电压，本身并不吸收或发出无功功率；STATCOM 实际上是通过变流器的开关作用使基频能量在三相电路中循环，来达到无功补偿的目的，这和常规的无功补偿装置利用储能元件来吸收和发出无功功率具有根本的不同。也正因为如此，所以从基频无功补偿的角度出发，在系统电压具有理想的三相对称的基频正弦波形的条件下，直流储能元件仅起了为逆变器提供直流支撑的作用，并没有基频电流流入储能元件，所以在理论上其容量可以取得很小。

由于作为储能元件，电容上电压的变化取决于其中存储电荷的变化，而当流入电容的电流为零时，电容两端的电压将保持恒定，即$\mathrm{d}U_{\mathrm{dc}}/\mathrm{d}t=0$，据此得到系统稳态方程的解如下：

$$Q=\frac{U_{\mathrm{s}}^2}{2r}\sin 2\delta$$

$$P=\frac{U_{\mathrm{s}}^2}{r}\sin^2\delta$$

$$U_{\mathrm{i}}=U_{\mathrm{s}}\left(\cos\delta+\frac{X}{r}\sin\delta\right) \quad (5\text{-}74)$$

$$U_{\mathrm{dc}}=\frac{U_{\mathrm{s}}\left(\cos\delta+\dfrac{X}{r}\sin\delta\right)}{k\sin\dfrac{\theta}{2}}$$

式中，P 为稳态时系统输入 STATCOM 的有功功率，亦即装置本身的有功损耗。由式（5-74）可以看到，实际上 STATCOM 输出的无功功率仅依赖于系统电压与变流器输出电压之间的夹角δ，而与方波脉冲宽度θ（或调制比 M）无关。在装置的各主要输出变量中，脉冲宽度的变化仅影响电容上直流电压的大小。换句话说，单纯从控制输出无功功率的角度，仅δ一个量的控制是必要的，所以完全可以采用仅控制相位移，而让电容电压随之波动的所谓脉冲幅度调制（PAM）的方法，来达到控制无功功率输出的目的。注意到相位移δ在无功补偿装置中很小，因此以其弧度值δ代替其正弦函数值$\sin\delta$将不会引起很大的误差，此时方程式（5-74）中第一式可简写为

$$Q=\frac{U_{\mathrm{s}}^{2}}{r}\delta \tag{5-75}$$

即稳态时，STATCOM 所输出的无功功率与相位移δ之间存在线性关系［实际系统中，由于器件的非线性特性会导致在零输出附近（即小电流时）存在一个死区，但这超出了本书的讨论范围］。上述分析不仅深刻地揭示了 STATCOM 各变量间的相互关系，而且大大地简化了系统的描述，从而为控制器的设计提供了参考。如果进一步对式（5-75）中系统电压U_{s}、输出的无功功率 Q 和有功损耗等效电阻 r 取标幺值，则可以得到

$$\delta=r^{*} \tag{5-76}$$

这说明，对于一个实际的 STATCOM 而言，由于其有功损耗通常很小，比如大功率的同步补偿器效率大多在 98%以上，则额定工况时，由于$r^{*}\leqslant 0.02$，故控制角δ的范围将仅为±1°左右，显然这对于精确控制开关器件的触发时刻提出了很大的挑战。

5.3.1 STATCOM 并联补偿控制策略

为了满足电力网的一般性补偿要求，需要控制并联补偿器的无功输出，来保持或变化其与输电系统连接点的电压。图 5-31 给出了一个较通用的控制策略。在并联补偿器的接入点，将电力系统等效成一台发电机，其中 P_{M}、U_{s}、δ 分别代表其机械功率、内电压和功角，机组内阻抗为 Z_{s}，包括发电机和传输线的阻抗，并为角频率ω和时间 t 的函数（阻抗随时间变化是因为故障、线路切换等扰动）。电力系统的端电压幅值为 U_{T}。

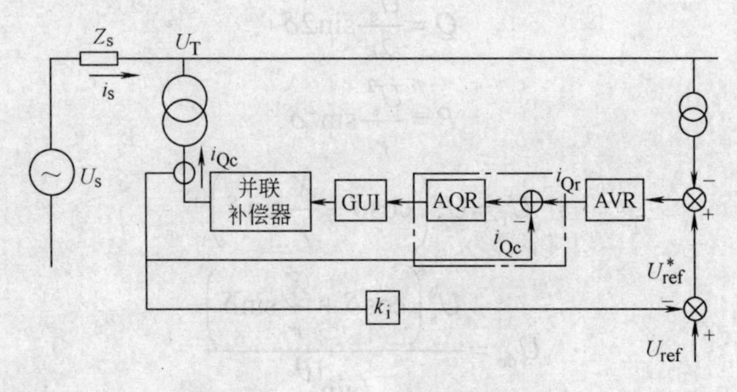

图 5-31　双环控制系统原理图

补偿器等效为可控的无功电流源，其向系统注入的无功电流 i_{Qc} 跟随电流参考值 i_{Qr} 变化，在图 5-31 所示的控制策略中采用了双环控制系统，即由电流控制器（图中为自动无功功率控制器，Automatic Var Regulator，AQR）构成的内环和自动电压调节器（Automatic Voltage Regulator，AVR）构成的外环。如果内环的放大系数很大，则电流的误差就可以忽略，也就是说被控的无功电流将正比于电压偏差（即 AVR 的输入信号）而与系统参数无关。调节后的输出，经门控单元（GUI）生成开关器件的门控信号。

这里的 AVR 和 AQR 均可采用常见的 PI、PID 控制，AVR 的输入为校正后参考电压 U_{ref}^* 与接入点电压之差，即 $\Delta U_{\mathrm{T}}=U_{\mathrm{ref}}^*-U_{\mathrm{T}}$，而其中 $U_{\mathrm{ref}}^*=U_{\mathrm{ref}}-U_{\mathrm{su}}$，其中 U_{ref}、U_{su} 分别为校正前的参考电压和附加控制量，后者是为了达到特定控制目标（如阻尼控制）而设定的附加控制输入。

附加控制量是采用有差“斜率”调节方式的并联补偿装置的典型端电压–电流（U–I）特性曲线。由于电源不可避免地存在内阻 X_{s}，所以系统的负荷线（即 U–I 特性曲线），通常是向右下倾斜的直线，即随着负荷电流的增大接入点 T 的电压下降，如图 5-32 所示。而由于补偿器同样是负荷的一部分，所以随着补偿器向系统注入电流，接入点电压也将发生相应的变化。

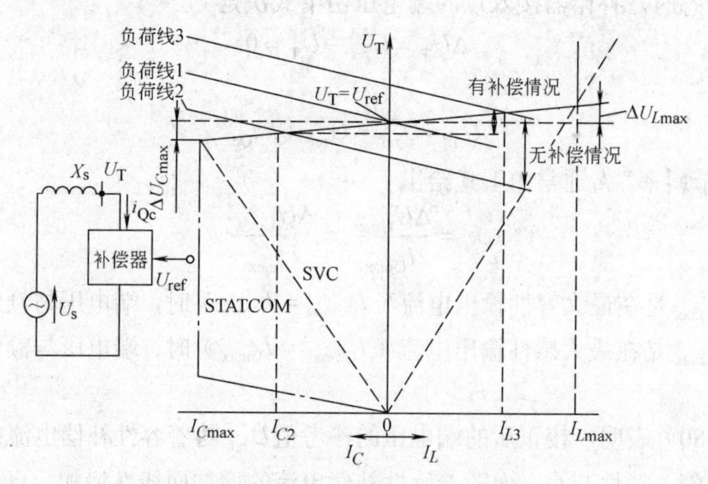

图 5-32　并联补偿装置的 U–I 特性

为了抑制上述电压变化，补偿器的电压–电流曲线通常在可控区域内表现为一条向右上倾斜的线段，其斜率由调节系数 k_i 决定，该斜率通常在 0～10%之间，最常用的范围为 2%～5%。系统的负荷线和补偿器的电压–电流特性曲线的交点即为补偿器的工作点，它决定了补偿器在该运行情况下的端电压和输出电流值。如负荷线 1 与补偿器 U–I 特性曲线的交点对应校正前的电压参考值，从而使得输出电流为零；负荷线 2 由于系统电压的下降而处在负荷线 1 之下，其与补偿器 U–I 曲线的交点对应容

性补偿电流 I_{C2}；负荷线 3 由于系统电压的增加而处在负荷线 1 之上，其与补偿器 U–I 曲线的交点对应感性补偿电流 I_{L3}。负荷线与纵（电压）轴的交点即为没有补偿器补偿作用情况下的端电压值。可见，在线性工作区域内，当系统运行状态缓慢变化时，补偿器采用有差的“斜率”调节方式可使端电压的变化完全由调节斜率 k_i 决定，与无功补偿设备的具体形式无关；而在可控线性工作区域以外，补偿器的运行特性由设备的 U–I 曲线决定。

在图 5-31 所示的控制策略中，AVR 采用经典的 PI 控制规律，并只考虑电压控制目标，即忽略直接控制输入和附加控制，则

$$I_{Qr} = k_p \Delta U_T + K_I \int \Delta U_T \mathrm{d}t \tag{5-77}$$

式中，k_P、k_I 分别为 AVR 的比例增益和积分增益。容易知道，如果补偿器工作在线性区，当系统进入稳态时，$\Delta U_T = U_{ref} - U_T = 0$，即端电压等于参考值，达到无差调节的效果，此时补偿器输出的无功功率决定于 ΔU_T 的演化过程。

有差“斜率”电压调节的实现方式如图 5-32 所示，即在 PI 型 AVR 的参考电压上叠加一个辅助控制量，从而

$$U_{ref}^* = U_{ref} + k_i i_{Qc} \tag{5-78}$$

进入稳态时，补偿器接入点的端电压由下式决定

$$\Delta U_T = U_{ref}^* - U_T = 0 \tag{5-79}$$

即

$$U_T = U_{ref}^* = U_{ref} + k_i i_{Qc} \tag{5-80}$$

式中，“调节斜率” k_i 通常由下式给出

$$k_i = \frac{\Delta U_{C\max}}{I_{C\max}} = \frac{\Delta U_{L\max}}{I_{L\max}} \tag{5-81}$$

式中，$\Delta U_{C\max}$ 是在最大容性输出电流（$I_{Qc\max} = I_{C\max}$）时，端电压与额定值之间的偏差；$\Delta U_{L\max}$ 是在最大感性输出电流（$I_{Qc\max} = I_{L\max}$）时，端电压与额定值之间的偏差。

式（5-80）表明，校正后的端电压的参考值 U_{ref}^* 随着容性补偿电流的增加自额定值（无补偿）线性减小，而随着感性补偿电流的增加而线性增加，直至到达最大的容性或感性补偿电流，减少或增加的比例决定于调节斜率 k_i。上述采用有差的“斜率”调节方式，这样做的好处如下：

1）可以扩展补偿器的线性工作范围，这是因为对于给定最大容性和感性容量的补偿器，采用有差的“斜率”调节方式可使得：在投入最大容性补偿时，端电压允许比无负荷时的额定值低；相反地，在投入最大感性补偿时，端电压允许比额定值高。

2）系统稳定性好，如果系统等效阻抗在特定频率范围内表现为低阻抗甚至零阻抗，则采用无差调节会导致运行点难以确定，引发振荡。

3）可实现在不同并联无功补偿设备以及其他电压调节设备之间自动和可控的负荷分配。

实际中，除了采用上述双环控制系统以外，还可以不用电流内环而仅采用一个电压外环，从而简化控制系统的结构，但此时的响应速度和控制精度都会有所下降。此外也有采用两个独立的单环，如图 5-33 所示，即电压闭环和无功功率（或无功电流）闭环，而采用同一个控制器（或分别具有自己的控制器）的系统，应用中根据补偿电压或补偿无功功率的需要而选择其中一个工作。

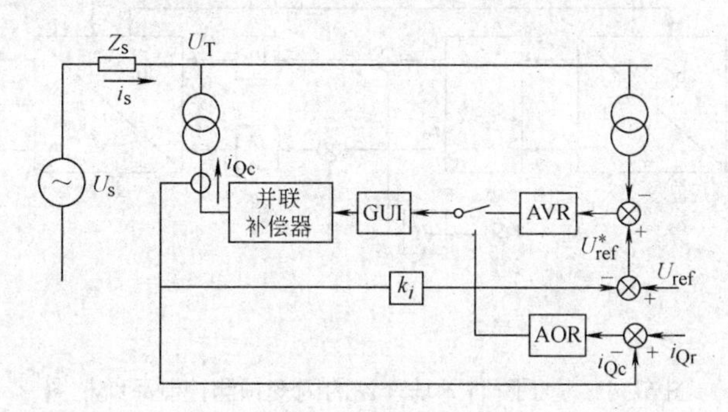

图 5-33　双单环控制系统

1．三相对称控制

在理想三相对称条件下，由于没有基频电流流入直流电容，即 STATCOM 的直流电容将不参与装置和电力系统之间的能量交换，上述能量的交换是通过作为储能单元的变压器漏抗来实现的。此时，由于直流电容仅起一个提供变流器工作所需的中间直流电压的作用，所以不需要像交流传动系统的中间直流电容那样，通过增大容量来消除由于能量交换所引起的电容电压的脉动。也就是说，对于基频分量而言，直流侧电容的电容量可以取得很小，这从理论上讲是 STATCOM 的一个明显优点。

对于通常采用三相桥结构的基于电压源逆变器的 STATCOM 而言，分相控制方法并不适用。为了快速计算控制器所需输出的无功功率，采用瞬时无功功率的计算方法是一个得到广泛应用的方法。该方法将负荷所需电流经 d-q 变换变为同步坐标系的两相电流 i_d、i_q，提取出其中的无功分量和负序分量，然后再通过逆变换变为三相电流指令，其后通过电流控制器得到所需的电流信号。从结构上看，其实和前述并联有源滤波器的控制策略并没有多大的区别，只是此时的控制变量变为无功电流。

图 5-34 所示为一个基于瞬时无功功率理论的 STATCOM 控制系统框图，这里采用的是三相平衡的控制方法，适用于平衡的三相负荷，如直流电弧炉等的闪变抑制。控制系统通过 abc - dq 变换得到同步坐标系上的有功和无功电流分量 i_d、i_q，经过滤波后得到对应其幅值的基频分量，即直流分量 $\bar{i}_d$、$\bar{i}_q$，然后经过两个独立的 PI 调节器控制。其中瞬时无功电流的参考值 i_q^* 由负荷电流得到，为了得到快速响应的目的，同样可以采用预测的方式进行控制，即根据目前抽样周期中得到的负荷电流

信息，预测下个周期补偿电流的轨迹。而电流参考信号进一步被用来计算所需的参考电压，使补偿电流与电源电压同相位，以保证功率因数为 1。在确定了参考电压和参考电流的条件下，就可以计算所需的占空比，从而实现空间矢量 PWM 调制。上述控制算法中的电流计算可以用离散的形式表示为

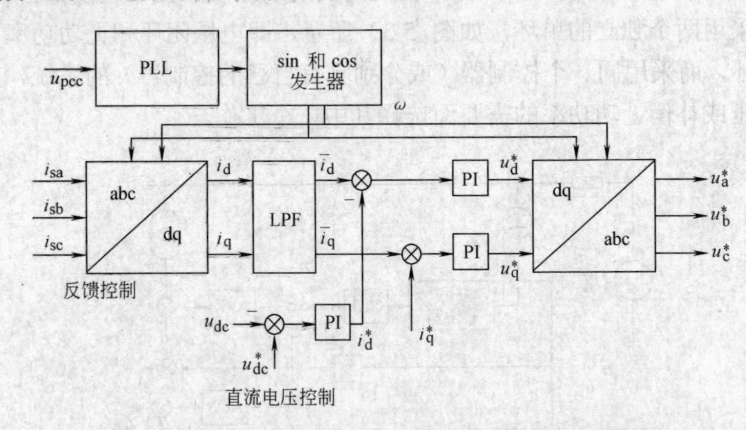

图 5-34 基于瞬时无功理论的闪变预测控制系统框图

$$
\begin{aligned}
U_{cq} &= -L\frac{i_q^*(k+1)-i_q(k)}{T_s} - Ri_q(k) - \omega\, i_d(k) + U_{sq}(k) \\
U_{cd} &= -L\frac{i_d^*(k+1)-i_d(k)}{T_s} - Ri_d(k) + \omega\, i_q(k) + U_{sd}(k)
\end{aligned}
\tag{5-82}
$$

式中，T_s 为抽样周期，$i_q^*(k+1)$、$i_d^*(k+1)$ 为 $k+1$ 时刻的电流参考值；$U_{sd}(k)$、$U_{sq}(k)$ 为当前时刻同步坐标系上的电源电压。该结果即可通过逆变换得到三相输出电压的参考值 $u_{a,b,c}^*$，然后通过 PWM 调制得到逆变器的门控信号。也可以通过计算得到的电压矢量 $U_c^* = \sqrt{U_{cd}^2 + U_{cq}^2}$ 和相位角，再利用空间矢量 PWM 技术计算电压矢量的占空比，同样可得到 STATCOM 的门控信号。

在上述控制算法中，由于参考值和反馈值均是直流电流信号，所以利用 PI 控制可以得到无静差的瞬时电流控制。

2. 三相不平衡控制

以上讨论均假定系统电压三相对称，但对于实际的电力系统而言，即便在正常工作条件下，对称也是相对的，而不对称则是绝对的。在系统故障时，不对称故障更高达 90%以上；而对于目前大量采用三相桥结构的 STATCOM 而言，其补偿性能对于电网的不对称更为敏感，因此从理论上和实践中解决 STATCOM 在不对称条件下的生存与作用问题，就成了其能否大规模投入工业应用的关键，从而得到人们越来越多的关注。

为了实现基于三相桥的电压源变流器对于三相不平衡闪变的抑制作用，近年来

许多研究人员提出了一系列方法，其中一个共同的特点是多采用双坐标变换系统，即将信号分解为正序和负序两个分量，然后在正序和负序两个坐标系上进行控制。图 5-35 所示为一个基于同步坐标系的控制系统框图[20]。其中有功电流的正序分量的参考值 i_{pd}^{*} 在作为无功补偿时，同样是由中间直流电压控制环的输出给出；而正序无功电流分量的参考值 i_{pd}^{*} 则由无功电流指令给出。至于负序电流分量的有功与无功电流参考值 i_{nd}^{*}、i_{nq}^{*}，则从抑制负序分量的目的出发，同样设为零。

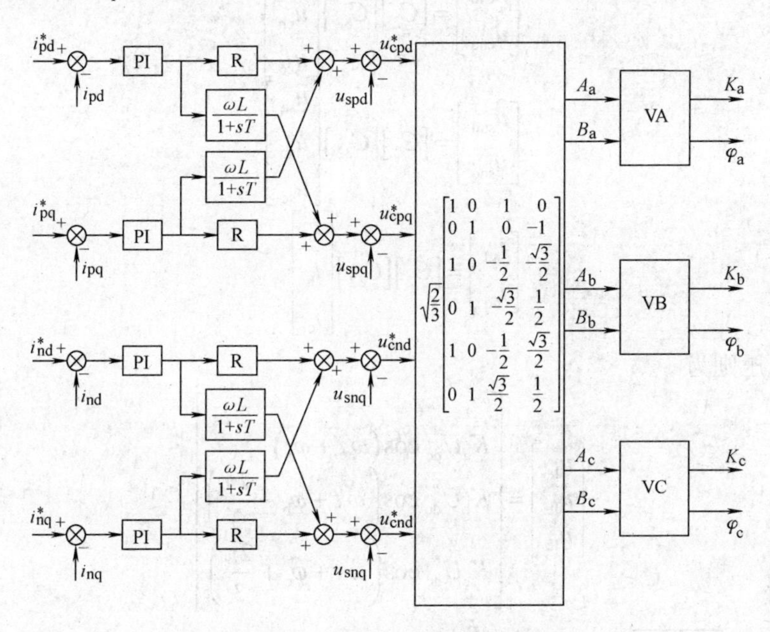

图 5-35　双坐标系控制系统框图

其中，定义基本坐标变换为

静止坐标系 $abc-\alpha\beta$：$$[C_{32}]=\sqrt{\frac{2}{3}}\begin{bmatrix}1 & -\frac{1}{2} & -\frac{1}{2}\\ 0 & \frac{\sqrt{3}}{2} & -\frac{\sqrt{3}}{2}\end{bmatrix} \tag{5-83}$$

正序变换：定义正序同步变换矩阵为 $[C_1]=\begin{bmatrix}\cos\omega t & \sin\omega t\\ -\sin\omega t & \cos\omega t\end{bmatrix}$，从而得到

$$\begin{bmatrix}u_{\mathrm{cpd}}\\ u_{\mathrm{cpq}}\end{bmatrix}=[C_1][C_{32}]\begin{bmatrix}u_{\mathrm{ca}}\\ u_{\mathrm{cb}}\\ u_{\mathrm{cc}}\end{bmatrix}$$

$$\begin{bmatrix}u_{\mathrm{spd}}\\ u_{\mathrm{spq}}\end{bmatrix}=[C_1][C_{32}]\begin{bmatrix}u_{\mathrm{sa}}\\ u_{\mathrm{sb}}\\ u_{\mathrm{sc}}\end{bmatrix}$$

$$\begin{bmatrix} i_{\text{pd}} \\ i_{\text{pq}} \end{bmatrix} = [C_1][C_{32}] \begin{bmatrix} i_{\text{a}} \\ i_{\text{b}} \\ i_{\text{c}} \end{bmatrix} \tag{5-84}$$

负序变换：定义负序同步变换矩阵为 $[C_2] = \begin{bmatrix} \cos\omega t & -\sin\omega t \\ \sin\omega t & \cos\omega t \end{bmatrix}$，从而得到

$$\begin{aligned} \begin{bmatrix} u_{\text{cnd}} \\ u_{\text{cnq}} \end{bmatrix} &= [C_2][C_{32}] \begin{bmatrix} u_{\text{ca}} \\ u_{\text{cb}} \\ u_{\text{cc}} \end{bmatrix} \\ \begin{bmatrix} u_{\text{snd}} \\ u_{\text{snq}} \end{bmatrix} &= [C_2][C_{32}] \begin{bmatrix} u_{\text{sa}} \\ u_{\text{sb}} \\ u_{\text{sc}} \end{bmatrix} \\ \begin{bmatrix} i_{\text{nd}} \\ i_{\text{nq}} \end{bmatrix} &= [C_2][C_{32}] \begin{bmatrix} i_{\text{a}} \\ i_{\text{b}} \\ i_{\text{c}} \end{bmatrix} \end{aligned} \tag{5-85}$$

则输出电压则为

$$\begin{bmatrix} u_{\text{Ia}}^* \\ u_{\text{Ib}}^* \\ u_{\text{Ic}}^* \end{bmatrix} = \begin{bmatrix} K_{\text{a}} U_{\text{dc}}^* \cos(\omega t + \varphi_{\text{a}}) \\ K_{\text{b}} U_{\text{dc}}^* \cos\left(\omega t + \varphi_{\text{b}} - \dfrac{2\pi}{3}\right) \\ K_{\text{c}} U_{\text{dc}}^* \cos\left(\omega t + \varphi_{\text{c}} + \dfrac{2\pi}{3}\right) \end{bmatrix} \tag{5-86}$$

式中，$K = \sqrt{A^2 + B^2}$，$\varphi = \arctan\left(\dfrac{B}{A}\right)$

上述基于瞬时无功功率的算法用于电压源逆变器的控制，可以实现对三相不平衡系统的快速补偿。实际上近年来有一系列类似的基于瞬时无功功率理论的算法，被应用于冶金系统闪变的 STATCOM 控制取得了良好的效果。图 5-36 是东芝开发的 STATCOM 负序补偿设备的控制原理图。

此类控制器通常具有如下三个特征：

1）数字滤波：装置需要从负荷产生的随机电流波形中最大限度地检测出根据自身的容量范围内可以补偿的电流。为此，在对补偿电流分量进行计算之前，利用数字滤波器从三相负荷电流中提取作为补偿对象的频率分量。

2）补偿电流计算电路：将作为补偿对象的电弧炉负荷的三相电流转换到同步坐标系，得到相应的两相有功和无功电流分量 i_{d}、i_{q}。然后根据上述电流，计算得到计划补偿的电流的无功分量、负序分量和谐波分量，再通过逆变换得到三相电流指令。

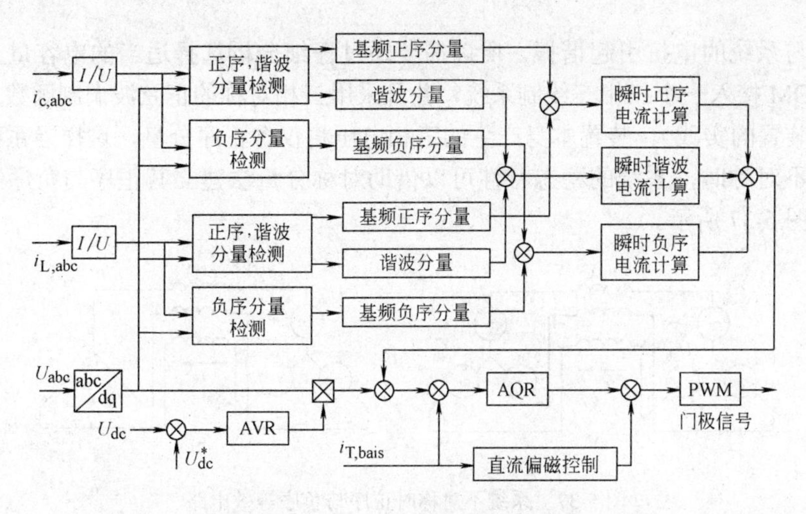

图 5-36　负序补偿控制系统原理图

3）电流控制方式：在电流控制环中，将上述计算电路得到的负荷的三相电流作为电流指令，将逆变器输出的电流作为反馈值，两者的偏差作为 PI 调节器的输入进行跟踪控制。为了实现高速补偿，往往加入具有微分作用的前馈环节。上述反馈环节和前馈环节综合的调节方式，可以实现从电流指令得到变流器输出电压的参考值的电流控制功能。

多年来上述基于无功功率补偿的控制算法被广泛应用于闪变抑制中，并取得了良好的效果。但深入研究表明电弧炉的电流实际上包括两个部分[16]，即与瞬时电压相位相同的瞬时实电流分量 i_p，与瞬时电压正交的瞬时虚电流分量 i_q。而供电点电压的波动则是由三个不同的分量引起的，即除了上述瞬时实电流分量 i_p 和虚电流分量 i_q 外，还受到实电流导数，即变化率的影响。由此可以得到，不包括储能环节的并联补偿器，如 SVC 由于不可能对负荷有功功率的波动进行直接补偿，所以不可能完全消除闪变。因此为了达到有效补偿的目的，必须采用基于电压（流）源逆变器的补偿装置，并且其补偿电流的参考值 i_c^* 应当为

$$i_c^* = \mathrm{j}\left[i_q + i_p \frac{R}{X} f(\theta) + \frac{1}{\omega}\frac{\mathrm{d}i_p}{\mathrm{d}t} f(\theta) + k\right] \tag{5-87}$$

式中，R 和 X 是线路的电阻和电抗；k 是校正因子，其作用是使系统的平均无功功率为零；$f(\theta)$ 则是对变压器 T_1 的相移的校正因子，表示为

$$f(\theta) = 1 + \left(\frac{R}{X} + \frac{X}{R}\right) X_{T1} I \tag{5-88}$$

式中，X_{T1} 为变压器的阻抗。

利用同步坐标系实现的上述控制具有良好的控制性能。

对于实际系统而言，由于系统中谐波和不对称所引起的负序分量均需通过电容进行能量交换，所以电容的电容量不能取得过小，通常均在 1pu 以上；再考虑到该电容

有可能与系统的电抗引起谐振，所以需要通过仔细分析选择适当的电容量。假定STATCOM接入一个三相三线制系统，并且采用三相对称的正弦波调制函数（这是大多数装置的实践），装置本身产生的三相电压将仅含正序分量，这样当系统侧三相电压不对称时，系统的稳态特性可以借助对称分量法建立其正序与负序等效电路，如图5-37所示。

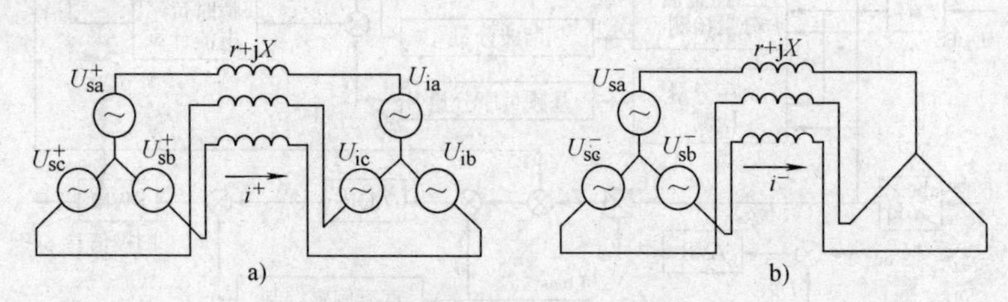

图5-37 系统不对称时正序与负序等效电路

a）正序等效电路 b）负序等效电路

显然，此时对于负序而言，变流器可以看做是短路的，从而流经变流器的负序电流将仅由电网电压的负序分量和主电路中的电抗来决定。这将带来两个结果：一个是负序电流将引起电容上直流电压的脉动，并进而在调制函数的作用下导致输出无功功率的脉动，严重时甚至可能引起系统的振荡；另一个则是由于此时流过装置的电流为正序与负序电流的叠加，从而可能造成装置的过电流。下面分别加以说明。

根据对称分量法，忽略系统和装置调制函数中谐波的影响，在装置不含中性线时，电网在接入点注入装置的有功功率为

$$\begin{aligned}P=&\left|U_s^+\right|\left|I_s^+\right|\cos\varphi+\left|U_s^-\right|\left|I_s^-\right|\cos\varphi\\&-\left|U_s^+\right|\left|I_s^-\right|\cos\left(2\omega t+\theta+\varphi\right)-\left|U_s^-\right|\left|I_s^+\right|\cos\left(2\omega t+\theta+\varphi\right)\end{aligned} \tag{5-89}$$

式中，θ为正序分量与负序分量之间的夹角；φ为同序电流与电压分量之间的夹角，由于正、负序阻抗相同，所以对于正、负序分量，该角度相等。

式（5-89）右端第一、二项为瞬时有功功率中的直流分量，表示STATCOM中的有功损耗。由于装置中的电抗远大于电阻，φ趋近90°，$\cos\varphi\to0$，所以该两项很小，通常可以忽略不计；后两项为由负序分量引起的两倍频率的交变分量，由于未经特殊控制的变流器均按正序分量调制，故变流器输出电压的负序分量近似为零，因此仅有与输入负序电压相关的第四项作用在主电路电抗上，其能量在电感与电网之间进行交换。而系统与直流电容所交换的瞬时功率仅是第三项，即

$$P=-\left|U_s^+\right|\left|I_s^-\right|\cos\left(2\omega t+\theta+\varphi\right) \tag{5-90}$$

由于电容上的电压与注入的有功功率之间的关系可以表示为

$$CU_{dc}\frac{dU_{dc}}{dt}=P \tag{5-91}$$

因此在忽略谐波能量的影响时，电容上的电压为

$$U_{\mathrm{dc}} = U_{\mathrm{dc0}} + \frac{M}{2\omega C} I_{\mathrm{s}}^{-} \sin\left(2\omega t + \theta + \varphi\right) \tag{5-92}$$

由于稳态时利用对称分量法可以将负序电流表示为 $I_{\mathrm{s}}^{-} = U_{\mathrm{s}}^{-}/X$，所以电容上直流电压脉动的有效值可以进一步表示为

$$\Delta U_{\mathrm{dc}} = \frac{M}{2\omega^2 LC} U_{\mathrm{s}}^{-} + U_{\mathrm{h}} \tag{5-93}$$

式中，U_{h} 为系统电压的谐波分量。

据此，可以对给定电压波动条件下直流侧电容的大小进行估算。由于 STATCOM 中正序无功功率仅在三相之间交换，当三相对称时，负序电压与电流分量均为零，此时电容上电压的波动将仅取决于谐波功率；而在多重化条件下，装置中谐波含量较低，所以直流电容实际上只起电压支撑的作用。但三相不对称时，由于上述负序交变有功分量的存在，将导致电容电压的剧烈脉动，这可以采取如下措施加以解决：

1）增大装置主电路的电抗，以限制负序与谐波电流，但这将导致对装置容量增大的要求。

2）增大直流电容的电容量，以减小电容电压的脉动，这是目前各厂家采用的方法，但这将导致装置体积的增大，丧失 STATCOM 较 SVC 体积小这样一个重要优点。

3）采用不对称控制：这包括两种方式，目前应用较多的是变流器利用本身产生负序电压的方法来对消接入点处系统的负序电压，以消除负序分量对装置的影响，同时纠正系统的不对称。为了解决上述问题，近年来相继提出了一系列针对三相桥变流器的不同的控制方法，前面对其已经进行了详细的介绍，这里不再赘述。

当然采用单相桥的结构进行分相控制是一个更为有效的方法。比如采用级联式（也称链式电路），由于它利用若干个相互独立的单相桥串联而成，所以在控制负序分量上具有天然的优势，只是系统将变得较为复杂。

5.3.2 STATCOM 典型应用

电弧炉是工业生产中最常见的冲击性负荷之一，它是引起电压闪变的主要原因。这里对 STATCOM 在电弧炉中的应用进行详细介绍。

闪变改善率：电弧炉是中等功率的随机性非线性负荷，作为冲击负荷的电弧炉所产生的谐波电流会在电力系统中相邻节点引起谐波电压；更为严重的是，电弧炉负荷突变所导致的基频电流幅值的急剧变化，还将导致邻近节点电压基频分量的脉动，进而引起白炽灯照度的快速变化——闪变，并对电子设备造成干扰。特别是，处于熔化期时的交流电弧炉，对于电力系统而言更是一种变化剧烈、三相严重不平衡（负序电流可以高达正弦电流的 70%），且功率因数极低（电极短路时为 0.1～0.2）的负荷。电弧炉所引起的巨大且不稳定的无功电流会在交流线路阻抗上造成压降和显著的电压波动；而其中 5～12Hz 的电压波动，即使仅为 1%，也会引起使人难以忍受的白炽灯照明的闪烁，并对其他用电设备造成干扰。而由于电弧炉炼钢在经济

上的优势，近年来不管国内还是国外，电弧炉的炼钢量均在稳步上升；特别是采用大型（如耗电在100MW以上）电弧炉更成为一种趋势，所以对于电弧炉闪变的抑制越来越成为一个不可忽视的问题。图 5-38 给出了一个典型的电弧炉的伏安特性和幅频特性，为了使这种效应减到最小，必须采取措施，使电压的脉动保持在一定的限值之下。

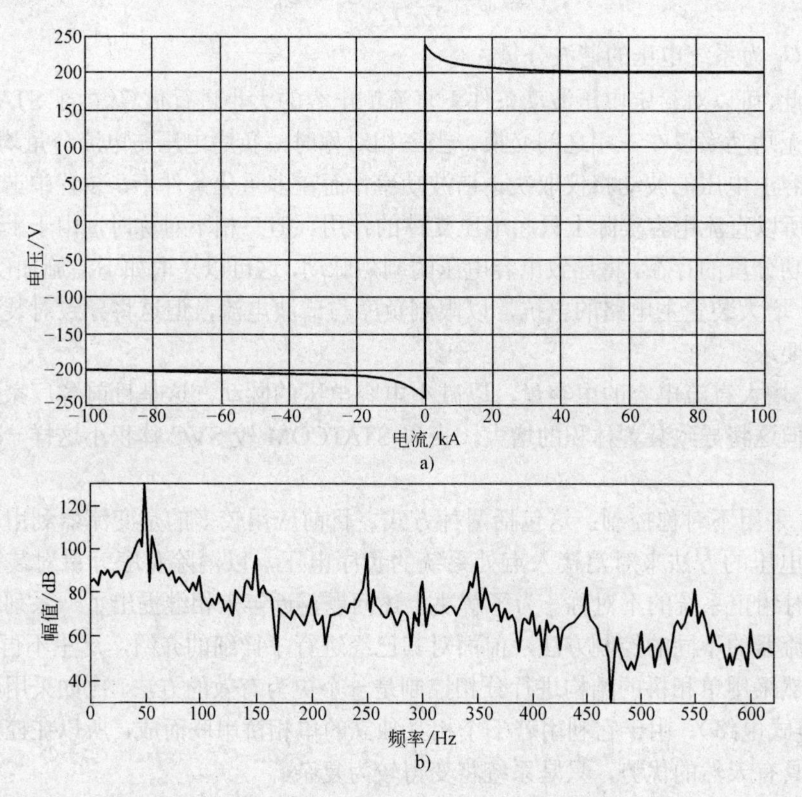

图 5-38 电弧炉电流-电压特性曲线和幅频特性

a）电流-电压特性 b）幅频特性

早在20世纪50年代末，技术人员就开始尝试利用饱和电抗器来抑制闪变；而随着电力电子技术的发展，到了70年代基于晶闸管的TCR和TSC就开始用于抑制电弧炉的闪变。随着基于电压源逆变器的STATCOM与有源滤波器的发展，由于其响应速度快，同时可以对电弧炉运行中所引起的波动的有功功率进行补偿，所以在电弧炉的闪变抑制中具有较为明显的优势，所以得到日益广泛的重视。

并联补偿器进行闪变补偿的基本原理就是，使电弧炉和补偿装置所吸收的无功功率（电流）之和尽可能小，如图 5-39 所示，从而使系统中邻近节点的电压脉动降到最小，达到抑制闪变的目的。但由于电弧炉的工作电流往往急剧变化，而闪变抑制的效果与补偿装置的容量大小和响应速度直接相关，下面进行深入地讨论。

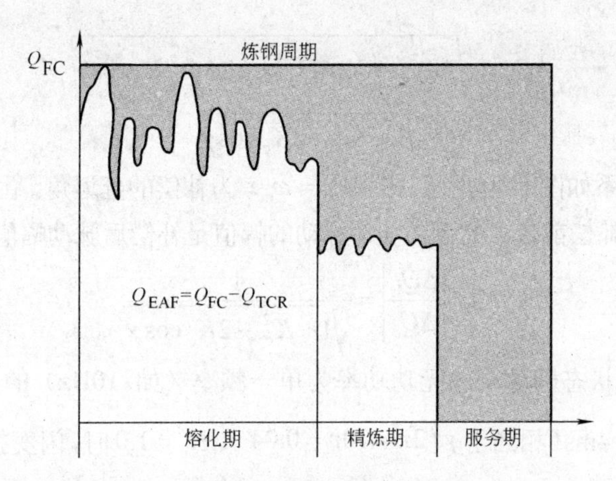

图 5-39　SVC 补偿原理

在分析电弧炉的无功功率波动时，通常假设电弧炉的无功功率波动是由单一调制频率分量造成的，即

$$\Delta Q_L(t)=\Delta\hat{Q}_L\sin\omega_m t \tag{5-94}$$

式中，$\Delta\hat{Q}_L$ 为电弧炉无功功率波动的幅值；ω_m 为无功功率波动的角频率。

而补偿器输出的无功功率也应是一个与无功功率波动频率相同的正弦波，但是由于补偿器响应时间不可避免地存在延时，所以补偿器输出的无功功率为

$$Q_c(t)=K_c\Delta\hat{Q}_L\sin(\omega_m t-\gamma) \tag{5-95}$$

式中，K_c 为补偿度，即补偿器输出的无功功率和电弧炉无功功率的幅值之比；γ 为补偿器输出无功功率的时延角。

补偿后剩余无功功率 $\Delta Q_c(t)$ 由如图 5-40，由斜三角形的余弦定理得到：

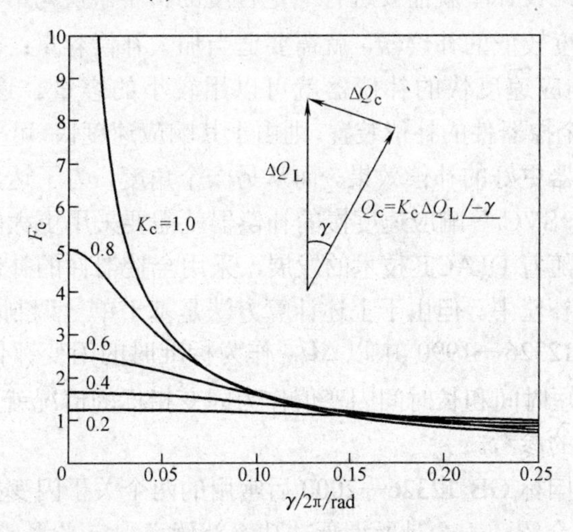

图 5-40　单一调制频率时补偿电量间的关系

（左）ΔQ_L、Q_c 和 ΔQ_c 之间矢量关系；（右）当 K_c=1.0、0.8、0.6、0.4、0.2 时，闪变抑制比 F_c 与延迟角 γ 间的函数关系

$$\begin{aligned}\Delta Q_{\mathrm{c}} &= \sqrt{\Delta\hat{Q}_{\mathrm{L}}^{2}+\left(K_{\mathrm{c}}\Delta\hat{Q}_{\mathrm{L}}\right)^{2}-2\Delta Q_{\mathrm{L}}^{2}K_{\mathrm{c}}\cos\gamma} \\ &= \Delta\hat{Q}_{\mathrm{L}}\sqrt{1+K_{\mathrm{c}}^{2}-2K_{\mathrm{c}}\cos\gamma}\end{aligned} \tag{5-96}$$

各电量的关系如图 5-40 所示。图中$\gamma=\omega_{\mathrm{m}}\tau$为补偿的延迟角。由此可以得到，闪变的抑制比（即补偿前最大的无功功率脉动的幅值是补偿后脉动幅值的倍数）F_{c}为

$$F_{\mathrm{c}}=\left|\frac{\Delta Q_{\mathrm{L}}}{\Delta Q_{\mathrm{c}}}\right|=\frac{1}{\sqrt{1+K_{\mathrm{c}}^{2}-2K_{\mathrm{c}}\cos\gamma}} \tag{5-97}$$

假定以理想状态即脉动的无功功率为单一频率（如 10Hz）的正弦进行分析，则当响应时延为 4ms（相当于$\gamma/2\pi=10\tau=0.04$）、$K_{\mathrm{c}}=1.0$时，闪变抑制比$F_{\mathrm{c}}=\dfrac{\Delta Q_{\mathrm{L}}}{\Delta Q}\approx 4$。如果响应时延为 10ms，对应图 5-40 中$\gamma/2\pi=0.1$，由$K_{\mathrm{c}}=1.0$曲线可以查到闪变抑制比将降低到 1.62 左右；而对于$K_{\mathrm{c}}=0.5$，补偿器时延 10ms 时，闪变抑制比则降低为 1.5 左右，没有明显的变化，说明当补偿器时延达到 10ms 以上时，容量的变化对于闪变抑制比的影响很小。实际上，当$\gamma>60^{\circ}$（即$\gamma/2\pi>1/6$）或补偿器时延大于 17ms 时（对于 10Hz 的调制频率），闪变抑制比将小于 1，即补偿器的引入只会使闪变更为严重。而同样为$K_{\mathrm{c}}=0.5$时，如补偿器时延缩短为 4ms，闪变抑制比则为 1.89，大体相当于$K_{\mathrm{c}}=1.0$时的一半。

通常对闪变抑制的典型要求是闪变抑制比大于 4，这意味着当补偿度为 1 时，为了达到上述标准就要求补偿器时延必须小于 4ms。

上述讨论可以看出，由于闪变补偿效果取决于补偿器的容量$K_{\mathrm{c}}\Delta\hat{Q}_{\mathrm{L}}$和其响应速度（$\gamma=\omega_{\mathrm{m}}\tau$），因此设计中就需要进行一定程度的折中。换句话说，为了获得好的补偿效果，响应速度较低的补偿器，就需要适当加大补偿容量；反之，为了达到相同的补偿效果，响应速度快的补偿器就可以用较小的容量。这说明，如果利用 STATCOM 等基于全控器件的补偿装置，则由于其响应速度快，可望得到比采用 SVC 等相控原理的补偿器更好的补偿效果。而从另一个角度，为了达到与速度快的补偿器同样的补偿效果，SVC 等响应速度慢的补偿器就需要采用更大的容量来弥补速度上的不足。近年来随着 DFACT 技术的发展，采用全控器件的补偿器被越来越多地应用于冲击负荷的补偿中。但由于上述计算方法是基于单一调制频率来定义的，所以对于原国标 GB12326—1990 中以ΔU_{10}作为标准时的闪变评估是较为有效的方法。但对于目前以短时间和长时间闪变值作为闪变指标的情况就不是十分适用，但是可以作为设计时的参考。

下面对采用新国标 GB 12326—2000 后常用的两个关于闪变抑制效果的评价指标[17]，进行简单地介绍。一个是所谓无功功率补偿率，定义为

$$K_{\mathrm{c}}=\frac{\hat{Q}_{\mathrm{c}}}{\Delta\hat{Q}_{\mathrm{L}}}\times 100\% \tag{5-98}$$

式中，$\Delta\hat{Q}_L$ 为波动性负荷的最大无功功率变动量（Mvar）；$\hat{Q}_c$ 为并联补偿器可控部分的无功功率额定值（Mvar），也称为补偿器的额定容量。

注意该定义与闪变抑制比的定义完全不同，首先它仅表明了补偿器可控范围和负荷无功功率波动之间的比例关系，而由于并没有涉及时延，所以不能对闪变的抑制效果进行评价。

另一个则是闪变改善率，定义为

$$\eta = \frac{P_{st} - P'_{st}}{P_{st}} \times 100\% \tag{5-99}$$

式中，P_{st} 为补偿前的短时闪变值；P'_{st} 为补偿后的短时闪变值。

目前还不能由设计数据得到安装补偿器前的闪变值，所以只能依靠预测来估算 P_{st}；而对于补偿后的值，在补偿器没有安装之前通常利用闪变允许值来进行计算。日本标准中则以补偿前后的 10Hz 电压闪变值 ΔU_{10} 的变化来计算。

图 5-41 给出并联补偿器响应时间对电弧炉闪变改善的影响[15,17]。以 TCR 为例，由图可以看出，当补偿器响应时间为 10ms，且补偿率为 80%（即 SVC 的可控范围为最大无功波动量的 80%）时，闪变改善率达 50%左右。而如果补偿器响应时间大于 10ms，则几乎不能有效地抑制闪变。实际上，在达到一定限度之后，即便进一步增加补偿器容量也不能提高补偿效果。这一点和前面式（5-97）给出的结论实际上是一致的。通常在估计补偿所需的容量时，如果已知线路阻抗，则可以根据电弧短路时的参数，换算到以 10MVA 作为基准条件下所需的最大补偿容量（Mvar）为

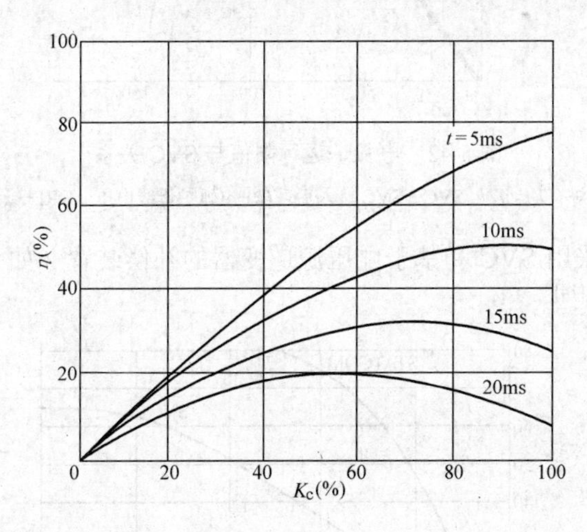

图 5-41　闪变改善率和无功功率补偿率及补偿器响应时间延迟的关系

$$Q_c = \frac{1000}{X_s + X_{pt} + X_{ft} + X_f} \tag{5-100}$$

式中，X_s 为电源电抗（Ω）；X_{pt} 为供电变压器电抗（Ω）；X_{ft} 为电弧炉变压器电抗（Ω）；

X_f为电弧炉电抗（Ω）。

据此，补偿所需的并联补偿器容量（Mvar）可以表示为$Q_c = F_b Q_{max}$。如果将闪变改善率定为50%左右，则在控制器时延10ms时，根据图5-41所需的SVC容量可以近似为$Q_{TCR} \approx 0.8\Delta\hat{Q}_L$。

实际上并联补偿装置通过抑制PCC点的电压波动，对电弧炉产生的作用并不仅仅是抑制闪变，而会通过稳定电压给钢厂带来一系列综合效益，比如提高功率因数，降低能耗；提高有效功率，缩短冶炼时间，进而提高生产率；维持高效稳定的电弧，降低电极损耗和炉衬磨损。电弧炉运行限值与SVC的关系如图5-42所示。意大利Nord SpA钢厂的测试结果表明，SVC的采用可以使有效功率提高6%～7%，每吨钢节约电极和降低能耗均达2%～3%；说明并联无功补偿的确是提高钢厂电能质量和降损节能的一个十分有效的重要手段。

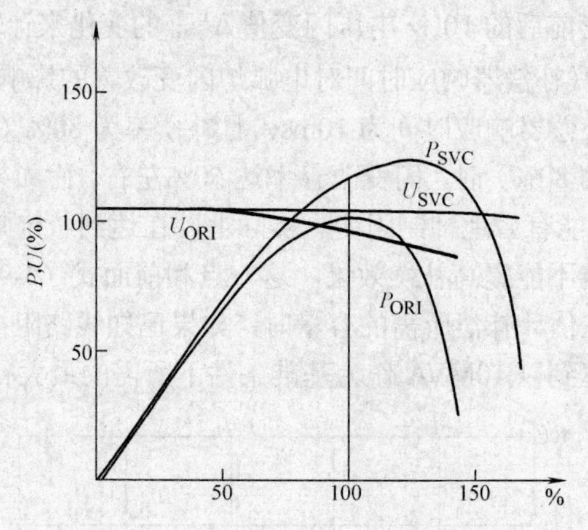

图5-42　电弧炉运行限值与SVC关系

P—电弧炉有功功率　SVC—SVC接入后　U—电弧炉母线电压　ORI—无补偿时

图5-43给出采用SVC和基于电压源逆变器的补偿装置（如STATCOM）对闪变补偿性能的比较[14]。

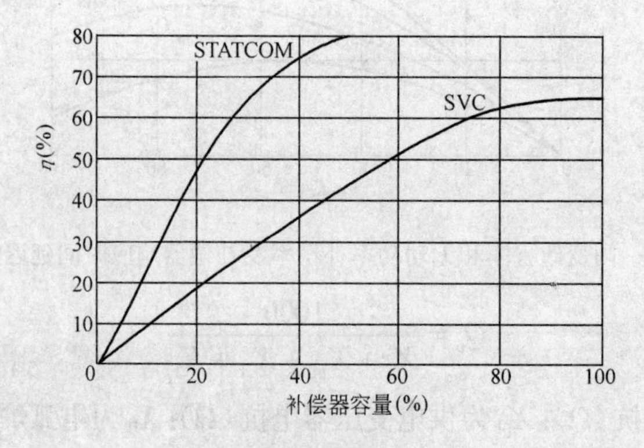

图5-43　闪变改善率和补偿器容量与装置的关系[14]

由于 STATCOM 可以进行容性和感性两个方向的补偿，所以可以控制的无功功率范围是设备调节容量的两倍。再加上响应速度的加快，通常采用 SVC 最大可能的改善率为 65%，而 STATCOM 能提高到 80%。但是其存在问题是，为了提高响应速度采用强迫关断和较高的开关频率，造成了开关损耗的加大，另外价格仍比较昂贵，所以限制了其大规模使用。目前，在两者之间并没有一个明确的选择标准，但一般认为直流电弧炉与同容量交流电弧炉相比，闪变仅为后者一半左右，并且整流器产生的谐波和无功功率需要补偿的场合，或需要对三相不平衡进行补偿的场合，采用 SVC 可能较为有利。而对于交流电弧炉而言，由于三相不平衡和电流波形畸变的起因均是闪变，为了达到高速补偿和提高改善率的目的，采用基于电压源逆变器的补偿装置为好。近年来更提出将两者构成混合补偿器，比如在原有的 SVC 补偿器上再并联 STATCOM 来实现最优的性价比。

作为本章的小结，表 5-5 给出了不同电能质量控制器的设计和选用原则，可供从事工业企业电能质量控制的技术人员作为参考。

表 5-5　电能质量控制器的设计与选用原则[18]

类型		项　目	形式与内容				主要研究项目
			SVC	STATCOM	APF	DVR	
设计条件	系统条件	选用目的	• 抑制电压波动 • 抑制闪变 • 抑制电压不平衡		• 用户谐波补偿 • 系统谐波补偿 • 闪变和负序补偿	• 电压暂态压降	明确补偿目的和性能要求
		额定电压	确定接入点电压波动范围和设备运行范围				确定正常和扰动条件下电压波动范围
		短路容量	为了对谐波和变流器性能进行分析，需要确定连接点短路容量				短路容量的变化范围
		谐波含量	• 谐波发生量允许值 • 补偿后谐波剩余量		• 谐波补偿量	• 谐波发射限值 • 谐波剩余量	• 补偿后谐波剩余量 • 设备谐波发射限值
		不平衡度	对控制器安装前后的不平衡度进行补偿时，确定必要的补偿容量				• 不平衡度 • 补偿率
	负荷条件	负荷类型	被补偿负荷的类型和容量				确定负荷类型和容量
		负荷特性	被补偿负荷的电气性能				区分线性或非线性负荷，以及谐波发生量
		负荷变化	负荷的变化范围和变化率				负荷变化范围和变化率
	环境条件	电磁兼容性	确定补偿设备发生的电磁干扰、传导性噪声等的允许值，以及是否对邻近设备产生影响				调查对电子设备的影响
		噪声	确定安装现场噪声的允许值				满足国家标准对噪声的要求
		抗震性能	确定安装现场抗震性能的要求				满足抗震性能要求
		温度湿度	确定安装现场的温度和湿度				全年温度、湿度的变化范围
		粉尘等	现场粉尘浓度和污染物水平的防止措施				

（续）

类型	项 目		形式与内容				主要研究项目
			SVC	STATCOM	APF	DVR	
补偿器基本特性	控制补偿范围		• 无功功率补偿量 • 电压波动补偿容量 • 电压不平衡补偿容量		• 补偿谐波的次数 • 谐波补偿容量 • 不平衡补偿量 • 闪变补偿容量	• 电压暂降允值 • 负荷容量 • 电压波动允值 • 耐受时间	• 电压波动 • 无功功率波动 • 谐波含量 • 系统分析
补偿器基本特性	基本控制策略		• 无功功率恒定控制 • 电压恒定控制		• 电源电流补偿 • 负荷电流补偿	• 负荷电压恒定控制	
补偿器基本特性	可靠性水平		根据设备的重要性决定可靠性水平。对于配电系统具有重要影响的设备，对元件、冷却系统和控制系统均采用冗余设计，以提高可靠性				• 系统分析 • 平均无故障时间 • 运行的连续性
补偿器基本特性	损耗		包括变流器、变压器、冷却系统、辅助电源等在内的整体损耗进行评估，同时结合运行的状态，对必要性进行综合判断				
补偿器基本特性	经济性		对安装费用、电能质量提高的经济效益以及运行成本进行经济分析				
补偿器基本特性	补偿器结构		SVC		STATCOM、APF、DVR		
补偿器基本特性	补偿器结构	电路结构	• TCR • TCT • TSC		• 单相或三单相结构 • 三相桥 • 多电平		
补偿器基本特性	补偿器结构	谐波抑制：多重化技术			为了提高变流器容量和抑制谐波采用多重化方 • 曲折变压器多重化 • 载波多重化 • 耦合电抗器多重化		• 谐波限值 • 损耗 • 交流输出电压 • 冗余方式
补偿器基本特性	补偿器结构	谐波抑制：脉冲调制技术			根据开关频率、损耗、谐波含量要求，选择脉冲调制方式： • 脉冲幅度调制（PAM） • 脉冲宽度调制（PWM） 方波脉宽调制（单脉冲宽度调制） 多脉冲宽度调职		• 损耗 • 谐波限值 • 元件工作频率 • 响应速度 • 暂态响应
补偿器基本特性	控制保护	控制方式			根据应用目的、响应速度的要求，采用如下控制方式： • 电流跟踪控制 • 基于瞬时无功功率理论的控制 • 基于同步坐标系的瞬时电流控制		• 响应特性 • 运行方式 • 补偿性能
补偿器基本特性	控制保护	保护方式	对补偿器自身故障时的保护方式，以及系统异常时补偿器的运行方式和保护方式进行分析				• 补偿器故障分析 • 系统故障分析

参考文献

[1] Miller T J E. 电力系统无功功率控制[M]. 胡国根译．北京：中国水利电力出版社，1990.

[2] Luc Meysenc, Jylhäkallio M, Peter Barbosa. Power Electronics Cooling Effectiveness Versus

Thermal Inertia[J]. IEEE TRANSACTIONS ON POWER ELECTRONICS, VOL. 2005 20(3) : 687-693.

[3] Akagi H, Kanazawa Y, et al. Generalized theory of the instantaneous reactive power and its application[J] T. IEE Japan,1983, 103-B(7) : 483-490.

[4] Akagi H, Kanazawa Y, Nabae A. Instantaneous reactive power compensators comprising switching devices without energy storage components[J]. IEEE Trans. 1984, IA-20(3): 625-630.

[5] Kim H, Akagi H. The instantaneous power theory based on mapping matrix in three-phase four-wire systems[J] // Proc. of Power Conversion Conference, Nagaoka, Japan, 1997.

[6] Peng F Z, Lai J S. Generalized instantaneous reactive power theory for three-phase power system[J]. IEEE Trans. 1996, IM-45(1) : 293-297.

[7] Han Y D, Chen J Y, Jiang Q R, et al. Study of FACTS and DFACTS in China[C] // International Conference on Power System Technology (POWERCON 2000), 2000:4-7.

[8] 彭方正，木幡雅一，赤木泰文. 並列形アクティブフィルタと直列形アクティブフィルタ補償特性の検討[J].日本電氣學會論文誌 B 分冊，1993, 113 (1) : 33-40.

[9] Nabae A, Tanaka T. A new definition of instantaneous active-reactive current and power based on instantaneous space vectors on polar coordinates in three-phase circuits[J]. IEEE Trans.1996, PD-11(3) : 1238-1243.

[10] Peng F Z, Akagi H, Nabae A. Compensation Characteristics of the Combined System of Shunt Passive and Series Active Filters[C] // IEEE PESC, 1989, 959-966.

[11] 赤木泰文，金澤喜平，等. 瞬時無效電力の一般化理論とその應用[J]. 電氣學會論文誌 B 分冊，1983, 107(7):483-490.

[12] 刘进军，王兆安. 瞬时无功功率与传统功率理论的统一数学描述及物理意义[J]. 电工技术学报，1998, 13(6): 6-12.

[13] IEEE 1623TM-2004IEEE Guide for the Functional Specification of Medium Voltage (1～35kV)Electronic Shunt Devices for Dynamic Voltage Compensation[S].

[14] 静止形無效電力補償裝置の省エネルギ—技術調查専門委員會. 静止形無效電力補償裝置の省エネルギ—技術[R]. 電氣學會技術報告，第 973 號，2006.

[15] 静止形無效電力補償裝置調查専門委員會. 静止形無效電力補償裝置の現狀と動向[R]. 電氣學會技術報告，第 874 號，2002.

[16] Larsson T, Poumarkde C. STATCOM——an Efficient Means for Flicker Mitigation[C]// IEEE PESC, 1998: 1208-1213.

[17] 全国电压电流等级和频率标准化技术委员会. 电压电流频率和电能质量国家标准应用手册［M］. 北京：中国电力出版社，2001.

[18] 電力品質調整用パワ-エレクトロニクス應用機器適用技術調查専門委員會. 電力品質調整用パワ-エレクトロニクスの適用動向[R]. 電氣學會技術報告，第 978 號，2006.

[19] 加拿大电工协会工程与运行分会静止补偿器委员会. 静止补偿器用于电力系统无功控制[M] 刘取，马维新，等译. 北京：中国水利电力出版社，1989.

[20] 江口直也，山本光俊，等. 不平衡補償機能付き自励式 SVC 制御方式の開発[J]. 日本電氣學

會論文誌 D 分册，1994，114（4）：444-450.

[21] Bijlenga B, Grünbaum R, Johansson Th. SVC Light—a Powerful Tool for Power Quality Improvement[J]. ABB Review, 1998(6):21-30.

[22] Grünbaum R, Gustafsson T. Olsson U. SVC Light: Evaluation of First Installation at Hagfors[C]// Sweden, Session 2000, CIGRE.

[23] Morimoto H, Ando M Mochinaga Development of Railway Static Power Conditioner Used at Substation for Shinkansen[C]// Proceedings of the PCC Osaka, 2002, 3: 1108-1111.

[24] 兔束哲夫，長谷伸一，等. 自勵式電力變換装置によるき電側電力融通方式交流電気鉄道用電壓変動補償装置の開発[J]. 日本電氣學會論文誌 D 分册，1995，115(12)：1521-1528.

[25] Kansuke Fujii, Ken Kunomura, Kiyoichi Yoshida. STATCOM Applying Flat Packaged IGBTs Connected in Series[J]. IEEE Transactions on Power Electronics, 2005, 20（5）: 1125-1132.

[26] IEEE 1585TM-2002IEEE Guide for the Functional Specification of Medium Voltage (1～35 kV) Electronic Series Devices for Compensation of Voltage Fluctuations[S].

[27] Choi S S, Li B H, Vilathgamuwa D M. Dynamic Voltage Restoration with Minimum Energy Injection[J]. IEEE Transactions on Power Systems, 2000, 15(1): 51 -57.

[28] 杨潮. 串联型电能质量控制器的研究[D]. 北京：清华大学，2002.

[29] Vilathgamuwa D M, Perera R, Choi S S. Voltage Sag Compensation With Energy Optimized Dynamic Voltage Restorer[J]. IEEE Transactions on Power Delivery,2003, 18(3): 928-936.

[30] Daehler P, Affolter R. Requirements and Solutions for Dynamic Voltage Restorer, a Case Study[C]// IEEE PES 2000, Singapore.

[31] Nielsen J G , Blaabjer F. A Detailed Comparison of System Topologies for Dynamic Voltage Restorers[J]. IEEE Transactions on Industry Applications, 2005, 41(5): 1272-1280.

[32] Daehler P, Eichler M, Gaupp O, et al. Power Quality Devices Improve Manufacturing Process Stability [J]. ABB Review,2001(1):62-68.

[33] Campbell A. Operational Experience of a Dynamic Voltage Restorer[C]// IEE Seminar on Power Quality: Monitoring and Solutions.2000(12-8).

[34] 赵东元，陈建业，王赞基 近似逆系统方法设计应用于 HVDC 的有源直流滤波器[J]. 电力系统自动化，2004，28(5)：30-33.

[35] 苏玲，赵东元，陈建业，等. 基于近似逆系统的 HVDC 混合滤波器的数字控制器设计[J]. 清华大学学报，2005，45(10)：1305-1308.

第 6 章　电能质量控制中的电力电子技术

引言

电能质量控制中的电力电子技术，实际上是目前得到广泛推广和应用的 FACTS 技术的一个组成部分，或说是柔性输电系统控制器在配电系统中的一个延伸。从历史上看，基于不可控或半可控器件的整流技术可以说是最早得到应用的电力电子技术。而将电力电子技术应用到电力系统中的历史则最早可以追溯到 20 世纪 50 年代利用二极管构成的整流器来替代直流发电机对同步电力进行励磁调节。随后出现的半可控器件晶闸管构成的可控整流器更是为发电机的励磁提供了一个快速有效的控制手段，从根本上改变了同步发电机的动态和静态性能，可以有效地改善系统的稳定性。

随着半导体器件耐压水平和电流容量的增加，为其在电力系统一次侧的应用提供了条件，而有源逆变技术的成熟，则为其在交流系统中的应用提供了可能。1954 年，在瑞典本土和 Gotland 岛之间第一条采用汞弧阀的高压直流输电线的顺利投运，开创了电力电子技术直接用于输电系统的历史。从此，控制对象为 MVA 级的大功率电力电子技术应运而生。随着大尺寸高质量硅晶片制造技术的进步，20 世纪 50 年代发明的晶闸管的电压电流控制能力得到了迅速地提高，很快地取代了汞弧阀成为高压直流输电系统及其他基于半可控器件的自然换相变流器的核心器件。

6.1 FACTS技术的结构及应用

20世纪70年代初，利用反并联的晶闸管对作为交流开关来投切电容和电抗的技术被开发出来。由于晶闸管可以在一个电源周期中开关两次，就提供了一个通过控制其导通角对没有旋转部件的电抗器吸收的无功功率进行快速控制的手段。这种静止无功补偿器（SVC）由于具有控制灵活及响应速度快等优点，所以迅速取代了同步调相机，成为电力系统的一个基本组件。

上述线路换相变流器的一个重要局限就是器件只能在外界电压作用下使电流过零时关断，所以电流总是滞后于系统电压，换句话说，变流器始终呈感性，需要消耗无功功率。当需要进行容性补偿时，则需并联附加的电容器组。因此，开发不依赖于电源电压进行换相的强迫换相型变流器自20世纪50年代以来就一直是电力电子技术人员关注的焦点。但由于器件水平的限制，需要采用复杂的强迫换相技术，从而限制了其广泛应用。

随着电力电子技术的迅速发展，20世纪80年代出现的以GTO晶闸管、IGBT和前些年出现的以IEGT、IGCT为代表的大功率可关断器件为电力电子技术在电力系统中的应用开创了崭新的时代。利用可关断器件构成的电压源（或电流源）逆变器经适当的电抗器与交流系统相连，而利用调节变流装置输出电压和系统电压之间的相位差来在变流装置和交流系统之间进行有功能量的交换，或通过调节变流器输出电压的大小来对变流装置从系统吸收或向系统输出无功功率进行控制。基于上述技术以无功功率补偿和改善系统稳定性为目的的并联±80MVA 静止同步补偿器（STATCOM）于1993年在日本关西电力的犬山变电所投入运行，和以控制系统潮流和无功补偿双重目的的±160MVA 统一潮流控制器（Unified Power Flow Controller，UPFC）于1999在美国TVA Sulivar变电所投运，标志着基于全控器件的自换相变流器在电力系统中的应用技术已经基本成熟。而近年推出的可转换式静止补偿器（CSC）则更是根据需要利用耦合变压器对基本控制器进行不同的组合，使得装置具有更大的灵活性，真正达到了对电力系统实现柔性控制的目的。

根据IEEE（电气与电子工程师协会）的定义，“所谓柔性交流输电系统（Flexible AC Transmission System，FACTS），即是装有电力电子或其他静止型控制器，以加强可控性和增大电力输送能力的交流输电系统。”由于决定交流输电系统输电能力的几个基本参数为线路阻抗、功率传输角和输出入端电压，所以“FACTS控制器是可以提供一个或多个控制交流系统参数的电力电子型或其他静止型设备。”图6-1给出了典型FACTS控制器的基本工作原理。

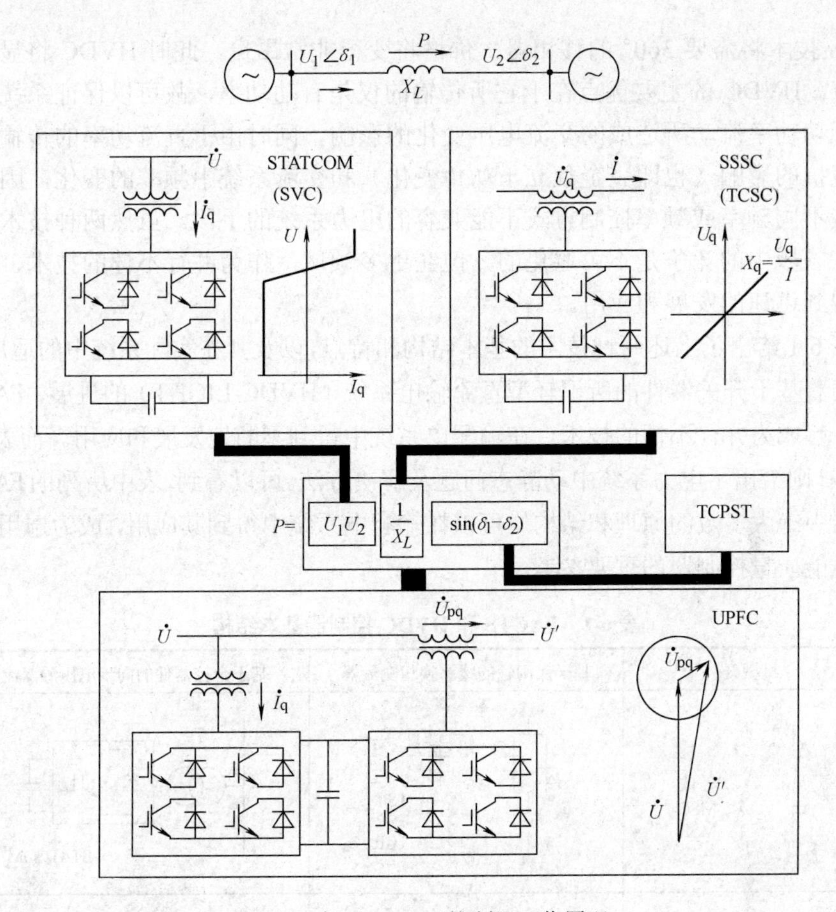

图 6-1　主要 FACTS 控制器工作原理

包括上述各种电力电子装置在内的控制器正是 FACTS 控制器的重要组成部分。而基于各种不同概念，如串联、并联、混合的，电力电子的，电磁的，……形形色色的控制器正在不断地丰富 FACTS 家族，为交流电力系统的安全高效运行提供保证。而与之同步，直流输电系统也从不断发展的新型大功率器件和变流系统结构中得到新的动力，比如，自换相变流器由于可以通过控制直流输电换流器的开通与关断时刻来控制电流的相位，进而控制换流器所产生的无功功率，因此消除了传统高压直流输电系统（HVDC）在弱交流系统之中应用的障碍，进一步扩展了其应用空间。实际上，HVDC 和 FACTS 作为大功率电力电子技术在电力系统中应用的两个分支，其技术可以说是互补的。FACTS 技术的应用领域在具有相同频率的交流系统之中，它通过控制交流线路的电压、电流和功率来提高线路的可用功率。在该领域采用 HVDC 技术，由于需进行交直和直交两重变换，所以所需变流器的容量为前者的两倍，而价格大约为前者的六倍，所以在该领域除了超长距离输电和海底电缆输电外，HVDC 系统的价格显得过于昂贵，限制了其应用。但是对于将两个频率不同的系统进行互连，或希望对频率进行控制时，如采用

FACTS 技术将需要 360° 的移相器，价格将变得非常昂贵，此时 HVDC 将显示出其优点。HVDC 的主要优点在于它所传输的仅是有功功率，故可以保证系统免受由于无功功率流动所造成的交流电压变化的影响，同时由于直流功率的传输不受线路电抗的影响（也即完全独立于功角变化）和交流系统中频率的变化，因此成为连接不同频率或频率控制方式不能兼容的电力系统的手段。虽然两种技术之间在某些领域中的竞争是不可避免的，但在更多领域，作为并行不悖的技术，两者均将得到迅速的发展和应用。

表 6-1 给出了上述两种技术的基本结构和特点，以及其在实际系统中的适用性。包括随着基于开关器件的所谓轻型直流输电系统（HVDC-LIGHT）的进展，FACTS 和其一起成为并行不悖的技术，在输配电系统中得到不断地发展和应用。而表 6-2 与表 6-3 则给出了电力系统中动静态问题及解决方法。可以看到，表中所列的 FACTS 控制器中绝大多数的原理和结构均可以在输配电系统中得到其应用，成为选用工业企业电能质量控制器的重要参考。

表 6-1 FACTS 和 HVDC 控制器基本结构

	机械开关	基于晶闸管的线路换相变流器	基于全控器件的同步电压源变流器
关联补偿	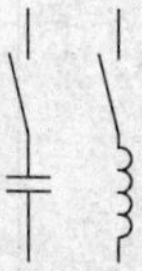 MSC MSR	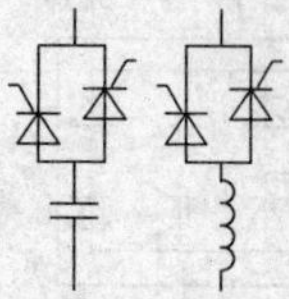 TSC TSR TCR	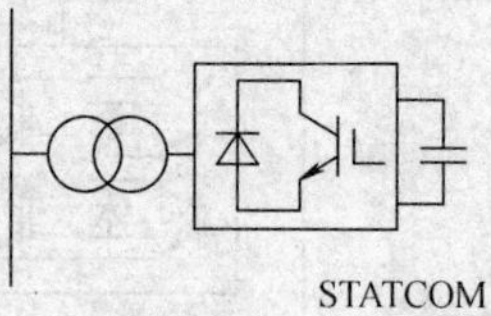 STATCOM
串联补偿	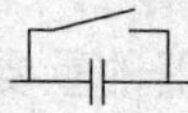 MSSC	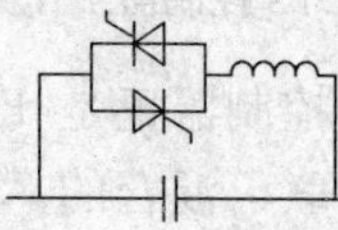 TCSC	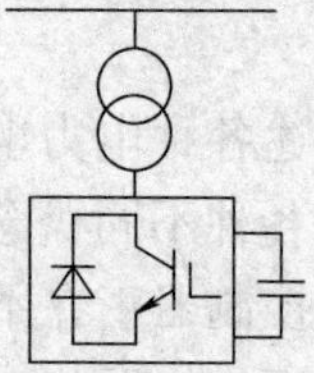 SSSC
相移补偿	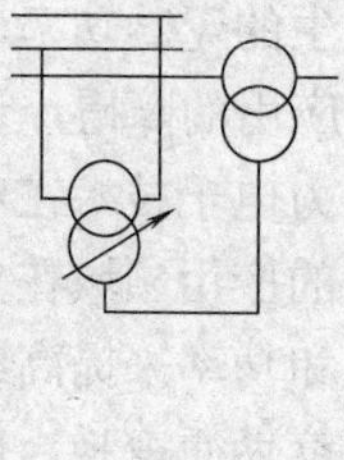 PST	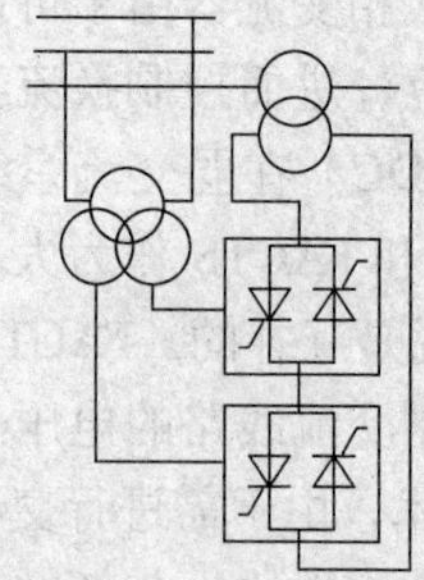 TCPST	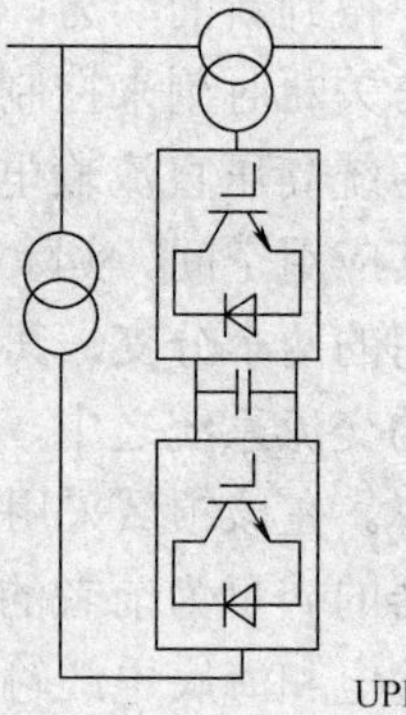 UPFC

（续）

	机械开关	基于晶闸管的线路换相变流器	基于全控器件的同步电压源变流器
直流输电系统	HVDC 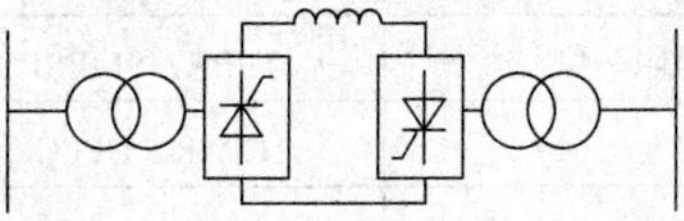		HVDC-LIGHT 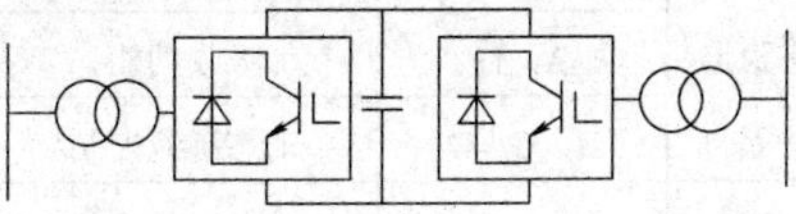

表 6-2　FACTS 装置在电力系统稳态补偿时的应用

问题	现象	补偿措施	传统解决方法	FACTS 装置
电压限制	重负荷时系统电压低	向系统注入无功功率	串联电容，并联电容	SVC，TCSC，STATCOM
	轻负荷时系统电压高	切除无功电源	切除 EHV 线路和/或并联电容	SVC，TCSC，STATCOM
		吸收无功功率	切除并联电容，投入并联电抗	SVC，STATCOM
	故障切除后系统电压高	吸收无功功率	增加并联电抗	SVC，STATCOM
		保护装置动作	增加避雷器	SVC
	故障切除后系统电压低	注入无功功率	投切并联电容、电抗，串联电容	SVC,STATCOM
		防止过负荷	串联电抗，PAR	TCSC，TCPAR
	母线电压低并且过负荷	提供无功功率同时限制过负荷	两个或更多装置组合	TCSC，UPFC，SVC，STATCOM
温度限制	线路或变压器过负荷	减少过负荷	增加线路或变压器	TCSC，UPFC，TCPAR
			增加串联电抗	SVC，TCSC
	并联线路切除	限制线路负荷	增加串联电抗、电容	UPFC，TCSC
环流	并联线路负荷分配	调节串联电抗	增加串联电容/电抗	UPFC，TCSC
		调节相位角	增加 PAR	TCPAR，UPFC
	故障后负荷分配	网络重构或采用措施限制温度	PAR，串联电容/电抗	TCPAR，UPFC，SVC，TCSC
	潮流反向	调节相位角	PAR	TCPAR，UPFC
短路容量	断路器故障电流过大	限制短路电流	增加新的串联电抗和断路器	SCCL，UPFC，TCSC
		更换断路器	增加新的断路器	
		网络重构	分裂母线	
次同步谐振	潜在的汽轮机/发电机组轴损坏	抑制振荡	串联补偿	NGH，TCSC

表 6-3 FACTS 装置在电力系统动态补偿时的应用

问题	系统类型	补偿措施	传统解决方法	FACTS 装置
暂态稳定	A，B，D	增加同步力矩	快速励磁机，串联电容	TCSC，TSSC，UPFC
	A，D	吸收动能	制动电阻，快关汽门	TSBR，SMES，BESS
	B，C，D	动态潮流控制	HVDC	TCPAR，UPFC，TCSC
阻尼	A	阻尼 1Hz 振荡	励磁机，电力系统稳定器（PSS）	TCSC，SVC，STATCOM
	B，D	阻尼低频振荡	电力系统稳定器	UPFC，TCSC，TCPAR，NGH，SVC，STATCOM
意外事故后的电压控制	A，B，D	动态电压支持	—	UPFC，SVC，STATCOM
		动态潮流控制	—	TCPAR，UPFC，SVC
		动态潮流控制和电压支持	—	TCSC，UPFC，SVC
	A，B，C，D	减小事故影响	新建平行线路	STATCOM，UPFC，SVC，TCSC
电压稳定	B，C，D	无功支持	并联电容和电抗	SVC，STATCOM，UPFC
		电网控制	LTC，HVDC，自动重合闸	TCSC，UPFC，STATCOM
		发电机控制	高速励磁机	—
		负荷控制	低压减负荷，用户侧管理程序	—

注：A—远地发电，径向线路；B—互连电网；C—紧密的环形网络；D—松散的环形网络。

表 6-1～表 6-3 中控制器的中文译名如下：

BESS：电池储能系统；

MSC、MSR：机械开关投切的电容器和电抗器；

NGH：Hingorani 发明的振荡阻尼器；

PAR：相移控制器；

SCCL：超导限流器；

SMES：超导储能系统；

SSSC：静止同步串联补偿器（Static Synchronous Series Compensator）；

STATCOM：静止同步补偿器（Static Synchronous Compensator）；

TCPAR：晶闸管控制的相移器；

TCR：晶闸管控制的电抗器（Thyristor Controlled Reactor）；

TCSC：晶闸管控制的串联补偿器（Thyristor Controlled Series Compensator）；

TSBR：晶闸管投切的制动电阻；

TSC、TSR：晶闸管投切的电容器和电抗器（Thyristor Switched Capacitor or Reactor）；

TSSC：晶闸管投切的串联电容；

UPFC：统一潮流控制器（Unified Power Flow Controller ）。

6.2　电力电子变流器

在电力系统中所用的变流器，从原理上可以大体分为两类：一类是基于半控器件的相控型（阻抗调节型）变流器；另一类则是基于全控器件（也称可关断器件）的电压源（或电流源）变流器。下面将分别简单讨论。

6.2.1　相控型变流器

所谓相控型变流器指的主要是采用半控器件（如晶闸管）作为开关器件所构成的变流器。由于晶闸管的特点在于其开通过程是在器件处于正向偏置时，通过在门极施加的脉冲信号加以控制；关断时刻则是当器件在外界条件的作用下，比如处于反向偏置时，使得流经该器件的电流小于其维持电流时自行关断，所以此类变流器也被称为线路换相（Line Commutated）型变流器。在 DFACTS 技术中，相控型变流器如图 6-2a 所示。它是由一对反并联连接的晶闸管 VT_1、VT_2 构成的交流开关与作为负荷的无源元件 Z_L 相串联组成。通过其开关作用，在作为负荷的无源元件中产生一个基频分量的频率和电源频率相同，但有效值可调的交流电流，相当于调节负荷的等效阻抗，所以也被称为阻抗控制型变流器。

为了对其工作原理进行说明，假定输入电压的有效值为 220V，频率为 50Hz，接入点的短路容量为 1MVA，三种典型无源负荷电阻、电感、电容的基频阻抗均为 10Ω。为了便于讨论，首先仅限于晶闸管单管工作，此时上述电路相当于一个半波整流电路。假定 VT_2 在 $t = 4\text{ms}$ 触发导通时，其典型无源负荷电阻、电容和电感的电流 I_R、I_C、I_L，如图 6-2b 所示。

由于晶闸管的正常导通需要两个条件，即器件处于正向偏置和门极施加适当的触发信号。当负荷是电阻时，电流的波形与施加在电阻两端的电压波形相似，即在系统电压过零使器件处于正向偏置后，如没有门极触发信号，晶闸管处于断态，负荷两端电压和流经负荷的电流均为零。在晶闸管被触发导通瞬间，晶闸管开通，系统电压突然施加在负荷电阻两端，电流突然增大。其后晶闸管维持导通，负荷中的电流随着外加的正弦电压波形变化逐渐变化，直至减为零而关断。

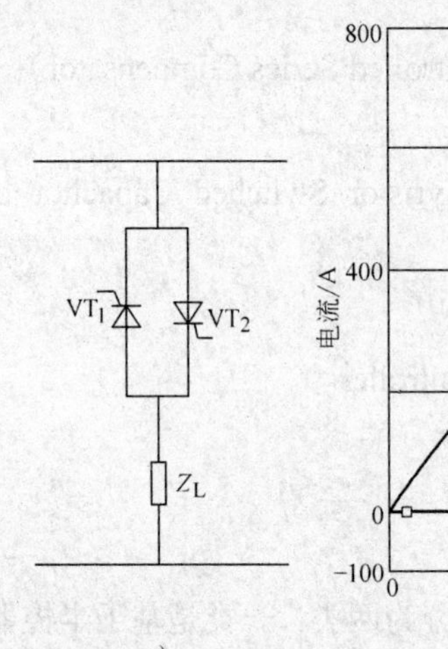

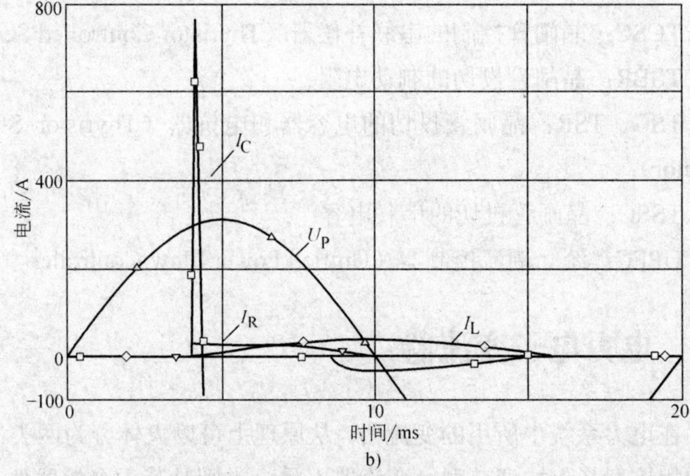

图 6-2 相控型变流器原理图和负荷电流波形

a）原理图 b）负荷电流波形

当负荷是电感时，由于电感中电流不能突变，所以电流只能从零逐渐增大，连续变化；再加上电感本身的续流作用使晶闸管维持导通，从而可以实现对电流有效值的连续调节，这实际上就是 TCR 的基本原理。

由于电容上电压不能突变，所以当负荷为电容时，如本例中电容电压的初始值为零，在被触发时，由于系统电压的瞬时值达 290V 以上，所以瞬间电流 I_C 远大于其稳态电流，呈现明显的涌流。实际上，在一个电源周期中，晶闸管触发而不致引起电容电压和电流出现过渡过程的唯一时刻就是其两端电压为零，而在任何其他瞬间触发时，均会产生电流冲击；为了防止上述冲击电流对于器件和电容可能造成的损害，所以对于电容补偿而言，仅允许在每个周期的固定时刻进行触发，即只能采用投切。

所谓 TCR，即晶闸管控制的电抗器，实际上是一个交流变换器，其负荷为一组电抗器，而一对与其相串联的、在电源电压的不同半周轮流导通的反并晶闸管则构成了控制器。通过调节晶闸管的触发延迟角，交流变换器将输入端具有固定频率和幅值的交流电压变换为具有相同基频，但幅值可变的交流电压。以图 6-3 为例，对相控型交流变换器的原理作一个简要的说明。假定变换器的输入电压为

$$U_s = \sqrt{2}U\sin\omega t \tag{6-1}$$

式中，U_s 为输入电源电压的有效值；ω为电源的角频率。

由于晶闸管只能在受到正向偏置时才能被触发导通，因此如图 6-3 所示，晶闸管 VT_1 在 $\omega t=\alpha$ 时触发导通；此后无论门极信号是否仍然作用于晶闸管将持续导通，一直到流经该器件的电流小于其维持电流时自然关断，也即在外加电压和负荷的共同作用下，晶闸管的导通过程一直延续到 $\omega t=\alpha+\sigma$（σ 为导通角，单位为弧度）为止。

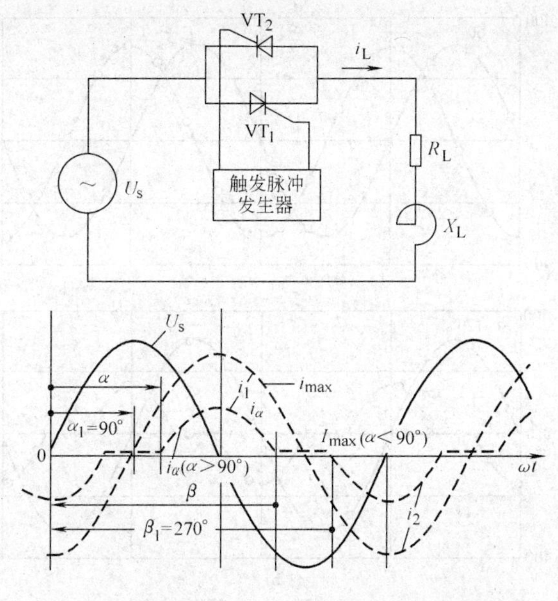

图 6-3　单相交流电压控制器及输出、输入信号波形

σ和控制角（也称触发延迟角）α之间的关系为$\alpha+\sigma/2=\pi$。在电源电压的负半周，VT_2在$\omega t=\pi+\alpha$时导通，该过程同样延续σ角；其后两个晶闸管交替导通。由于晶闸管只有在承受正向阳极电压的条件下才能触发导通，这意味着晶闸管只能在外加交流正弦电压自然过零点之后电压变正情况下才导通，所以流经晶闸管的电流的相位将滞后外加电压，也即延迟导通。

对于图 6-3 所示的晶闸管控制的电抗器（TCR）而言，如果忽略晶闸管的通态压降，其电压平衡方程为

$$Ri_{\mathrm{L}}+L\frac{\mathrm{d}i_{\mathrm{L}}}{\mathrm{d}t}=\sqrt{2}U\sin\omega t \tag{6-2}$$

假定晶闸管的触发延迟角α小于等于负荷阻抗角$\varphi(=\arctan\dfrac{X_{\mathrm{L}}}{R})$时，此时某个晶闸管已经处于正向偏置并被触发时，前一个晶闸管由于电抗的续流作用仍处于导通状态，但后者的导通使前者处于反向偏置，从而被迅速关断，相应地负荷电流由第一个晶闸管转移到第二个晶闸管中。此时，相当于由反并联晶闸管对构成的开关组件处于相继导通的全导通状态，线路中电流连续，输出电压和电流维持正弦波形，如图 6-4a 所示。

当触发延迟角α大于负荷阻抗角φ时，后一个晶闸管将在前一个晶闸管关断后再被触发导通，此时系统中的电流将不连续，呈现非正弦脉冲波形。负荷电流在晶闸管触发时刻α为零，然后逐渐增加到其峰值后再逐渐下降，直到$\beta=\alpha+\sigma$时再次降为零，β为熄弧角，单位为弧度。如图 6-4b 所示。

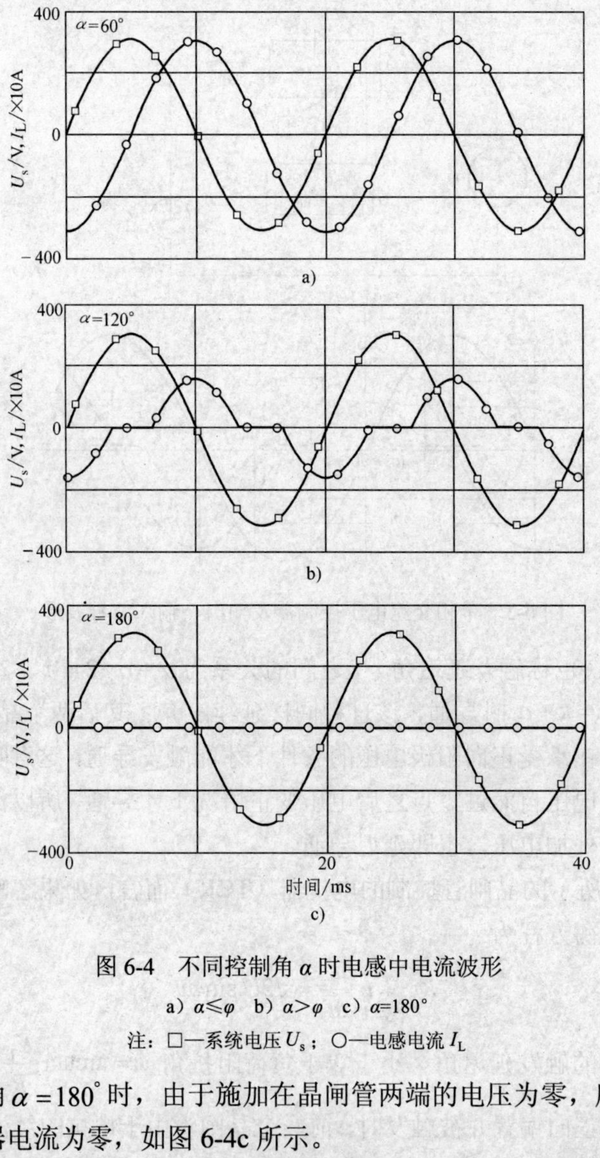

a)

b)

c)

图 6-4　不同控制角 α 时电感中电流波形

a）$\alpha \leqslant \varphi$　b）$\alpha > \varphi$　c）α=180°

注：□—系统电压 U_s；○—电感电流 I_L

而当控制角 $\alpha = 180^{\circ}$ 时，由于施加在晶闸管两端的电压为零，所以晶闸管不能导通，即电抗器电流为零，如图 6-4c 所示。

由上述讨论可以知道，可以通过控制触发延迟角 α，在负荷阻抗角 φ 和 180° 之间变化，使晶闸管由全导通变化到全关断，从而对负荷电流流经电抗器的时间，即其有效值进行连续调节。假定调节过程中，系统电压维持恒定，则该电流有效值的调节就等效于对电抗器的等效电抗值进行调节。

此时，上述区间负荷电流可以采用分段积分的方法，用下式进行描述：

$$i_{\mathrm{L}} = \frac{\sqrt{2}U}{Z}\left\{\sin(\omega t-\varphi)\Big|_{0,\ \alpha,\alpha+\pi}^{\beta-\pi,\ \beta,\ 2\pi} + \sin(\alpha-\varphi)\left[\mathrm{e}^{-\cot\varphi\cdot(\omega t+\pi-\alpha)}\Big|_{0}^{\beta-\pi} - \mathrm{e}^{-\cot\varphi\cdot(\omega t-\alpha)}\Big|_{\alpha}^{\beta} - \mathrm{e}^{-\cot\varphi\cdot(\omega t+\pi-\alpha)}\Big|_{\pi+\alpha}^{2\pi}\right]\right\} \tag{6-3}$$

式中，Z 为串联电感的阻抗，$Z=\sqrt{X_{\mathrm{L}}^2+R^2}=\sqrt{(\omega_0 L)^2+R^2}$。

式（6-4）实际上由两部分组成：第一部分为正弦函数，描述由于外加交流电压引起的负荷电流的稳态分量；第二部分为表示系统状态分量的衰减的指数项，其幅值取决于负荷和控制特性。也即 TCR 的开关函数是负荷的函数，导通周期的起点由门极控制信号确定，但其终止时刻则取决于外加电压和负荷特性。

其基频分量可以利用傅里叶级数表示为

$$
\begin{aligned}
a_1 &= \frac{\sqrt{2}U}{2\pi Z}\{\cos(2\alpha-\varphi)-\cos(2\beta-\varphi)-2(\beta-\alpha)\sin\varphi+ \\
&\quad 4\sin\varphi\sin(\alpha-\varphi)[\cos(\beta+\varphi)\mathrm{e}^{-\cot\varphi\cdot(\beta-\alpha)}-\cos(\alpha+\varphi)]\} \\
b_1 &= \frac{\sqrt{2}U}{2\pi Z}\{\sin(2\alpha-\varphi)-\sin(2\beta-\varphi)-2(\beta-\alpha)\cos\varphi+ \\
&\quad 4\sin\varphi\sin(\alpha-\varphi)[\sin(\beta+\varphi)\mathrm{e}^{-\cot\varphi\cdot(\beta-\alpha)}-\sin(\alpha+\varphi)]\}
\end{aligned}
\tag{6-4}
$$

而谐波分量可以表示为

$$
\begin{aligned}
a_n &= \frac{\sqrt{2}U}{2\pi Z}\{\frac{2}{n+1}\{\cos[(n+1)\alpha-\varphi]-\cos[(n+1)\beta-\varphi]\}-\frac{2}{n-1}\times \\
&\quad \{\cos[(n-1)\alpha-\varphi]-\cos[(n-1)\beta-\varphi]\}+\frac{4}{n^2+\cot^2\varphi}\sin(\alpha-\varphi) \\
&\quad [(\cos\varphi\cos n\beta-n\sin n\beta)\times\mathrm{e}^{-\cot\varphi\cdot(\beta-\alpha)}-(\cos\varphi\cos n\alpha-n\sin n\alpha)]\} \\
b_n &= \frac{\sqrt{2}U}{2\pi Z}\{\frac{2}{n+1}\{\sin[(n+1)\alpha-\varphi]-\sin[(n+1)\beta-\varphi]\}-\frac{2}{n-1}\times \\
&\quad \{\sin[(n-1)\alpha-\varphi]-\sin[(n-1)\beta-\varphi]\}+\frac{4}{n^2+\cot^2\varphi}\sin(\alpha-\varphi) \\
&\quad [(\cos\varphi\sin n\beta+n\cos n\beta)\mathrm{e}^{-\cot\varphi\cdot(\beta-\alpha)}-(\cos\varphi\sin n\alpha+n\cos n\alpha)]\}
\end{aligned}
\tag{6-5}
$$

其中，β 满足下列方程

$$
\sin(\beta-\varphi)-\sin(\alpha-\varphi)\mathrm{e}^{-\cot\varphi\cdot(\beta-\alpha)}=0 \tag{6-6}
$$

由于上述超越方程没有一般的解析解，所以上述熄弧角通常均采用数值方法进行求解。但对于如 TCR 这样的电阻分量很小的近似纯电感的负荷而言，负荷角为 $\varphi=\arctan\dfrac{X_{\mathrm{L}}}{R}=\dfrac{\pi}{2}$，故指数项的值为 1。此时，电流表达式中将不含随时间变化的指数项，仅包括一个被截短的正弦脉冲分量。为了方便起见，有的文献定义控制角 $\alpha'=\alpha-90^\circ$，这一点在应用时需要加以注意。

在 $\alpha\leqslant\omega t<\beta$，负荷电流可以由下式给出

$$
i_{\mathrm{L}}=\frac{\sqrt{2}U}{X_{\mathrm{L}}}(\cos\alpha-\cos\omega t) \tag{6-7}
$$

注意到熄弧角 $\beta=2\pi-\alpha$，故由式（6-4）可以得到负荷电流的基频分量的傅里

叶级数展开式的系数值为

$$a_{\mathrm{L1}} = -\frac{\sqrt{2}U}{\pi X_{\mathrm{L}}}[2(\pi-\alpha)+\sin 2\alpha] = -\frac{\sqrt{2}U}{\pi X_{\mathrm{L}}}[\sigma - \sin\sigma] \tag{6-8}$$
$$b_{\mathrm{L1}} = 0$$

上式表明，负荷电流的基频分量是一个纯余弦函数，换句话说，负荷电流的基频分量滞后外加电压基频分量 90°，因此负荷所吸收的是纯感性无功功率。在实践中，往往将负荷电流记为外加电压和系统电纳的函数，将上式缩写为

$$I_{\mathrm{L1}} = B_{\mathrm{L}}(\sigma)U \tag{6-9}$$

式中，I_{L1} 为基频分量的有效值（kA）；$B_{\mathrm{L}}(\sigma)$ 为可调基频电纳，$B_{\mathrm{L}}(\sigma)=\dfrac{\sigma-\sin\sigma}{\pi X_{\mathrm{L}}}(\zeta)$。该电纳是导通角 σ 的函数，当 $\sigma=\pi$，即晶闸管全导通时，$B_{\mathrm{L}}(\sigma)$ 取得其最大值 $1/X_{\mathrm{L}}$；而当晶闸管不导通 $\sigma=0$ $(\alpha=\pi)$ 时，$B_{\mathrm{L}}(\sigma)$ 得到其最小值，即 0。

由于电流波形为奇函数，奇次谐波的幅值可以记为

$$i_{\mathrm{Ln}} = \frac{2\sqrt{2}U}{\pi X_{\mathrm{L}}}\left[\frac{\sin(n+1)\alpha}{n+1}+\frac{\sin(n-1)\alpha}{n-1}-2\cos\alpha\frac{\sin n\alpha}{n}\right] \tag{6-10}$$

其中，主要的谐波分量包括 3 次、5 次和 7 次等，相应的最大幅值分别为 13%、5% 和 2.5%（但并不在同一导通角出现）。

值得注意的是，假定两个反并联晶闸管的导通角不相等时，比如分别为 α_1 和 α_2，将会导致在施加于电抗两端的电压中出现包括直流分量在内的偶次谐波，其中影响最大的电压直流分量的系数为

$$\frac{a_0}{2} = -\frac{\sqrt{2}U}{2\pi}(\cos\alpha_1-\cos\alpha_2+\cos\beta_2-\cos\beta_1) \tag{6-11}$$

该直流电压将会在流经电抗的电流中引起直流分量，进而在采用铁心电抗器的条件下引起铁心饱和。因此，确保一对反并联晶闸管的导通角相等是控制器设计中必须优先加以考虑的问题。实际上，由于器件性能参数的差异，特别是对于采用大量晶闸管串联的阀体而言，参数不对称引起的直流分量往往是不可避免的，所以实践中也常常采取各种补偿方法来消除这一不对称所可能造成的影响。

由于相控型变流器作为线路换相装置，其补偿作用只能通过控制开关器件的开通时刻，从而改变流经被控电抗的电流的有效值实现；所以其工作过程中始终需要消耗感性无功功率。因此，为了对通常呈感性的电力系统进行补偿，必须另外装设固定的电容器（FC）或可以投切的电容器（TSC），如图 6-5 所示，通过流经电容器的固定的超前电流，将补偿器的无功功率输出偏置到超前的范围之中，即发生无功功率。引入电容偏置可以使补偿器的工作范围扩展到容性范围，但相应地也增加了对 TCR 容量的要求。此外，为了抑制变流器相控过程中产生的谐波，还需附加滤波器，这进一步增加了系统的复杂性。

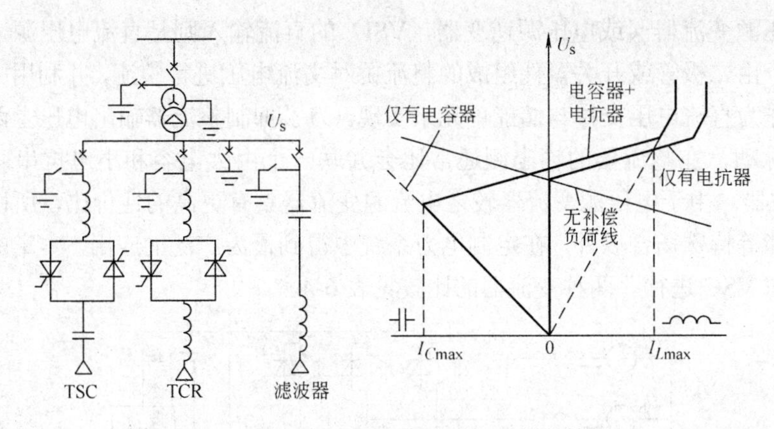

图 6-5 SVC 主电路单线图和电压/电流特性

实际上，由于相控变流器是通过改变无源储能元件（如电容和电抗）的电纳，进而改变相应元件所产生和吸收的无功能量来进行补偿的，它实质上等效于一个无源元件，所以除了从系统中吸收一定的有功功率以补偿装置本身的有功损耗外，并不与系统进行有功功率的交换，因此此类装置所涉及的仅是无功能量的交换。在功率平面上只能实现两象限运行，是此类补偿器的一个主要局限，也是从 20 世纪 30 年代就开始推动研究人员开发同步变流器的一个重要原因。

6.2.2 自换相型变流器

虽然上述采用相控技术的变流器已经在电力系统中得到了广泛的应用，并取得了良好的效果，但是随着用电负荷的急剧增加和输电距离的加大，不论从响应速度还是从电能质量来考虑，相控型变流器越来越不能满足现代电力系统的要求。采用可关断器件，以提高电力系统的可控性，成为推动现代电力技术发展的一个重要支柱。

自换相型（Self-commutated）变流器具有多种不同的结构，所以也存在许多不同的分类方法。通常，可以根据直流侧控制变量的不同，将其分为电压源变流器（VSC）和电流源变流器（CSC）两种。两种变流器如图 6-6 所示，均包括一个由半导体开关器件构成的变换电路、一个直流环节和一个交流环节。两种变流器具有相似的变换电路，其交流侧与负荷相连，如变频调速系统中向异步电动机供电的逆变器，或与交流供电系统直接相连，如 FACTS 装置中与供电系统进行无功功率交换的 STATCOM 等。两者的主要区别在与直流侧。电流源变流器，也称直流源逆变器（CSI），其直流输入是直流电流源，通常由一个与作为储能单元的大电抗相串联的可控直流源构成。由于上述串联电抗器可以有效地抑制短路故障时的故障电流上升率，从而较之电压源变流器具有更高的可靠性。但由于其直流储能是通过电流在电感中循环流动实现的，所以损耗及体积均远大于相同容量的电压源变流器。

电压源变流器（或电压源逆变器，VSI）的直流输入则是直流电压源，它通常利用一个由二极管或开关器件组成的整流桥对交流电压进行整流，并利用中间直流电容器作为直流电压支撑与储能单元来实现。为了抑制整流器输出电压上两倍电源频率的脉动，在整流器的输出侧通常还会并联一个由大电容和小电抗串联构成的 LC 滤波器。由于电压源变流器较之电流源变流器具有更高的性价比，所以除了在超导储能等特殊场合以外，在定制电力系统中得到最为广泛的应用，本章的讨论也主要针对 VSC 进行。两种变流器的比较见表 6-4。

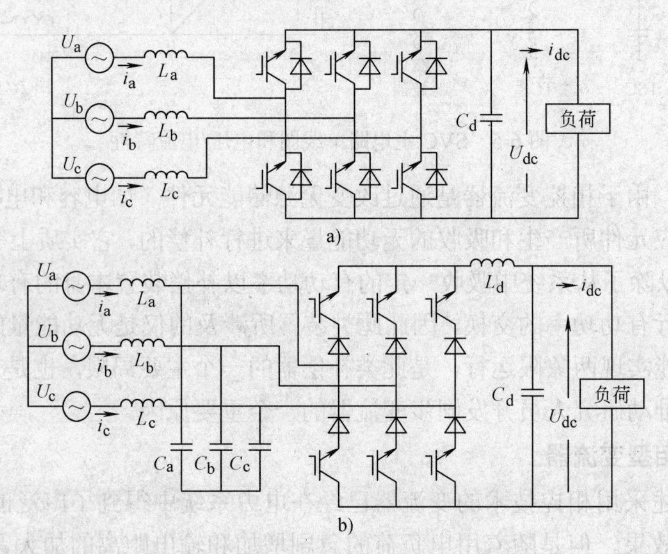

图 6-6　电压源和电流源变流器原理电路

a）电压源型　b）电流源型

表 6-4　两种变流器比较

变流器类型	电流源（CSC）	电压源（VSC）
交流侧	• 行为类似恒压源 • 以电容器作为交流侧储能单元 • 需要设置大容量的谐波滤波器 • 需要提供无功电能以实现功率因数校正	• 行为类似恒流源 • 以电抗器作为交流侧储能单元 • 仅需小容量的谐波滤波器 • 由于可以工作在四个象限，所以不需要提供无功电能
直流侧	• 行为类似恒流源 • 以电抗器作为直流侧储能单元 • 需要设置直流侧谐波滤波器 • 自身具有故障电流限制作用	• 行为类似恒压源 • 以电容器作为直流侧储能单元 • 储能电容同时起直流滤波的作用，不需额外增加谐波滤波器 • 直流侧发生短路故障时，由于电容的储能会释放从而导致过电流

（续）

变流器类型	电流源（CSC）	电压源（VSC）
开关器件	• 利用串联电容线路换向或强迫换向 • 开关频率与电网频率相同，即每周期一个脉冲 • 开关损耗较低	• 自换相 • 某电源周期多个脉冲，即高频调制 • 开关损耗较大
额定容量	• 每个变流机组 0～550MW • 额定电压高达 600kV	• 每个变流机组 0～200MW • 额定电压高达 100kV

自换相型变流器传统的、同时也许是最重要的一个应用就是作为交流电力系统和电力电子装置之间的接口，即前端变流器，将电网提供的交流电能变换为装置所需的电压或电流。此时，从电能质量控制的角度，其主要功能就是应具有高功率因数，从而使设备本身不对系统造成污染。此类变流器的工作原理，不论是采用 PWM 调制的中小功率变流器，还是采用多电平技术的多重化变流器，已经在许多文献中进行了非常详细的讨论，这里就不再赘述，而将讨论重点放在对直接与电力系统相连，并可独立完成电能质量控制功能的变流器的工作原理加以讨论。

图 6-7 给出了此类变流器的一个典型实施例。此类变流器具有两个特点：首先，为了通过与电力系统直接交换能量，以达到对电网参数进行控制的目的，其输出信号的基频需与系统频率相同；其次，由于外接交流电源既是其输入信号源，又是其控制对象，因此两者之间必须保持同步，所以此类变流器一般又被称为同步变流器。下面以典型的三相电压源变流器为例，对其工作原理进行一个简单的介绍。

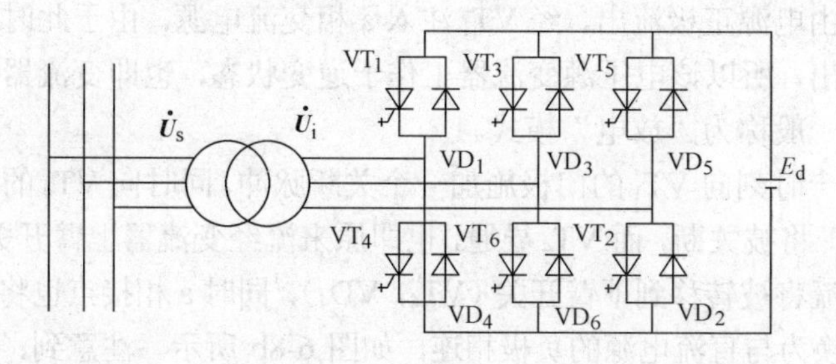

图 6-7　三相自换相型变流器（电压源逆变器）结构图

上述变流器由 6 个可关断器件 VT_1～VT_6，和 6 个相应的反并联二极管 VD_1～VD_6 组成，每个可关断器件和与其对应的二极管一起组成一个电子开关。当可关断器件处于正向偏置时，如门极施有正向控制信号时，器件导通；反之，当门极加有反向控制脉冲时，器件中通过的电流被强迫关断。自换相变流器就是利用上述 6 个电子开关在控制信号作用下的顺序通断，将直流电源 E_d 的正负两端交替地接到交流侧，从而在变流器的接入端产生三相交流输出电压。整个过程可以借助图 6-8 说明如下。

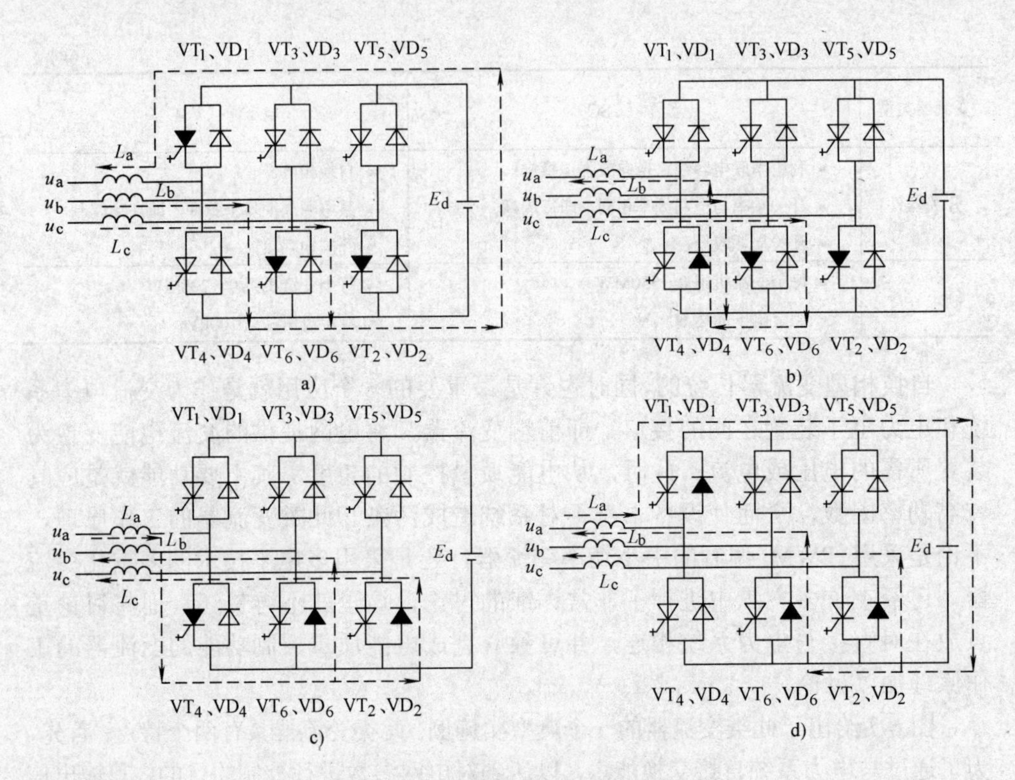

图 6-8 电压源变流器的换相过程

首先讨论图 6-8a，此时 VT_1、VT_2 和 VT_6 在触发脉冲的作用下导通（图中涂黑器件，下同），负荷电流由三相交流电源的 b 相和 c 相经 VT_2 和 VT_6 流入直流电源 E_d 的负极，再由电源正极流出，经 VT_1 注入 a 相交流电源。由于此时电流是由直流电源的正极流出，所以该电压源变流器工作于逆变状态，也即变流器向交流系统输出有功功率，一般称为“放电”模式。

假定在某一时刻向 VT_1 的门极施加一个关断脉冲，同时向 VT_4 的门极施加开通脉冲。此时 VT_1 将被关断，而 VT_4 导通，也即原来流经变流器上臂开关（VT_1，VD_1）的 a 相交流电流将被转移到下臂开关（VT_4，VD_4），同时 a 相接点也将由与直流电源的正极相连转换为与直流电源的负极相连，如图 6-8b 所示。注意到，由于电路中存在连接电抗，所以电流的方向不能瞬时变化，而相对于原负荷电流而言，VT_4 处于反方向，所以不能为上述电流提供通路。但仔细研究一下电路就可以发现，反并联二极管 VD_4 正好处于电流的方向上，所以可以为上述电流提供通路，从而维持电感 L_a 中的电流连续。这样，原来流经 VT_1 的负荷电流将转移到 VD_4 中，而导通的二极管 VD_4 和开关器件 VT_2、VT_6 在同一点相连，事实上，造成三相交流电压通过变压器的漏抗短路，从而引起负荷电流的增加以及存储于变压器电抗中的磁能的增大。虽然电路中该连接电抗的减小有利于增加响应速度和储能，但实际应用中，为了限制换相电流，变压器的电抗也不能取得过小。在上述换相过程中，由于负荷电流流经相连的 VD_4、

VT_2、VT_6，从而在三相电压之间造成环流，因此该模式通常被称为“续流模式”或“环流模式”。

随着流经二极管 VD_4 的电流逐渐减小到零而关断，此时开关器件 VT_4 将处于正向偏置而导通，如图 6-8c 所示，连接电感 L_a、L_b、L_c 中的电流将反向，流经 VT_4，VD_2 和 VD_6，形成一个新的续流模式。

在预定时刻，控制器向 VT_1 的门极发出一个开通脉冲，同时向 VT_4 的门极发出一个关断脉冲，开关器件 VT_4 被强迫关断，如图 6-8d 所示，使原流经其的电流转移到二极管 VD_1。此时，负荷电流由直流电源正极性流入，表明交流系统对直流电源进行充电，所以该过程被称作变流器的“充电”模式。为了便于读者理解上述过程，仅研究由开关器件 VT_4、二极管 VD_2 和变压器漏抗 L_a 构成的 a 相半桥电路，显然上述电路构成一个常规的升压斩波器。和常规升压斩波器的工作过程同样，在上一“续流”过程中存储于漏抗 L_a 中的磁能将在 VT_4 关断时，转换成直流电能，并经二极管 VD_1 向直流电源充电。因此，采用电容提供中间直流支撑电压时，可以根据需要利用斩波器的升压作用得到高于输入交流电压的峰值的中间直流电压。

由上述讨论可以看到，通过控制开关器件开通和关断的时刻，可以调节充电模式和放电模式动作时间的比例，从而控制电力系统和变流器之间所交换的有功功率和无功功率的大小和方向。由于电压源变流器采用的是全控器件，所以可以通过调节开关器件的导通时刻来控制变流器输出电压和系统电压之间的夹角，进而使流经耦合电抗的负荷电流和系统电压之间的夹角在 0～360° 之间变化，即一个自相型变流器可以如一个常规的同步交流电机一样，随着输出电压和电流之间夹角的变化在 4 个象限中运行，从而和交流电力系统交换有功能量和/或无功能量。为了便于讨论，假定通过采用谐波消除技术，变流器输出的电压可以近似看做是和系统频率相同的正弦交流电压，并且所有的有功损耗均可以用一个等效的串联电阻来近似，则并联条件下电压源变流器和电力系统之间的相互作用，如图 6-9a 所示，等效为通过一个串联电抗相连的两个电压源之间进行功率交换。而由于上述电压源变流器的运行和常规同步电机一样，必须和系统同步，所以在电力系统控制器中统称为同步电压源变流器，而其工作原理可以参照同步电机的运行来加以说明。据此，送电端提供的有功功率和无功功率可以分别由下式给出：

$$
\begin{aligned}
P_s &= \frac{{U_s}^2}{Z}\cos\theta - \frac{U_i U_s}{Z}\cos(\theta-\delta) \\
Q_s &= \frac{{U_s}^2}{Z}\sin\theta - \frac{U_i U_s}{Z}\sin(\theta-\delta)
\end{aligned}
\tag{6-12}
$$

式中，U_s 为接入点（系统端）电压的幅值（V）；U_i 为变流器输出电压的幅值（V）；δ 为变流器输出电压与系统电压之间的夹角（°）；$Z(=\sqrt{X_L^2+r^2})$ 为线路阻抗，其

中 X_L 和 r 分别是包括连线和变压器绕组在内的线路的电抗和电阻；θ 为负荷角，$\theta = \arctan\dfrac{X_L}{\gamma}$。

在忽略线路中电阻 r（有功损耗）的条件下，负荷角θ=90°；则变流器输出的有功和无功功率可以表示为

$$\begin{aligned} P_i &= \frac{U_i U_s}{X_L}\sin\delta \\ Q_i &= \frac{U_s(U_i\cos\delta - U_s)}{X_L} \end{aligned} \tag{6-13}$$

为了便于研究变流器的运行，以系统电压作为参考选取直角坐标系，令系统电压相量$\dot{U}_s$与横轴重合，假定变流器的直流侧可以提供有功功率，即为直流电源，则可以得到如图 6-9a 所示的电路原理图。而图 b、c 分别给出在直流侧采用电源和储能电容时，根据发电机惯例，即代表系统的发电机的电流方向和其电动势方向相同，得到的系统侧相量图。

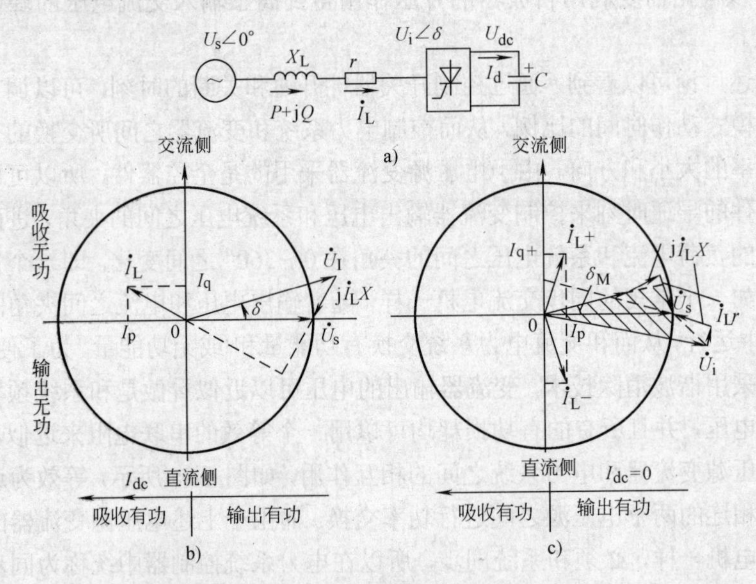

图 6-9　系统结构和系统侧电压电流相量图

根据图 6-9 所示的电流和电压相量可以得到，对于电流相量而言，处于右半平面，即Ⅰ、Ⅳ象限，表明电流所含的有功分量和电压同相，电流由系统流入变流器；反之，电流相量落于左半平面，即Ⅱ、Ⅲ象限，表示电流由变流器流入系统。所以工作点位于平面上横轴的正方向，即右半平面，表示系统输出有功功率；位于左半平面侧，则表示系统吸收变流器发出的有功功率。电流相量位于上半平面表示代表系统的发电机的电流超前电压，即发电机处于欠励磁（进相）运行，发电机输出超前的无功功率，即吸收滞后（感性）的无功功率。同理，由于落后的电流起去磁作

用，故电流相量位于下半平面，则表明代表系统的发电机处于过励磁状态，将输出超前（电容）的无功功率。

为了便于理解直流侧为纯电容时的无功补偿作用，下面结合图 6-10 的相量图作进一步讨论。当变流器输出电压的相位系统电压超前δ角时，由于连接电抗为纯感性，所以电流相量$\dot{I}_L$在相位上滞后电感上的电压降$j\dot{I}_L X_L$ 90°；假定变流器输出电压的基频分量满足$U_i\cos\delta > U_s$，此时由于电感上的压降与系统电压（即横轴）之间的夹角为钝角，故与其相垂直的变流器输出电流$\dot{I}_L$将位于第Ⅱ象限，如图 6-10a 所示。注意到负荷电流$\dot{I}_L$的有功分量I_P和系统电压$\dot{U}_s$的参考方向相反，系统侧有功功率小于零，表明系统将从变流器吸收有功功率，即变流器向系统输出有功功率。而负荷电流$\dot{I}_L$的无功分量I_q大于零，表明系统将吸收感性无功功率，或者说变流器将输出感性无功功率。综上所述，此时变流器既向系统输出有功功率，又向系统输出无功功率。

而当变流器输出电压的基频分量满足$U_i\cos\delta < U_s$时，此时电感上的压降与系统电压（即横轴）之间的夹角为锐角，故与其相垂直的变流器输出电流$\dot{I}_L$将位于第Ⅲ象限，如图 6-10d 所示，表明系统在从变流器吸收有功功率的同时发出无功功率，换句话说，变流器在向系统输出有功功率的同时，从系统吸收无功功率。上述两个模式中，变流器输出电压的相位超前系统电压δ角，此时变流器将通过直流电源向系统输出有功功率，即处于发电状态，因此当变流器直流侧装有有功电源时，上述变流器可以作为独立电源通过直交变换向系统提供有功支持。

而当变流器输出电压的相位滞后系统电压δ角时，如变流器输出电压的基频分量满足$U_i\cos\delta > U_s$，同样由于电感上的压降与系统电压（即横轴）之间的夹角为钝角，故与其相垂直的变流器输出电流$\dot{I}_L$将位于第Ⅰ象限，如图 6-10c 所示，表明系统向变流器输出有功功率和无功功率，换句话说，变流器从系统吸收有功和无功功率。

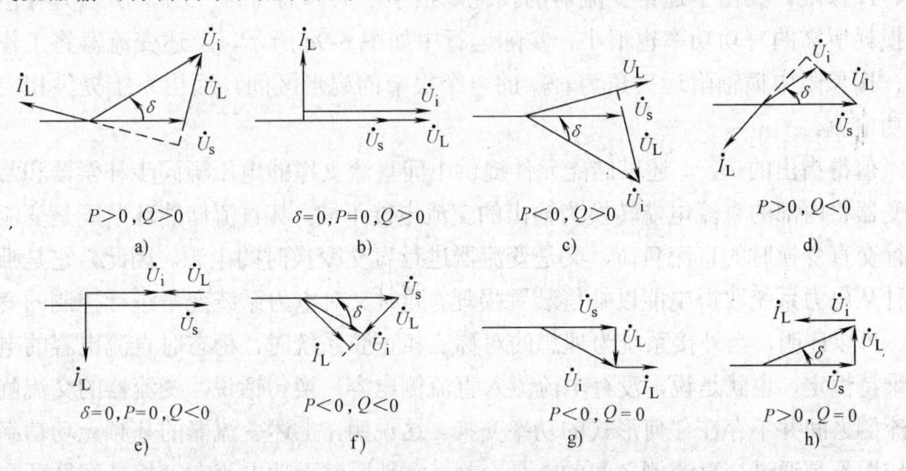

图 6-10　变流器运行状态相量图（忽略有功损耗）

而当变流器输出电压的基频分量$U_i\cos\delta < U_s$时，此时电感上的压降与系统电压（即横轴）之间的夹角为锐角，故与其相垂直的变流器输出电流$\dot{I}_L$将位于第Ⅳ象限，如图6-10f所示，表明系统在从变流器吸收有功功率的同时发出无功功率，换句话说，变流器在向系统输出有功功率的同时，从系统吸收无功功率。即当变流器输出电压的相位滞后系统电压δ角时，变流器处于充电状态，从系统吸收有功功率。

假定变流器输出电压的相位和系统电压的相位相同，此时变流器和系统之间将不存在有功功率的交换，所以其相量图退化为图6-10b、e；当变流器输出电压的基频幅值大于系统电压幅值时，变流器输出电流超前系统电压，变流器向系统输出无功功率；反之，变流器输出电压的基频幅值小于系统电压幅值时，变流器输出电流滞后系统电压，变流器从系统吸收无功功率。这表明了上述变流器的一个特殊运行工况，即无功功率补偿。由于此时变流器和系统之间仅进行无功功率的交换，而不涉及有功功率的流动，所以在变流器中用来提供和吸收有功能量的直流侧电源就不再需要，而代之以可以对电能进行存储和释放的储能元件，即直流中间电容或电感来提供中间直流电压（或电流）支撑。

而假定变流器输出电流的相位和电网电压的相位相同（或相反），则两者之间将没有无功能量的交换。系统从变流器吸收纯有功功率，如图6-10g所示，换句话说，变流器向系统输出纯有功功率（扣除耦合电抗中的无功损耗后），反之亦然（见图6-10）。

但是，由于构成补偿器的变流器、变压器等组件均不可避免地存在有功损耗，如线路电阻引起的损耗、器件的开关损耗等，所以实际中并不存在图6-10b、e所示的理想运行条件。而由于储能元件本身不能提供能量来补偿这些损耗，所以只能由系统提供这部分能量，以维持补偿器的正常运行，显然系统电流相量将位于Ⅰ、Ⅳ象限。又由于通常变流器的损耗均很小，大体为1%～5%，所以为补偿上述损耗所需的有功功率也很小，实际运行中如图6-9c所示，上述变流器将工作在Ⅰ、Ⅳ象限中横轴附近夹角为$\pm\delta_M$的一个很窄的扇形区间，而由系统提供相应的有功电流。

值得指出的是，上述以储能元件提供中间直流支撑的电压源同步补偿器和常规逆变器将内部的直流电能转换为输出的交流电能不同，其直流储能环节既是变流器进行交直变换时的直流负荷，又是变流器进行直交变换时的电源。因此，它是唯一一种从电力系统取得电能以补偿装置损耗，同时又对电力系统变量进行控制的变流器。可以证明，当外接系统为理想的对称三相正弦系统时，稳态时直流电容的电压将维持恒定，也就是说，没有电流流入直流侧电容，换句话说，变流器的交流侧和直流侧之间并不存在任何形式的功率交换。这说明，上述变流器的基频无功功率补偿作用不是通过交直流侧之间的能量交换，而是通过无功电流在三相之间循环实现的。而由于在电力系统应用中，自换相型变流器的输出电压均采用和系统相同的频率，并且其相位以系统电压为参考，所以被广泛称为“同步变流器”。

综上所述，这种同步变流器作为一种双向变换器，是所谓 PWM 整流器的一种，实际上是一个其交、直流侧均可控的四象限运行的变流装置。而实现四象限运行，关键在于对网侧输入电流的控制。这可以通过控制变换器交流侧的输出电压来调节耦合电抗器两端的电压，从而间接控制其网侧电流，也可通过对交流输入电流的控制，来直接控制网侧电流。

6.3　PWM 技术与多重化结构

电力系统对于电能质量补偿器的主要要求可以归结为如下几点：首先，补偿器输出的交流信号（在相控型变流器的场合为流经可控电纳的电流，而在同步电压源补偿器时为输出的交流电压）的幅值和相位可以根据系统有功和无功功率的需求，迅速且精确地加以调节；其次，包括器件的开关损耗在内的补偿器损耗应尽可能小，以提高效率；最后，变流器输出电压的谐波含量应尽可能低，以减少补偿装置所产生的电磁干扰，即限制装置内部，特别是前端变流器所产生的谐波干扰。

为了实现上述要求，双向变换器的控制具有如下要求：首先，变换器生成的电压应为正弦交流信号 $u(t)=U_1\sin\omega t$ ，这样才能保证变换器的输入电流为正弦；其次，变换器生成的电压（或输入的电流）相位可以调节，从而保证可以对位移因子进行控制。上述问题均可以通过采用熟知的 PWM 整流[1, 2]技术和多电平变流技术来解决。

6.3.1　脉宽调制（PWM）技术

脉宽调制技术是一个十分有效的谐波抑制方式，20 世纪 70 年代以来，随着电力电子技术的发展，大量基于不同概念与性能的调制方式被开发出来[2]。这里以单相逆变器为例作一简要的说明。图 6-11a 所示的单相逆变器的输入电压是直流电压 U_{dc}，通过控制开关管适当的通断，可以在负荷两端得到如图 6-11c 所示的，一个周期内包括多个脉波的交流电压 U_{dc}、0、$-U_{dc}$ 的三个电平电压波形 $U_p(t)$ 。

而基于载波的 PWM 技术中[3, 4]，逆变器每个桥臂上开关的通断状态由调制信号 u_c（希望的交流输出电压）与三角波 u_Δ（载波信号）的比较结果确定，实际上，当 $u_c>u_\Delta$ 时，开关 VI_1、VI_4 导通，开关 VI_2、VI_3 关断；当 $u_c<u_\Delta$ 时，开关 VI_1、VI_4 关断，开关 VI_2、VI_3 导通。

作为一个特例，当调制信号是频率为 f_c 幅值为 U_s 的正弦波 $u_o=U_s\sin\omega_s t$ ，而载波信号是频率为 f_Δ 幅值为 U_Δ 的三角波时，即正弦脉宽调制（SPWM）。在这种情况下，定义调制波电压与载波电压的幅值之比为调制比：$m=U_s/U_c$ ，而载波频率与调制波频率之比为载波比，定义为 $N=f_c/f_s$ 。

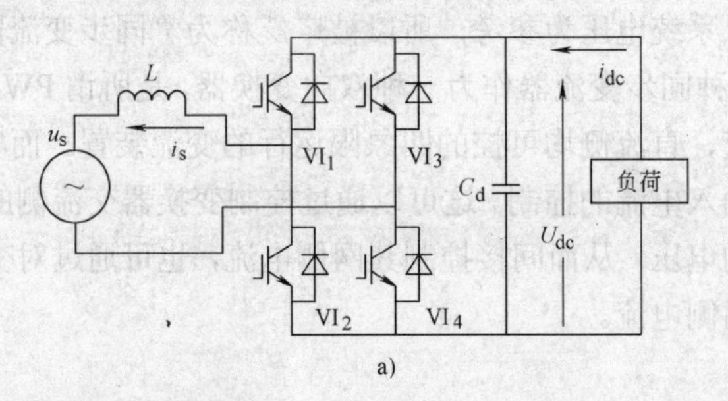

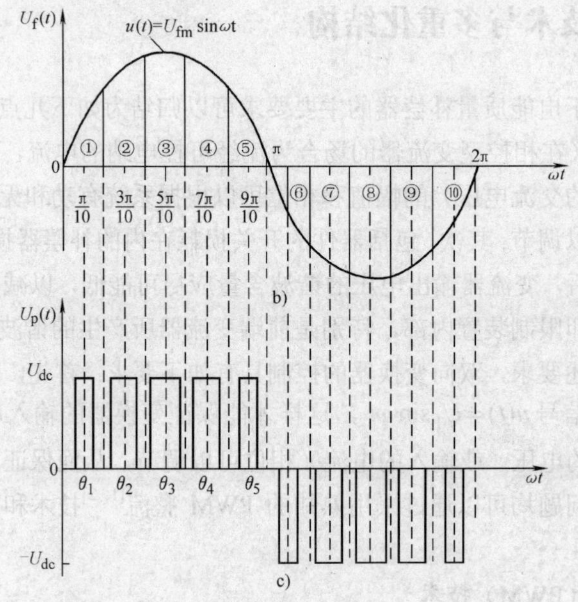

图 6-11　变流器输出 SPWM 电压及对应的正弦信号

a）单相逆变器原理图　b）、c）对应的正弦信号波形

根据采样控制理论的冲量等效原理，当冲量相等而形状不同的窄脉冲加在具有惯性的环节上时，其效果基本相同。这里，冲量指的是变量对时间的积分，也即窄脉冲的面积；而效果基本相同是指环节输出的波形基本相同，如把各输出波形用傅里叶变换分析，则它们的低频段特性非常接近，仅在高频段略有差异。根据上面理论可以用不同宽度的矩形波来代替正弦波，通过对矩形波的控制来模拟输出不同频率的正弦波，即利用脉宽调制的等面积计算方法利用矩形脉冲列来近似正弦波形。比如，将正弦波在半周期中 N 等分，并在每个等分区间通过积分，得到每个分段正弦波与横轴包围的面积，假定第 i 个区段的正弦波面积为 S_i，可以由下式给出：

$$S_i=\int_{(i-1)\pi/N}^{i\pi/N}U_s\sin\omega_s t\mathrm{d}(\omega_s t) \tag{6-14}$$

设矩形波的幅值等于直流侧电压 U_{dc}，并使每段矩形波的面积等于相应段的正弦波的面积，则矩形波的脉宽可以由下式给出：

$$W_{\mathrm{i}}=\frac{S_{\mathrm{j}}}{U_{\mathrm{dc}}}=\frac{U_{\mathrm{s}}}{U_{\mathrm{dc}}}\int_{(i-1)\pi/N}^{i\pi/N}\sin\omega_{\mathrm{s}}t\mathrm{d}(\omega_{\mathrm{s}}t) \tag{6-15}$$

将每段矩形波置于等分区段中，即得到一组幅值相等而脉宽随正弦规律变化的脉宽调制波形。根据冲量相等效果相同的原理，PWM 波形和正弦半波是等效的。对于正弦的负半周，也可以用同样的方法得到 PWM 波形。

以图 6-11b 所示为例，正负半周按等间隔方式划分为 n 个（图中为 5 个）子区间，每个区间的宽度为 $\pi/n=36^\circ$。每个区间具有一个幅值为 $\pm U_{\mathrm{dc}}$，宽度为 $\theta_i(i=1,2,\cdots,5)$ 的双极性电压脉波，相邻两个脉冲中点之间的距离等于子区间宽度。

如果要求某一个时间段的脉宽为 θ_i、幅值为 U_{dc} 的矩形脉冲电压面积等效于该时间段正弦电压 $u(t)=U_{\mathrm{s}}\sin\omega_{\mathrm{s}}t$ 面积，根据式（6-15）得到第一区段的矩形脉冲宽度为

$$\theta_1=\frac{U_{\mathrm{s}}}{U_{\mathrm{dc}}}\int_0^{\pi/5}\sin\omega_{\mathrm{s}}t\mathrm{d}(\omega_{\mathrm{s}}t)=\frac{U_{\mathrm{s}}}{U_{\mathrm{dc}}}(-\cos\omega_{\mathrm{s}}t)\Big|_0^{\pi/5}=0.191\frac{U_{\mathrm{s}}}{U_{\mathrm{dc}}}$$

同理，可以得到其他四个区段的脉冲宽度分别为

$$\theta_2=0.5\frac{U_{\mathrm{s}}}{U_{\mathrm{dc}}},\quad \theta_3=0.618\frac{U_{\mathrm{s}}}{U_{\mathrm{dc}}},\quad \theta_4=\theta_2,\quad \theta_5=\theta_1$$

但是应当指出，上述原理是基于窄脉冲定义的，也就是要求 PWM 的采样频率要达到一个很高的水平，输出波形经过滤波后才能越接近理想的正弦波。但受到器件开关频率和开关损耗的限制，脉冲频率是有限的，也就是说，实际的脉冲不可能成为理想的窄脉冲，这就导致了逆变器的基频输出电压与由调制波决定的逆变器理想输出电压不可避免地存在差异。所以，这种基于面积相等原理的 PWM 方法的谐波消除效果较之基于谐波消除技术的其他 PWM 方法要差。

谐波消除技术中应用最广，也最为成熟的就是所谓 SPWM，即正弦脉宽调制技术，其特点是一种调制波为正弦波、载波为三角波或锯齿波的脉宽调制法，它是 1964 年由 A. Schonung 和 H. Stemmler 把通信系统的调制技术应用到逆变技术中而产生的。直到 1975 年在英国 Bristol 大学的 S. R. Bowes 等的推动下，才使 SPWM 得到了广泛的应用和发展。这项技术的特点是原理简单、通用性强，控制和调节性能好，具有消除谐波、调节和稳定输出电压的多种作用，是一种比较好的波形改善法。SPWM 包括两电平和三电平（前者也称双极性，即无论输出电压的正半周还是负半周均有正负脉冲电压；后者也称为单极性，即如图 6-11 所示，输出电压正半周只有正脉冲，负半周只有负脉冲）两种。而最常用的调制方法包括自然采样与规则采样两种。

所谓自然采样，就是以正弦波为调制波，等腰三角波为载波进行比较，在两个波形的自然交点时刻控制开关器件的通断。其优点是所得 SPWM 波形最接近正弦波，但由于三角波与正弦波交点有任意性，脉冲中心在一个周期内不等距，从而脉宽表达式

是一个超越方程，计算烦琐，难以实时控制。以 $N=10$ 为例，当起始点如图 6-12 所示在三角载波的负峰值，直流电压为 $2U_{\mathrm{dc}}$，参考正弦信号为 $U_{\mathrm{s}}(t)=mU_{\mathrm{dc}}\cos(\omega_{\mathrm{s}}t+\varphi)$ 时，两电平 SPWM 波的双重傅里叶函数表达式如式（6-16）[4]所示：

$$u_{\mathrm{o}}(t)=mU_{\mathrm{dc}}\cos(\omega_{\mathrm{s}}t+\varphi)+\frac{4U_{\mathrm{dc}}}{\pi}\sum_{j=1,3,5,\cdots}^{\infty}J_{\mathrm{o}}\left(\frac{mj\pi}{2}\right)\sin\frac{j\pi}{2}\cos(j\omega_{\mathrm{c}}t)+$$

$$\frac{4U_{\mathrm{dc}}}{\pi}\sum_{j=1}^{\infty}\sum_{k=\pm1}^{\pm\infty}\frac{J_k\left(\frac{mj\pi}{2}\right)}{j}\sin\frac{(j+k)\pi}{2}\cos[(Nj\pm k)\omega_{\mathrm{s}}t+k\varphi] \tag{6-16}$$

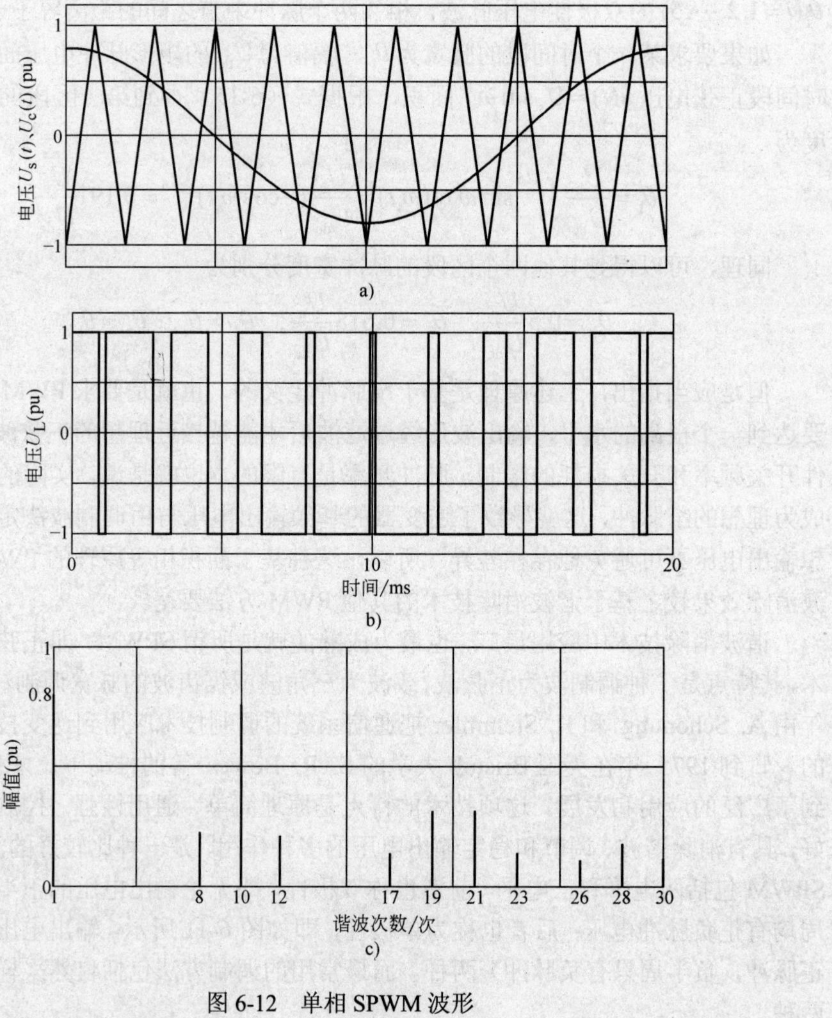

图 6-12　单相 SPWM 波形

a）余弦参考信号与三角波载波信号　b）输出电压　c）波形频谱

从上述表达式可以得到如下结论：

1）输出信号的第一项，即基频分量与调制比 m 成正比，并且与参考信号相位相同，上述性质说明，该调制方法为输出电压的基波频率、相位和幅值的控制提供了一个有效的工具。

2）输出信号的第二项是载波频率 ω_c 的函数，由于系数中包括 $\sin j\pi/2$ ，载波频率的偶次谐波分量为 0，而奇次谐波分量的幅值是贝塞耳函数 $J_o(mj\pi/2)$ 的函数，随着调制波 m 的增大而变小。

3）第三项为调制信号和其谐波的边带的函数。为了保证输出电压为奇谐波函数，N 必须取奇数。

4）调制信号和载波信号频率的非整数倍频比所引起的可能的次谐波的影响通常完全可以忽略。

5）当调制比 m 高而载波 N 比低时，输出信号的失真最大，因为当载波比 N 低时，谐波成分增大，邻近频谱瓣之间会发生重叠，以致相邻边带的分量之间发生干扰的可能性增加。这种干扰通常仅在载波比小于 11 时才会产生显著的影响。

上述自然采样方法利用模拟器件可以十分容易实现。为简化讨论，同时不失一般性，假定调制信号和载波信号均以标幺值表示，此时如图 6-13 所示，调制信号 $U_s(t) = m\sin\omega_s t$ 。

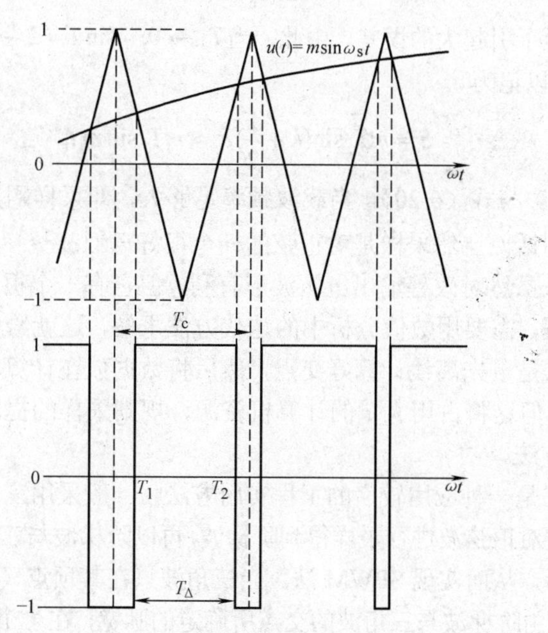

图 6-13　自然采样法

在利用数字计算机计算上述正弦调制信号和载频信号的交点时，两个交点由下述超越方程给出：

$$
\begin{aligned}
T_1 &= \frac{T_c}{4}[1 - m\sin\omega_s(kT_c + T_1)] \\
T_2 &= \frac{T_c}{4}[3 + m\sin\omega_s(kT_c + T_2)]
\end{aligned}
\qquad (6\text{-}17)
$$

脉冲宽度为两个交点之间的差，即

$$T_{\Delta}=T_2-T_1=\frac{T_c}{2}[1+\frac{m}{2}(\sin\omega_s t_1+\sin\omega_s t_2)] \tag{6-18}$$

这里，$t_1=\omega_s(kT_c+T_1)$，$t_2=\omega_s(kT_c+T_2)$，相应的面积为

$$S=T_{\Delta}-(T_c-T_{\Delta})=\frac{m}{2}T_c(\sin\omega_s t_1+\sin\omega_s t_2) \tag{6-19}$$

当载波频率非常高时，由于采样周期很小，可以近似认为$T_1\approx T_2$，式（6-19）可以改写为

$$S=T_c m\sin\omega_s t_1 \tag{6-20}$$

而正弦调制信号在该时段的面积为

$$\begin{aligned}S&=\int_{\omega_s kT_c}^{\omega_s(k+1)T_c}m\sin(\omega_s t)\mathrm{d}\omega_s t=-m[\cos\omega_s(k+1)T_c-\cos\omega_s kT_c]\\&=2m\sin\omega_s(k+\frac{1}{2})T_c\sin\frac{T_c}{2}\end{aligned} \tag{6-21}$$

注意到，当载波比$N>7$时，$\dfrac{T_c/2}{\sin(T_c/2)}\leqslant 1.0344$，即完全可以以$T_c/2$替代$\sin(T_c/2)$而不至于引起大的误差。由此，当$T_c\to 0$，$\sin T_c/2\to T_c/2, (k+1/2)T_c\to\omega_s t_1$，则上式可以记为

$$S=mT_c\sin(k+\frac{1}{2})T_c\approx mT_c\sin\omega_s t_1 \tag{6-22}$$

由式（6-22）与式（6-20），当载波频率足够大，即采样周期T_c很小时，二者的面积相等，换句话说自然采样是对正弦的一个很好近似。

自然采样法虽然对改善输出电压波形有利，但它有一个很大的缺点，即在线计算上述超越方程，需要用数值分析中的迭代方法求解，这就给实时控制带来很多困难，通常的做法是事先离线计算好交点，然后将数据放在计算机内存中，利用查表输出 PWM 波，但这将占用大量的计算机资源，规则采样的提出就为工程应用提供了一个有效的方法。

规则采样法是一种应用较广的工程实用方法，一般采用三角波作为载波。其原理就是用三角波对正弦波进行采样得到阶梯波，再以阶梯波与三角波的交点时刻控制开关器件的通断，从而实现 SPWM 法。当三角波只在其顶点（或底点）位置对正弦波进行采样时，由阶梯波与三角波的交点所确定的脉宽，在一个载波周期（即采样周期）内的位置是对称的，这种方法称为对称规则采样。当三角波既在其顶点又在底点时刻对正弦波进行采样时，由阶梯波与三角波的交点所确定的脉宽，在一个载波周期（此时为采样周期的两倍）内的位置一般并不对称，这种方法称为非对称规则采样。

规则采样法是对自然采样法的改进，其主要优点就是计算简单，便于在线实时运算，其中非对称规则采样法因阶数多而更接近正弦。其缺点是直流电压利用率较低，线性控制范围较小。下面以对称规则采样为例作一个说明。

自然采样法中，采样时刻取决于调制波与载波信号的交点，即调制过程，因此不是等间隔的，每个脉冲的中点并不和三角波的中点（即负峰值点）重合。规则采样法则采用等间隔采样的方式，如图 6-14 所示。如以三角波正峰值处作为调制波起点，此时采样点为 $t_n = nT_c$，因此采样时刻与调制过程无关。实际实现过程是采样点 t_i 的调制信号 $m(t_i)$ 被存储在工作频率为载波频率的采样保持器中，并且在下一个采样时刻 t_{i+1} 到来之前的时间段 $t_i \sim t_{i+1}$ 中保持恒定，形成如图 6-14 所示的阶梯波。该阶梯波再与三角形载波相交，三角波两个正峰值之间为一个采样周期 T_c，脉冲中点和三角波一周期的中点（即负峰点）重合，每个脉冲的中点都以相应的三角波中点为对称，使计算大为简化。

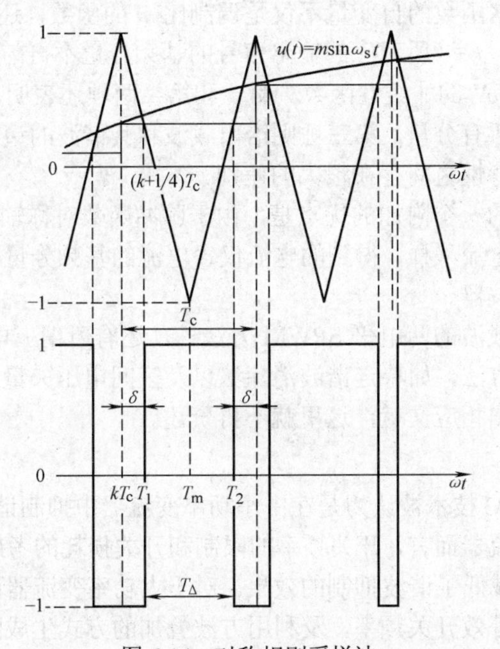

图 6-14　对称规则采样法

图 6-14 中第一个采样点选取在采样周期的起点，即 $t_1 = kT_c$，则开关点可以由下式给出：

$$
\begin{aligned}
T_1 &= \frac{T_c}{4}[1 - m \cdot \sin\omega_s kT_c] = \frac{T_c}{4}[1 - m \cdot \sin\omega_s t_1] \\
T_2 &= \frac{T_c}{4}[3 + m \cdot \sin\omega_s kT_c] = \frac{T_c}{4}[3 + m \cdot \sin\omega_s t_1]
\end{aligned}
\tag{6-23}
$$

显然，上述两个开关点可以利用上式简单地计算得到，所以是一种便于计算机应用的 PWM 控制算法。而由于其等效面积为

$$S = mT_c \sin\omega_s t_1 \tag{6-24}$$

使上式与式（6-22）有相同的形式，故虽然规则采样在采样计算方面作了相当大的简化，仍然近似满足面积相等原理。

而在调制波信号仍是$U_s(t)=mU_{dc}\cos(\omega_s t+\varphi)$条件下，其输出电压相应的双傅里叶变换式变为

$$u_o(t)=\frac{4U_{dc}}{\pi}\{\sum_{j=1}^{\infty}\frac{N}{j}J_j(\frac{mj\pi}{2N})\sin[(\frac{1}{N}+1)\frac{j\pi}{2}]\cos(j\omega_s t+j\varphi)+ \sum_{j=1}^{\infty}\frac{1}{j}J_o(\frac{mj\pi}{2})\sin\frac{j\pi}{2}\cos(j\omega_c t)+\sum_{j=1}^{\infty}\sum_{k=\pm1}^{\pm\infty}\frac{N}{(Nj\pm k)}J_k(\frac{m(Nj\pm k)\pi}{2N})\times \sin[(\frac{(Nj\pm k)}{N}+k)\frac{\pi}{2}]\cos[(Nj\pm k)\omega_s t+k\varphi]\} \tag{6-25}$$

上式表明，规则采样较之自然采样便于实现的代价就是具有更为复杂的函数形式，特别是其贝塞尔函数的自变量不仅是调制比m的函数，还是载波比N的函数。由第一项可以看到，$j=1$所对应的输出信号的基频分量不再与调制比成正比，而是调制比m和载波比N的非线性函数。第一和第二两项还表明，输出信号中包括调制频率与载波频率所有分量，第三项则给出载波和其谐波的边带的幅值。显然，两种采样方法的频谱特性之间存在很大的差别。

对称规则采样的一个附加的优点是，由于脉冲函数对称轴处电流的失真为零，所以如果对该处对电流采样，得到的电流仅含电流的基频分量，故可以在开关周期中点采样而不需滤波器。

除了上述基于载波的两电平SPWM方法外，还有所谓三电平SPWM，以及所谓不含载波的调制方法，如特定谐波消除法以及空间电压矢量的PWM方法等，感兴趣的读者可以查阅相应文献，这里就不再赘述。

6.3.2 阶梯波

尽管高频SPWM技术被认为是在中小功率变流器中抑制谐波失真的最好方法，但是对于大功率变流器而言，开关频率的限制和开关损耗的考虑往往限制了其可用的开关频率，从而减低了谐波抑制的效果。对于大功率变流器而言，利用多个桥的组合来提高装置的等效开关频率，及利用方波叠加的方式生成阶梯波，以逼近正弦波，均是目前得到广泛应用的更好的谐波消除方法。大量的研究表明，采用低开关频率的阶梯波变流器在同样的谐波水平下，在降低功耗、动态响应和器件利用率等性能方面均优于常规的采用高开关频率的SPWM变流器，因此采用阶梯波的变流器被作为应用于电力系统的大功率补偿装置的标准结构。

SPWM的根本思路是通过适当地选择开关器件的动作时刻，使调制波的脉冲宽度基本上呈正弦分布，即各脉冲与正弦曲线下对应的面积近似成正比，并使输出信号中最低次的谐波频率为载波频率的整倍数。这种技术以增加了控制的复杂性和减低了变流器的效率为代价，来抑制低次谐波对系统的影响。

阶梯波技术的根本思路则是利用一系列方波信号的和所组成等阶梯波来逼近正弦波。显然，随着参与合成的方波数量的增加，输出波形所含的阶梯数增加，可以有效地抑制了输出波形中的谐波分量。理论上，当阶梯波的阶数趋于无穷时，就可以实现一个理想的正弦输出。通过实践，各国技术人员提出了许多实现上述阶梯

波的方法，这里仅对两种应用最广的方法加以说明：一种通常称为多电平（Multi-level）方法，其特点在于其直流侧具有一系列串联的直流电源，而阶梯波是通过对该多电平直流电压进行综合生成的；另一种则称为多脉冲（Multi-pulse）方法，其交流侧输出的阶梯波是将若干个桥输出的方波信号通过变压器进行耦合生成的。下面分别加以说明。

1．多电平变流器（Multi-level converter）

多电平变流器的思想最早是由日本科学家 Nabel 等人于 1981 年提出的。它的主要思路是通过精心设计，将变流器的输出电压由传统的两电平变为多电平，从而利用阶梯波去逼近正弦输出电压[7]。这种多电平变流器作为一种新型的高压大功率变流器，从电路拓扑结构入手，在得到高质量的输出波形的同时，由于不需采用输出变压器和动态均压电路，开关频率低，从而达到了开关器件所承受的电压应力小、效率高的目标。

为了便于说明，下面对普通三电平变流器和常规两电平变流器加以比较。

三电平变流器的主要优点是相对于两电平变流器而言，为输出电压的控制提供了一个附加的自由度。由图 6-15 中相应的信号波形可以看到，所谓两电平变流器，其输出仅含 $+E_d$ 和 $-E_d$ 两个电平，在一个周期中开关器件的导通角被固定为 180°，因此对其输出电压的幅值和谐波含量的控制只能通过在方波中开口（即利用正弦脉宽调制或所谓优化 PWM）实现。而三电平变流器的输出的电压包括 $+E_d$、0、$-E_d$ 三个电平，输出脉冲的宽度是可以通过改变变流器输出端处于零电平的时间来加以调节的，这就为变流器增加了一个对于输出电压的幅值和频谱加以控制的手段。

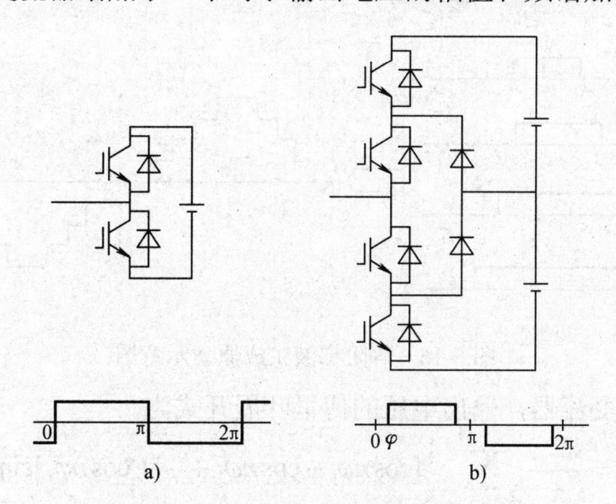

图 6-15　两电平和三电平变流器电路原理图

a）两电平　b）三电平

假定方波脉冲的相移为 φ，即脉宽为 $\pi-2\varphi$ 的电压 n 次谐波有效值为

$$U_{pn}=\frac{2\sqrt{2}}{n\pi}\cos(n\varphi)\times E_d \tag{6-26}$$

而线电压的 n 次谐波有效值为

$$U_{Ln}=u_{an}-u_{bn}=\frac{2\sqrt{2}}{n\pi}\left\{\cos[n(\varphi-\frac{\pi}{6})]+\cos[n(\varphi+\frac{\pi}{6})]\right\}E_{d} \tag{6-27}$$

$$=\frac{4\sqrt{2}}{n\pi}\cos(\frac{n\pi}{6})\cos(n\varphi)E_{d}$$

其基频电压的有效值为

$$U_{L1}=\frac{4\sqrt{2}}{\pi}\cos(\varphi)\cos(\frac{\pi}{6})E_{d}=\frac{2\sqrt{6}}{\pi}\cos(\varphi)E_{d} \tag{6-28}$$

在φ=0 时，其基频有效值为常规两电平变流器的两倍，但三电平变流器所用开关器件的数量相当于两电平变流器的两倍，所以从电压和电流利用率来说是相当的，但由于此时每个器件的电位均被二极管钳位于直流电压的一半，所以不需通过复杂的动静态均压电路就可以达到常规器件串联的效果，这是多电平变流器受到青睐的一个重要原因。此外，由于各次谐波的有效值是相应余弦的函数，因此就可以通过调节触发角而令相应的余弦函数为零来达到消除某次谐波的目的。比如，希望消除 n 次谐波，则可以令触发角 $\varphi=90/n$，此时相应的谐波含量将为零。比如为了消除 11 次谐波，可以令φ=8.18° 即可。

多电平变流器正是在三电平的基础上构成的。注意到如图 6-16 所示的矩形波的傅里叶级数可以表示为

$$u(t)=\frac{4}{\pi}(\cos\varphi_{i}\sin\omega t+\frac{\cos 3\varphi_{i}}{3}\sin 3\omega t+\frac{\cos 5\varphi_{i}}{5}\sin 5\omega t+\cdots) \tag{6-29}$$

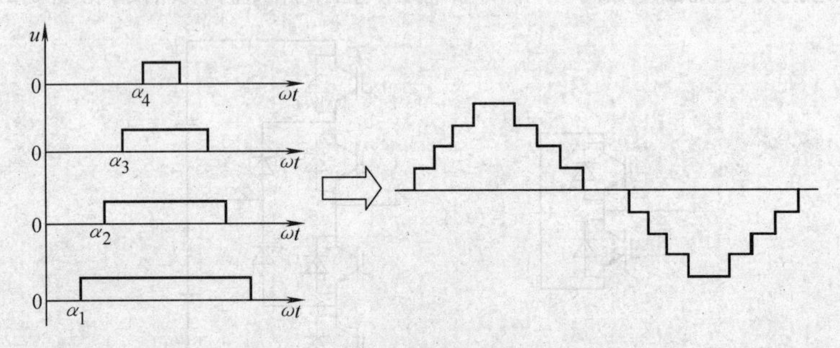

图 6-16　等阶梯波生成原理示意图

对于 M 电平变流器，输出电压的傅里叶展开式为

$$u(t)=\frac{4U_{dc}}{\pi}\sum_{n=1,3,5,\cdots}\frac{1}{n}[\cos n\varphi_{1}+\cos n\varphi_{2}+\cdots+\cos n\varphi_{s}]\sin n\omega t \tag{6-30}$$

式中，下角 s 为单相桥的数量，$s=(M-1)/2$。

因为每个模块均是独立的单相桥，并且其输出可以独立控制，因此 M 电平变流器具有 s 个自由度，这既可以用来控制输出电压的幅度，又可以通过仔细安排每个模块的触发时刻，使某次谐波的系数 $\sum_{m=1}^{s}\cos n\varphi_{m}=0$，来消除选定的 n 次谐波。比

如对于两个三电平变流器，如希望消除 5 次谐波，则 $\cos 5\varphi_1 + \cos 5\varphi_2 = 0$。一个简单的解法就是令 $5(\varphi_1 + \varphi_2) = 180°$，得到 $\varphi_2 = 36° - \varphi_1$，即如 $\varphi_1 = 10°$，则 $\varphi_2 = 26°$。

多电平变流器从提出至今，出现了许多不同的电路拓扑，但归纳起来主要有三种，即二极管钳位型（Diode clamp）、飞跨电容型（Flying Capacitor）和采用独立直流电源的级联型（Cascade）。它们的结构分别如图 6-17a、b、c 所示。

它们的共同优点是：①随着电平数的增加，如图 6-17a 所示，输出波形逼近正弦，输出电压和电流的谐波含量明显降低；②器件开关频率低，开关损耗小；③由于器件两端电压被钳位于一定的电位，无须均压电路，器件所承受的应力小。

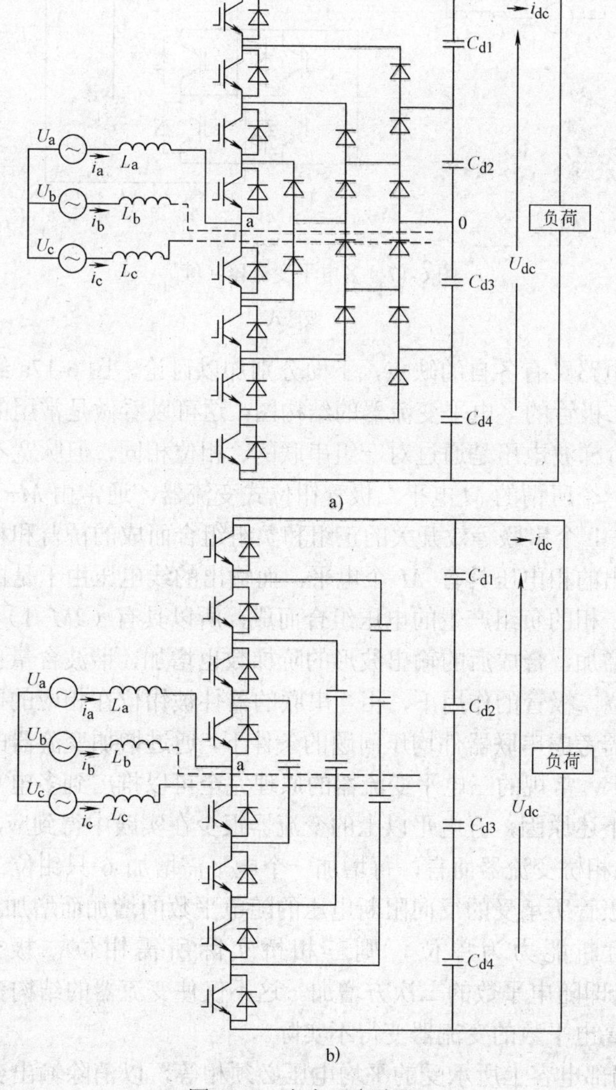

图 6-17　多电平变流器

a）二极管嵌位式　b）飞跨电容式

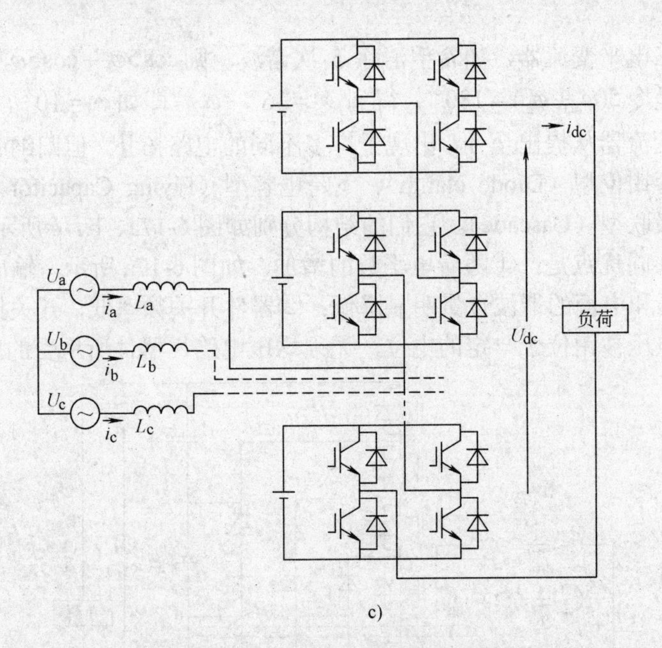

图 6-17 多电平变流器（续）

c）级联式

但这三种电路又有各自的缺点，下面分别加以讨论。图 6-17a 给出了一个常规的、具有钳位二极管的多电平变流器的结构图，这可以看做是常用的三电平变流器的直接延伸。阶梯波电压是通过对一组串联的、相位相同，但脉宽不同的方波进行综合生成的。一个所谓的 M 电平二极管钳位式变流器，通常由 $M-1$ 个串联电容，由分别包括 $M-1$ 个串联等效开关的正组和负组组合而成的桥臂和相应的钳位二极管构成，其输出的相电压具有 M 个电平，而输出的线电压由于是由一相的正组产生的电压和另一相的负组产生的电压组合而成，所以具有（$2M-1$）个电平。显然，随着电平数的增加，合成后的输出波形的阶梯数也增加，谐波含量也随之降低，同时，由于在钳位二极管的作用下，相互串联的器件被钳位在相应的电容电压，这意味着可以在不需考虑串联器件均压问题的条件下，通过增加变流器的电平数达到高压运行。理论上，常规的三电平变流器的原理完全可以推广到多电平变流器中，但实际上，由于下述原因，五电平以上的变流器很少在实践中得到应用。

1）对于三相桥变流器而言，每增加一个电平需增加 6 只钳位二极管，并且所增加的钳位二极管所承受的反向阻断电压的随电平数的增加而增加，如果以三电平时二极管的阻断能力为单位，则三相桥实际所需钳位二极管的数量将是 $3(M-1)(M-2)$，即随电平数的二次方增加。这不仅使变流器的结构变得十分复杂，同时也使得过高电平数的变流器变得不实际。

2）每个局部电容上所承受的平均电压必须相等，以消除输出交流电压中所可能出现的直流分量，但当变流器和系统之间交换有功功率时，由于不同电平的方波脉宽不同，从而导致每个电容的充放电时间不同，也即与系统交换的有功能量不同，如果不加控制，必然造成不同电平之间的电容电压不等，上述问题进一步增加了控制的复杂性。到目前为止，实践中已实现的变流器的最高电平数为 9。

飞跨电容式变流器，如图 6-17b 所示，和钳位二极管式有相似的结构和性能。它们同样可以通过增加电平的级数来减小输出电压的谐波含量，利用电容分压实现对开关器件钳位的目的，从而免除了对串联器件进行动静态均压的要求。但也和钳位二极管式变流器相同，除了要解决在进行有功功率交换时各级电压的平衡问题外，另一个重要的问题是为了抑制变流器工作中出现的电压脉动和进行分压，所需电容器的数量和容量均较大。假定每个电容的耐压水平和主开关所用电容相等的条件下，为了实现 M 电平变流器，每个臂需要（$M-1$）（$M-2$）/2 个均压电容，这同样使得过高的电平级数成为不可能。太原钢厂于 2001 年由 ALSTHOM 公司引进的轧机中所采用的四电平变流器就采用了上述结构，但总的而言，在多电平变流器中，采用飞跨电容式结构的装置数量较少。

如上所述，直流侧分压电容电压不均衡问题是困扰上述两种变流器的一个重要问题，一个显而易见的解决方案就是利用直流电源来代替储能电容，从而使直流侧电压自动实现平衡，问题是在变流器中引入多路独立的直流电源，在实践中将造成结构的复杂化，是相当困难的。

图 6-17c 所示的所谓级联式变流器是其中一个成功的事例[5, 6]。由于它不需要前两种电路所需的大量钳位二极管和钳位电容，易于封装。同时，由于它的基本组成单元为传统的两电平单相全桥变流器，故结构简单，技术成熟，易于模块化。由于产生级联式变流器中，每个单相逆变单元都有独立的、电压为 U_{dc} 的直流电源，而每个单相逆变单元分别可以输出 $+U_{dc}$、0、$-U_{dc}$ 三种电平，将上述单相逆变器进行串联，就可以使输出的电压叠加，构成多级电平，而通过控制每一级逆变器的导通角，就可以控制相应的输出电压的宽度，也即输出交流电压的 PWM 波形。

设逆变单元串联级数为 N，则输出相电压的电平数定义为 $m=2N+1$。图 6-18a 与 b 分别给出由输出电压为九电平的级联式和二极管钳位式两种变流器所构成的单相桥结构图。虽然从图上观察，二极管钳位式变流器所用器件比级联式要多，比如钳位二极管，但实际上级联式独立电源通常需分别由变压器不同绕组所提供的交流电压经整流后得到，所以结构上远比前者要复杂。此外，由于电路结构上的原因，级联式不能简单地利用三个桥臂实现三相变流电路，而需利用三个单相桥组来实现，这导致所需器件数量大幅度增加，也是对其使用的一个限制。但由于它可以方便地实现级联而不需考虑各级电容的均压问题，所以得到越来越广泛的关注和应用。

值得指出的是，当利用其作为无功补偿装置时，由于变流器本身不与系统交换有功能量，因此一个周期中电容充放电的能量相等，各级电容电压的平均值将维持在预置值的附近，可以直接利用电容来提供变流器工作所需的直流支撑，而不需额外的独立电源，从而大大地简化了变流器的结构。比如 ALSTHOM 公司于 1997 年开发的 75MVA 静止同步补偿器中就采用了由 7 个独立单相桥串联而成的 15 电平的级联式变流器结构，取得了良好的效果。

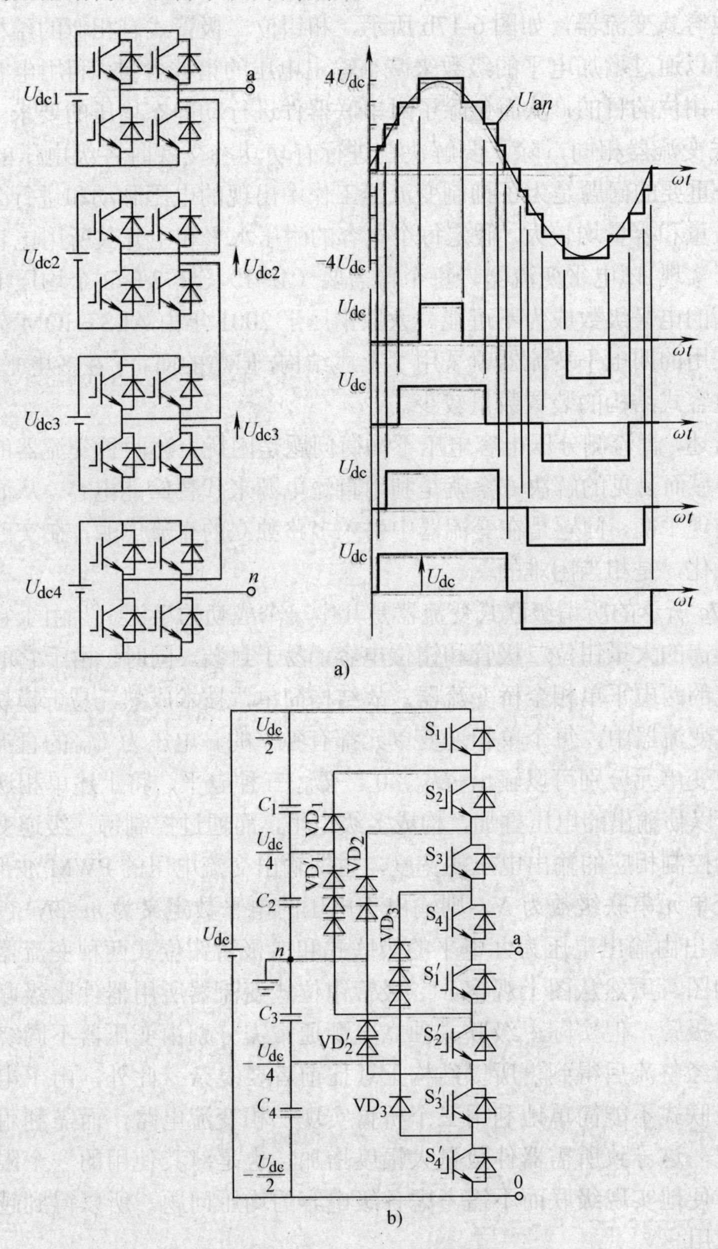

图 6-18 九电平变流器

a）H 桥构成 b）二极管嵌位式

但由于级联式变流器基于单相桥变流器，和常规的三相桥同步补偿器不同，虽然每个直流电容在一个周期中吸收的有功功率为零，但注入电容的瞬时有功功率却不为零。这将导致电容电压的波动，这就要求采用容量较大的直流中间电容，这也是此类变流器的一个缺点。

综合而言，和其他多电平电路相比，级联式（也称链式）电路有如下优点：

1）由于电路由相同的单相桥构成，所以只需增加串联的级数即可增加装置的容量，原则上不存在可以实现的电平数的限制。

2）每个单相桥具有其独立的直流电源，并且每个模块中的所有器件均被钳位于该直流电压，所以不需额外考虑电压均衡问题，也不需要额外的钳位二极管和飞跨电容。

3）单相结构为三相不平衡控制提供了可能。

由于每个模块均是独立的单相桥，其输出电压可以自由控制，因此一个 M 电平的变流器具有（M−1）/2 个自由度，可以用来通过控制每个模块的导通时间控制输出电压的幅值和/或消除特定的谐波。尽管多电平波形也可以通过对两电平方波进行移相后叠加生成，但为了便于控制，一般多采用脉宽不同的方波叠加而成。但不同的脉宽带来一个直接的问题就是不同电平的开关器件的负荷率不同，从而减低了器件的利用率。

多电平变流器通常只需通过一个常规的降压变压器和系统实现互连，相对于多脉冲变流器而言，免除了体积庞大、结构复杂、昂贵、低效和具有难以控制的非线性磁化的曲折型变压器，所以不论在占地面积，还是造价上均具有一定的优势。

2．多脉冲变流器（Multi-pulse converter）

多脉冲变流器的基本结构就是将若干个基本的变流器通过变压器进行适当的串联或并联构成的。与多电平变流器相同，其输出电压也是通过将一系列分布的方波（或准方波）信号叠加而成的阶梯波，与前者不同的是，这些参与综合的两电平的方波信号具有相同的脉宽和幅值，只是相互之间具有适当的相移。根据方波信号相互之间的相移不同，上述变流器具有不同的结构，因此其合成的波形中的谐波含量也有不同。但总的而言，多脉冲技术可以在大功率开关器件工作频率较低的情况下通过变流器的相继触发提高了变流器组的等效开关频率，从而提高了变流器的响应速度和谐波抑制效果。

在实际应用中，多脉冲技术有两种基本类型：一种是所谓的谐波中和（Neutralization）技术，它采用所谓的“全相位组”（Complete Phase Sets）技术，即利用若干个经变压器耦合的变流器机组所输出的方波波形之间和与其对应的变压器输出入绕组之间所存在的均匀相移来达到谐波抵消的目的，通常也称为多重化技术。这种方式又可以进一步分为采用一组以曲折方式连接的变压器和其对应的变流器组组成；通过将上述变流器输出的方波在电路中，比如在交流线路侧进行综合来生成所需的阶梯波，和利用一个三绕组变压器，在变流器侧的两个绕组分别接成星形和三角形联结，利用两个变流器生成的方波信号在磁路中进行叠加，从而在二次侧生成相应的阶梯波。第二种为移相式谐波抵消（Phase-shift Harmonic Canceling）技术，它利用对变流器的触发信号进行适当的控制生成相互之间存在所需相移的一系列方波信号，然后通过常规变压器在交流侧进行综合，实现消除所定谐波的目的。下面分别加以介绍。

（1）多重化方法　多重化技术的主要特点是进行合成的所有方波信号的幅值相等，并且相互之间的相移也是均匀的，从而构成所谓“全相位组”。图 6-19 所示为一个 M 重三相变流器的原理图，它包括 M 个三相变流器组，每个变流器组由结构相同的变流器和与之所需的相移对应的曲折变压器构成。变流器通过在交流侧以串联（见图 6-19a）或并联方式（见图 6-19b）曲折连接的变压器将各变流器组输出电压进行综合后输出，而在直流侧，变流器组同样通过串联或并联方式（多采用并联）连接，从直流侧吸收电能。

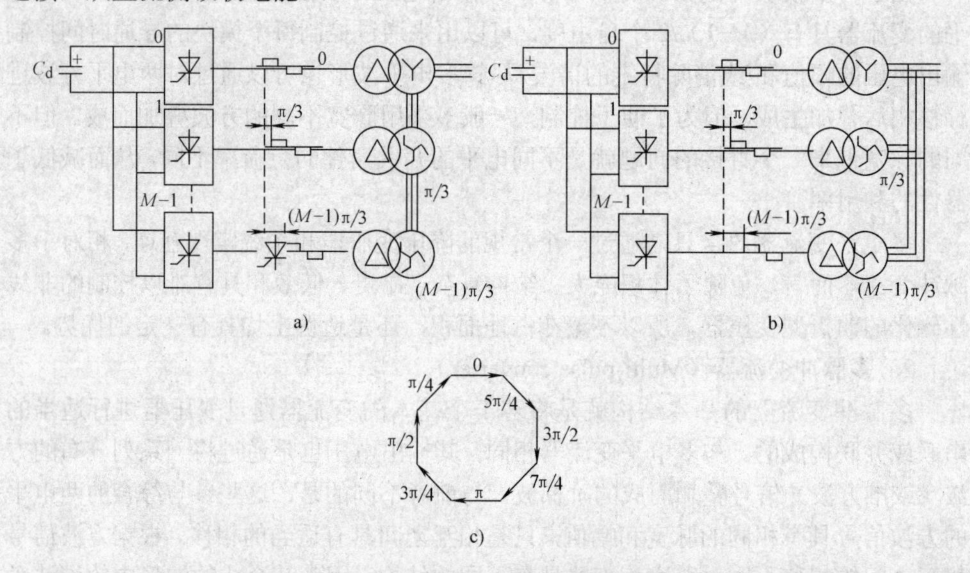

图 6-19　M 重多脉冲变流器电路图和谐波合成图

a）串联多脉冲变流器　b）并联多脉冲变流器　c）电压相量合成

如对图 6-19 中的变流器组分别命名为 0～M-1 号，为了实现消除谐波的目的，M 个变流器组在相位上均匀分布，即每个变流器产生的方波信号的前沿在相位上较其前一个变流器输出的方波信号的前沿滞后 $\pi/(3M)$，而为了便于交流侧基频信号合成，则利用曲折变压器，使后一个变流器组的变压器的相位较前一个变流器组超前 $\pi/(3M)$，从而使交流侧生成的 M 个方波的基频相位相同。但由于上述结构对不同，谐波产生的相移也各不相同，所以经叠加后，谐波信号不能完全抵消。下面对此进行详细的讨论。

众所周知，一个三相桥变流器输出的电压波形中所含谐波的次数可以用下式给出：

$$n = 6r \pm 1 \tag{6-31}$$

尽管在多脉冲变流器中，变流器在交流侧既可以采用串联，也可以采用并联方式连接，但实际中多采用串联连接的方式，下面就以此为例进行讨论。

假定变流器由 M 个结构和输出脉冲宽度相同的两电平变流器组组成，并分别标为 0～M−1 号。为了便于讨论，以 0 号变流器直流侧方波脉冲的基频分量的过零点作为参考点，此时方波脉冲为奇函数。为了实现消除谐波的目的，第 0 号变流器的触发信号应保证其生成的方波信号的基频分量经变压器输出后与交流侧参考电压的相位相同。第 1 号变流器直流触发信号前沿的相位则滞后第 0 号变流器（$60/M$）°；同时为了保证在交流侧其输出的方波信号的基频分量和第 0 号变流器输出信号的基频分量（也即交流参考信号）同相位，则需要利用变压器将该基频信号的相位向前移相应的角度为（$60/M$）°。注意到变流器输出电压的谐波中 n=6r+1 次谐波为正序谐波，而第 1 号变流器方波信号前沿滞后（$60/M$）°，意味着该信号中所含的 n 次谐波相量比第 0 号变流器的同次谐波相量滞后（$60\times n/M$）°，再注意到由于变压器结构上的变化所引起的相移对于各次谐波而言是相同的，即均超前（$60/M$）°，因此该变流机组输出的交流电压中 n 次谐波较之第 0 号变流器组同次谐波的相位将滞后：

$$\varphi = n\frac{\pi}{3M} - \frac{\pi}{3M} = \frac{6r+1}{3M}\pi - \frac{\pi}{3M} = \frac{2\pi}{M}r \tag{6-32}$$

而由于 n=6r−1 次谐波是负序分量，所以对于正序分量而言超前（$60/M$）° 的变压器结构，对于负序分量相当于同等角度的滞后，这样第 2 号变流器组中 n=6r−1 次谐波相量较之第 1 号变流器同次谐波相量的相位滞后为

$$\varphi = n\frac{\pi}{3M} + \frac{\pi}{3M} = \frac{6r-1}{3M}\pi + \frac{\pi}{3M} = \frac{2\pi}{M}r \tag{6-33}$$

据此可以类推，M 重变流器中，第 k 个变流器组较之 $k-1$ 个变流器组变流器侧方波信号的前沿滞后（$60/M$）°，再经曲折变压器的超前（$60/M$）° 变换，相邻两变流器组输出电压中所含的基频分量相位相同，第 $k-1$ 台和第 k 台变流器输出的 n 次谐波分别较第 0 号变流器组滞后 $2(k-1)\pi r/M$（rad）和 $2k\pi r/M$（rad），即后者的相位滞后前者 $2\pi r/M$。将上述关系推广到整个变流器，可以得到在一个周期中均匀分布的 M 个同次谐波相量的相位分别为

$$0, 2\pi r/M, 4\pi r/M, \cdots, 2(M-1)\pi r/M$$

注意到上述相位之间所存在的循环特性，故上述 M 个相位就构成了所谓的“完全相位组（集）”。

据此，等脉宽的参考方波逆变器的输出中，除了基频信号以外的谐波量可以用公式表示为

$$U_{I0} = \frac{4U_{\mathrm{dc}}}{\pi}\sum_{n=3,5,7,\cdots}^{\infty}\frac{1}{n}\sin\frac{n\theta}{2}\cos(n\omega t) \tag{6-34}$$

式中，θ为脉宽，对于 180° 导通型，$\theta = \pi$。

假定变流系统包括 M 台结构和输出脉宽相同的变流器，分别记为 $0 \sim M-1$ 号，以第 0 号变流器作为相位参考，其他各台顺序滞后 $2\pi/M$ （rad）。由此可以得到，第 k 台变流器输出方波的谐波分量可以表示为

$$U_{Ik} = \frac{4U_{\text{dc}}}{\pi} \sum_{n=3,5,7,\cdots}^{\infty} \frac{1}{n} \sin\frac{n\pi}{2} \cos[n\omega t - (2kr\pi/M)] \tag{6-35}$$

对上述 M 台变流器组合而成的变流装置的输出波形进行线性组合，则得到合成信号的谐波分量为

$$\begin{aligned} U_I &= \frac{4U_{\text{dc}}}{\pi} \sum_{k=0}^{M-1} \sum_{n=3,5,7,\cdots}^{\infty} \frac{(-1)^{(n-1)/2}}{n} \sin\frac{n\pi}{2} \cos[n\omega t - (2kr\pi/M)] \\ &= \frac{4U_{\text{dc}}}{\pi} \sum_{k=0}^{M-1} \sum_{n=3,5,7,\cdots}^{\infty} \frac{1}{n} \cos[n\omega t - (2kr\pi/M)] \end{aligned} \tag{6-36}$$

因为表示谐波次数的 n 和表示变流器顺序的 k 是两个独立变量，所以改变两者的求和顺序并不影响其结果，因此可以交换其求和顺序，而得到输出信号中 n 次谐波的含量为

$$U_{In} = \frac{4U_{\text{dc}}}{n\pi} \sum_{k=0}^{M-1} \cos[n\omega t - (2kr\pi/M)] \tag{6-37}$$

上式为一个包括 M 项的几何级数，其中和式中各项构成了上述“完全相位集”，定义 $r = pM$ ，则可以将求和号中各项展开得到

$$\begin{aligned} S_n &= \cos n\omega t + \cos(n\omega t - \frac{2r\pi}{M}) + \cos(n\omega t - \frac{4r\pi}{M}) + \cdots + \\ &\cos\left[n\omega t - \frac{2(M-1)r\pi}{M}\right] = \cos n\omega t + \cos(n\omega t - 2p\pi) + \\ &\cos(n\omega t - 4p\pi) + \cdots + \cos(n\omega t - 2(M-1)p\pi) \end{aligned} \tag{6-38}$$

当参数 r 是 M 的整倍数时，即 p 为整数时，各项之间的相移为周期的整倍数，故

$$S_n = M\cos n\omega t \tag{6-39}$$

当 p 不是整数时，等式两边乘一个系数 $2\sin p\pi$ ，根据三角函数积化和差可以得到

$$\begin{aligned} &2\sin p\pi \cos n\omega t = \sin(n\omega t + p\pi) - \sin(n\omega t - p\pi) \\ &2\sin p\pi \cos(n\omega t - 2p\pi) = \sin(n\omega t - p\pi) - \sin(n\omega t - 3p\pi) \\ &2\sin p\pi \cos(n\omega t - 4p\pi) = \sin(n\omega t - 3p\pi) - \sin(n\omega t - 5p\pi) \\ &\quad\vdots \\ &2\sin p\pi \cos(n\omega t - 2(M-1)p\pi) = \sin(n\omega t - (2M-3)p\pi) - \\ &\sin(n\omega t - (2M-1)p\pi) \end{aligned}$$

故

$$\begin{aligned}\sin p\pi S_n &= \frac{1}{2}[\sin(n\omega t + p\pi) - \sin(n\omega t - (2M-1)p\pi)] \\ &= \cos(n\omega t - (M-1)p\pi)\sin Mp\pi\end{aligned} \tag{6-40}$$

而由于 $r = Mp$ 是整数，所以可以得到

$$\begin{aligned}S_n &= \frac{\cos\left[n\omega t - (M-1)p\pi\right]\sin Mp\pi}{\sin p\pi} \\ &= \frac{\cos\left[n\omega t - (M-1)p\pi\right]\sin r\pi}{\sin p\pi} = 0\end{aligned} \tag{6-41}$$

即当 p 不是整数时，上述各项的和为 0。对于 n=6r+1 即正序分量时，可以得到同样结论。因此，在采用上述多重化的结构后，所有谐波次数 $n = 6r \pm 1$ 中，r 不为重数 M 的整倍数的谐波均被抵消，输出中仅含参数 r/M 为整数的分量。实际上，当 r 为 M 的整倍数时，M 个变流器组所输出的 n 次谐波的相位相同，所以综合后的信号幅值将为各变流器组该次谐波幅值之和。而当 r/M 不是整数时，不同变流器组输出的 n 次谐波相量之间将存在相位差。作为 M 重变流器，由于各变流器组输出的同次谐波的幅值相同，而谐波相量之间以 $(360\times\frac{r}{M})^\circ$ 的相位差均匀分布，所以 M 个变流器组的对应谐波相量将构成一个封闭的正多边形。图 6-19c 所示即为一个 8 重化变流器的 29 次谐波（即 r=5）的合成相量图。作为 8 重化变流器，各变流器组直流侧触发脉冲和交流侧变压器之间的相移均为 $(60/M)^\circ$ =7.5°；相应地其直流侧 29 次谐波之间的相移为(7.5×29)° =217.5°；再加上变压器 7.5° 的附加相移，总共相移为 225°。8 个长度相同、相互之间相移为 225° 的相量相加，在平面上构成一个正八边形。上述封闭的曲线表明，该次谐波的相量和为零，这个结论可以推广到所有 r/M 不为整数时的情况：即当三相 M 重变流器的特征谐波中所有 r/M 不为整数的谐波均在交流侧被抵消。再考虑到当 r/M 是整数时输出谐波将被叠加这个事实，可以看到，M 重变流器的第一个显著优点是可以同时消除所含谐波次数总量的 $(M-1)/M$，换句话说，可以使装置输出信号中谐波次数减低为原来的 $1/M$。比如，常规的 12 脉冲 TCR 的变压器采用两个二次绕组，一个接成星形联结，另一个接成三角形联结。此时，假定变压器一次绕组为星形联结，则三角形联结变压器的输出信号相位将超前输入信号 30°，如相应地令该变流器的触发脉冲滞后星形联结变压器所接变流器的触发脉冲 30°，则构成一个两重化（即 M=2）的变流器，其中所有 r 为奇数次的谐波均被消除，即除了三相变流器的特征谐波 5、7 次谐波外，所有与其相差为 12 的整倍数的谐波［也称其循环谐波，6（2p+1）±1］均被同时消除。显然，较之其他谐波抵消方式而言，多重化是一种更为有效的谐波消除方法。随之而来的另一个优点则是 M 重变流器作为 6M 脉冲装置，其产生的最低次谐波为 6M−1 次。

问题在于产生上述所希望的任意相移必须采用曲折变压器实现所需的均匀相移才能实现，而采用曲折变压器除了变压器本身结构复杂外，也使得系统的接线变

得十分复杂。此外，曲折变压器较之普通变压器大致要多用15%的导体，导致体积和价格的增加。更为重要的是，随着重数增加，谐波消除的效率急剧下降。分析指出，M 重化可以消去的谐波次数占总谐波次数的比例为（M−1）/M；而当重数由 M 增加为 M+1时，所额外消除的谐波次数仅占 $M/(M+1)-(M-1)/M=1/\left[M(M+1)\right]$。比如两重化可以消除50%的谐波次数，而三重化则消除66.7%的谐波次数，即新增等一重化变流器仅消除了16.7%的谐波次数。但两重化可以借助常规的星-三角变压器实现，但三重化则必须采用曲折变压器。所以，过多的重数，不论从经济上还是技术上均是不合理的，目前的趋势是尽可能采用普通的变压器实现两重化的结构，然后辅之以其他技术，如下节介绍的相移抵消法，来进一步减低谐波。

在理论上，在交流侧对各个变压器组产生的方波信号进行串联或并联合成均可以达到多重化消谐的目的。并联接法的一个显著优点是一旦某台变压器组出现故障，可以仅令故障变压器组退出运行，而其他变压器组仍可正常运行。但采用并联接法时由于各个变流器组输出的电压波形各不相同，将在输出变压器之间引起环流，为了对其进行抑制，通常需增大变压器的漏抗或插入限流电抗，这增加了结构的复杂程度，同时还将引起附加损耗。此外，输出侧采用并联连接时，耦合电抗必须面对每个单元变流器所产生的全部谐波分量；而串联连接时，由于通过谐波消除技术，流经变压器的仅是未能消除的谐波含量，因此可以采用较小的连接电抗，所以在目前广泛采用的电压型变换电路中，通常都采用变流器在直流侧并联，而变压器二次绕组在交流侧串联的多重化方式。

实际应用中，除了上述利用串联或并联变压器在电气上实现耦合的多重化结构外，还有一种利用磁路实现耦合的所谓“变压器铁心耦合”的多重化结构。图6-20所示即为一个二重化铁心耦合的电路，该方法由于采用一个三绕组变压器来实现二重化所以交流侧电路得到了简化。但由于其变压器阀侧绕组中存在5、7、17、19等次谐波，故需在直流侧串入电抗，以抑制谐波，其效果与常规两重化变流器大体相当。

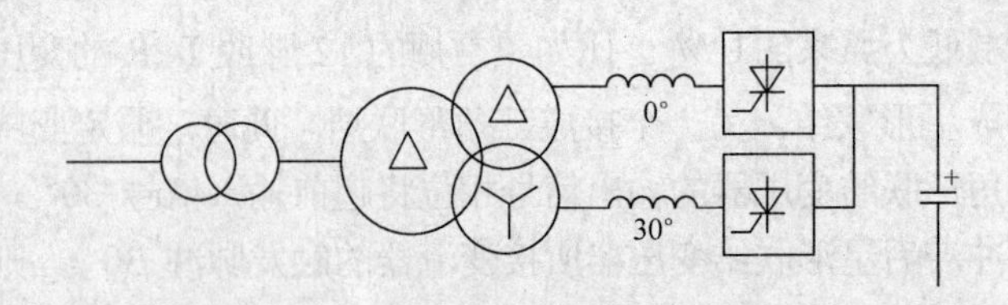

图6-20 铁心耦合二重化多脉冲变流器

（2）移相抵消技术（Phase-shift harmonic canceling） 上述多重化的方式虽然在谐波消除方面具有极高的效率，但除了可以利用星形联结和三角形联结实现两重化外，必须采用复杂的曲折变压器来实现多重化的目的。实践中存在一个问题，是否可以仅通过增加并联的变流器数在加大装置容量的同时，也达到消除谐波的目的？回答是肯定的。通过控制并联变流器所产生的方波之间的相移，同样可以达到消除或抑制某些特定谐波的目的。

实际上，两列脉宽和幅值等同的方波信号基频分量之间的相移，等于两列方波信号前沿之间的相移，而对应的 n 次谐波的之间的相移，则是基频信号相移的 n 倍，见图 6-21c。即如果第二个变流器输出的方波脉冲的前沿滞后第一个变流器 φ，则其输出信号的 n 次谐波相量将滞后第一个变流器相应谐波相量 $n\varphi$。因此假定令

$$n\varphi=180^{\circ} \tag{6-42}$$

则由于两个变流器输出方波信号的幅值相同，故经过相应的变压器后，第二台变流器在交流侧呈现的 n 次谐波相量的幅值与第一台相同，但方向相反，即将互相抵消，成为一个十分有效的谐波消除方法。假定出于某种原因，如系统谐振等，希望消除 11 次谐波，根据上式可以得到所需的方波信号之间的相移为 16.3°。在原则上，该方法可以用来消除任意次谐波，但应当指出的是，这种方法存在一些明显的缺点，一是如图 6-21 所示，为了在 M 重结构中消除某次谐波，必须在每一重均引入相应的“移相消谐对”，即消除一次谐波需有 $2M$ 台变流器。由于消除某一个特定谐波需要两个结构完全相同的方波信号，而如希望在消去前一次谐波的基础上消除另一次谐波，则需另外增加两个结构完全相同的方波形成两组方波，组内的两个方波之间保持为消除第一个谐波所需的相移，而组间的方波信号相移则根据消除第二个谐波来确定。希望消除三个谐波时，则需将上述两组方波看作一个单元，再增加一个结构相同等单元。由此类推，如希望用移相消谐法消除 n 个谐波，则需要 2^n 个变流器组，显然当所需消除的谐波次数多时，上述方法是十分不经济的。

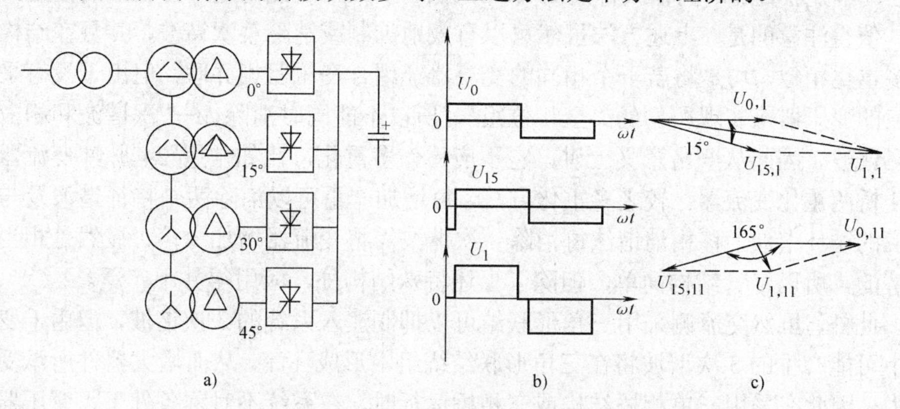

图 6-21　移相抵消式谐波消除技术

a）24 脉冲变流器　b）变流器输出电压波形　c）相量图

此外，这种方法的另一个缺点就是，相对于作为基准的参考电压而言，合成后的电压的相位将向后移 $\varphi/2$；在进行控制设计时，必须将上述滞后考虑在内，否则在和电力系统并网时，将可能由于变流器输出电压的基频分量和电源电压之间不同步，造成很大的电流冲击。

实践中，最常用的移相谐波抵消法，就是如图 6-21a 所示的所谓 24 脉冲变流器。

外观上它和四重化变流器具有十分相近的结构，其中变流器组可以按变压器是星形联结还是三角形联结分为Ⅰ、Ⅱ，即0°和15°与30°和45°两个变流器组。两组之间实际上采用的是两重化技术，即变压器和变流器方波前沿触发信号之间的相位差为30°，从而可以消除5、7次谐波和其相应的循环谐波。但不同的是，每组中的两个变压器采用了相同的结构，仅是方波触发信号之间相差一个预定的角度，该角度可以采用均匀分布或消除某次特定谐波等要求来确定。比如图中第一组两个变流器的触发信号之间的相位差为15°，分别记为0°和15°变流器。上述两个变流器输出基频信号的相位差和方波信号的相位差相同，而幅值相同，故合成的基频信号 U_{I} 相当于二者的相量和，即幅值为 $U_{I,1}=2\cos(15^{\circ}/2)=1.98\mathrm{pu}$，滞后0°桥7.5°。而两个桥11次的相位差将分别为 $\varphi=11\times15^{\circ}=165^{\circ}$，合成相量为 $U_{I,11}=2\cos(165^{\circ}/2)=0.26\mathrm{pu}$；而13次谐波的相位差为 $\varphi=13\times15^{\circ}=195^{\circ}$，和 $U_{I,13}=-2\cos(195^{\circ}/2)=-0.26\mathrm{pu}$。利用这种方法进行方波合成，基频幅值近似等于单个方波的一倍，而11与13次谐波却仅为原单个变流器相应谐波的1/4，显然也是一种有效的谐波抑制方法。

实际中，变流器组间相移等角度是根据实际情况确定，比如系统中存在某次谐波振荡的可能时，采用谐波对消的方法显然是有利的，但由于均匀相移控制上比较容易实现，同时对构成谐波衰减较为均匀，故采用的较多。从谐波总含量而言，应当说两者相当，以固定脉宽为120°的两列方波叠加而言，采用谐波抵消（移相16.36°以消除11次谐波）时，谐波含量为6.805%；采用均匀相移（移相15°）时，为6.806%，较之简单并联叠加时的谐波含量18.12%减低了70%，所以均是十分有效的措施。

值得注意的是，上述方法虽然可以有效地抑制或消除某次谐波，并且在结构上和多重化相似，均是将若干个相同的变流器经耦合变压器相并联，但由于没有采用相应的变压器来实现所谓的“全相位组”，所以不能同时消除 M–1次谐波和相应的循环谐波。因此从严格意义上讲，它不应称作多重化，比如常用24脉冲变流器应为4桥两重化变流器。较之多重化方法，每增加一重可以消除两个特征谐波及与之对应的循环谐波，移相消谐法每消除一次谐波需将变流器增加一倍，显然是相当不经济的，所以尽管结构简单，但除了上述特殊结构外，应用得并不广泛。

此外，虽然交流侧采用三角形联结可以抑制注入系统的3次谐波，但由于变流器中可能产生的3次谐波将在三角形联结绕组中形成环流，从而增大器件所承受的应力。因此在采用三单相桥结构或三相桥运行时，在系统不对称条件下，变压器应尽可能采用星形联结。

从上述对常用的阶梯波变流器的结构的介绍可以看到，随着阶梯数的增加，上述任一种的电压波形均将趋于正弦波。实践中，虽然多脉冲变流器需要采用体积庞大、价格昂贵、效率较低的变压器，但由于它提供了最有效的谐波消除方法，并且便于对输出电压进行控制，所以仍是高压大功率变流器中最广泛应用的谐波抑制方法。因此除非系统有特殊的要求，多脉冲方法仍是首选的方案。

（3）混合H桥多电平变流器　近年来出现了一类新的统称为混合H桥多电平

变流器。它们虽然同样在负荷侧采用变压器耦合，但其特点在于变流器共用一个直流电源，而利用通过相应绕组的电流在磁路中的合成达到抑制谐波的目的。图 6-22 给出了其中一种结构和相应的输出波形。

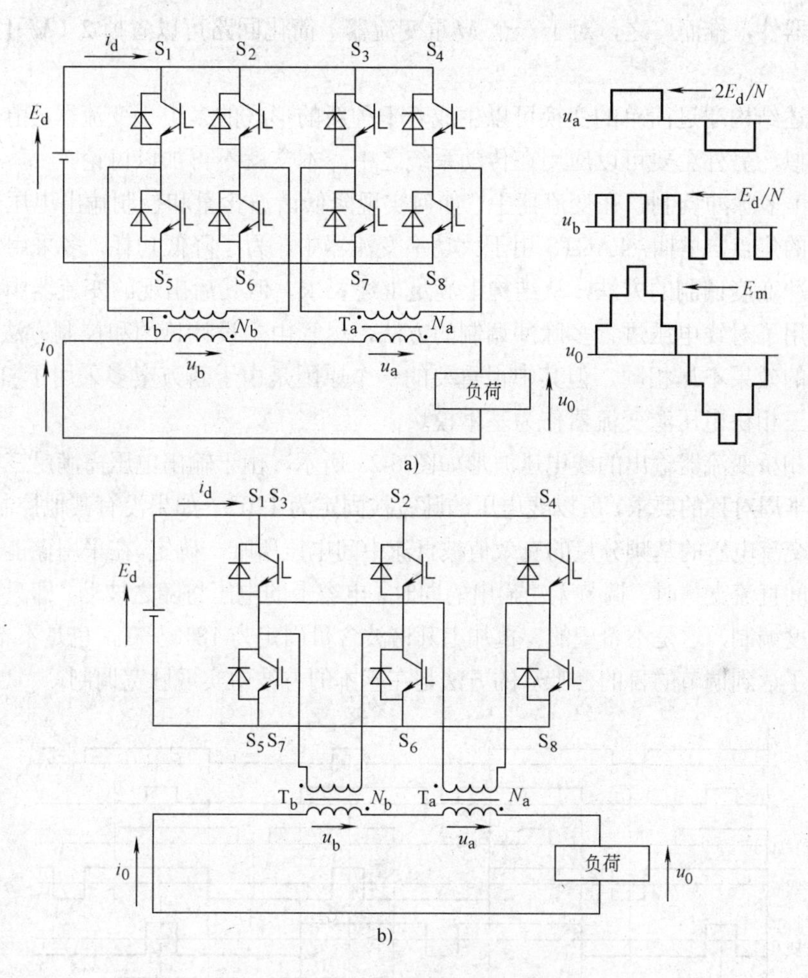

图 6-22　H 桥混合变流器

a）H 桥混合变流器的结构和输出波形　b）简化两电平 H 桥混合变流器

如图 6-22 所示，设 u_0 为负荷电动势，u_a、u_b 分别为变压器 T_a、T_b 二次电动势，N_a 和 N_b 分别为变压器 T_a、T_b 的一二次匝数比，设 N_b:N_a=n，有下式成立：

$$u_0 = u_a + u_b = (k_a n + k_b)E_d \tag{6-43}$$

式中，k_a 为变流器 a 的工作状态值，当变流器输出电压为正时，k_a 为 1，当输出电压为零时，k_a 为 0，当输出电压为负时，k_a 为−1，即 k_a=−1，0，1；k_b 为变流器 b 的工作状态值，取值同上。

图为 n=2 时输出电压的波形。显然，利用一个相对简单的两重的结构达到了 7 电平变流器的效果。分析表明，对于 M 重化的逆变器，当 n=1，输出线电压电平数 $N_s=2M+1$；当n=2，输出线电压电平数$N_s=2^{(M+1)}-1$；当n=3，输出线电压电平数$N_s=3^M$。

实际上，图 6-22a 电路可以简化为图 6-22b，可以看出，后者比前者少用了两个开关器件，推而广之，对于一个 M 重变流器，简化回路可以省掉 2（M−1）个开关器件。

上述结构通过简单的变换可以生成若干种新的形式的多电平变流器。由于工作原理相似，另外主要可以应用在传动系统之中，本文就不再加以讨论。

（4）多脉冲调制　在变流器中，如何实现降低谐波含量和控制输出电压是控制器设计的焦点。早期，FACTS 用于大功率变流器中，为了降低功耗，多采用多重化加单脉冲宽度调制的方法，从结构上满足上述要求，但其后出现的变流器中，却几乎都采用了对线电压进行多脉冲调制的方法，尽管由于设计目的和控制方法不同，所达到的效果不尽相同，但其中很重要的一个原因是由于新方案多采用了 180° 导电型的三相桥电压源变流器作为基本模块。

三相桥变流器输出的线电压波形如图 6-23 所示，由于输出电压需满足三相对称和正负半周对称的要求，所以线电压的脉宽被固定为 120°，如果没有其他控制手段，其输出交流电压的基频分量的有效值被直流中间电压所唯一确定。在采用储能电容来提供中间直流支撑时，调节无功输出的同时，电容上的电压将随之波动，即只能采用脉冲幅度调制，这是不希望的。再加上其谐波含量固定为 18%左右，也是不希望的，所以为了达到调节的目的，唯一的方法是在基本的方波中实现脉宽调制。

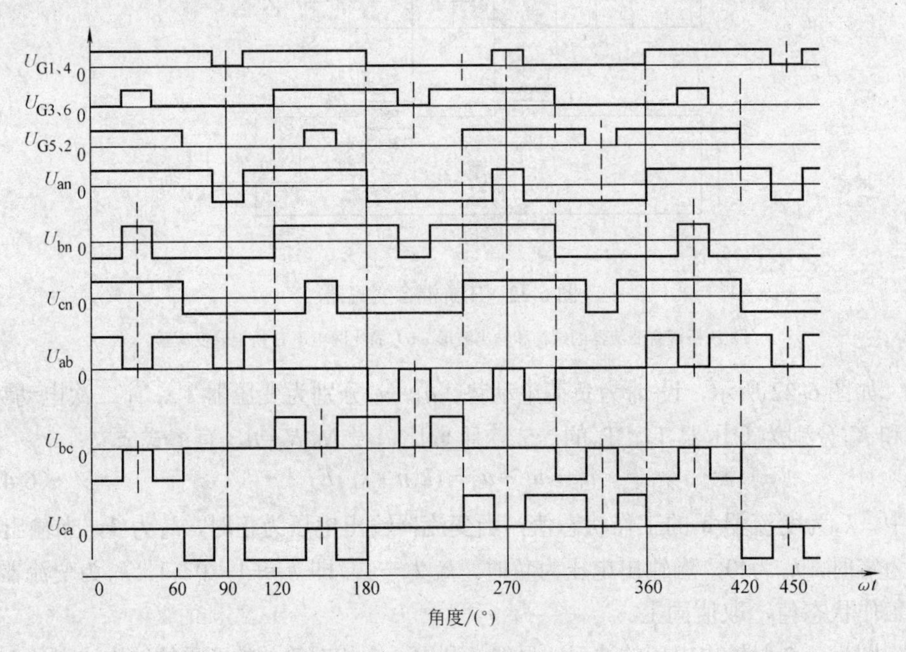

图 6-23　三相桥三脉冲电压波形图

上述线电压 U_{ab} 波形可以看作是由如图 6-24 所示，一个脉宽为 120° 的方波信号和两个与其幅度相同但脉宽为 2θ 的方波组合而成，在基频相位相同的情况下，由于基本方波信号的脉宽为 120°，而两个脉宽为 2θ 的方波分布相对于基本方波存在 30° 的相移，所以合成后的信号的傅里叶展开式为

$$f=\frac{2\sqrt{3}}{\pi}(1-2\sin\theta)\sin(\omega t)+\frac{4}{\pi}\left[\sum_{i=6m\pm1}\frac{1}{n}[\cos(\frac{n\pi}{6})-2\cos[n(\frac{\pi}{2}-\theta)]\cos(\frac{n\pi}{6})]\sin(n\omega t)\right] \tag{6-44}$$

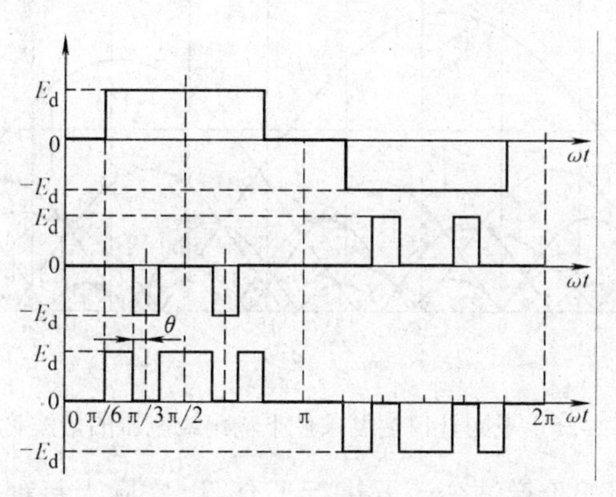

图 6-24　矩形波合成

而当电容上的直流电压为 E_d 时，输出的基频电压有效值为

$$U_1=\frac{\sqrt{6}}{\pi}(1-2\sin\theta)\times E_d \tag{6-45}$$

而输出电压中 n 次谐波电压的有效值为

$$U_n=\frac{2\sqrt{2}}{n\pi}\cos(\frac{n\pi}{6})[1-2\cos(\frac{n\pi}{2}-n\theta)]E_d \tag{6-46}$$

所以基频电压的有效值和任一次谐波的有效值均依赖于开口的宽度，而由于上述三脉冲法只有开口宽度θ这一个可控变量，因此，只能完成控制基频电压或消除某次谐波这两个目标之一。如以消除某次谐波为控制目标，则根据上式)，令 n 次谐波分量幅值为零的方法，即令下式为零：

$$1-2\cos(\frac{n\pi}{2}-n\theta)=0 \tag{6-47}$$

比如常用的消除 11 次谐波代入，可以得到θ=19.09°，即开口宽度为 38.18°；问题是，此时的脉冲宽度将降为 120°−76°=44°，即电压利用率将大幅度下降，所以这种看似简单的方法在实际应用时需要慎重考虑。

如果采用开口的方式来维持直流电压恒定，比如在 Toshiba 的 50MVA 同步补偿器中所应用的那样，存在的问题同样是电压利用率低。比如，为了保证变流器交

流侧输出电压不变，如没有开口时所需直流中间电压为 13.5kV，而在允许最大开口为 11° 的条件下直流侧电压需要 16.6kV（实际采用 16.8kV），从而增加了器件耐压的要求。此外，图 6-25 中给出了以基频幅值U_1为参考，两重化三相变流器随着开口宽度变化各次谐波含量U_1的变化。显然，上述方式也导致输出谐波分量的变化。但由于它结构简单，可以有效地控制直流侧电压，提高装置的响应速度，所以在实际装置中仍得到一定的应用。

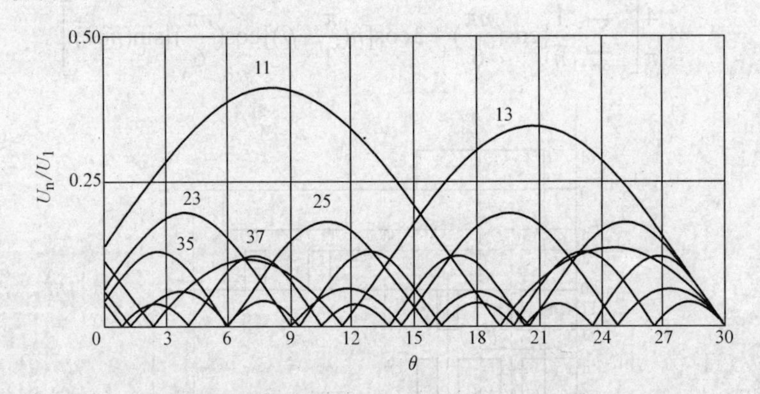

图 6-25　不同开口宽度条件下输出线电压的谐波含量

以上对几种常用的阶梯波变流器进行了介绍，实际上每种方式均有其优点和存在的问题，并均得到广泛的应用，难以简单地断言哪种更好，应用中可以根据不同需要确定所选取的结构。

参考文献

[1] 何大愚. 柔性交流输电技术和用户电力技术的新发展[J]. 电力系统自动化, 1999, 23（3）：8-13.

[2] 张崇巍，张兴. PWM 整流器及其控制[M]. 北京：机械工业出版社，2003.

[3] 姜齐荣，赵东元，陈建业. 有源电力滤波器[M]. 北京：科学出版社，2005.

[4] Holtz J. Pulsewidth Modulation−A Survey[J]. IEEE Trans. On Industrial Electronics, 1992, 39（5）: 410-420.

[5] Bowes S R. New Sinusoidal Pulsewidth-modulated Inverter[J]. Proc. IEE, 1975, 122（11）: 1279-1285.

[6] Lai J S, Peng F Z. Multilevel converters−a new breed of power converters[J]. IEEE Trans. Ind. Applicat., 1996, 32（3）：509-517.

[7] Peng F Z, Lai J S，McKeever J W and VanCoevering J."A multilevel voltage-source inverter with separate DC sources for Static Var Generation[J]", IEEE Trans. Ind. Applicat., 1996, 32（5）: 1130-1137.